Mac & Win
CC 適用

Photoshop & Illustrator

設計師不藏私！超犀利特效與創意技法

design technique library

Photoshop & Illustratorデザインテクニック大全 増補完全版

Satoshi Kusuda
楠田諭史 著

SB Creative

序

「Photoshop」與「Illustrator」是創意工作者設計作品或插畫時必備的工具。這兩種應用程式被廣泛運用在各種製作物，包括平面設計、網頁、插畫、編修、影像處理等。

本書特別收錄使用這兩種軟體時，運用最廣泛且常用的範例製作技巧。全書共分成 10 個章節，包括「新功能與創意設計技巧」、「真實質感」、「手繪風格的加工技巧」」、「擬真物體的加工」、「光特效」、「材質的製作」、「插畫」、「文字與線條」、「各種情境表現技巧」、「軟體操作技巧」等。這本書整合了各種設計技巧，是一本技巧大全，概念是「有了這本書，就能製作出任何作品！」。

整體範例以擅長影像處理、編修、繪圖、像素資料的 Photoshop 為主，而運用了向量資料優點的範例，則會介紹 Illustrator 的製作方法。請根據用途與作品來選擇適合的應用程式。

本書新增了由新功能與創意點子中衍生出來的範例，以及作法簡單卻好看的範例、高品質的強大影像範例。除了支援最新版的應用程式，也涵蓋了更廣泛的技能。

本書準備了豐富的下載資源，完整提供學習用的檔案，不須和其他同類型的書籍一樣自行尋找素材。本書還提供「可以瞭解製作過程，含圖層的 psd 檔案」，專家製作的 psd 檔案包含了隱藏技巧，這些訣竅有時單憑完成影像也無法理解，是非常好的參考資料。此外，還提供 Photoshop 的「自訂筆刷」與「漸層」檔案，這些自訂筆刷與漸層可以「用於商業用途」，只要購買本書，就能在你未來的作品上加以運用。

這不僅只是學習操作技巧的書籍，也是一本包含豐富資料，能長期運用，非常實用的工具書。希望你能善用本書，掌握創意工作中最重要的兩個應用程式「Photoshop」與「Illustrator」，並發揮在各種作品上。

楠田 諭史

■ 作者介紹

楠田 諭史 (くすだ さとし)

以數位藝術作家的身分，在日本國內外舉辦個展，同時也是一名平面設計師，涉獵範圍廣泛，包括平面媒體、網頁、電視廣告、電車與公車的包裝設計。負責過 URBAN RESEARCH、高島屋 (股) 公司、東芝 (股) 公司、高橋酒造 (股) 公司等各大企業的平面設計，以及 HKT48 的 DVD、BD 包裝設計、眾多歌手的 CD 封面設計。此外，還透過 Epoch 公司推出個人設計作品的拼圖產品，也在大學、職業學校、文化培訓班擔任講師。

網站：http://euphonic-lounge.net
執筆協助：tonntonntan
素材：Pixabay：https://pixabay.com

範例檔案下載

本書已經備妥各章練習用的範例素材，讀者不需另外花時間搜尋或是購買素材，你可以專注在學習各項操作技巧。製作完成的範例，我們也提供含圖層結構以及設定值的 psd 檔，當操作過程中遇到困難時，可當作參考。

請使用網頁瀏覽器連到以下網址，即可下載本書範例及相關素材。

https://www.flag.com.tw/DL.asp?F4539
(輸入下載連結時，請注意大小寫必須相同)

• 分享至社群媒體

在設計作品時，若想著要給別人欣賞，可以提高學習效果。透過本書範例或利用本書學到的技巧所完成的作品，可以分享至 Twitter 等社群媒體。分享時，請務必加上主題標籤「**# デザインテクニック大全**」再推文，期待看到各位的作品。

• 關於範例檔案的著作權說明與附贈的檔案

本書的範例檔案僅允許用於學習本書的內容，所有下載資料皆受到著作權法的保護，包括圖形、部分或所有影像皆嚴禁公開或修改後使用。但是如上所述，如果以介紹個人學習本書的情況為目的，將包含範例檔案的內容發布在社群媒體上 (超過數十分鐘的長影片或連載除外) 不受此限。

此外，「自訂筆刷」、「漸層」是購買本書附贈的檔案。購買本書之後，可以運用在商業用途。也能使用於個人作品，請創作出屬於你的新作品。

※ 使用範例檔案時，你的電腦必須安裝 Illustrator、Photoshop CC 等應用程式。
※ 若使用下載資料發生任何損害，作者與 SB Creative (股) 公司概不負任何責任。

Contents

Photoshop & Illustrator design technique library

目錄

Chapter

02

真實質感的設計技巧

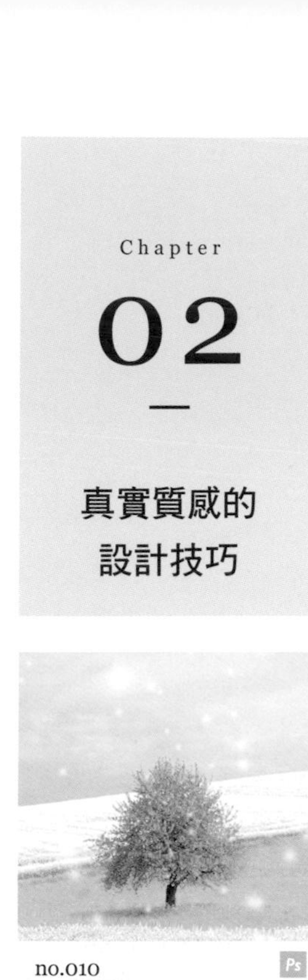

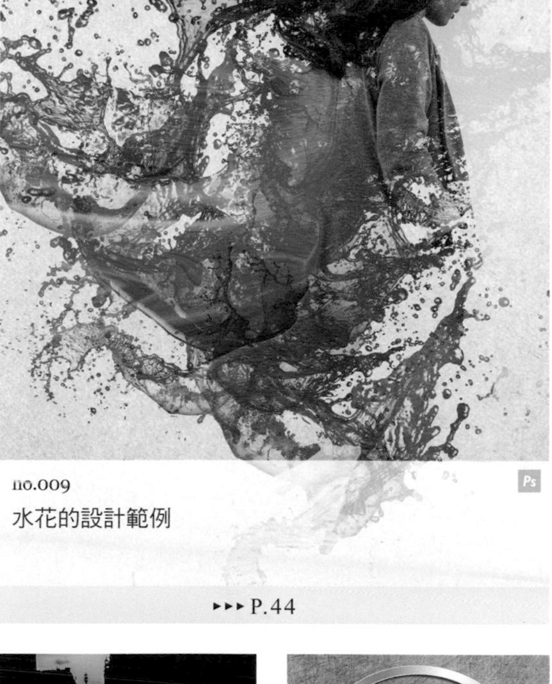

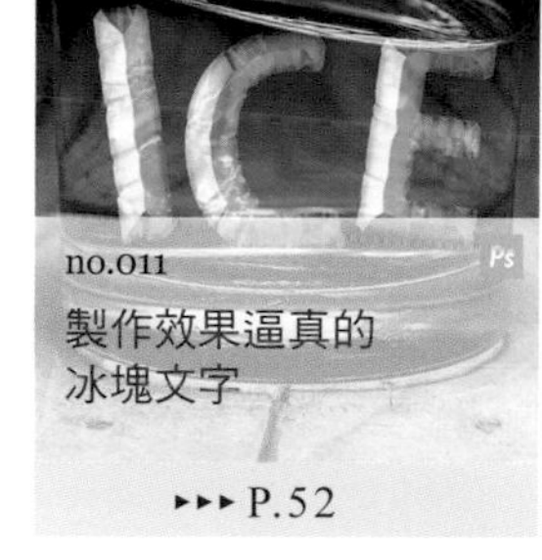

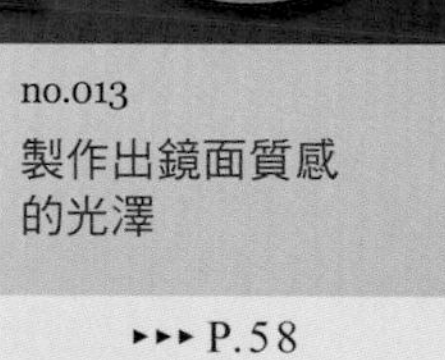

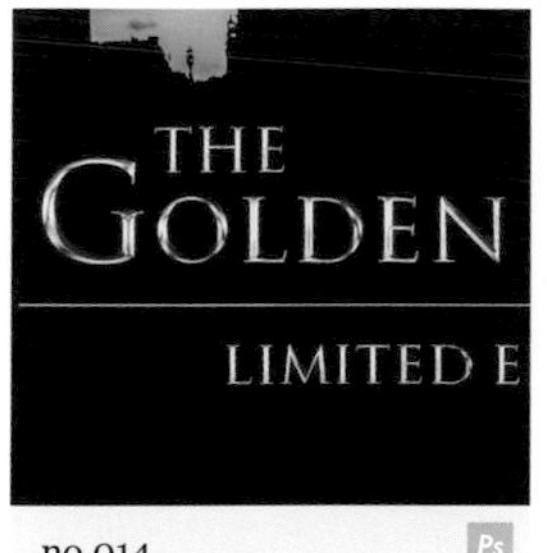

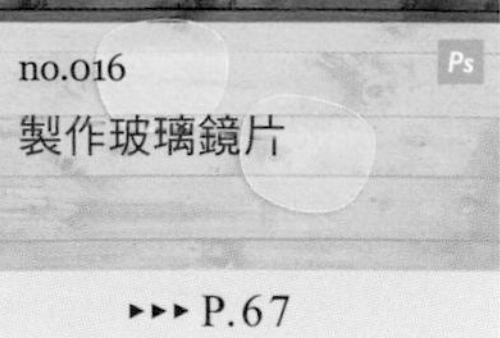

Chapter

03

手繪風格的加工技巧

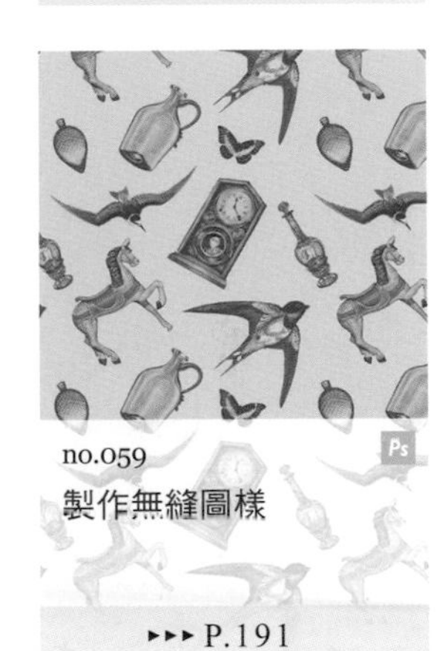

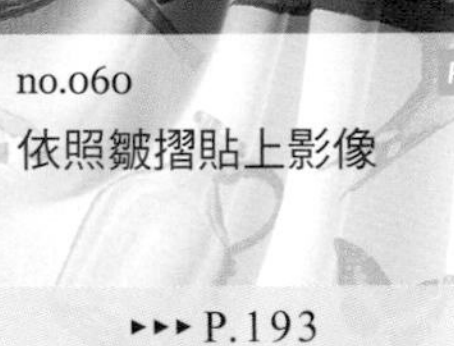

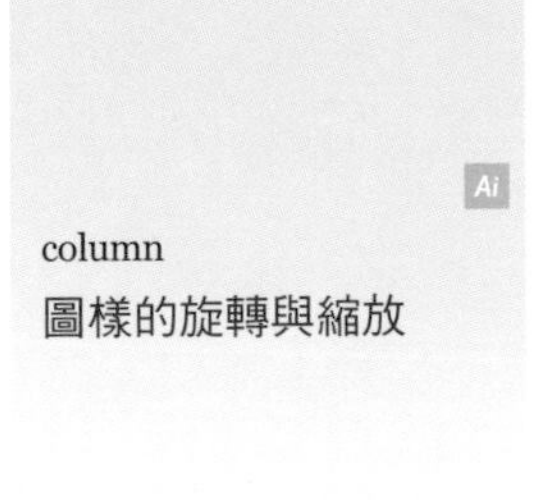

Chapter

07

插畫繪製技巧

Chapter

08

文字與線條的設計技巧

Chapter

09

各種情境表現的設計技巧

no.089 製作出唯美的霧面質感

▸▸▸ P.286

no.090 鯨魚漂浮空中的壯觀風景

▸▸▸ P.292

Chapter 10 Photoshop & Illustrator 的操作技巧

新功能與創意設計技巧

本章將使用新功能和經典功能來製作引人注目的設計，就像廣告或海報一樣，有些看起來簡單，但卻是很棒的創意，我們先從這些簡單的範例學習。

Chapter 01

New features and ideas design techniques

Ps

用喜愛的影像取代天空

no.001

使用 Photoshop 內建的新功能「天空取代」，就能輕鬆取代天空影像。

Point　指定的影像要選擇較大尺寸

How to use　想輕鬆將天空取代成其他影像時

01 | 套用「天空取代」功能

開啟素材「風景.jpg」01。
執行『**編輯 / 天空取代**』命令 02。
開啟面板，自動取代天空 03。
按一下**天空取代**面板的「天空」縮圖，開啟包含「藍天」、「壯觀」、「日落」等預設集影像 04，只要點選其中任一個影像，即可取代天空 05。

02 | 取代成指定影像

在開啟**天空取代**面板的「天空」縮圖狀態，按一下右下方的 ⊞ 圖示 (圖 05 放大的部分)。
選取並開啟素材「星空.jpg」06。
指定的「星空」影像會新增至預設集，這樣就能選取並開啟該影像 07。

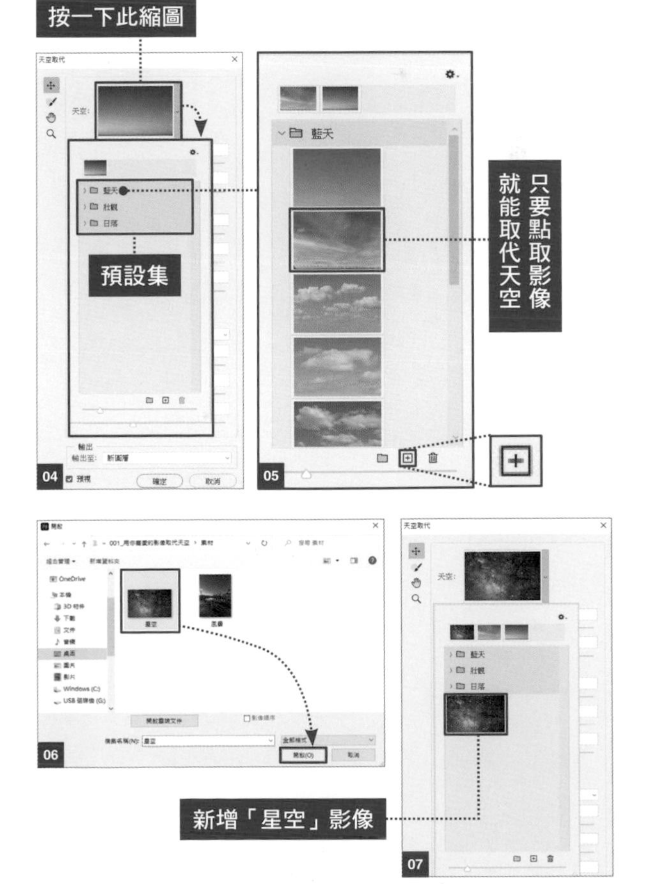

03 | 調整影像以融入背景

調整設定讓影像自然融入背景。在此要將背景調亮，設定**亮度：15**，**色溫：-25**，稍微增加藍色調 08，按下**確定**鈕，套用效果 09。

memo

在畫面上拖曳天空，可以微調位置。

04 | 調整細節

為了避免影響原始影像，以新圖層製作的天空會建立**天空取代群組** 10，可以個別調整這些圖層。

雖然輕而易舉就取代掉天空，但是影像左邊的街燈變成透明 11。

以下將分別選取**天空**與**前景光源**的圖層遮色片縮圖進行調整 12。

請選取**天空**圖層的圖層遮色片，接著選取**筆刷工具**，設定**前景色：#000000**，塗抹街燈的內側 13。

接著選取**前景光源**圖層的圖層遮色片，同樣使用**筆刷工具**塗抹街燈與周圍 14。

讓原本不自然的街燈綻放照亮四周的光芒 15。

GOLDEN RUST

Lorem ipsum dolor sit amet, consectetur adipiscing elit. Morbi dignissim nisl non enim ornare, in tempus augue pretium. Praesent non vulputate massa. Vestibulum varius pellentesque metus. Nam facilisis rutrum mi, in consequat enim feugiat ut. Pellentesque vitae mauris venenatis odio commodo fermentum. Vestibulum malesuada tristique tortor, ut vulputate eros aliquet a. Cras et rutrum arcu. Curabitur posuere nibh eu erat fringilla iaculis. Vi

SHORT HAIRED

congue sed enim vitae cursus. Aenean lacus mi, aliquam et aliquam in, ornare a augue. Nam laoreet, arcu id cursus molestie, erat nulla sodales massa, id rutrum elit dolor eu leo. Integer nibh magna, efficitur sit amet sodales auctor, tempus sit amet ex. Aenean purus nulla, consequat eu quam sollicitudin, congue consectetur velit. Phasellus venenatis luctus nisi. Cras feugiat tempus consectetur. Donec congue mi at bibendum egestas. Nullam eget urna felis. Maecenas at magna tellus.Aliquam et felis sed velit facilisis ornare. Pellentesque et egestas felis, at rutrum metus. Etiam sagittis est in volutpat pellentesque. Maecenas lectus risus, porttitor ut ex vel, dictum pellentesque justo. Nam mollis ultrices suscipit. Sed nec dapibus massa. Curabitur tempus vehicula malesuada. Nulla laoreet in massa in accumsan. Donec tempor semper est, vitae vestibulum felis. Phasellus quis justo luctus, consectetur quam in, gravida est. Pellentesque eleifend placerat risus vel facilisis.Nulla enim dui, feugiat non fringilla sed, facilisis nec nisi. Phasellus sed orci ut elit tincidunt suscipit sed quis mauris. Sed accumsan orci enim, vel aliquet ante vestibulum eu. Pellentesque at enim a eros fringilla imperdiet. Vivamus sed suscipit leo, eu accumsan velit. Mauris at lorem ligula. Curabitur porttitor turpis non ipsum consectetur, vel sodales arcu vestibulum. Donec a leo tincidunt, pretium purus non, ultricies libero. Integer a fermentum sem. Vestibulum dictum mollis erat. Praesent nisi quam, pulvinar id turpis sit amet, congue pellentesque erat. Duis nec fermentum lorem. Praesent nulla justo, egestas ac ullamcorper non, vestibulum ut nisi. Integer nec interdum eros, sed rutrum ante. Cras nec tempor nisl. Pellentesque finibus hendrerit justo nec scelerisque.Nam rutrum nibh ut ultricies laoreet. In luctus fringilla finibus. Donec egestas eleifend elit ut vestibulum. Praesent a arcu nisi. Vivamus velit massa, convallis id vulputate eu, cursus non mauris. Etiam nibh tortor, iaculis vitae mi et, laoreet semper neque. Nunc pellentesque elit nibh, vitae malesuada massa efficitur eu. Integer ut dignissim nisi, quis mollis risus. Praesent quam ligula, lobortis ut metus convallis, feugiat fermentum ex. Ut in fringilla l

HUNGARIAN VIZSLA

Ps

用文字表現部分影像 no.002

使用「剪裁遮色片」，用文字表現部分影像。

Point 注意圖層與剪裁遮色片的位置

How to use 適用於廣告等視覺設計

01 | 複製部分狗影像

開啟素材「底圖.psd」，裡面已經準備了去背的「狗」圖層以及淺色漸層背景 01。

選取**工具**面板的**矩形選取畫面工具**，選取影像的左半部分 02。

接著按右鍵，執行『**拷貝的圖層**』命令（快速鍵：Ctrl（⌘）＋ J 鍵）03。

複製圖層後，將圖層名稱命名為「左」04。

複製選取部分

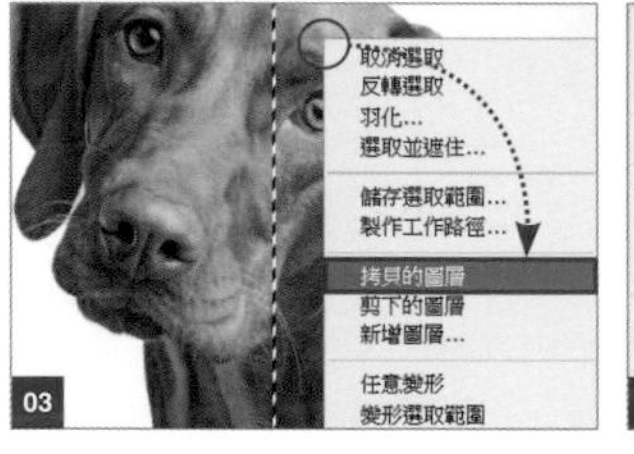

02 | 建立狗右半部分的選取範圍並轉換成路徑

在**圖層**面板中，按下 Ctrl（⌘）＋按一下**狗**圖層的圖層縮圖，載入選取範圍 05 06。

在載入選取範圍的狀態，按下 Ctrl（⌘）＋ Alt（Option）＋按一下「左」圖層的圖層縮圖，排除**左**圖層的範圍 07，就可以建立狗右半部分的選取範圍 08。

在畫面上按右鍵，執行『**製作工作路徑**』命令 09。

容許度設為 2 **像素**左右的數值，按下**確定**鈕 10，將選取範圍轉換成路徑 11。

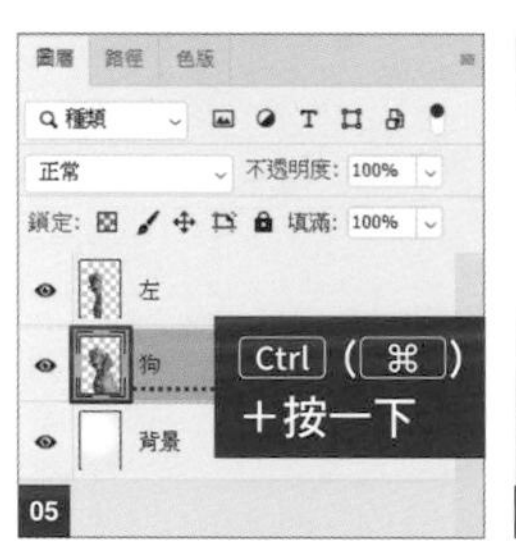

選取狗的部分

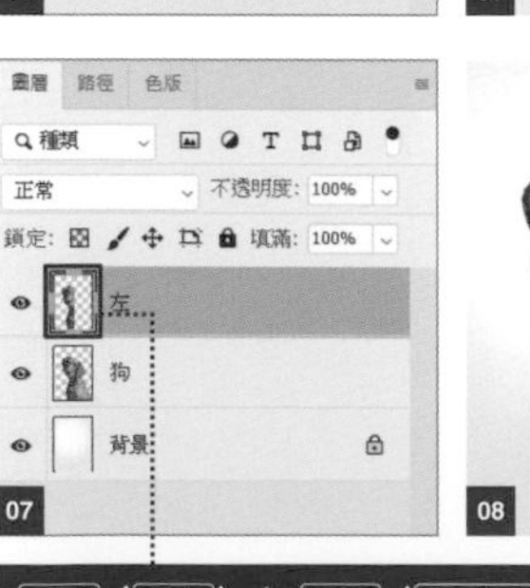

排除左半部分，只選取狗的右半部分

Ctrl（⌘）＋ Alt（Option）＋按一下

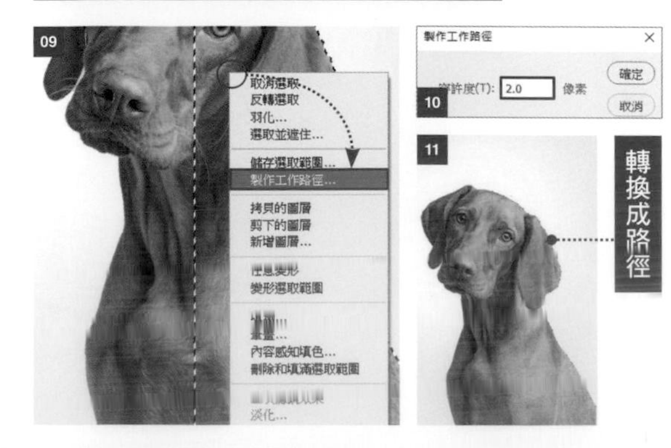

轉換成路徑

03 | 在路徑內輸入文字

開啟素材「ipsum.txt」，複製文字。

選取**工具**面板的**水平文字工具**，執行『**視窗 / 字元**』命令，開啟**字元**面板，文字設定為**字型**：Futura PT、**字型樣式**：Medium、**字型大小**：8pt、**行距**：8pt、**追蹤選取字元**：-50，顏色不拘 12。

將游標移入路徑內側，游標會變成被圓形包圍的狀態，如圖 13，在此狀態按一下，並使用 Ctrl（⌘）＋ V 鍵，貼上剛才複製的文字 14。

※ ipsum…這是指出版品的設計、網頁設計、平面設計等領域使用典型虛擬文字。

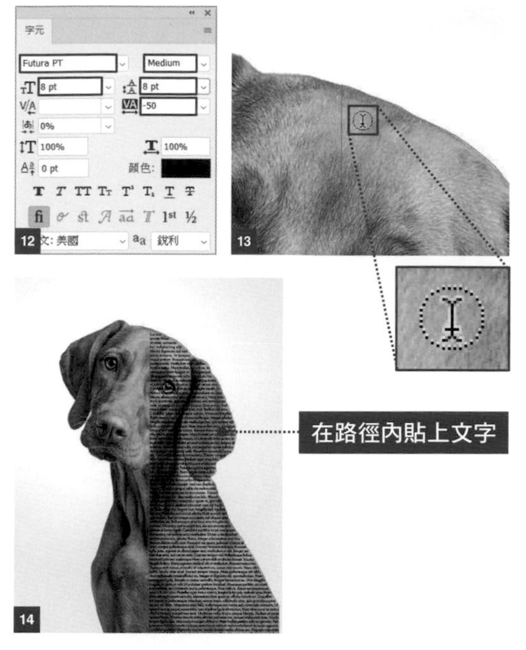

04 | 使用剪裁遮色片將文字變成狗影像

按一下**圖層**面板下方的**建立新群組**鈕，將群組名稱命名為「文字」15。選取 Lorem ipsum～文字圖層，拖曳到群組內 16。

將**狗**圖層移動至最上方 17。

選取**狗**圖層，按右鍵，執行『**建立剪裁遮色片**』命令 18。

針對下一個階層的**文字**群組內容套用剪裁遮色片，文字就會變成狗影像，如圖 19 所示。

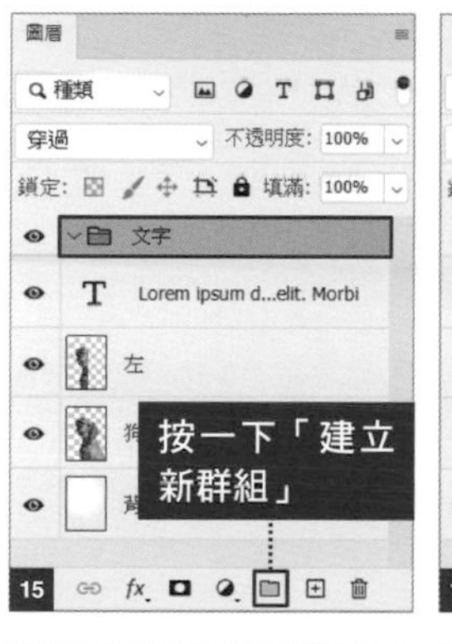

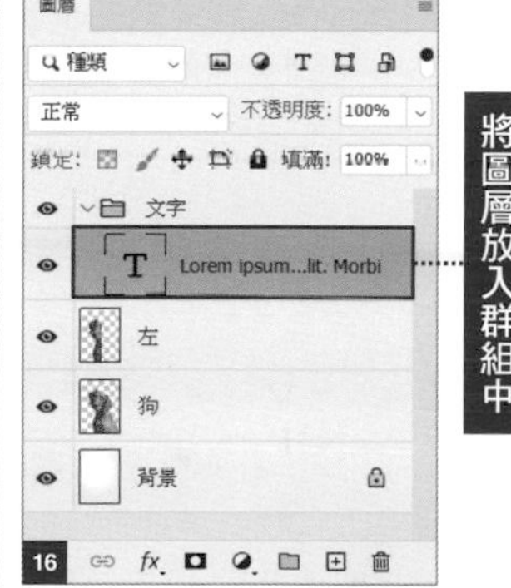

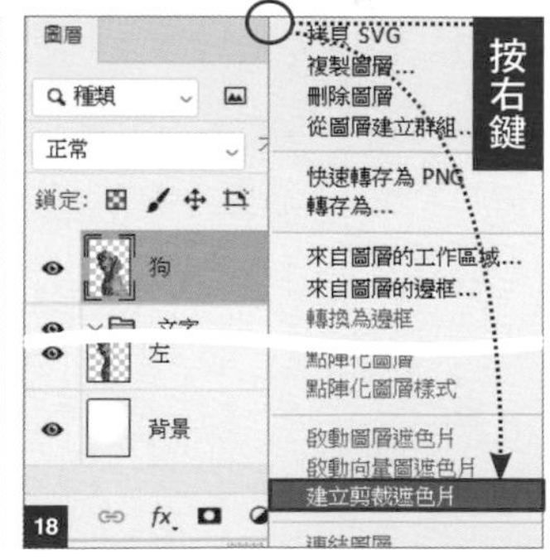

05 ｜ 依照狗的輪廓輸入較大的文字

選取**水平文字工具**，在群組內新增文字。

文字設定為**字型**：Futura PT、**字型樣式**：Medium、**字型大小**：47pt 20，輸入「SHORT」。

以相同設定輸入「HAIRED」，建立其他文字圖層 21。

接著改變字型大小，以**字型大小**：40pt 輸入「HUNGARIAN」，**字型大小**：84pt 輸入「VIZSLA」22。

選取 Lorem ipsum～文字圖層，將文字重疊的部分換行 23。

21

22

23

將文字重疊的部分換行

06 ｜ 加上裝飾完成設計

最後在範例左上方輸入文字當作裝飾。文字設定為**字型**：Futura PT、**字型樣式**：Demi、**字型大小**：100pt、**行距**：80pt、**追蹤選取字元**：-50、**文字顏色**：#e2d2c9 24。由於文字較大，所以設定成淺色。

在**背景**圖層上方新增文字圖層，輸入犬種顏色「GOLDEN RUST」25 就完成了。

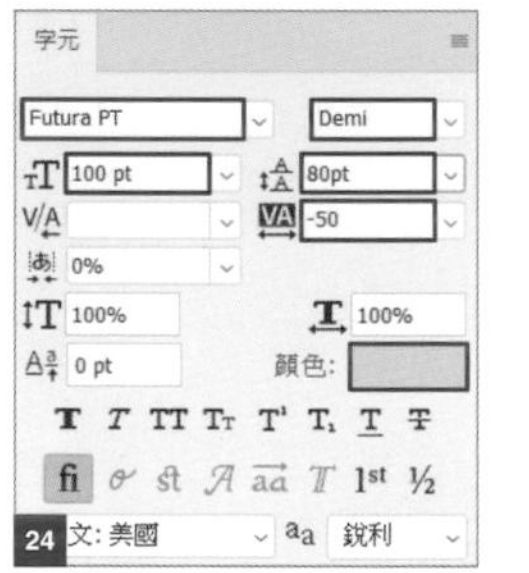

24

25

Comfortable sleeping position

Ps

善用圖形設計版面

no.003

組合影像與圖形，製作令人印象深刻的視覺設計。

Point　利用形狀建立選取範圍

How to use　適用於廣告等視覺設計

01 | 設定形狀

開啟素材「底圖.psd」，這個素材已先置入當作底圖的**人物**圖層以及只保留人物的**人物去背**圖層 01。

選取**工具**面板的**筆型工具** 02，在選項列設定**檢色工具模式：形狀**、**填滿：無**、**筆畫顏色：#ffffff**、**形狀筆觸寬度：7pt** 03。

按一下**形狀筆觸類型**標籤，**對齊**選取最下面的外側 04。

按照上面的設定，在路徑外側建立 7 pt 的白色線條。

02 | 繪製三角形，建立選取範圍

使用**筆型工具**，參考圖 05 繪製包圍人物的三角形。

此時會建立**形狀** 1 圖層，請放在**人物**圖層的上方。按下 Ctrl（⌘）＋按一下**圖層**面板中的**形狀** 1 圖層縮圖，載入選取範圍 06 07。

執行『**選取 / 反轉**』命令（快速鍵：Ctrl（⌘）＋ Shift ＋ I 鍵）08，即可建立三角形外側的選取範圍 09。

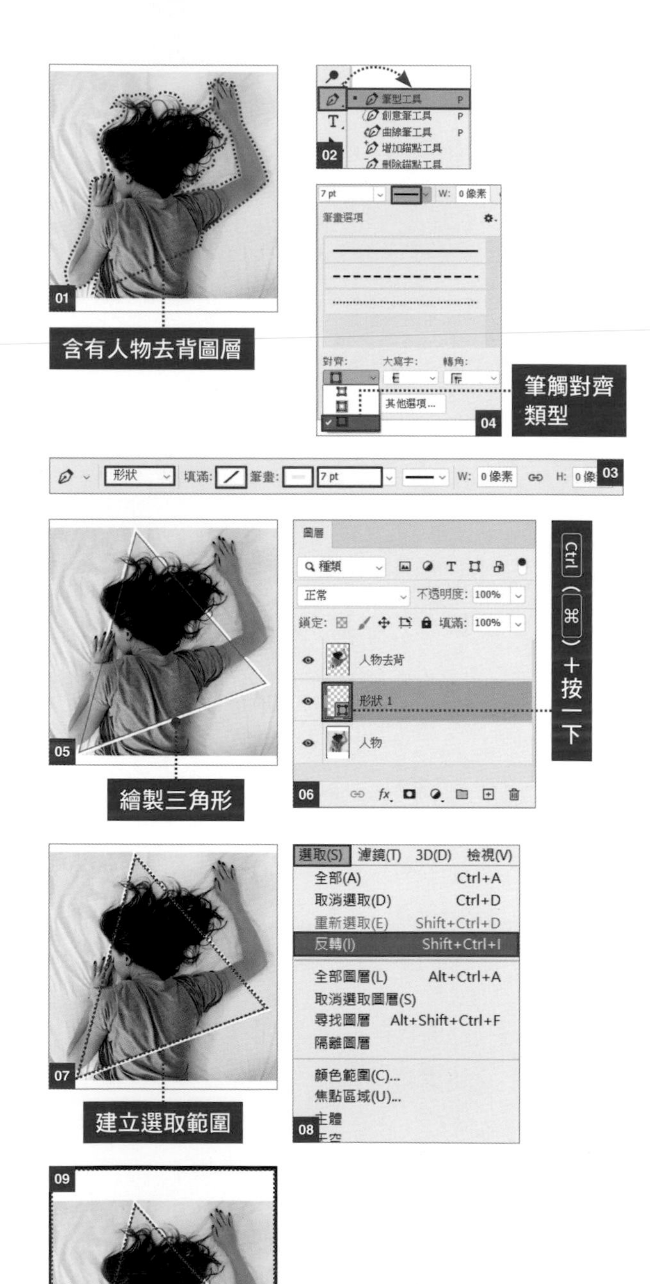

03 | 填滿三角形的外側

在**形狀** 1 圖層的下方建立一個新的**顏色**圖層 10，選取**工具**面板的**油漆桶工具** 11，使用**前景色：**#f4d5d3 填滿選取範圍 12。

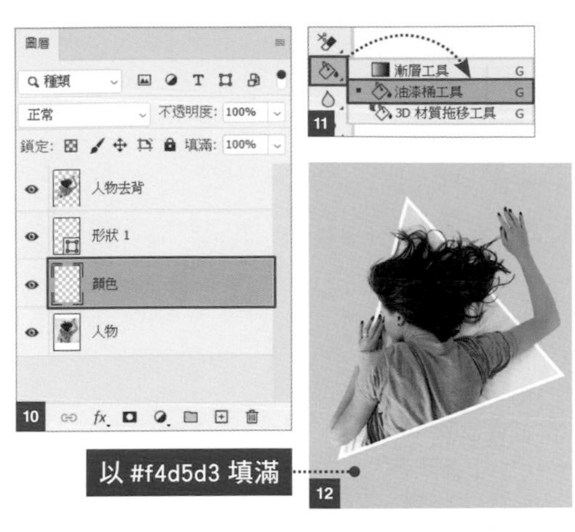

04 | 在三角形的內側套用陰影效果

選取**顏色**圖層，執行『**圖層 / 圖層樣式 / 陰影**』命令 13。

設定**前景色：#000000**、**不透明：60%**、**間距：30 像素**、**尺寸：40 像素**，按下**確定**鈕 14 15。

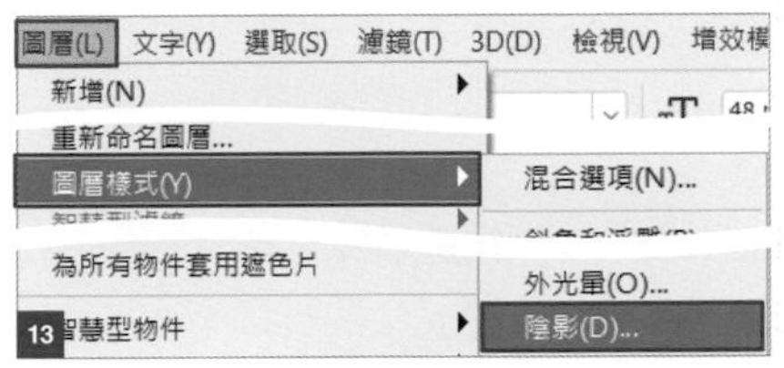

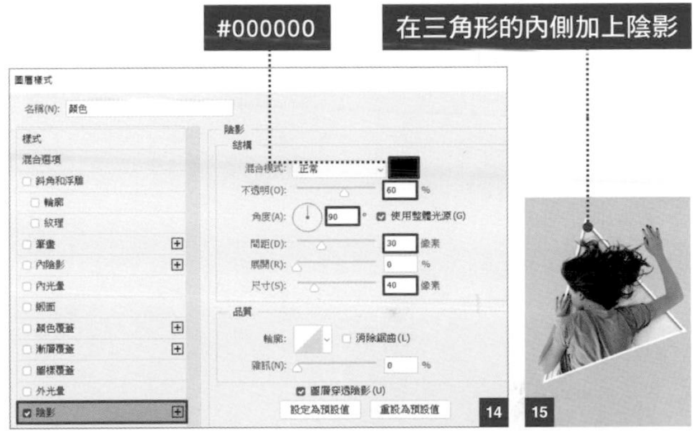

05 | 最後調整細節

選取**圖層**面板中的**形狀** 1 圖層，設定**不透明度：**50%，與背景融合 16 17。

06 | 增加文字裝飾

在圖層最上方增加文字裝飾。選取**工具**面板的**水平文字工具**，輸入文字「Comfortable sleeping position」。文字設定為**字型：**Learning Curve、**字型樣式：**Bold、**字型大小：**35pt、**顏色：**#ffffff 18。

執行『**編輯 / 任意變形**』命令，可以移動、旋轉文字 19。調整文字的位置，放在三角形的右下方就完成了 20。

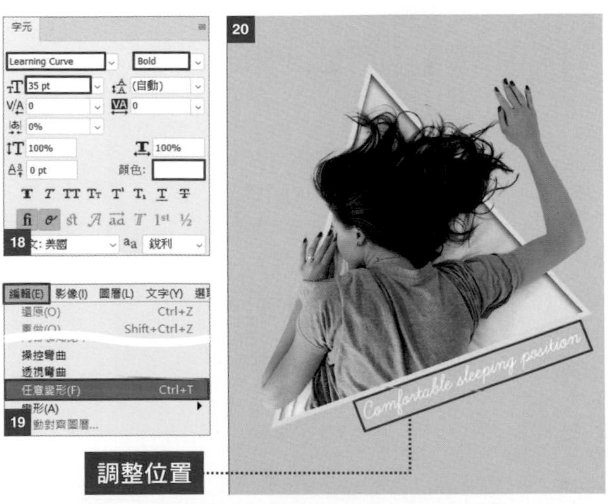

Top 10 Tips
Travel Alone
Essential tips for traveling
alone for the first time

Ps

使用剪影設計版面

no.004

巧妙運用兩個有關聯的影像，製作出令人印象深刻的版面。

Point	利用排版讓兩個影像的特色一目瞭然
How to use	適用於廣告等視覺設計

01 | 編排素材

開啟素材「底圖.jpg」01，在此已經先在 B5 尺寸的畫面置入有紋理質感的素材。

開啟素材「人物剪影.psd」02。

裡面已經置入去背的人物圖層。

將**人物剪影**圖層移動到底圖檔案中 03。

接著開啟素材「風景.jpg」，放在最上方 04，圖層名稱命名為「**風景**」05。

01

02

03

在底圖置入人物剪影

04

在底圖置入風景

05

02 | 套用剪裁遮色片

在**風景**圖層上按右鍵，執行『**建立剪裁遮色片**』命令 **06**。

套用結果如圖 **07**，只在下方**人物剪影**圖層的範圍內顯示**風景**圖層。檢視**圖層**面板，可以看到圖層縮圖左方增加了向下的箭頭 **08**。

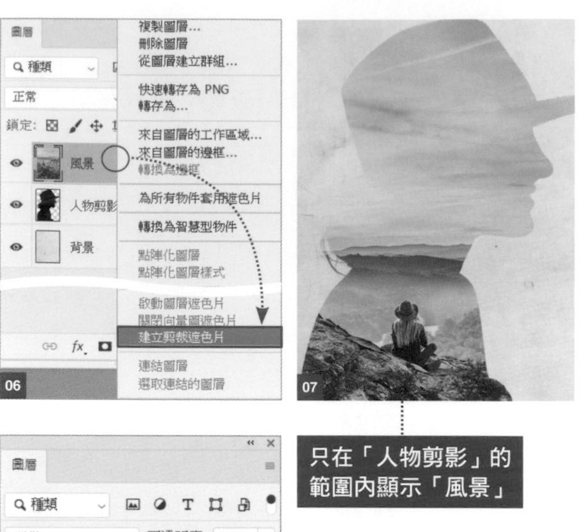

向下的箭頭

03 | 調整各個素材的位置

調整**人物剪影**圖層的位置。

在此希望在畫面右下方加入文字，因此調整版面以方便閱讀內容。選取**人物剪影**圖層，執行『**編輯 / 任意變形**』命令，順時針旋轉「8.7°」，往左移動 **09** **10**。

移動**風景**圖層，讓呈現坐姿的人物移動到剪影的中央 **11**。

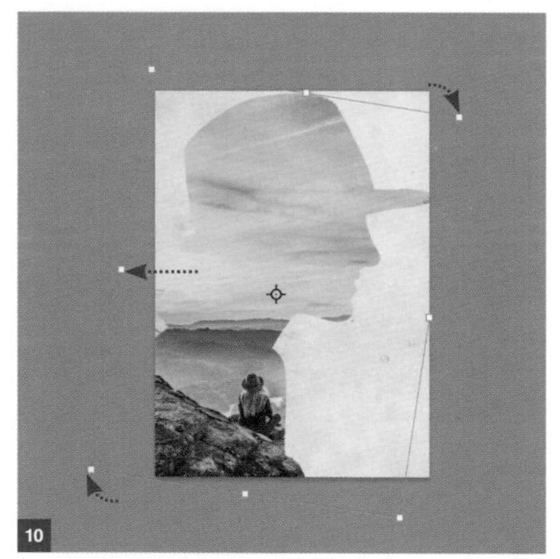

04 | 在右下方的空白處輸入文字完成設計

請將你喜愛的設計置於右下方的空白處。

此範例置入了如圖 **12** 的文字設計。

□ ***memo***

這個範例的「剪影」與「風景」影像的共通點是「戴著帽子的女性」。

因此，將「側面特寫」與「遠景影像」兩個乍看之下不一樣的影像組合在一起，運用排版，讓影像呈現出動態感。

移動到剪影的中央

置入文字設計

☐ column

Ps

使用 Photoshop 輕鬆製作文字組合與線條的方法

左頁範例右下方的文字組合是使用 Photoshop 製作的。

由上往下的設定分別為**字型**：Futura PT Cond、**字型樣式**：Medium、**字型大小**：26.86pt、**顏色**：#5f5846（取自風景中的森林周圍）的設定輸入「Top 10 Tips」**01**，以**字型**：LiebeGerda、**字型樣式**：Bold、**字型大小**：48.45pt、**追蹤選取字元**：-25、**顏色**：#5f5846 的設定輸入「Travel Alone」**02**，以**字型**：Futura PT、**字型樣式**：Medium、**字型大小**：18pt、**行距**：28pt、**追蹤選取字元**：-25、**顏色**：#5f5846 的設定輸入「Essential tips for traveling alone for the first time」**03**。

使用**工具**面板的**矩形工具**製作線條裝飾。下方的曲線如圖 **04** 所示，建立形狀之後，執行『**編輯 / 變形路徑 / 彎曲**』命令 **05**，在彎曲預設集中選取**弧形** **06**，往下拖曳出如圖 **07** 的曲線。

一般認為使用 Illustrator 比較容易建立文字組合與線條，但是利用 Photoshop 也能製作出來。尤其有時會使用 Photoshop 設計網頁，因此最好先記住一些簡單的基本操作。

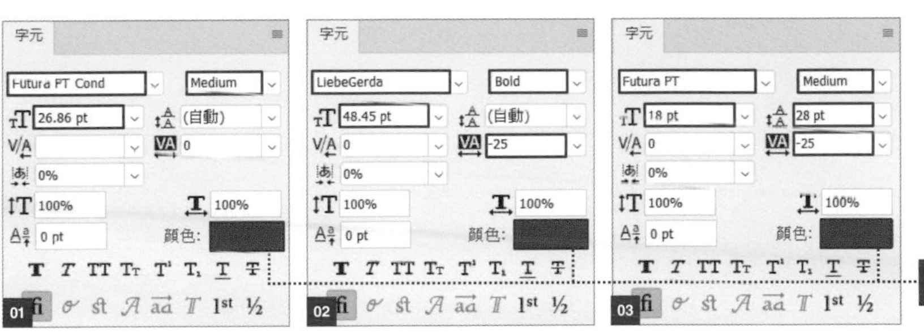

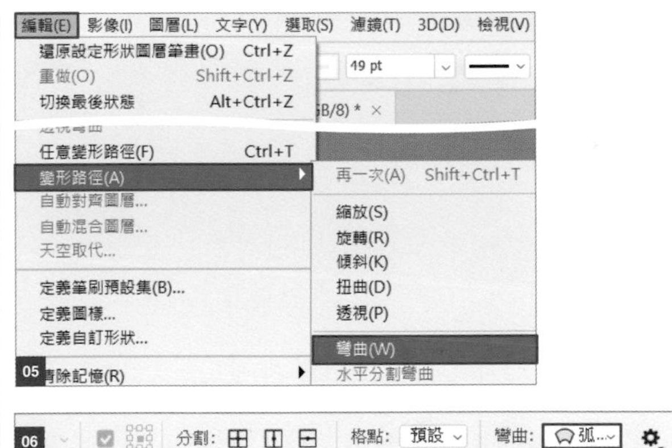

Glitch
Effect

Ps

製作電磁波干擾般的特殊效果 no.005

這個單元要介紹如何讓影像呈現出電磁波干擾般的特殊效果。

Point 根據不同色版分別套用濾鏡

How to use 想做出引人注目的復古風格時

01 | 製作橫條紋

開啟素材「人物.psd」。在上面建立新圖層**橫紋**，以**前景色：#ffffff** 填滿 01。

執行『**濾鏡 / 濾鏡收藏館**』命令，選擇**素描 / 網屏圖樣**濾鏡，如圖 02 設定之後套用 03。

設定**混合模式：覆蓋**、**不透明度：10%**，影像就會加上淡淡的橫條紋 04 05。

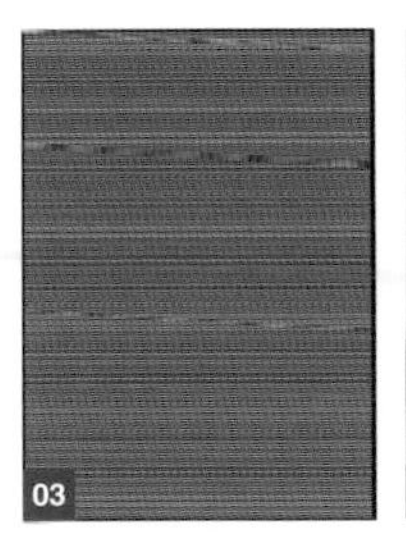

影像加上橫條紋效果

02 | 替紅色色版加上特效

選取**人物**圖層。

在**色版**面板上選擇**紅**色版 06，執行『**濾鏡 / 扭曲 / 波形效果**』命令。

設定**類型：正方形 / 未定義區域：重複邊緣像素**，再如圖 07 設定。

若是按下**隨機化**鈕，影像就會隨機套用特效，請預覽畫面並重複按下**隨機化**，待決定效果後再按下**確定**。在**色版**面板裡選擇 RGB，設定後會如圖 08 的效果。

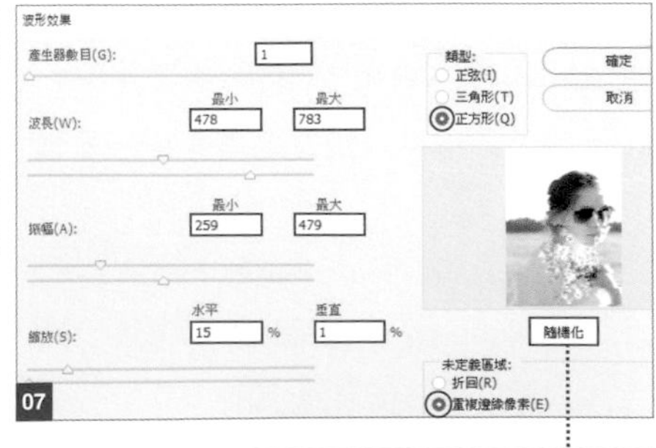

按下此鈕會隨機套用特效

03 | 為綠色、藍色色版套用特效

在**色版**面板中選擇**綠**色版 09。

執行『**濾鏡 / 扭曲 / 波形效果**』命令，如圖 10 設定內容。

同樣地，在**色版**中選擇**藍**色版，如圖 11 設定內容。

每個色版都表現出不一樣的效果 12。

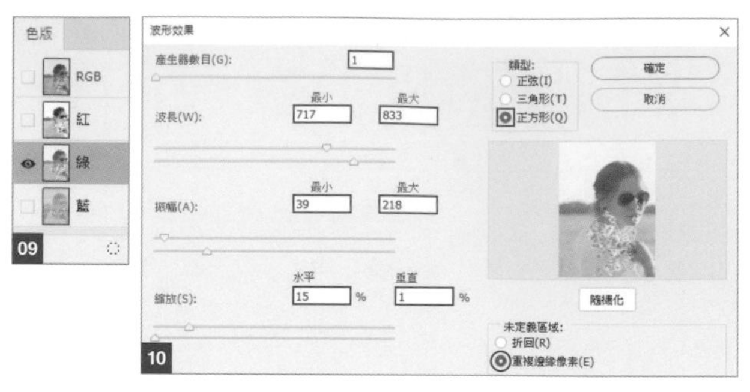

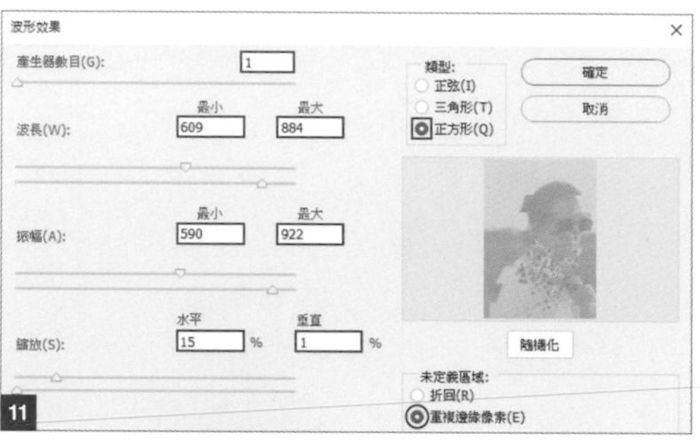

04 | 選取特定部位另做設定

在**色版**面板中選取**紅**色版，選取**矩形選取畫面工具**，如圖 13 建立橫向且長條的選取範圍，再按下**移動工具**往左側移動 14。

只要移動部份就有不一樣的效果。在**色版**中選取 RBG，作品會如圖 15。選擇喜好的色版，用同樣的方式執行**建立選取範圍 / 移動**，進行部份加工 16。

選擇**人物**圖層，執行『**濾鏡 / 雜訊 / 增加雜訊**』命令，如圖 17 設定**總量：10%**。雜訊變多後，更增添復古的質感 18。

最後在圖上加上文字裝飾，作品就完成了。

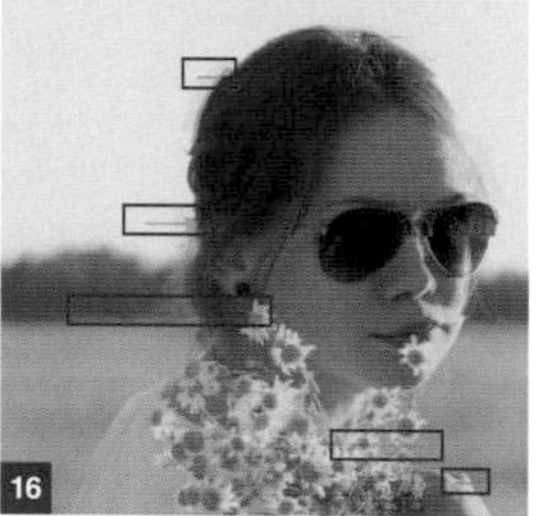

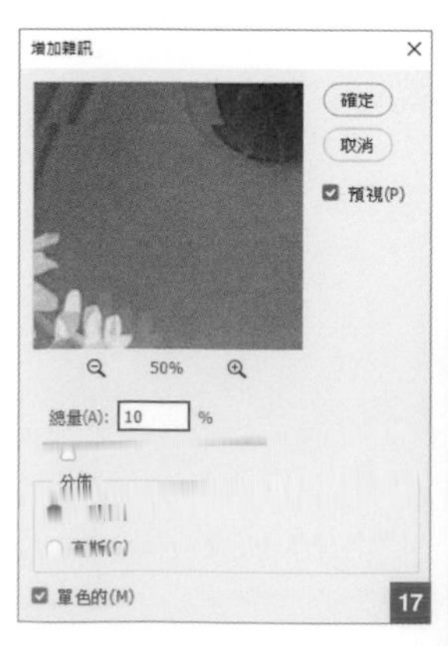

NITED STATES OF
AL TENDER
C AND PRIVATE
WASHINGTON
SERIE
2013
ONE DOLLAR

Ps

在影像套用紙鈔的圖紋效果 no.006

製作出像把照片印刷在紙鈔上的圖紋質感。

Point 疊上波浪線影像，呈現紙鈔圖紋質感

How to use 適用於紙鈔風格的設計、蝕刻版畫風格的影像設計、復古風格的加工

01 | 製作波浪線

開啟素材「狗.jpg」，執行『**影像 / 調整 / 黑白**』命令，維持預設設定，直接按下**確定**鈕 **01**。

在上方建立**波形效果 1** 圖層，設定**前景色：#ffffff**，使用**油漆桶工具**填滿 **02**。

執行『**濾鏡 / 濾鏡收藏館**』命令。

選取**素描 / 網屏圖樣**，依照圖 **03** 完成設定。

接著執行『**濾鏡 / 扭曲 / 波形效果**』命令，依照圖 **04** 完成設定。

將該圖層設定為**混合模式：覆蓋** **05** **06**。

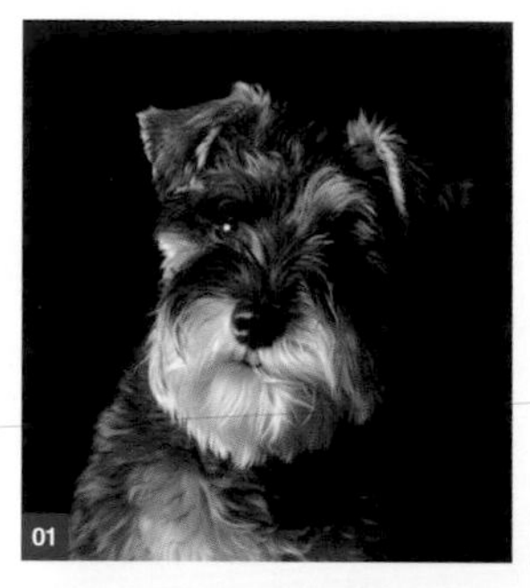

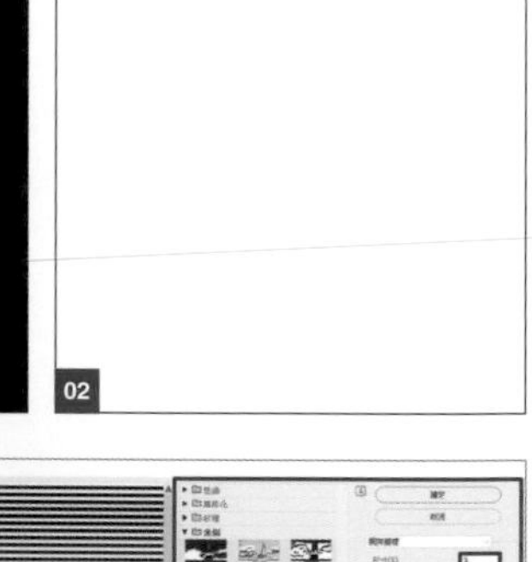

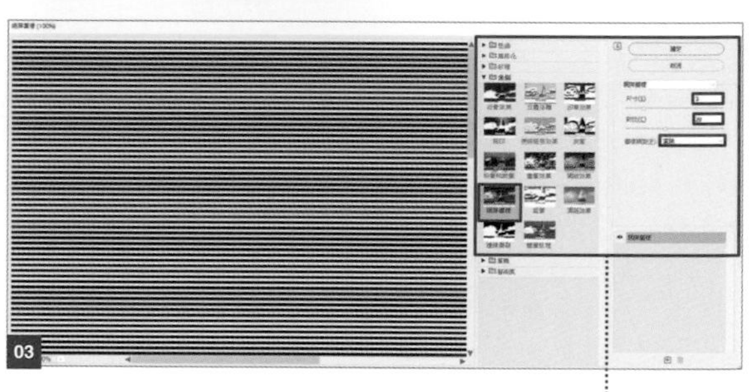

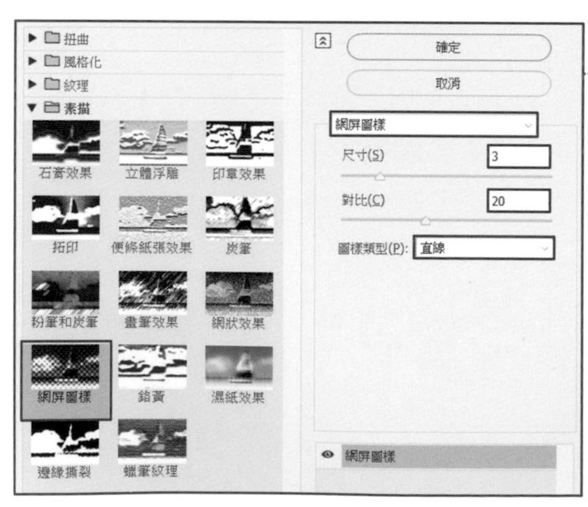

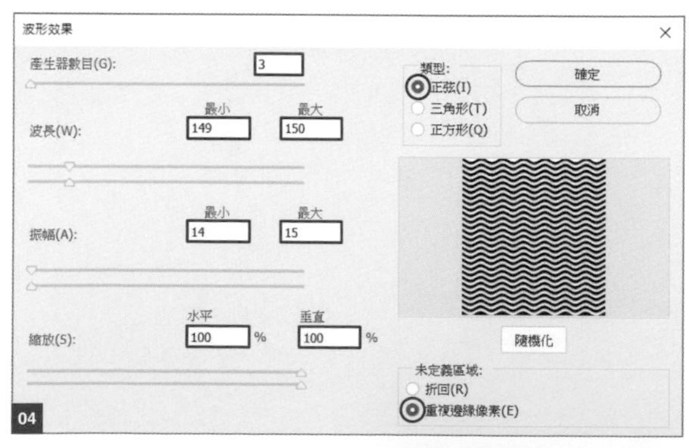

02 ｜ 複製波形效果

往上複製**波形效果 1** 圖層，執行『**編輯 / 任意變形**』命令，設定旋轉「90°」。由於上下尺寸不足，所以要靠齊上方 07。
在**圖層**面板選取任意圖層，按右鍵執行『**合併可見圖層**』命令 08，圖層名稱設定為「狗」。完成紙鈔的圖紋效果 09。

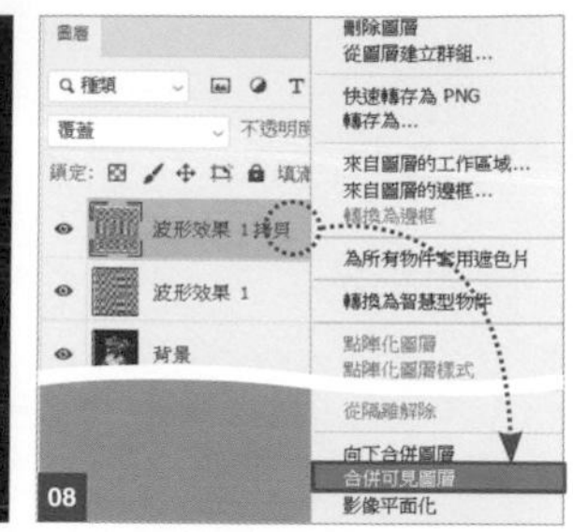

03 ｜ 合成在紙鈔上

開啟素材「紙鈔.psd」，裡面已經準備了裁切掉人物的「紙鈔」圖層。在下層置入剛才製作的狗影像，執行『**編輯 / 任意變形**』命令，配合紙鈔的角度旋轉影像 10。

04 ｜ 統一紙鈔與狗的色調

接著要統一紙鈔與狗的色調。
選取**狗**圖層，執行『**影像 / 調整 / 色相 / 飽和度**』命令。勾選**上色**，設定**色相**：40、**飽和度**：15 11 12。
紙鈔影像上有雜訊質感，因此選取**狗**圖層，執行『**濾鏡 / 雜訊 / 增加雜訊**』命令，設定**總量**：20%、**分布**：**高斯**、**單色的** 13，按下**確定**鈕。讓兩者的色調與質感變得比較接近 14。

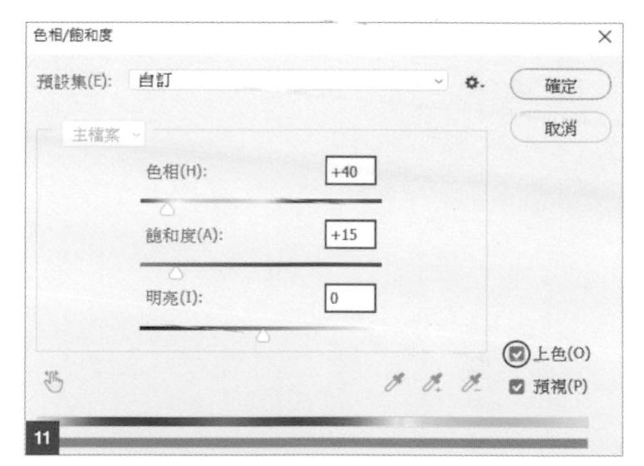

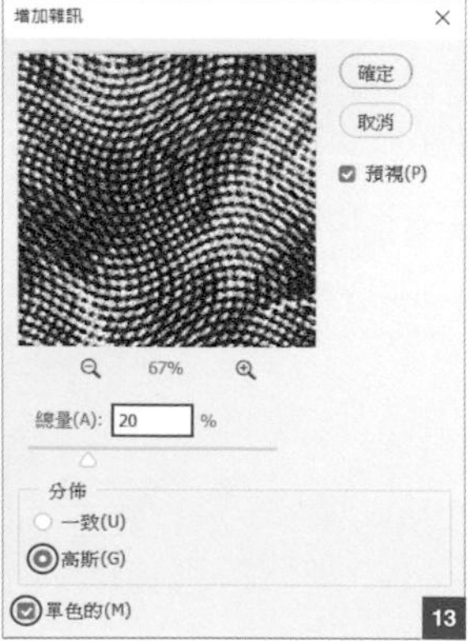

Ps

no. 007
出現巨大貓咪的街景

合成兩張亮度、顏色、質感一致，但是大小相異的影像，製作出猶如數位作品般令人驚豔的影像。

Point	統一亮度、顏色、質感
How to use	適用於製作超現實、讓人印象深刻的設計

USA TODAY

01 | 置入貓咪影像並用遮色片調整

開啟素材「風景.psd」，裡面已經包含將畫面前方元素去背的**前景元素**圖層與**背景**圖層 01 02。

開啟素材「貓.psd」，這裡也準備了貓咪去背後的**貓**圖層。

把**貓**圖層移動到**前景元素**圖層下方，並讓貓坐在馬路的正中央 03 04。

選取**貓**圖層，按一下**圖層**面板中的**增加圖層遮色片** 05。

在選取圖層遮色片縮圖的狀態，選取**工具**面板的**筆刷工具**，設定**前景色**：**#000000** 06 07，以塗抹的方式把貓的尾巴隱藏起來 08。

02 | 調整貓與馬路的接地面

選取**貓**圖層 09，再選取**工具**面板的**仿製印章工具** 10，選項列設定**筆刷類型**：**柔邊圓形筆刷**、**筆刷尺寸**：60、**樣本**：**目前圖層** 11。

調整貓的尾部，變成坐姿，並隱藏計程車。

仿製來源請參考圖 12 的位置，按下 Alt（option）＋按一下滑鼠左鍵來設定。重複仿製與塗抹，讓計程車消失不見，如圖 13。

03 | 在馬路上增加貓的影子

在**貓**圖層的下方新增**影子 1** 圖層。

選取**工具**面板的**筆刷工具**，設定**柔邊圓形筆刷**，在可能產生貓咪影子的位置描繪陰影 14。

為了避免影子的顏色過於強烈，將**影子 1** 圖層的**不透明度**設為「70%」比較自然 15 16。

04 | 再次描繪影子

在下方新增**影子** 2 圖層。

這次只在貓腳與臀部等與馬路銜接部分描繪影子 17。

接地面的影子比較強烈，所以**不透明度**維持「100%」。加入影子之後，就會產生貓坐著的穩定感。到目前為止建立的圖層如圖 18。

05 | 調整貓的亮度與顏色

選取**貓**圖層，執行『**影像 / 調整 / 色彩平衡**』命令 19，選取**色調平衡**中的**陰影**，設定**顏色色階：**+15/0/0，增加陰影的紅色 20。

接著，選取**色調平衡**中的**中間調**，設定**顏色色階：**-20/0/+20，增加中間調的青色及藍色 21

再按下**確定**鈕，套用效果 22。

執行『**影像 / 調整 / 色階**』命令 23，設定**輸入色階：**0/0.9/255、**輸出色階：**0/230 24。

這是大樓的陰影部分，所以**亮部**設定成「230」，調暗整個影像。**中間調**設定為「0.9」，稍微提高對比 25。

06 | 加入雜訊與模糊效果，調整貓的質感

貓影像比背景影像鮮明，因此加上粗糙效果，調整質感。

執行『**濾鏡 / 雜訊 / 增加雜訊**』命令 26，設定**總量：**5%、**分佈：**高斯，按下**確定**鈕 27，請參考周圍大樓的畫質來設定雜訊量。

接著要加入一點點模糊效果，降低畫質。

執行『**濾鏡 / 模糊 / 高斯模糊**』命令，設定**強度：**0.3 **像素** 28，在貓影像加上雜訊與模糊效果，以符合背景影像的質感 29。

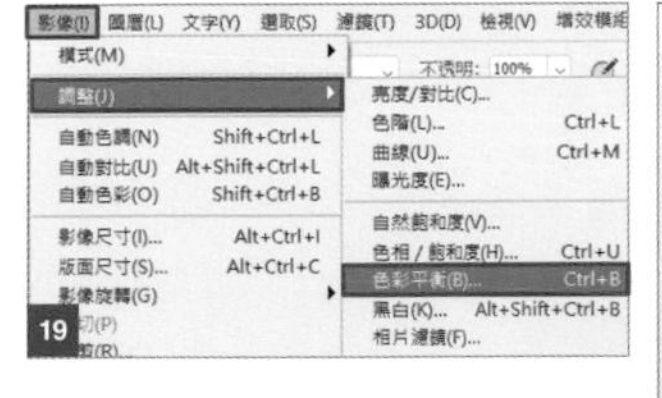

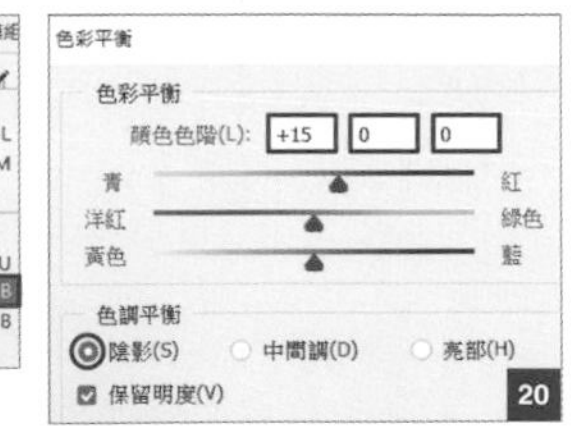

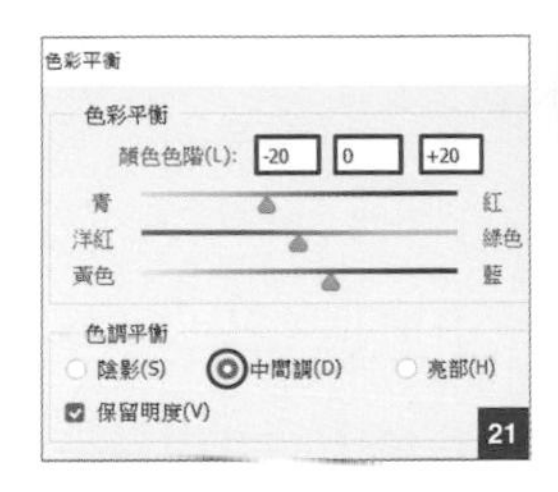

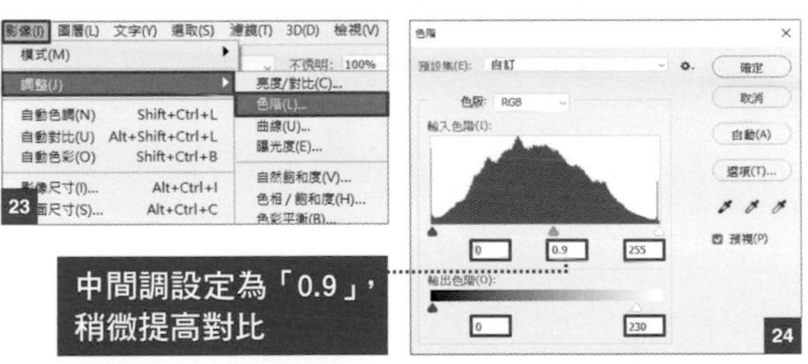

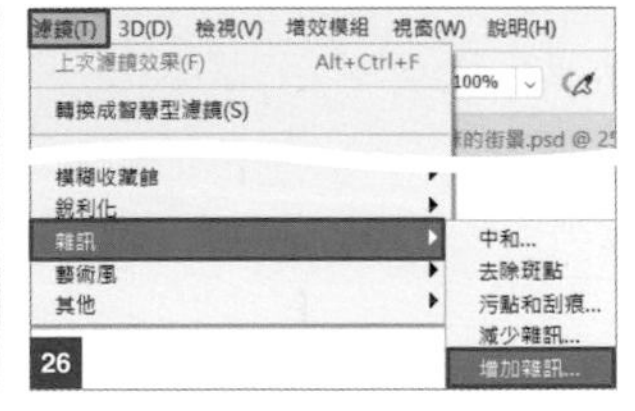

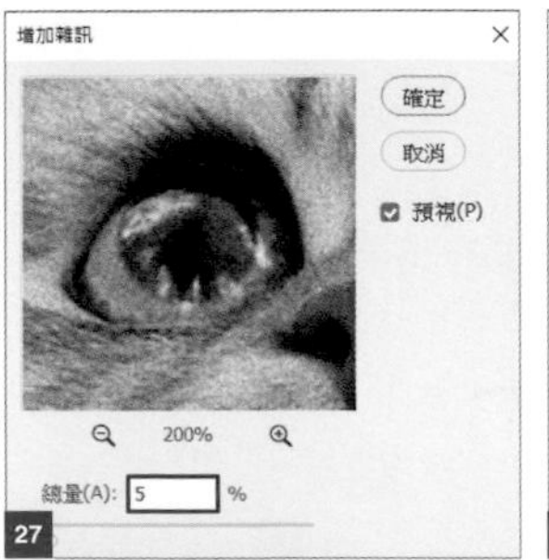

07 | 在貓身上加上光線

在**貓**圖層上方建立**光**圖層，設定**混合模式：覆蓋**，接著按右鍵，執行『**建立剪裁遮色片**』命令 30。

選取**筆刷工具**，設定**柔邊圓形筆刷**、**前景色：#ffffff**。以由上方照光的感覺，用「500 像素」左右的大尺寸筆刷，在貓臉、貓背、原本照光的輪廓部分加上光線 31。

加上光線後，依照狀態調整圖層的不透明度，此範例設定為「50%」32。

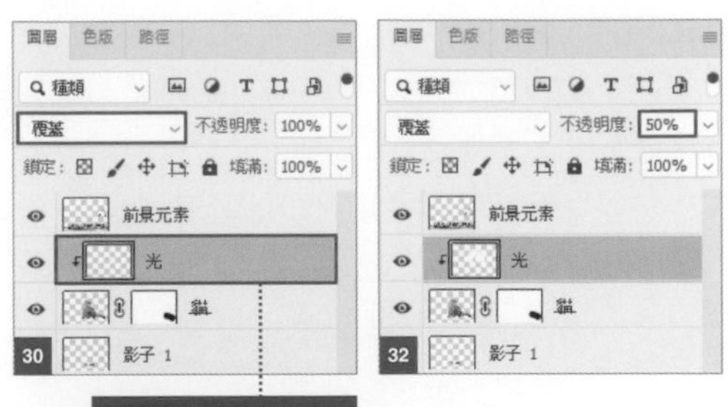

memo

下巴下方、畫面左側的貓手、肚子等部分會形成陰影，請不要加上光線。

08 | 在背景加上模糊效果

貓影像從身體開始逐漸模糊，尾部的模糊非常明顯，所以按照相同的距離感，在背景加上模糊效果。

選取**背景**圖層，執行『**濾鏡 / 模糊收藏館 / 光圈模糊**』命令 33，設定**模糊：5 像素** 34。

在畫面上按一下，增加三個模糊點。第一個模糊點要意識到從近到遠加上模糊效果，請拖曳周圍可以用滑鼠操作的控制點，參考圖 35 的形狀進行調整。

第二點要意識到畫面左側建築物的模糊效果。按一下增加模糊點，以眼前到第二棟大樓開始模糊的方式進行調整。請參考圖 36。

第三點是意識到畫面右側建築物的模糊效果。按一下增加模糊點，同樣從眼前到第二棟建築物開始加上模糊，請參考圖 37 進行調整，調整完畢後，按下**確定**，套用效果。

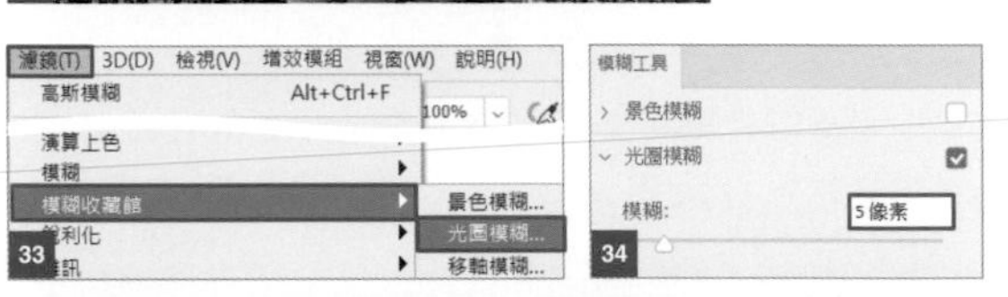

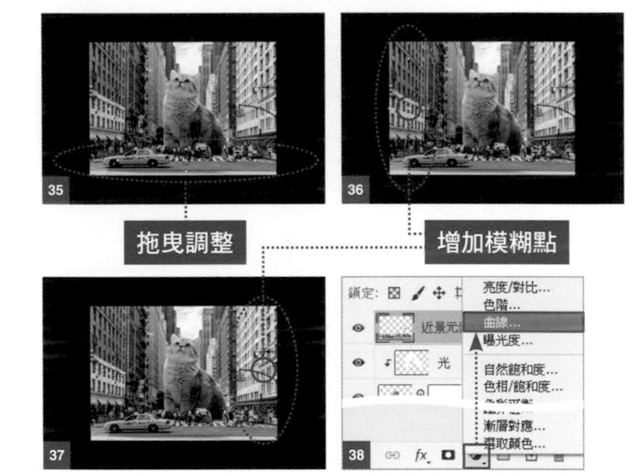

09 | 使用「曲線」統一整體的亮度

按一下**建立新填色或調整圖層**，執行『**曲線**』命令，在圖層最上方建立**曲線**調整圖層 38。

左下方的控制點設定**輸入：10 / 輸出：50** 39。增加另一個控制點，設定**輸入：40 / 輸出：65** 40。刪除陰影的色階，讓整體的黑色變平均，產生霧面質感。下方圖層全都會套用曲線的效果，因而能統一整體的亮度 41。

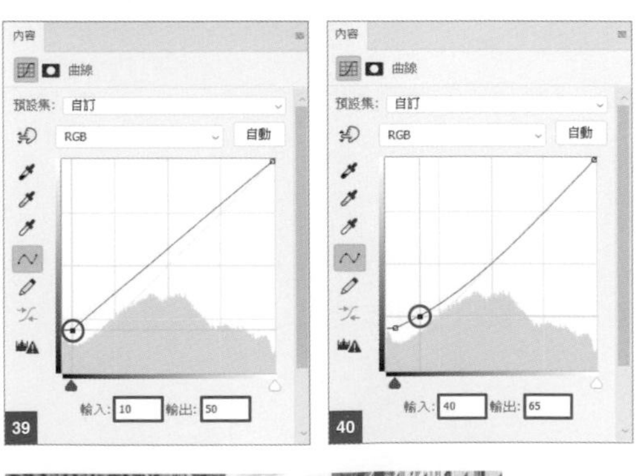

真實質感的設計技巧

本章要教您創造出火焰、水、雪、冰、雲、金屬、玻璃、雷等真實的質感。將運用圖層樣式、濾鏡來呈現這些效果。此外，本書還提供原創的筆刷供您使用。

Chapter 02

Realistic material design techniques

BURNING EFFECT

Ps

no. 008

逼真的火焰設計

為公獅頭部的鬃毛加上火焰般效果。

Point	套用濾鏡表現烈火效果
How to use	想要表現火焰時

01 ｜ 利用「筆型工具」沿著毛髮製作路徑

請開啟素材「獅子.psd」。

在所有圖層的最上面建立新圖層**火焰**，並選取該圖層。

從**工具**面板選取**創意筆工具**，將工具模式設定為**路徑** 01 02，沿著毛髮製作路徑 03。

(此範例檔案已建立路徑可套用，請切換到**路徑**面板，點選**鬃毛**)

長按

筆型工具 P
創意筆工具 P
曲線筆工具 P
增加錨點工具
刪除錨點工具
轉換錨點工具

01

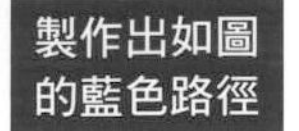

02 ｜ 利用濾鏡製作火焰

請在**火焰**圖層中執行『**濾鏡 / 演算上色 / 火焰**』命令，在**基本**頁次將**火焰類型**設定為 **1. 沿路徑一個火焰** 04 05。

切換到**進階**頁次，如圖 06 設定內容，就可以沿著路徑套用火焰了 07。

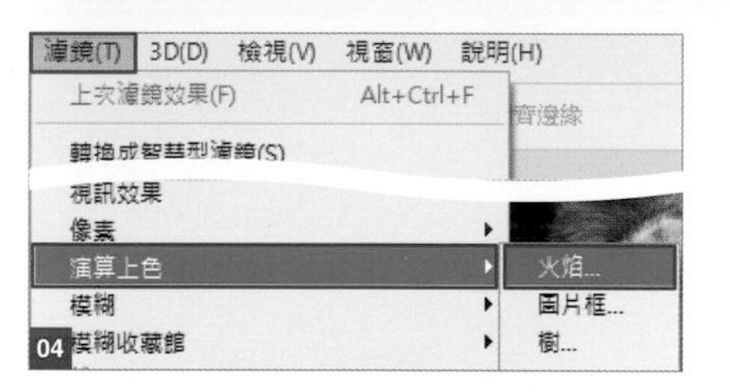

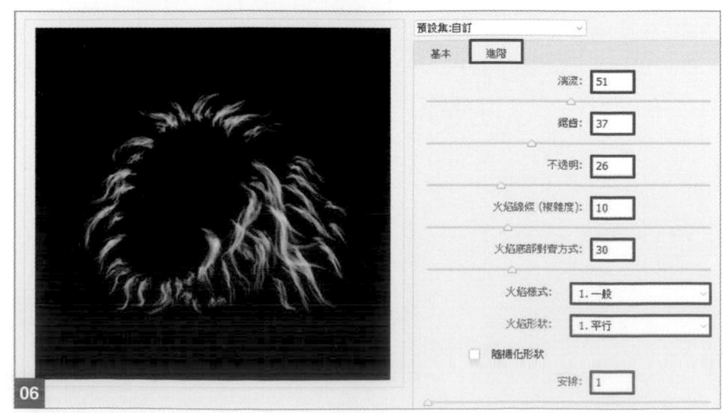

memo

套用**火焰**濾鏡時，可能會因為顯示卡的效能不足而有跑不動的情況，如果感覺卡卡的，可以減少在圖 03 所製作的路徑數量，再重新執行圖 04 ~ 06 就可以改善了。

03 | 增加火焰的亮度

雙按**火焰**圖層，開啟**圖層樣式**交談窗。
選取**外光暈**，如圖 08 設定內容，設定漸層色時，要注意火焰的顏色分佈是否均勻，此例設定為 #db7215，火焰的亮度就完成了 09。

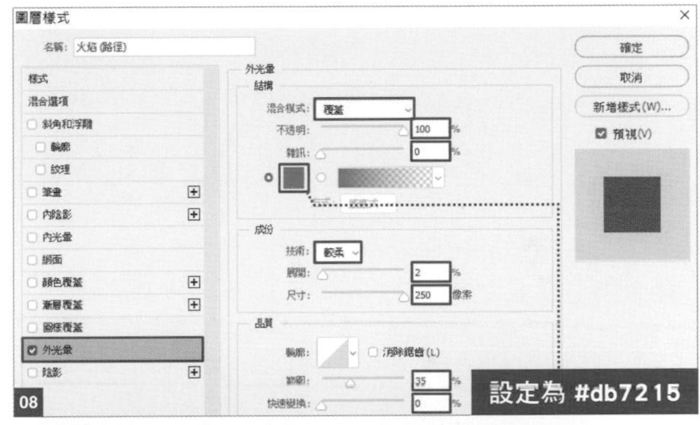

增加火焰的發光效果

04 | 為臉部增加亮度就完成了

在圖層最上方位置建立一個新圖層**臉上的光線**，設定**混合模式：覆蓋**、**不透明度：**75%。
前景色設定為 #db7215，使用**筆刷工具**將兩眼、臉部輪廓加上亮度後就完成了 10。
最後如 P.40 的範例在左上角加上文字，依照步驟 01～02 替文字加上火焰效果。

Ps

no. 009
水花的設計範例

利用特製的水花筆刷，再加上簡單的步驟，就能做出令人印象深刻的畫面。

Point	仔細調整水花筆刷的尺寸與旋轉角度
How to use	製作令人印象深刻的畫面

WATER SPLASH EFFECT

01 ┃ 複製影像，加上扭曲效果

請開啟素材「人物.psd」。複製圖層至上方，圖層名稱變更為**水花**，接著**按右鍵 / 轉換為智慧型物件** 01 。

選取**水花**圖層，執行『**濾鏡 / 液化**』命令 02 。

選取**向前彎曲工具**，在**筆刷工具選項**設定**尺寸**：400，將人物的背部往後拉伸如圖 03 04 ，完成後按下**確定**鈕。

選取**水花**圖層，從**圖層**面板按下**增加圖層遮色片**鈕 05 。

在選取圖層遮色片縮圖狀態，按下**油漆桶工具**，設定前景色 #000000 填滿整個畫面 06 。

☐ **memo**

將圖層設定為**智慧型物件**，可以在不變更原影像的狀態下，執行編修、擴大或縮小等操作。
由於智慧型物件的畫質不會因為操作而變差，因此在編修時是非常好用的工具。

☐ **memo**

按下快速鍵 Ctrl (⌘) + I，也可以完成 06 填滿的操作。

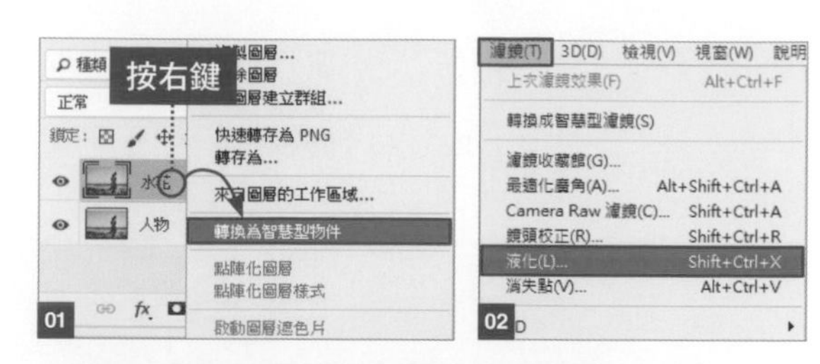

02 ┃ 使用水花筆刷，調整遮色片

請雙按素材「Splash.abr」 07 ，新增預先做好的筆刷 08 。

在選取**水花**圖層遮色片縮圖的狀態下，點選**筆刷工具**。設定**前景色**為 #ffffff 後，再調整遮色片。

使用 Splash01、Splash02 筆刷，在人物的背部畫上水花，描繪時可適時變換筆刷的**尺寸**與**角度**，效果會更加自然 09 10 。

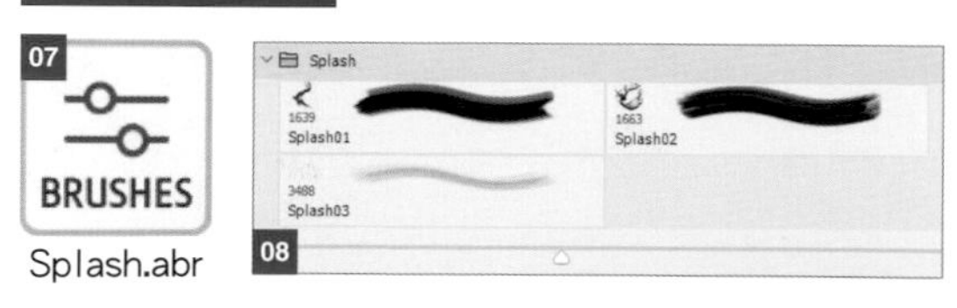

03 | 觀察水花的分佈再適當添加

在加上水花的同時，要依整體畫面的協調度來修正。

水花的形狀修飾完成後，再用 Splash03 筆刷增加更細小的水珠 **11**。

此時已套用**液化**濾鏡的部份，也可以視情況再稍作調整。

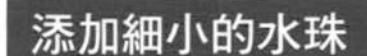

04 | 修飾水花

請開啟素材「古紙.psd」，配置在圖層的最下層，然後隱藏**人物**圖層 **12**。

在這個狀態下，進一步調整**水花**圖層 **13**。

針對背部已套用**液化**濾鏡，但顯得不均勻的部份來稍作修飾 **14**。

在最上層建立新圖層**水花 2**，用**滴管工具**在人物上取色，再用**筆刷工具**將不均勻處再仔細加上水花 **15**，就可以完成整個畫面的修飾工作 **16**。

如 P.44 的範例，最後加上 WATER SPLASH EFFECT 的文字，並擺入適當位置就可以了。

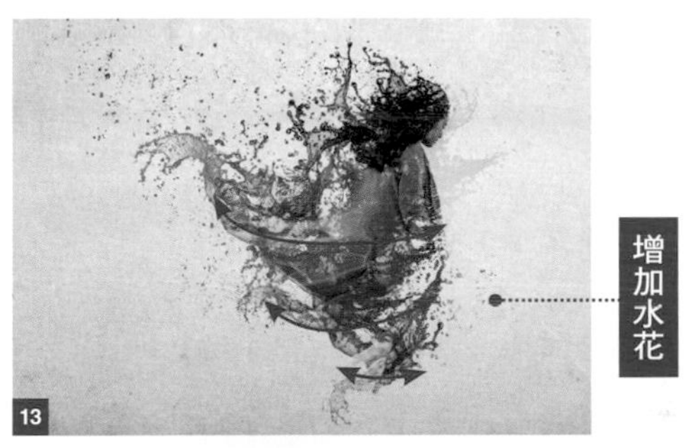

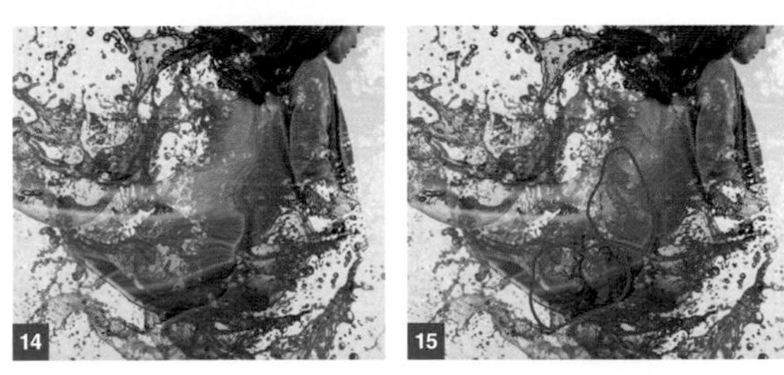

☐ *memo*

在選取**筆刷工具**的狀態下，可以利用 [Alt]（[option]）鍵來切換**筆刷工具**與**滴管工具**。

☐ *memo*

使用素材中的 Splash.abr 筆刷，可輕鬆地做出水花、水珠、潑濺等設計。無論是部份使用，或像本單元所介紹的大範圍設計，都可以多加利用這個筆刷的功能，以達到更好的效果。

01 ❙ 使用「色版混合器」來製作雪景

開啟素材「背景.psd」。

按下**圖層**面板的**建立新填色或調整圖層**鈕，選擇**色版混合器**，將新增的**色版混合器**圖層移至最上層，再將**混合模式**設定為**變亮** 01 02。

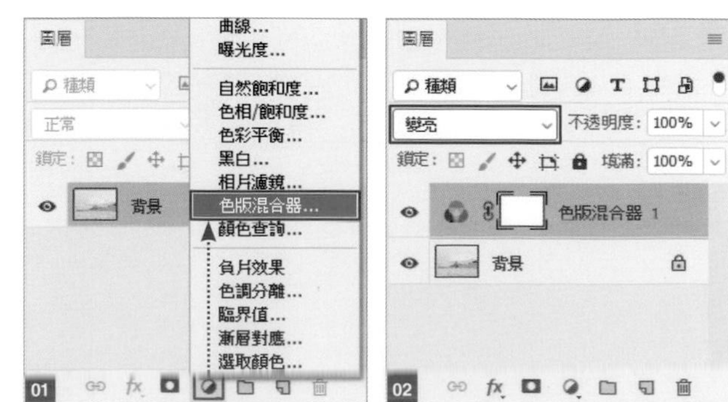

Ps

no.010 將風景轉換成雪景

為照片加上從天而降的飄雪，幻化成雪中景色。

Point 利用色版混合器抽出色彩

How to use 透過簡單的步驟來改變照片給人的印象

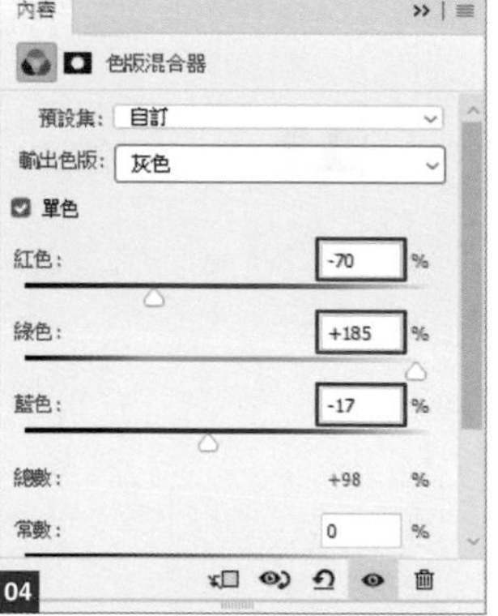

開啟**內容**面板，設定**預設集：紅外線的黑白**(RGB) 03，但光是這樣的話，花田的顏色會整個過白，所以還要再設定**紅色**：-70%／**綠色**：+185%／**藍色**：-17% 04。調整完後，就會變成如圖 05 的效果。

02 | 使用「曲線」功能來調節天空的顏色

在**圖層**面板新增**曲線**調整圖層，移至**色版混合器**調整圖層的下層 06。

由**內容**面板裡選取**藍**色，然後在中央位置加入節點，設定**輸入：104**／**輸出：165** 07，調整後天空就會呈現藍色了 08。

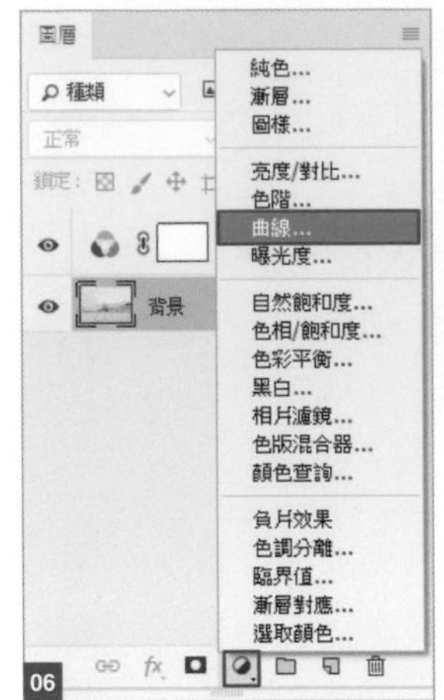

06

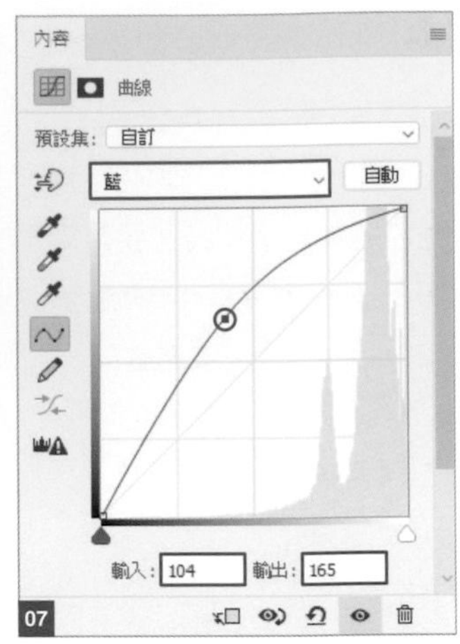

07

08

03 | 為中間的樹木與草地加上顏色

在最上方的位置建立新圖層**樹的顏色**，設定**混合模式：覆蓋**／**不透明度：80%**。

設定**前景色**為 #bd74b0，利用**筆刷工具**為樹木塗上顏色。筆刷設定為**柔邊圓形**，大小設定成好上色的尺寸就可以了 09。

在下方建立一個新圖層**草地的顏色**，設定**混合模式：覆蓋**／**不透明度：25%**。

設定前景色為 #ffffff，將中間的草地塗滿白色，讓整體畫面多一份沉靜的感覺 10。

09

10

04 ❙ 加上飄雪的效果後就完成了

在最上層建立新圖層**雪**，並選取圖層。

從**工具**面板中選取**筆刷工具**。

從**選項列**按下**切換「筆刷設定」面板**鈕 11，將**筆刷設定**面板中的**筆尖形狀**設定為**間距** 400% 12，調整**筆刷動態**，如圖 13 做設定，**散佈**選項如圖 14 做設定。

選取剛才設定好的筆刷，利用**前景色 #ffffff** 畫出雪的樣子。

前方的雪，**筆刷尺寸**設為 100px 左右，後方的雪設為 30px 左右，想像雪從空中飄下來的景象來描繪，就可以完成自然的雪景 15。

memo

本書範例中所使用的筆刷、漸層、圖樣等，除了部份範例，其餘皆已收錄至本書提供的素材中供讀者使用。
除了參考範例來製作，日後也可以再加以衍生出屬於自己的創作。
本單元介紹的飄雪效果，也可以使用設定好的**雪筆刷**.abr 筆刷素材來製作。

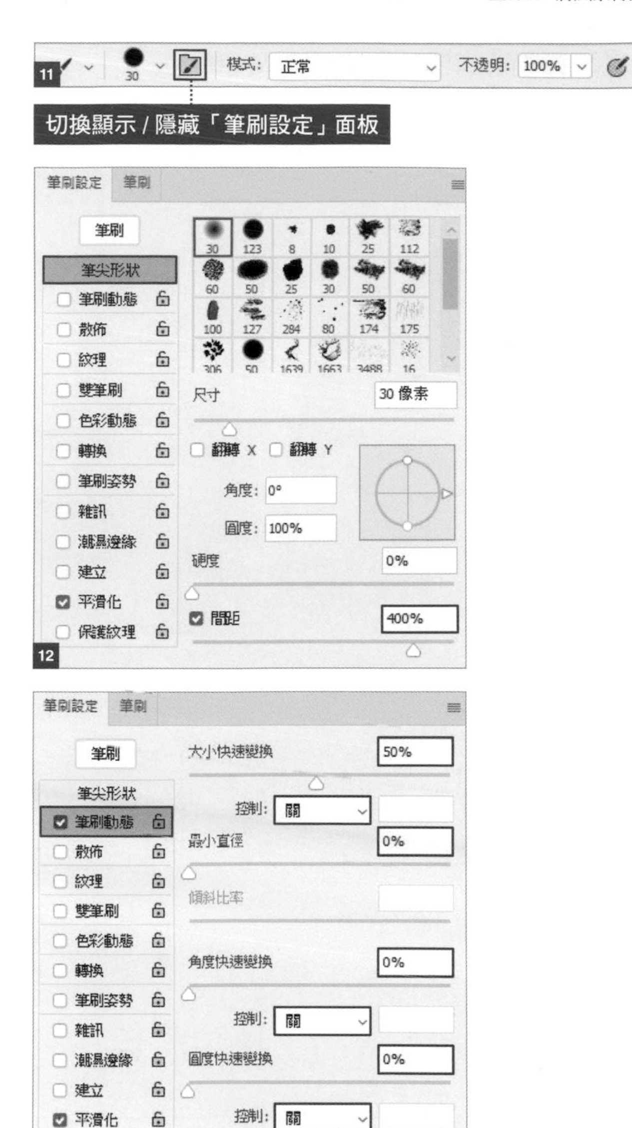

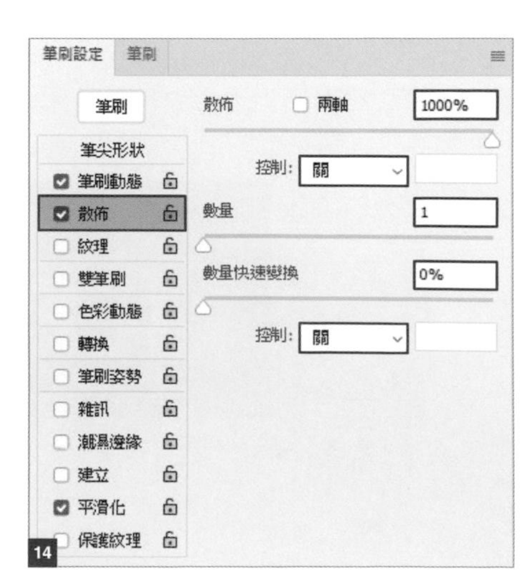

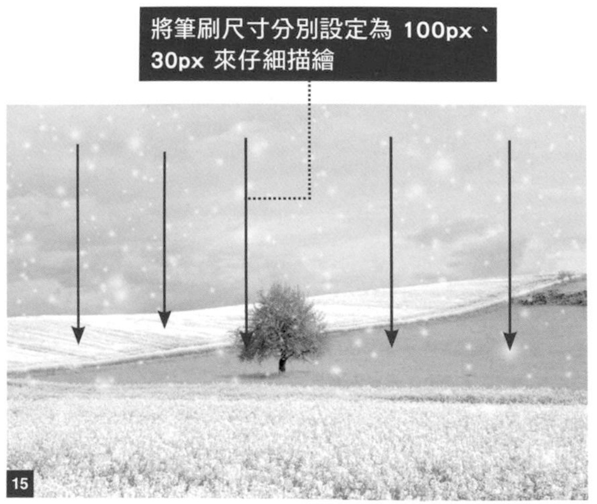

Ps

製作效果逼真的冰塊文字

no. 011

透過調整圖層，為文字製作出真實的冰塊質感。

Point 套用「斜角和浮雕」的「雕鑿硬邊」 How to use 想要作出冰塊與岩石質感的物件時

01 | 使用「水平文字工具」輸入文字

開啟素材「背景.psd」，由**工具**面板選取**水平文字工具**。執行『**視窗 / 字元**』命令開啟**字元**面板後，設定**字型：小塚ゴシック Pr6N／字型樣式：H／字型大小：200pt／字距微調：0／設定追蹤選取字元：10／文字顏色：#ffffff** 01。設定後輸入文字「ICE」，並移入杯子內 02。

譯註：也可以套用外觀接近的字型，如黑體。

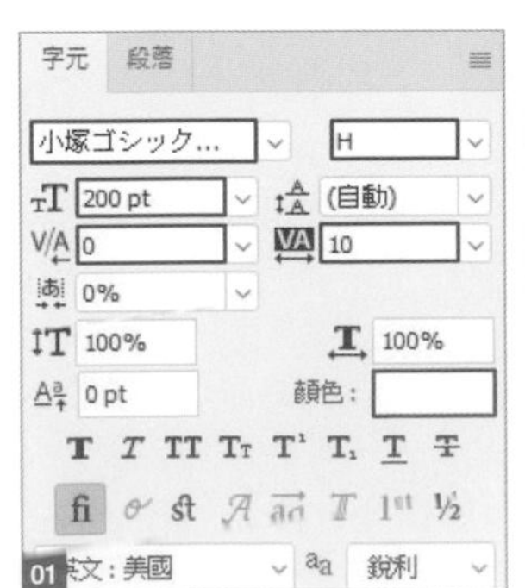

01

02

02 | 使用冰材質的照片，在文字上套用遮色片

開啟素材「冰材質.psd」，將圖層移至最上層並蓋住 ICE 文字 03。

在**圖層**面板裡，按住 Alt（option）鍵，然後按一下**冰材質**圖層與下層 ICE 的邊界 04，建立剪裁遮色片 05，完成後**圖層**面板會如圖 06。

03 | 套用圖層樣式，讓文字表現出冰塊的質感

雙按 ICE 圖層，開啟**圖層樣式**交談窗。

選取**斜角和浮雕**選項，依圖 07 進行設定，**陰影**區的**亮部模式**顏色設定為 #ffffff，**陰影模式**的顏色設定可參考背景圖，此例設為 #a98d5d。

接著再選擇**內光暈**，依圖 08 進行設定，其中**結構**區的漸層顏色設定為 #ffffff，套用預設集中的**色彩到透明**選項 09。

將**圖層**面板中的混合模式設定為**覆蓋**，**填滿**調整至 65% 10，就能為文字加上冰塊的質感了 11。

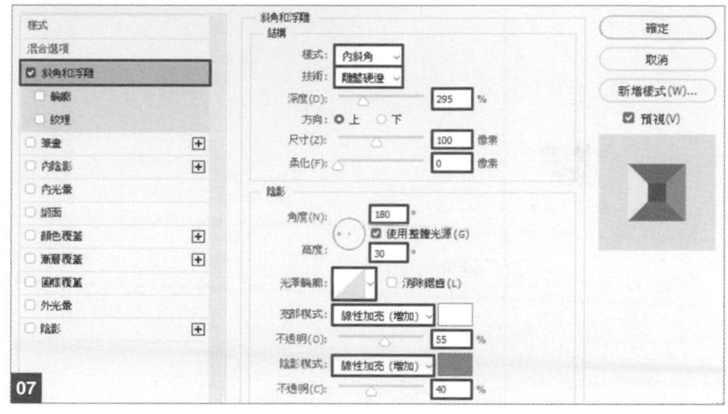

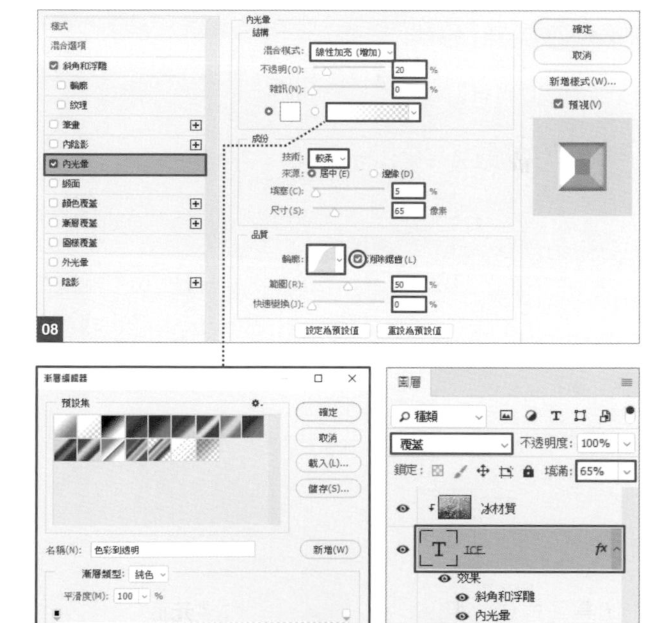

04 | 將文字圖層轉換為形狀，再調整位置

選取**圖層**面板中的 ICE 圖層，然後**按右鍵／轉換為形狀** 12 。

從**工具**面板選擇**路徑選取工具** 13 ，再分別選取文字，執行『**編輯 / 任意變形路徑**』命令，將玻璃杯中的文字調整成自然浮在水中的樣子 14 15 16 。

決定了擺放的位置和角度後即可套用變形，在**圖層**面板上選擇 ICE 圖層，接著**按右鍵／點陣化圖層** 17 。

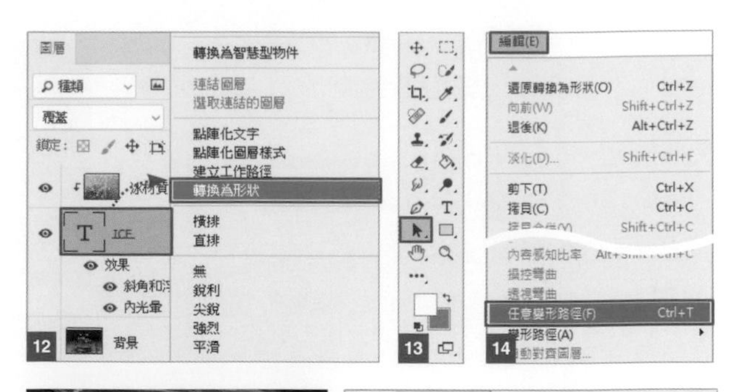

12 13 14

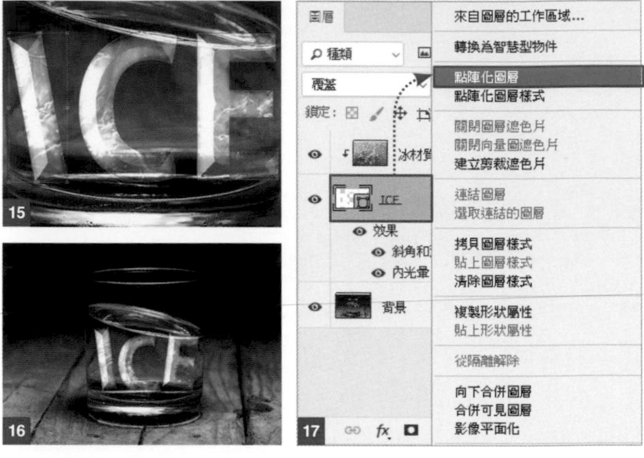

15 16 17

05 | 最後再強調冰塊的質感就完成了

從**工具**面板中選擇**橡皮擦工具**，再選擇**實邊圓形**筆刷 18 。

選取 ICE 圖層，利用**橡皮擦工具**將冰塊的四角與周圍磨出不平的邊緣感。磨削邊緣時，同時要注意到冰塊紋理上應有的線條，這樣做出來的結果才會自然 19 。

在最上方建立一個新圖層**填色**，設定圖層的**混合模式：覆蓋／不透明度：85%／前景色：#cf8214**，再利用筆刷為液體部份上色後就完成了 20 。

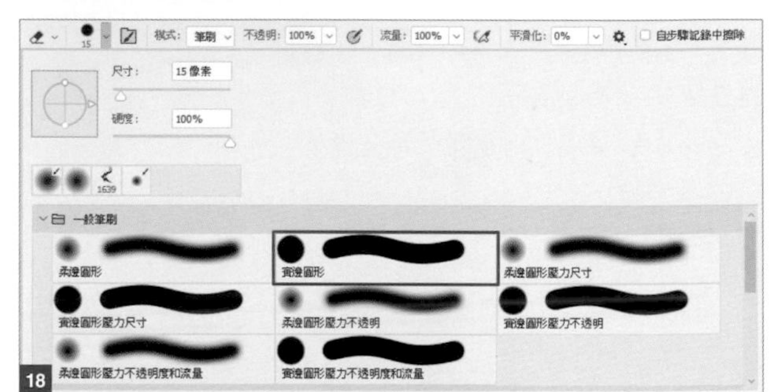

18

19

磨削角落和邊緣

20

填色 #cf8214

Ps
no.
012
Summer

Ps

畫出雲與煙

使用設定好的雲朵筆刷，畫出雲與煙。

Point	使用多種筆刷來畫出雲朵
How to use	想做出噴射機雲與天空的雲朵

01 ｜ 載入已經設定好的筆刷

請用滑鼠雙按素材「雲朵筆刷.abr」讀取檔案。
其中除了本單元使用的噴射機雲筆刷之外，還有 7 種可以繪製背景的雲朵筆刷 01。

02 ｜ 擺放文字

開啟素材「風景.psd」後，按下**水平文字工具**，再挑選一個喜好的字型。本範例所使用的字型，是收錄在 Adobe Fonts 中的 **Madre Script**。如果想要更了解 Adobe Fonts 的使用方法，可參考 P.112 的說明。

接著設定**前景色：#ffffff／字型大小：90pt**，輸入文字「Summer」後，再使用**任意變形**功能，將文字如圖 02 旋轉配置。

譯註 若沒有上述字型，也可以自行設定外觀接近的字型。

03 ｜ 依文字的軌跡，利用噴射機雲筆刷描繪文字

為了讓 Summer 文字圖層的軌跡更方便描繪，請設定**不透明度：30%** 03 04。

在最上方建立新圖層**飛機雲**。

設定**前景色：#ffffff** 後選取**筆刷工具**。

接著，從剛才讀入的**雲朵筆刷**中，選擇**筆刷尺寸：50 像素** 05。在**飛機雲**圖層中，依文字的軌跡，利用噴射機雲筆刷描繪文字。

要營造出噴射機噴出的雲彩效果，將文字的前端與末端如圖 06 拉長。

隱藏文字圖層，再開啟素材「飛機.psd」，並移至最上層的位置 07。

01

02

03

04

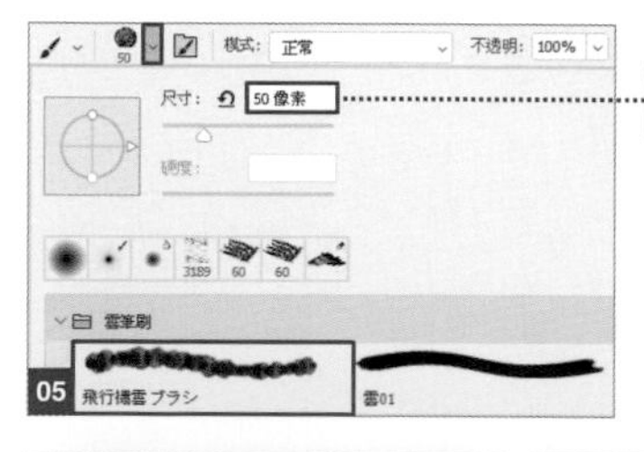

05

06

07

04 | 為飛機雲加上模糊效果

選取**飛機雲**圖層，執行『**濾鏡 / 模糊 / 高斯模糊**』命令，套用**強度**：3.0 像素 08 09。
再設定圖層的**不透明度**：80%，讓文字跟天空更融合 10。

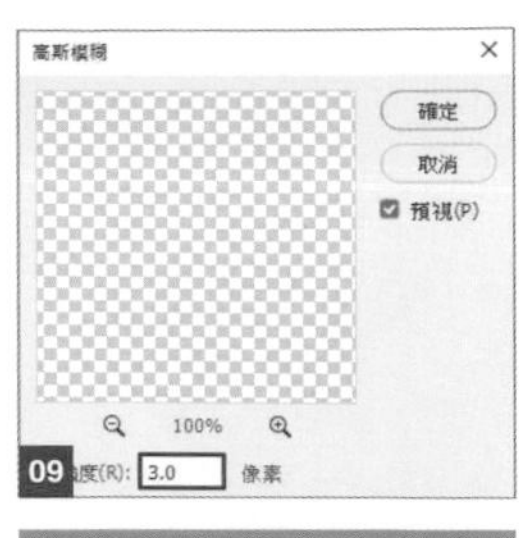

09

10

05 | 將天空範圍做成圖層遮色片

在**背景**圖層的上面建立新圖層**雲**。
選取**筆型工具**，如圖 11 選取天空並將其建立成選取範圍。在**圖層**面板中選擇**雲**圖層，再按下**增加圖層遮色片** 12。

06 | 在背景添加雲朵

使用步驟 01 讀入的檔案**雲** 01～07 來繪製雲朵，只要選擇自己喜好的筆刷，用點、按的方式就能畫出雲朵 13。
由於天空範圍已經建立了圖層遮色片，所以雲朵不會繪製到天空範圍外，如圖 14。天空部份畫好後，為**雲**圖層設定**不透明度**：80%，就完成了 15。

12

13

14

15

Ps

製作出鏡面質感的光澤 no.013

製作出有如鏡面質感的文字設計。

Point 利用霧面效果做出擬真的光澤質感 How to use 想要做出搶眼 Logo、特別加強印象時

01 | 為風景加上扭曲與霧面效果

打開素材「背景.psd」，與素材「房間.psd」重疊 01。

選取**房間**圖層，執行『**濾鏡 / 扭曲 / 波形效果**』命令 02，依圖 03 的內容設定後，按下**確定**，扭曲效果就完成了 04。

執行『**濾鏡 / 模糊 / 高斯模糊**』命令 05，套用**強度：1.0 像素**，讓影像稍微模糊 06。

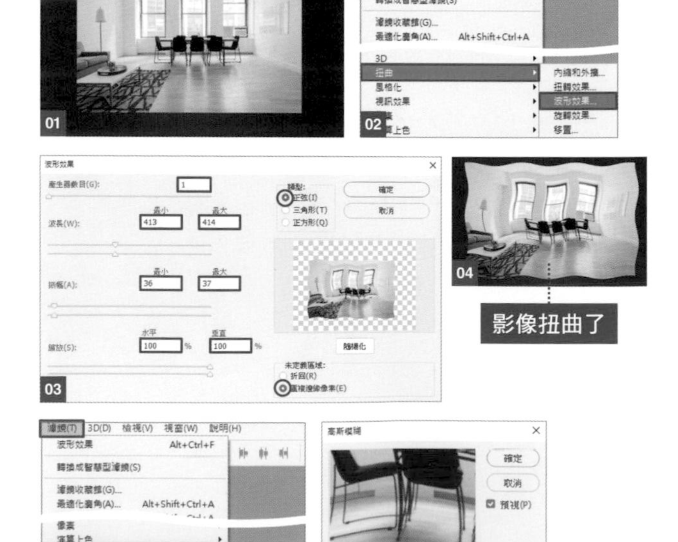

02 ｜ 擺放文字，先做出鏡面的底座

先將**房間**圖層設定為不顯示 07。

在最上方新增一個圖層，然後選取**水平文字工具**，再選取適合當作鏡面且較粗的字型。

本範例是使用收錄在 Adobe Fonts 裡的 **HWT Mardell** 字型。如果想要更了解 Adobe Fonts 的使用方法，可參考 P.112 的說明。

文字顏色設定為 **#bababa**，文字大小 150pt，輸入「MIRROR」後**填滿：5%** 08。

03 ｜ 使用圖層樣式做出立體感

開啟**圖層樣式**交談窗，選取**斜角和浮雕**選項後，如圖 09 設定內容，其中**光澤輪廓**請選擇**凹槽 - 深**。

選取**輪廓**選項後，如圖 10 設定內容。

選取**內陰影**選項後，如圖 11 設定內容，其中混合模式的顏色為 **#494949**。

選取**內光暈**選項後，如圖 12 設定內容，其中混合模式的顏色為 **#ffffff**。

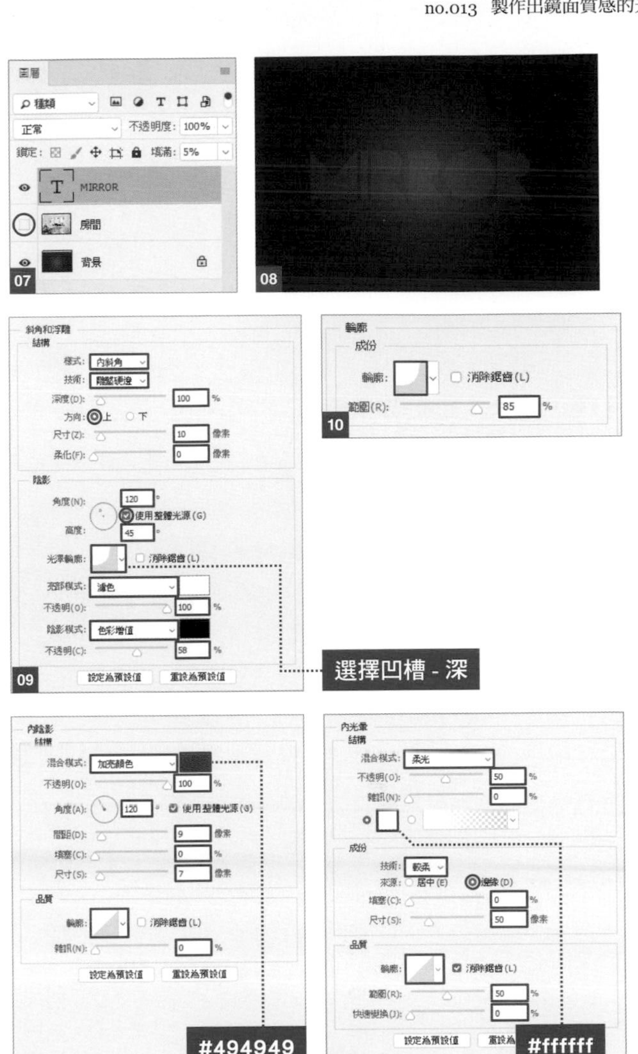

04 ｜ 利用漸層覆蓋製作出光澤效果

選取**漸層覆蓋**選項，如圖 13 設定內容。可以幫漸層多設一些色彩節點，如圖 14 讓顏色的漸層更多一些，展現出來的漸層效果會更細緻。使用的顏色為 **#202020／#5a5a5a／#ffffff／#bebebe／#787878／#2d2d2d** 等。由微亮的色彩快速轉換為暗色系，可以突顯整體的明暗效果。(可參考 P.60 **新增漸層**，讀取素材檔「鏡面質感光澤 .grd」並善加利用)。

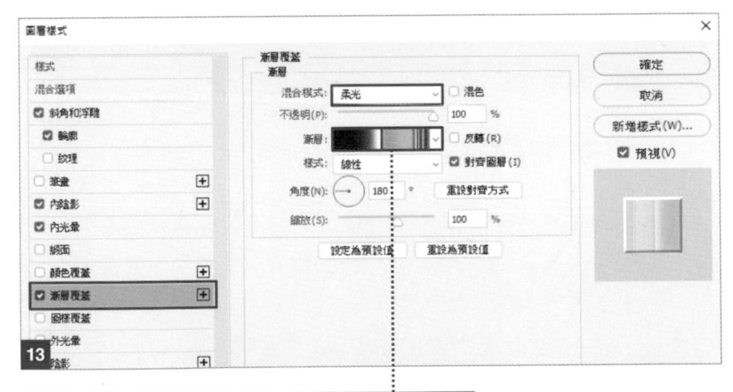

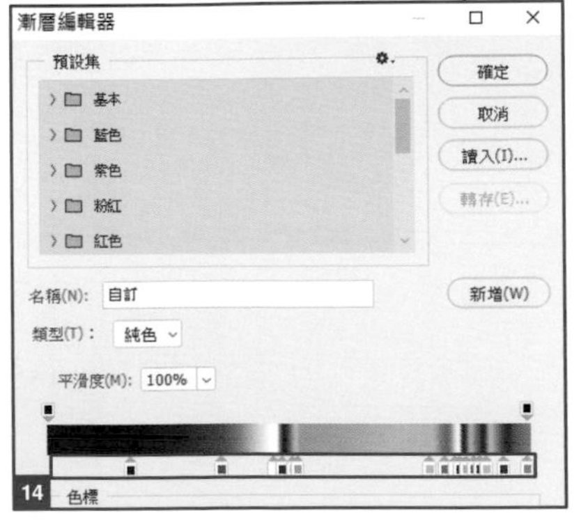

05 | 利用陰影來增加厚度

選取**陰影**選項，如圖 15 設定內容，其中混合模式的顏色為 **#000000**，完成後按下**確定** 16。

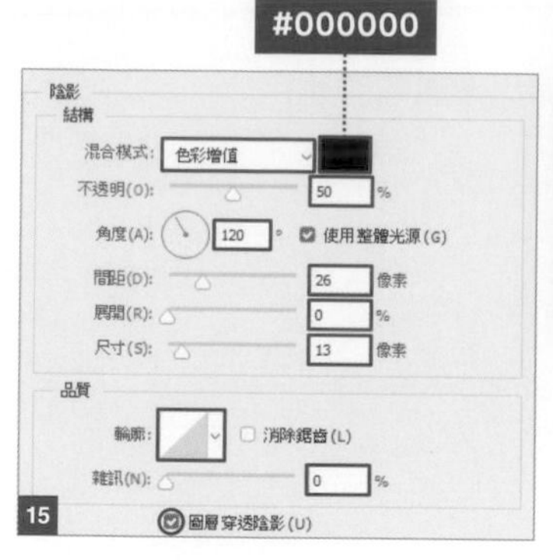

15

16

06 | 為「房間」圖層新增遮色片後就完成

點選文字圖層 MIRROR 的縮圖，按住 Ctrl（⌘）鍵再選取縮圖，建立選取範圍 17 18。

將原本隱藏的**房間**圖層顯示出來並選取。

按下**圖層**面板中的**增加圖層遮色片**鈕，為**房間**圖層套用遮色片 19。

按下圖層遮色片與圖層的連結圖示取消連結關係，然後選取圖層縮圖，選取**工具**面板的**移動工具**，把影像移到喜好的位置就完成了 20。

17 18 19

20

column

新增漸層

漸層工具與**漸層覆蓋**圖層樣式，都可以將自己設定好的漸層效果加以儲存，或直接讀取設定好的漸層樣式。開啟**漸層編輯器**交談窗，按下**讀入**（畫面為漸層的預設狀態），接著選取漸層的 grd 檔案，讀入後就可以如下圖載入新的漸層效果了。

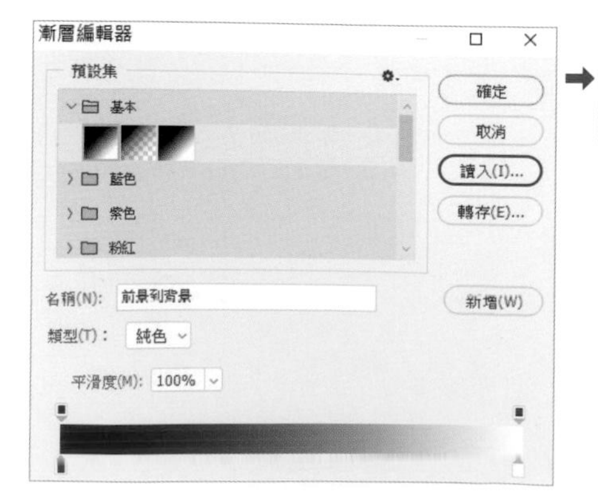

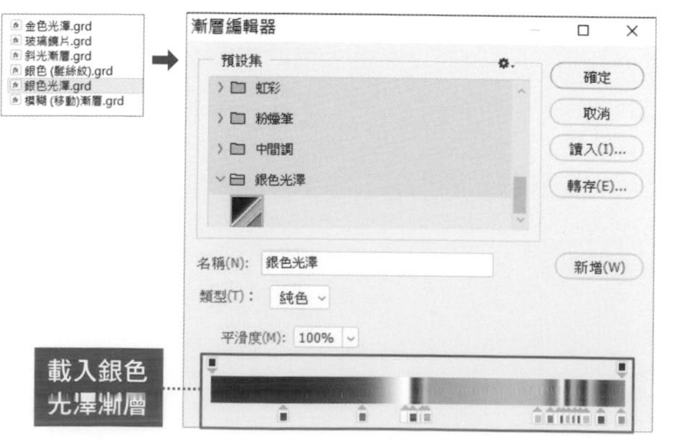

Ps

製作金色的光澤

no.014

這個單元要做出像電影海報一樣，充滿高級感的金色字體。

Point 設定圖層樣式來表現質感

How to use 各式各樣的 Logo 設計

01 | 放置文字

開啟素材「背景.psd」，選取**水平文字工具**，再放入自己喜好的文字與元件。

範例選用**字型**：Trajan Pro 3，輸入「THE」、「Golden Hour」、「limited edition」3 組文字，然後使用**工具**面板裡的**矩形工具** 01 畫出一條細長的直線，擺放成圖 02 的樣子。

用「矩形工具」畫出細長直線

02 | 設定圖層樣式，製作金色漸層

雙按剛才輸入的文字圖層 Gold Hour，開啟**圖層樣式**交談窗。

選擇**斜角和浮雕**，如圖 03 設定內容，其中**光澤輪廓**請選擇**環形 - 雙**。

選擇**輪廓**選項，如圖 04 設定內容，其中**輪廓**請選擇**圓錐體 - 反轉的**。

選擇**漸層覆蓋**，如圖 05 設定內容，這時要使用自製的漸層效果，請點選漸層長條開啟**漸層編輯器**，顏色分別由左開始**位置**：0%／#d7a701、**位置**：50%／#fffba2、**位置**：70%／#fce04b、**位置**：100%／#e5af00，圖 06 07。

此外，也可以直接從素材中載入「金色光澤 .grd」來使用。

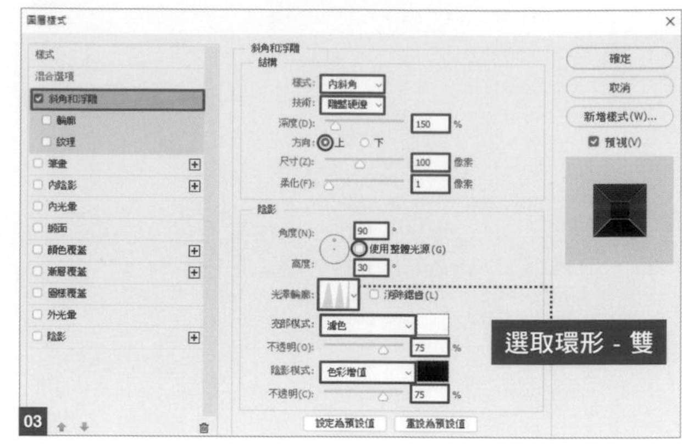

03

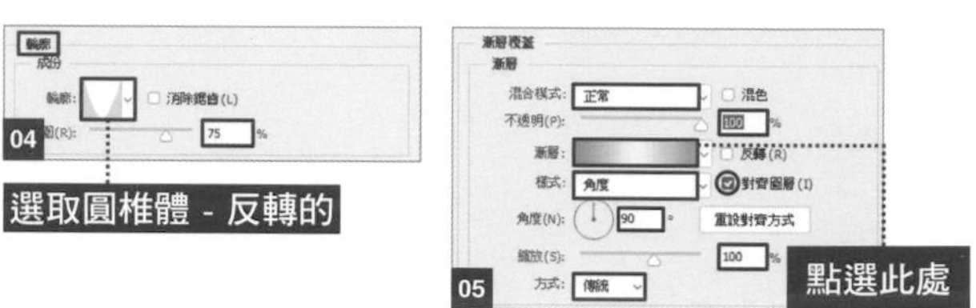

04 05

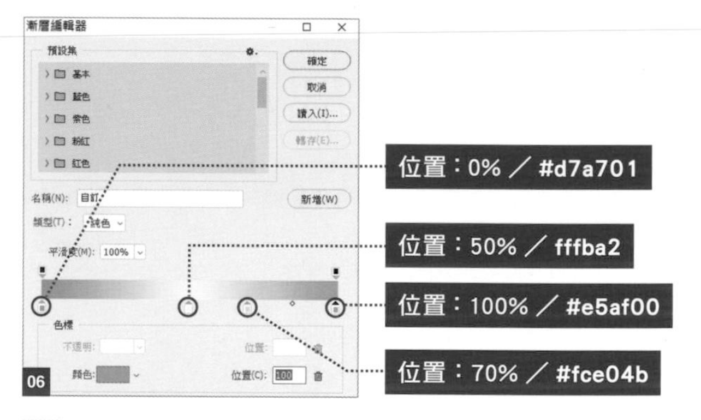

06

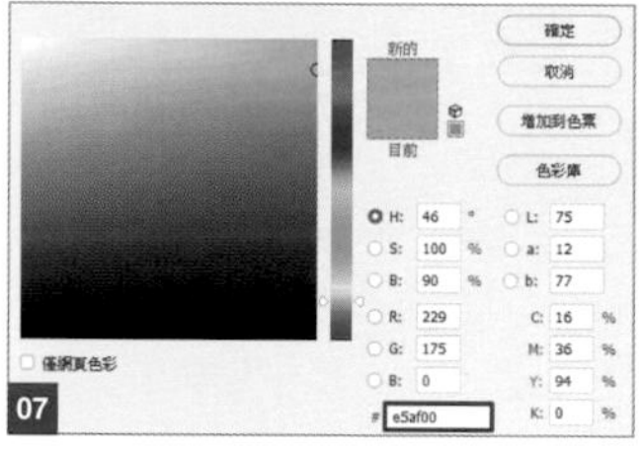

07

03 | 設定圖層樣式，做出金黃色的質感

選擇**緞面**，如圖 08 設定內容，**輪廓**為預設的**高斯**。

選擇**外光暈**，如圖 09 設定內容，外光暈的顏色設定為 **#ffc600**，**輪廓**為預設的**線性**。金黃色且有立體感的效果就套用完成了 10。

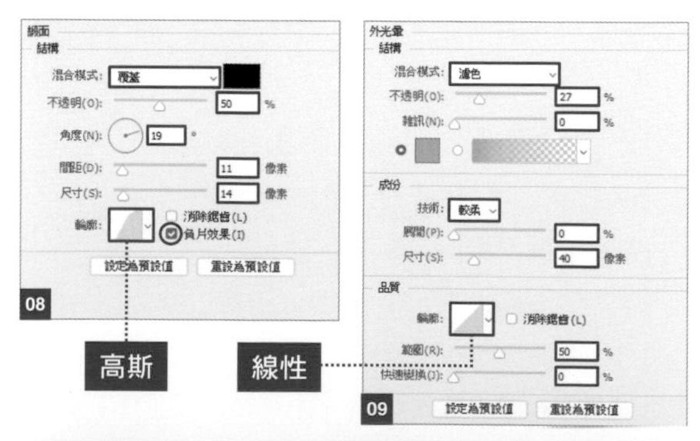

08 09

10

04 | 為其它文字圖層套用同樣的圖層樣式

選取**圖層**面板上的文字圖層 Golden Hour，接著**按右鍵／拷貝圖層樣式**。

選取文字圖層 THE、limited edition，與利用**矩形工具**所做出來的直線（形狀圖層），然後**按右鍵／貼上圖層樣式** 11 12。

11 12

05 | 用筆刷加強亮度

在最上層建立新圖層**光**，設定**混合模式：覆蓋**。選取**筆刷工具**，再設定**前景色：#ffffff**，塗上文字上想要加強亮度的地方就完成了 13。

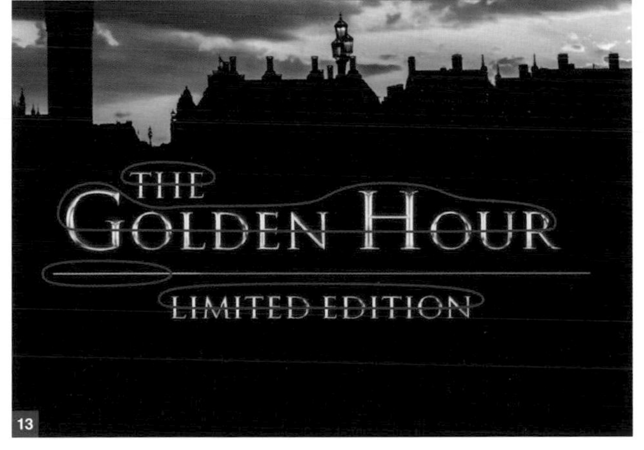

13

Ps

利用髮絲紋製造金屬質感 no. 015

製作逼真的立體金屬髮絲紋設計。

Point 在有雜訊的紋理套用放射狀模糊效果 How to use 適用於金屬髮絲紋的設計

01 | 使用圖層樣式開啟漸層編輯器

開啟素材「髮絲紋.psd」。以事先做好的**設計**圖層為基礎進行加工 01。

選取**設計**圖層，在圖層名稱的右側按兩下，開啟**圖層樣式**交談窗 02。

選取**漸層覆蓋**，設定**混合模式：正常／不透明：100%／樣式：角度／對齊圖層／角度：75°／縮放：100%** 03。

按一下**漸層**，開啟**漸層編輯器**。

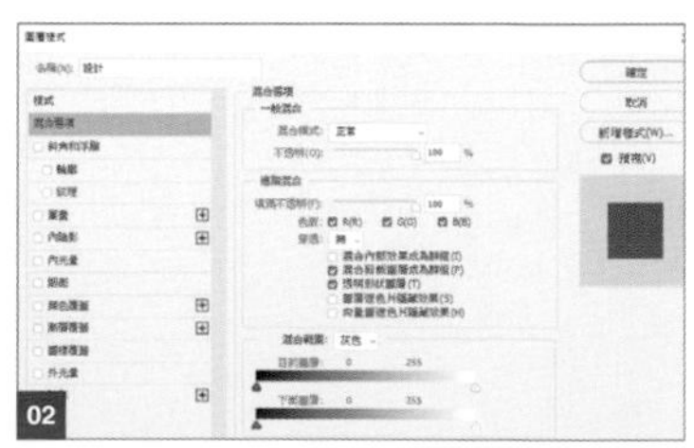

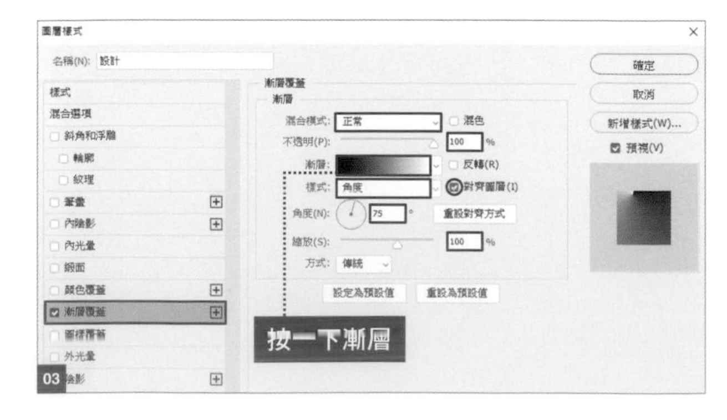

02 | 建立色標，製作金屬質感

自左起，建立 9 個白色 **#ffffff** 與灰色 **#5a5a5a** 交錯的色標，形成如圖 04 的配色。載入素材「銀色（髮絲紋）.psd」，也能新增一樣的漸層（請參考 P.60 **新增漸層**）。

關閉**漸層編輯器**，回到**圖層樣式**，接著將髮絲紋的中心拖曳至畫面中央。這樣就能增加金屬質感 05。

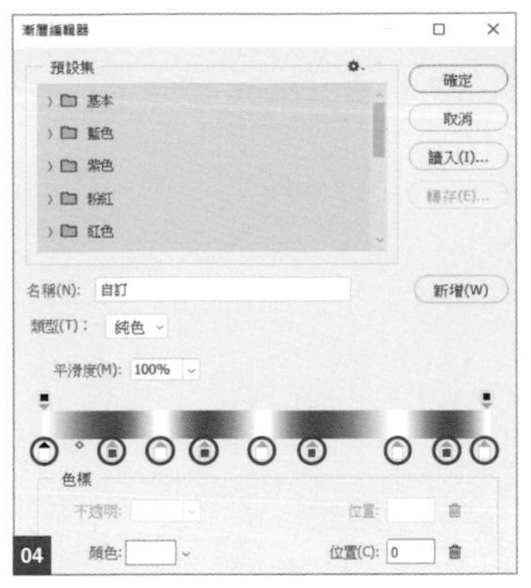

將髮絲紋拖曳到中央

03 | 為設計增添立體感

選取圖層樣式中的**內陰影**，依照圖 06 設定，在內側加上陰影。

選取**內光暈**，依照圖 07 設定，呈現輪廓發光的效果。

接著選取**陰影**，依照圖 08 設定，加上右上到左下的陰影。

這樣就能增加立體感 09，最後按下**確定**鈕，套用圖層樣式。

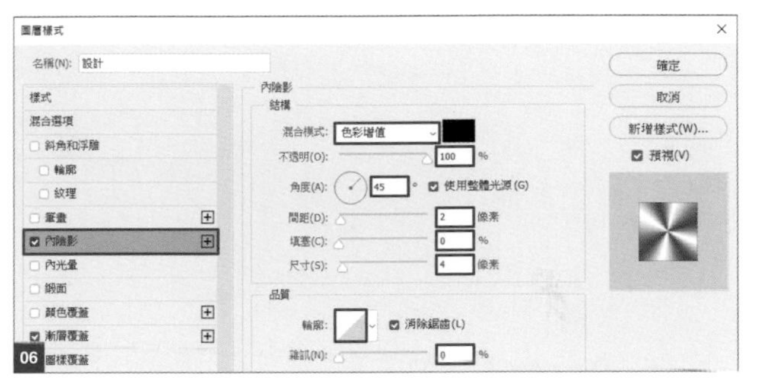

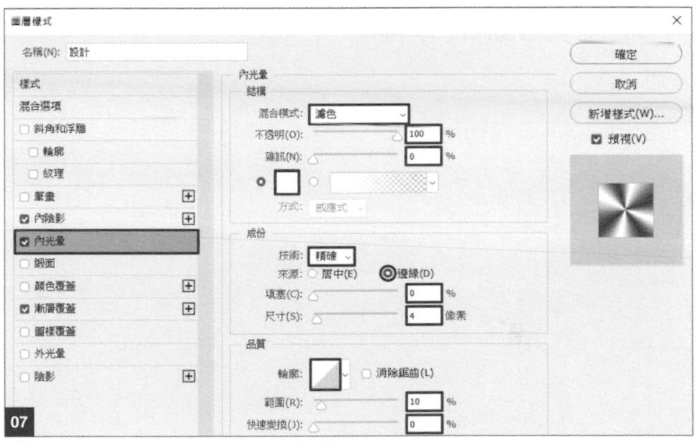

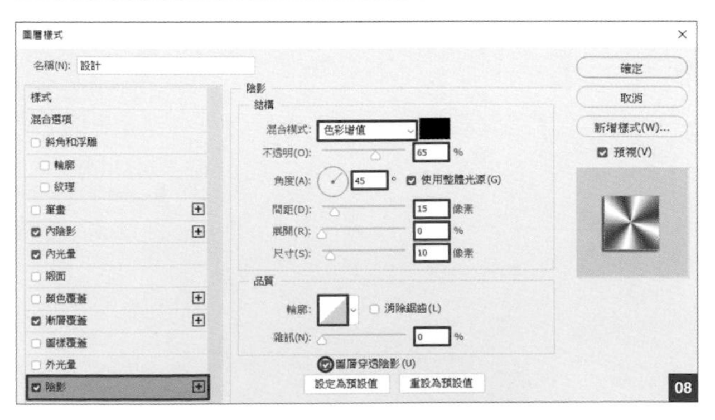

04 | 增加髮絲紋的質感

在最上方新增**髮絲紋**圖層，設定**前景色：#ffffff**，並使用**油漆桶工具**填滿。

執行『**濾鏡 / 像素 / 網線銅版**』命令，設定**類型：細點**，套用濾鏡效果 10 11。

接著執行『**濾鏡 / 模糊 / 放射狀模糊**』命令，設定**總量**：100／**模糊方式**：**迴轉**／**品質**：**佳** 12 13。圖層設定**混合模式**：**柔光** 14。

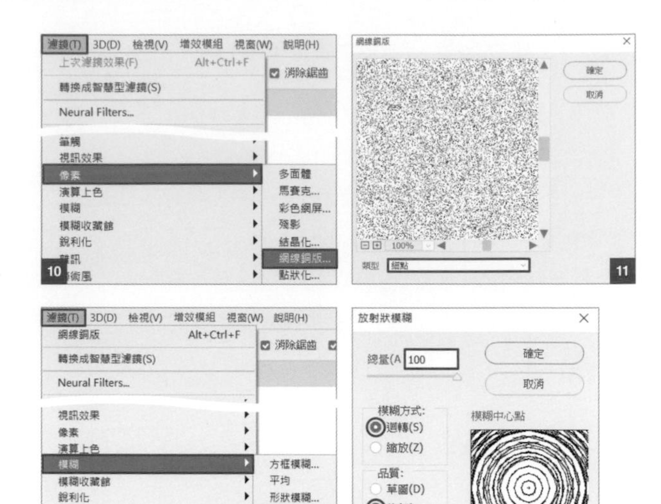

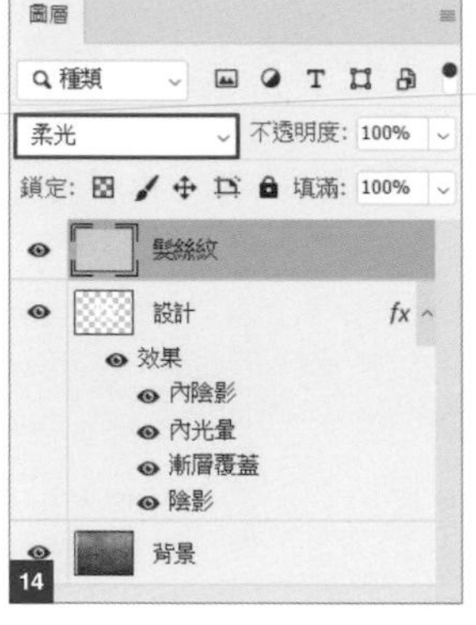

05 | 在「髮絲紋」圖層新增圖層遮色片即完成

按下 Ctrl (⌘) ＋按一下**設計**圖層的圖層縮圖，載入選取範圍 15。

選取**髮絲紋**圖層，按一下**圖層**面板中的**增加圖層遮色片** 16。

只在**設計**圖層套用髮絲紋 17 18。

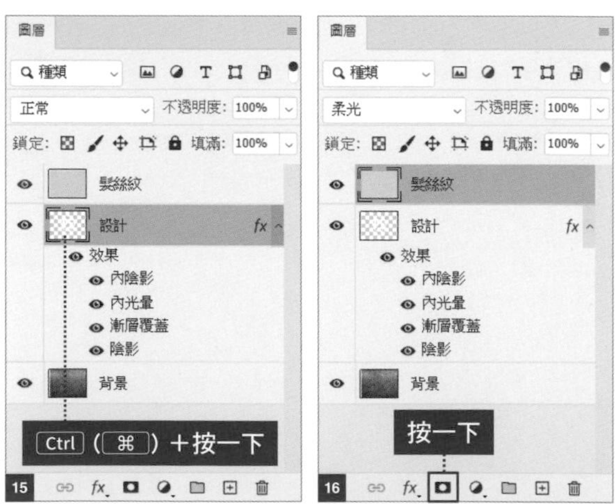

GLASS STYLE

Ps

製作玻璃鏡片

no.016

使用圖層樣式表現玻璃的質感。

Point　套用多種圖層樣式，表現真實的質感

How to use　想要做出玻璃質感的文字、元件等各種用途

01 ｜ 配置文字

打開素材「背景.psd」。假設要製作一張廣告海報，請將眼鏡放在適當的位置。接著我們會在眼鏡的上、下方放入物件，增添設計感。將眼鏡套用圖層樣式的**陰影** 01 。

選取**水平文字工具**，設定文字顏色 **#ffffff**，再選定喜好的字型，輸入「GLASS STYLE」。範例使用的字型是收錄在 Adobe Fonts 的 **Azo Sans Uber** 字型，尺寸為 126 pt 02 03 。有關 Adobe Fonts，可以參照本書 P.112 的說明。

01

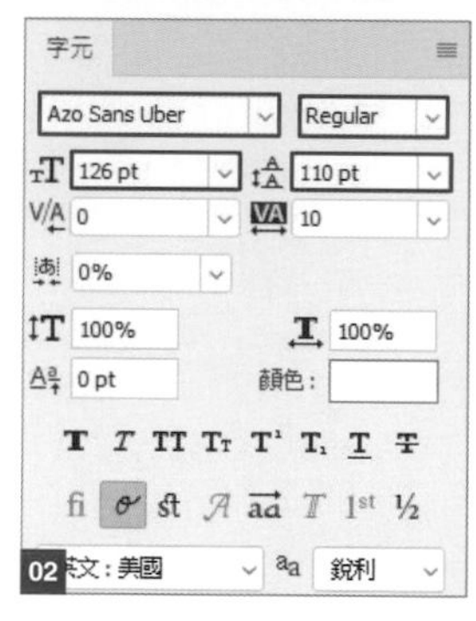

02

03

02 ｜ 利用圖層樣式套用質感

選擇 GLASS STYLE 文字圖層，設定**填滿：8%**。接著開啟**圖層樣式**。

選擇**斜角和浮雕**，如圖 04 設定內容，其中**陰影**區的亮部模式為 **#ffffff**，陰影模式為 **#9adce9**（以下指定的水藍色都是使用 **#9adce9**）。選擇**筆畫**，如圖 05 設定內容。選取**內陰影**，如圖 06 設定內容。

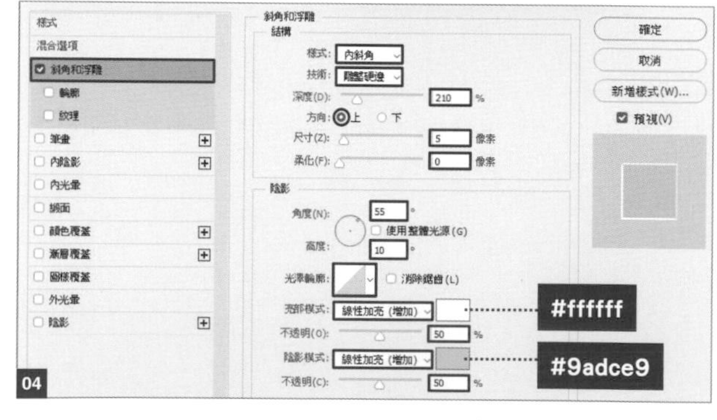

04

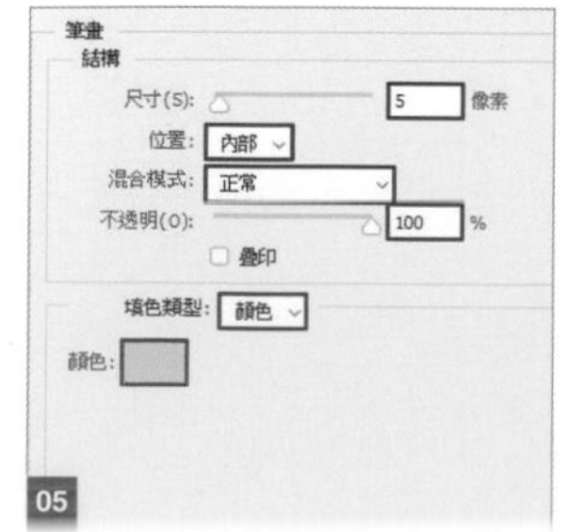

05

06

選擇**內光暈**，如圖 07 設定內容，其中**品質**區的**輪廓**，請開啟**輪廓編輯器**依圖 08 做設定，將預設的**圓錐**稍作調整。

選取**漸層覆蓋**，如圖 09 做設定，套用的漸層請開啟**漸層編輯器**，如圖 10 做設定。

請將位置 0% 與 100% 的顏色設定為 **#ffffff**。不透明度的節點設定在**位置**：**0%**：**25%**：**80%**：**100%** 4 個地方，從左邊開始分別是**不透明度**：**0%**：**30%**：**70%**：**0%**。也可以直接載入素材「玻璃鏡片.grd」來使用（請參照 P.60 的**新增漸層**）。選擇**圖層樣式**左側的**陰影**，如圖 11 設定內容，玻璃鏡片的質感就套用完成了 12。

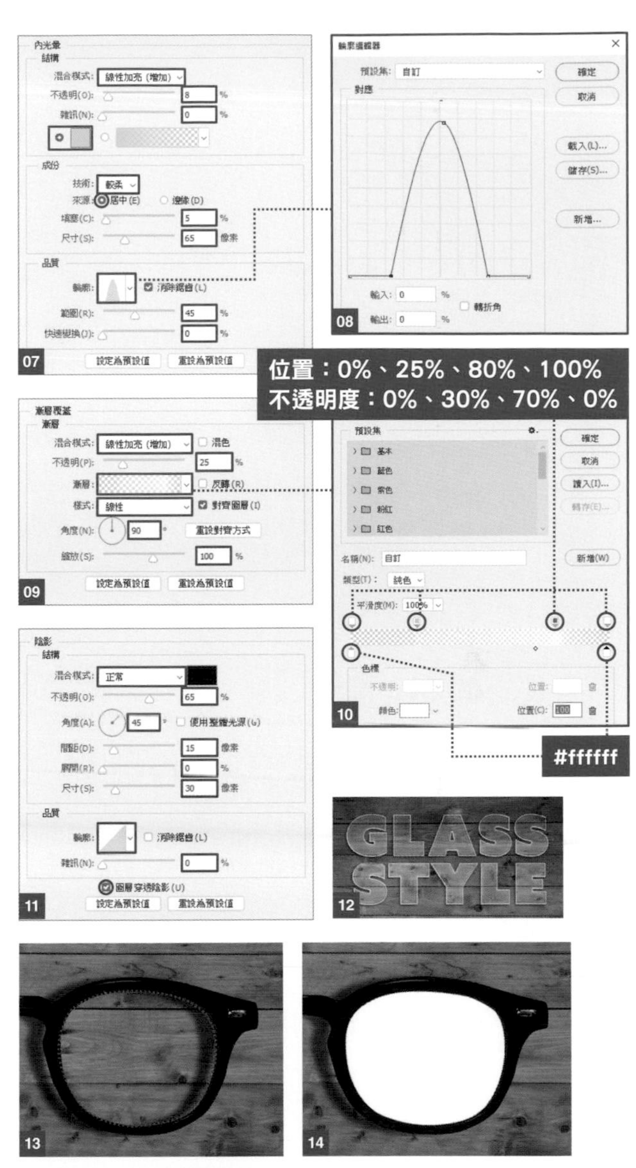

03 | 製作鏡片

建立新圖層**鏡片**。

使用**快速選取工具**選取**眼鏡**圖層的鏡片 13。

選取**鏡片**圖層，用**油漆桶工具**將鏡片塗滿 14，放到喜好的位置 15。

選取 GLASS STYLE 圖層，接著**按右鍵 / 拷貝圖層樣式**，選取**鏡片**圖層，然後**按右鍵 / 貼上圖層樣式** 16。

另一個鏡片也用相同的方式製作，作品就完成了 17。

Ps

製作玻璃水晶球

no. 017

從頭開始執行，做出圓形的玻璃，打造出圓球狀的雪地景色。

Point　確實執行逆光設定與色階調整

How to use　製作玻璃球體時的技巧

01 | 利用「橢圓工具」做出基本的球狀結構

打開素材「背景.psd」，其中已經將圓球的底座與影子分為 2 個圖層 01。

從**工具**面板選取**橢圓工具** 02，做出一個正圓形 03。

memo

拉曳時按住 Shift 鍵，可畫出正圓形。
拉曳時按住 Alt（option）鍵，可從圓心開始畫圓。

02 | 利用圖層樣式製作透明球體

選取**橢圓** 1 圖層，設定**填滿**：0%。

將**前景色**設定為 **#ffffff** 後，開啟**圖層樣式**交談窗，在左側取**筆畫**選項，如圖 **04** 設定。

選取**圖層樣式**左側**內陰影**選項，如圖 **05** 設定內容，其中**混合模式**顏色為 **#494949** **06**，**輪廓**請選擇**半圓**。

選取**圖層樣式**左側的**內光暈**，如圖 **07** 設定。

選取**圖層樣式**左側的**漸層覆蓋**，如圖 **08** 設定內容，**漸層**為預設值**前景到透明**，選取後按**確定**鈕 **09**。立體的圓球就完成了 **10**。

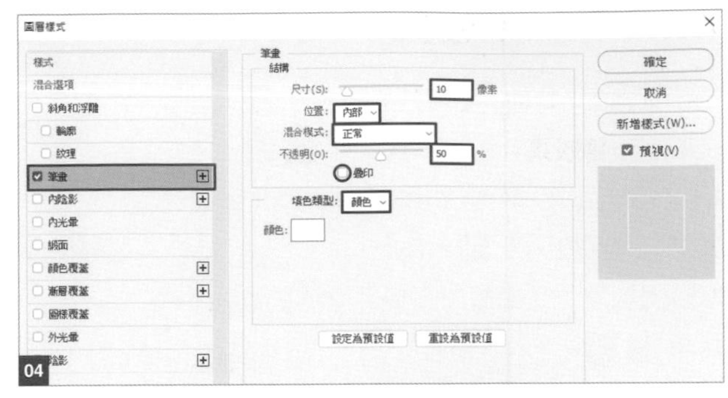

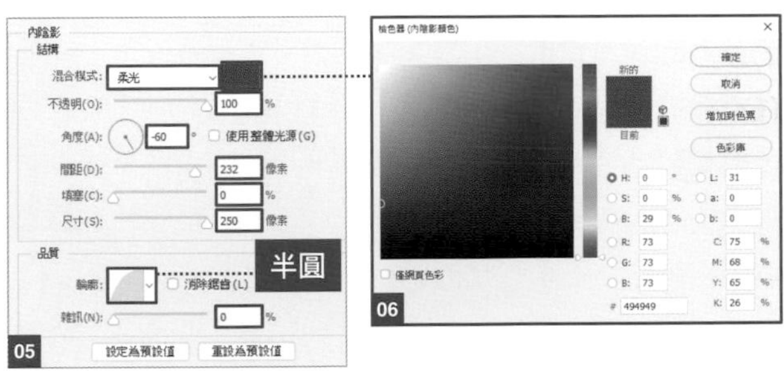

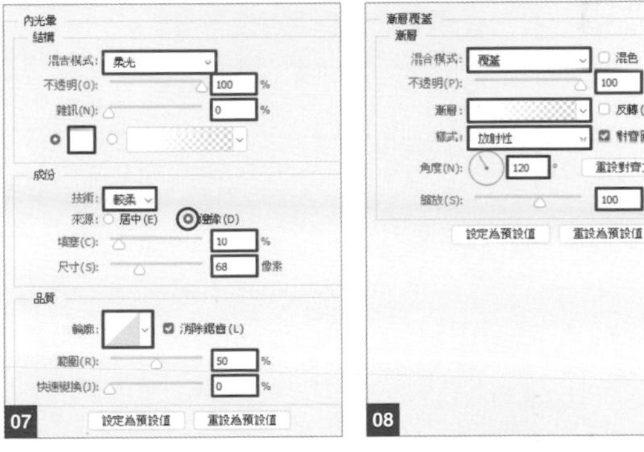

03 | 替球體加上光線

在最上層建立一個新圖層**光**。

在中央位置用**矩形選取畫面工具**建立一個正方形選取範圍，選取**油漆桶工具**後再填滿顏色 **#000000** **11** **12**。

在選取範圍仍選定的狀態下，執行『**濾鏡 / 演算上色 / 反光效果**』命令 **13**。

設定**鏡頭類型**：**50-300MM 鏡米變焦**／**亮度**：**150%**，參考圖 **14**，將光的中心點往內側拉曳調整。

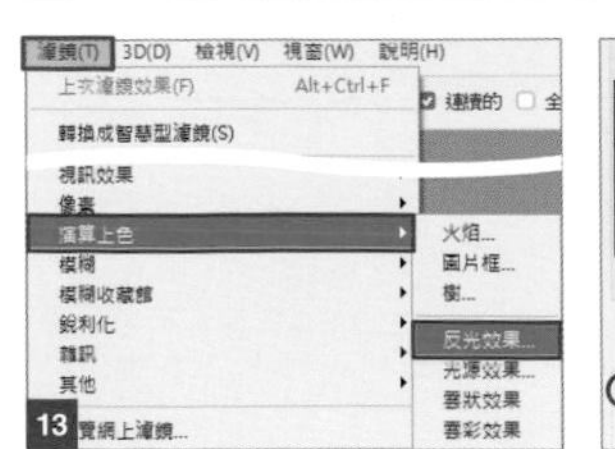

04 | 加強球體的亮度

執行『**濾鏡 / 扭曲 / 旋轉效果**』命令 15，選取**矩形到旋轉效果**，再按下**確定**鈕 16 17。

按 Ctrl（⌘）鍵再點選**橢圓** 1 圖層的圖層縮圖，建立選取範圍 18。

選取**光**圖層，從**圖層**面板中選取**增加圖層遮色片**鈕 19 20。

按下圖層遮色片與圖層的連結圖示，解除兩者的連結關係，再選取圖層縮圖，執行『**編輯 / 任意變形**』命令，利用旋轉等功能來調整光的位置 21。

設定圖層**混合模式：濾色** 22。

再開啟**色階**交談窗，如圖 23 設定內容以加強亮度 24。

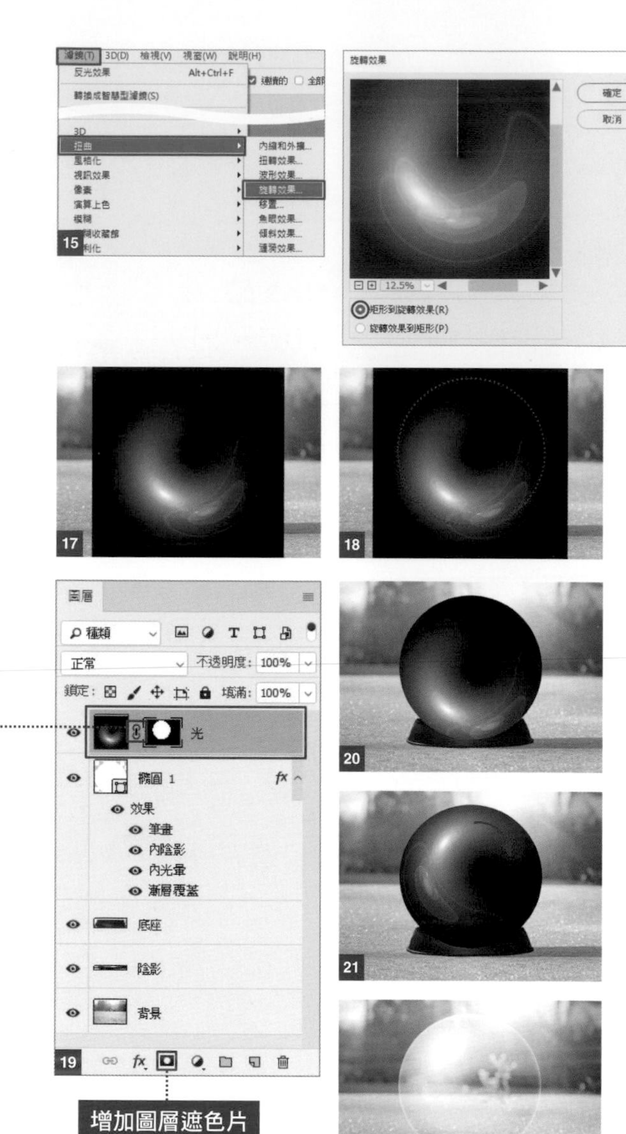

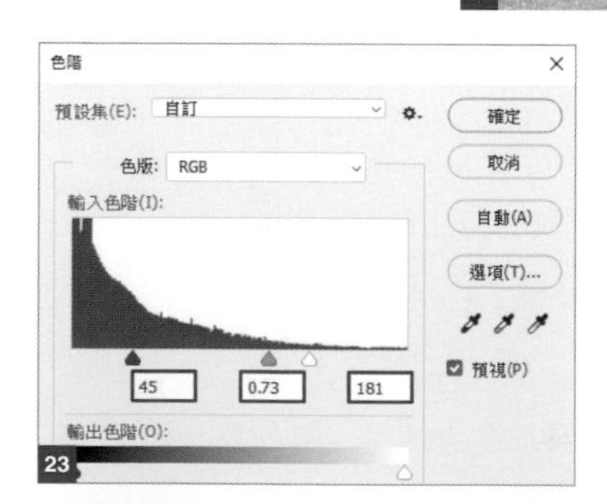

05 | 放置雪人

打開素材「雪人.psd」，放在**底座**圖層的上面，再為雪人調整大小，並放在雪球中適當的位置 25。

雪人的位置決定好後，按住 Ctrl（⌘）鍵再點選**橢圓 1** 的圖層縮圖，建立選取範圍。考慮到玻璃的厚度，執行『**選取 / 修改 / 縮減**』命令，設定**縮減：50 像素** 26 27。再從**圖層**面板中按下**增加圖層遮色片** 28。

再來，想要幫雪人增加一些立體感，打開**圖層樣式**交談窗，選取**斜角和浮雕**，如圖 29 設定內容 30。

25

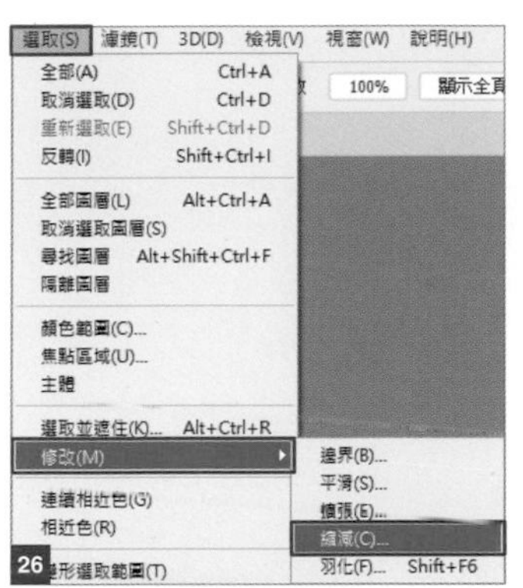

26

27

28

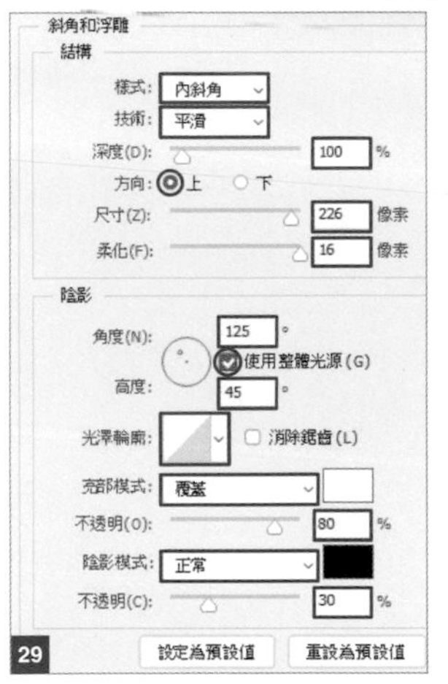

29

30

06 | 為底座加上遮色片後就完成了

將**光**、**橢圓 1**、**雪人**圖層群組化，設定名稱為**雪花球** 31。

如圖 32，使用**筆型工具**與**套索工具**，建立選取範圍，讓雪花球看起來像是放在底座上面。選取**雪花球**群組，從**圖層**面板中執行**增加圖層遮色片**就完成了 33。

在這個範例中，還使用了 P.48 介紹過的「雪筆刷.abr」，在其中加上了飄落的雪花。

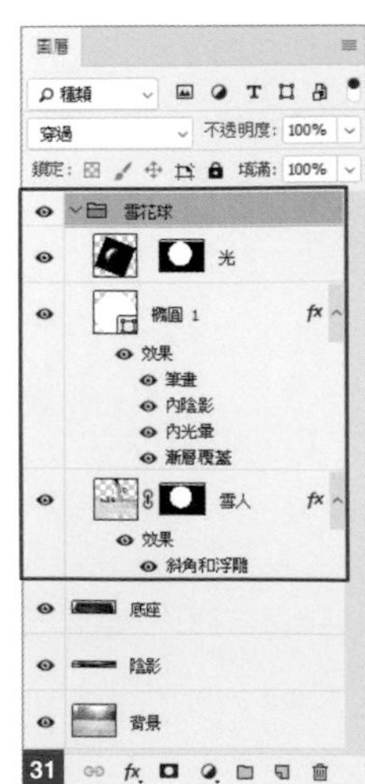

31

32

33

Ps

製作閃電

no.018

使用濾鏡中的雲狀效果製作閃電。

Point 調整閃電的粗細與不透明度

How to use 適用於呈現逼真的閃電

01 | 建立閃電圖層並設定前景色與背景色

開啟素材「背景.jpg」，新增名為「閃電」的圖層 01。

先在**工具**面板設定**前景色**：#000000(黑)、**背景色**：#ffffff(白) 02。按下**預設的前景和背景色**鈕可以輕鬆完成設定。

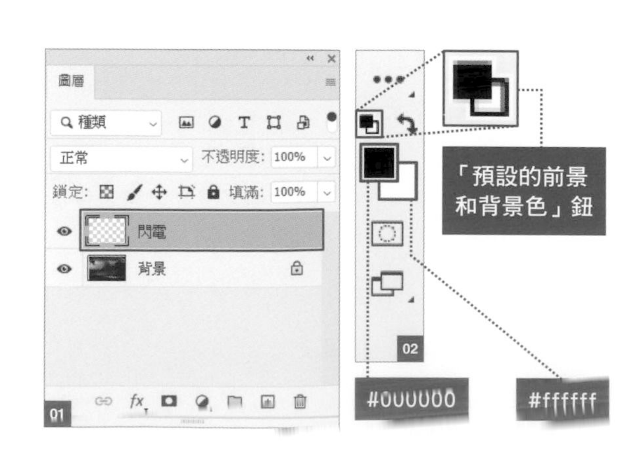

02 ｜ 使用雲狀效果製作成為閃電雛型的素材

請執行『**濾鏡 / 演算上色 / 雲狀效果**』命令 03 04。

接著執行『**濾鏡 / 演算上色 / 雲彩效果**』命令 05 06。

> memo
>
> 「雲狀效果」濾鏡是隨機建立的，每次形狀都不同，如果隨機產生的結果不符合期待，可以多試幾次。

03 ｜ 反轉顏色，調整亮度，製作出猶如閃電的銳利線條

執行『**影像 / 調整 / 負片效果**』命令 07，呈現出猶如閃電般的淺白色線條 08。

執行『**影像 / 調整 / 色階**』命令 09，設定**輸入色階**：200／0.1／255 10 11。

為了強調淺白色線條，這裡極端地提高了對比。這樣就完成當作閃電的素材。

04 ｜ 取出當作閃電的部分

使用**套索工具**等選取工具，在要當作閃電使用的部分建立選取範圍 12，直接按右鍵，執行『**複製的圖層**』命令 13 14。

暫時隱藏**閃電**圖層，選取剛才建立的**圖層** 1 圖層，設定**混合模式**：**濾色** 15，黑色部分就會消失，只剩下白線，這個部分將當作閃電 16。

> memo
>
> 如果是背景較暗的影像，使用**濾色**混合模式可以輕鬆合成煙火、月亮、星空等物件。

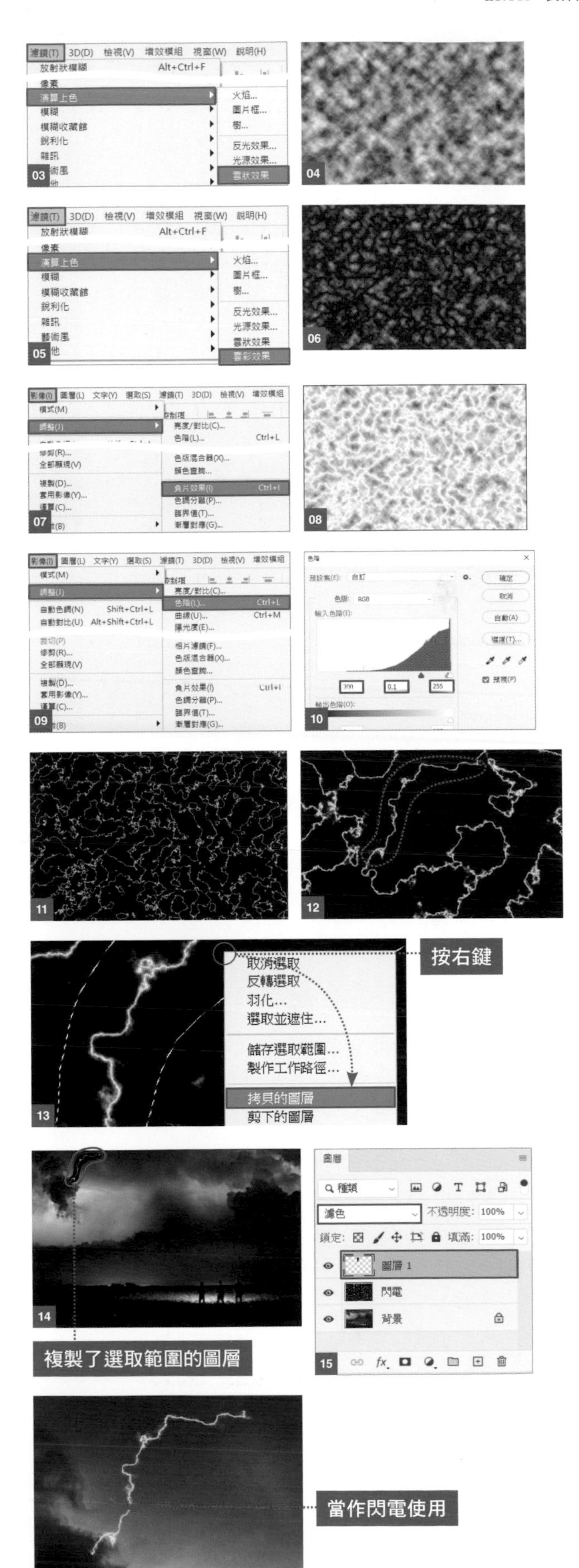

05 取出當作閃電的部分並安排位置

重複執行步驟 3 的操作，製作出多個閃電物件 17。請依照個人喜好組合這些素材，完成如圖 18 的縱長閃電。

繼續建立或複製物件，增加閃電。執行『**編輯 / 任意變形**』命令 19，縮小物件尺寸，製作出如圖 20 的分枝細線，並設定**不透明度：40%**，與背景自然融合 21。

重複這個步驟，完成如圖 22 的閃電設計。

使用**橡皮擦工具**刪除與雲的邊緣重疊或低於地平線的部分 23。

□ *memo*

此時會建立大量當作閃電物件的圖層，如果**圖層**面板變得難以分辨時，請「建立新群組」，並將群組名稱命名為**閃電** 24。

06 在所有閃電加上亮光

在最上方新增**光 1** 圖層，設定**混合模式：覆蓋** 25。

選取**工具**面板中的**筆刷工具**，設定**柔邊圓形筆刷**、**前景色：#ffffff**、**筆刷尺寸：150 像素**、**不透明：30%** 26。

沿著閃電的垂直線條描繪 27。由於不透明度低，可依照個人喜好反覆描繪。

接著新增**光 2** 圖層，混合模式設定為**覆蓋**。

沿用剛才的筆刷設定，分成數次以點狀而非筆觸方式描繪閃電的彎曲部分 28，這樣就完成閃電了 29。

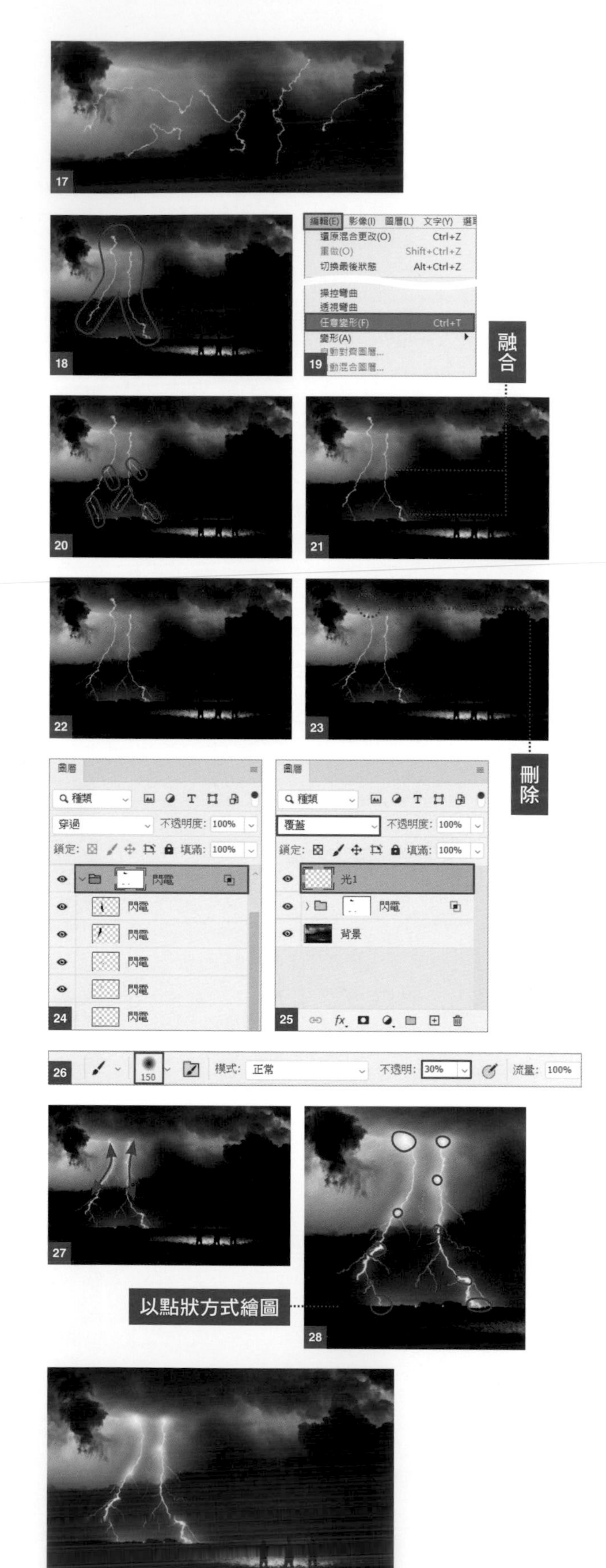

手繪風格的加工技巧

本章將創造出手繪的質感，如油畫、水墨畫、水彩、鉛筆、油畫、蠟筆、噴漆等。學習使用濾鏡的疊加、畫筆、指尖工具等來呈現手繪感。

Chapter 03

Hand-painted effect design techniques

Ps

油畫般的設計作品 no. 019

使用照片作出一幅像是畫在畫布上的油畫作品。

Point 透過扭曲與濾鏡的組合來表現

How to use 製作真實的油畫效果時

01 | 設定指尖工具

開啟素材「畫布.psd」。從**工具**面板中選取**指尖工具**，設定**尺寸**：80／**平鈍短硬** 01 02 。
在**選項列**設定**強度**：75% 03 。
編註：要使用**平鈍短硬**筆刷，請先按下右上方的齒輪鈕，從選單中點選**舊版筆刷**，載入舊版筆刷後，展開**舊版筆刷**中的**預設筆刷**，即可找到**平鈍短硬**筆刷。

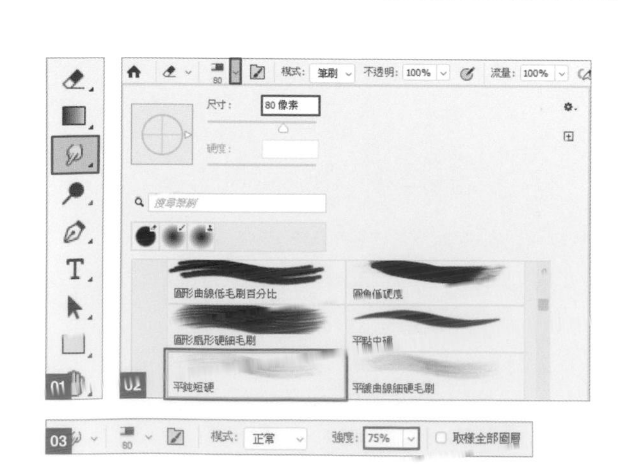

02 | 使用扭曲工具，加上油畫的效果

選取**狗**圖層，將狗身上的毛髮，利用**指尖工具**加上扭曲效果 04。

在為毛髮添加扭曲效果時，可適時變換筆刷的尺寸來執行。

為避免套用過度，造成毛髮過於細緻而失去了油畫感，執行時，務必要保留毛髮的線條感 05。

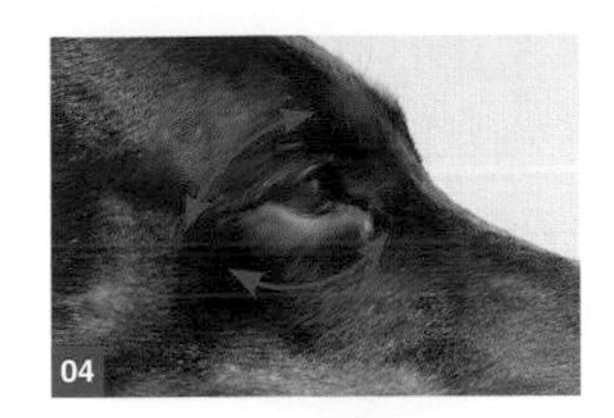
04

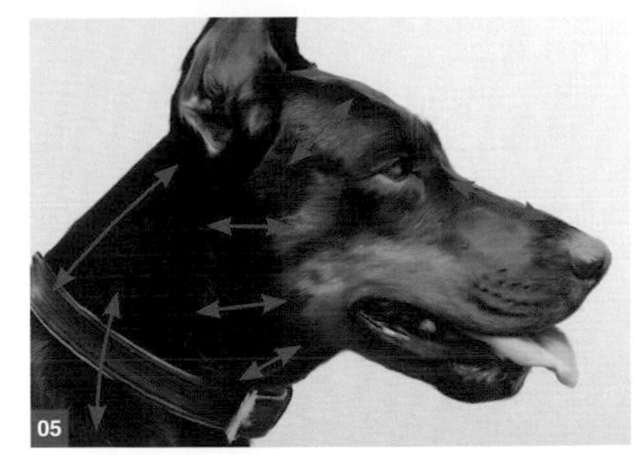
05

03 | 使用油畫濾鏡，增加立體感

執行『**濾鏡 / 風格化 / 油畫**』命令 06，如圖 07 設定內容。

整個影像的立體感提昇了 08。

雙按**狗**圖層，開啟**圖層樣式**交談窗。

選取**混合選項**，將**混合範圍**的**下面圖層**設定為 0：235／250 09。

調整右側控點時，可按住 Alt（option）鍵再往左拉曳，調整點就會分割出來。

圖像更加融合於畫布上了 10。

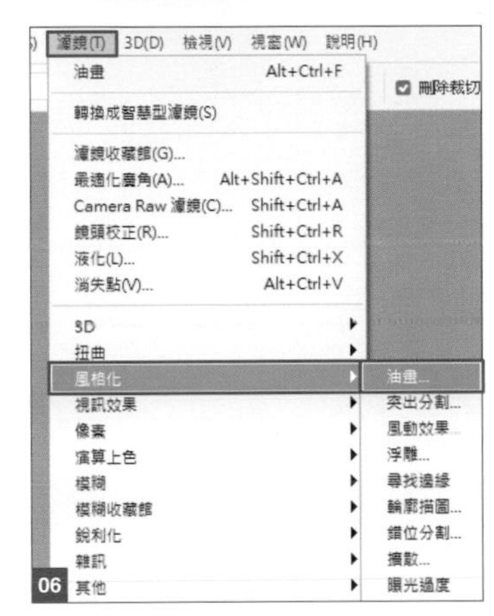

06

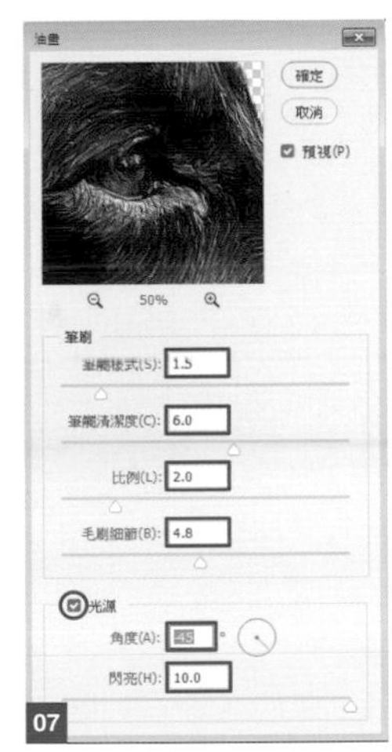

07

08

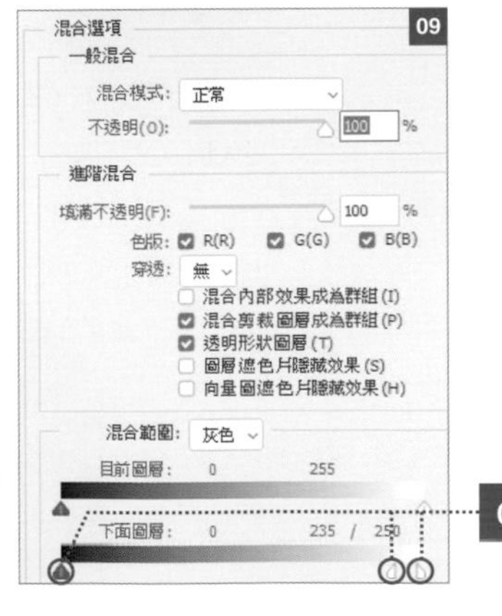

09

0：235／250

10

04 | 使用筆刷加上文字就完成了

在最上層建立一個新圖層，選取**筆刷工具**，設定**尺寸：20 像素／舊版筆刷**中的**預設筆刷**下的**圓鈍中硬／前景色：#b5942d** 11，在畫布的右下角寫上「Oil Paint」12。

手寫文字時可以將畫面放大後再慢慢寫。

開啟**圖層樣式**，選取**斜角和浮雕**選項，如圖 13 設定內容。

光澤輪廓選用**環形 - 雙**。

為文字添加立體感後就完成了 14 15。

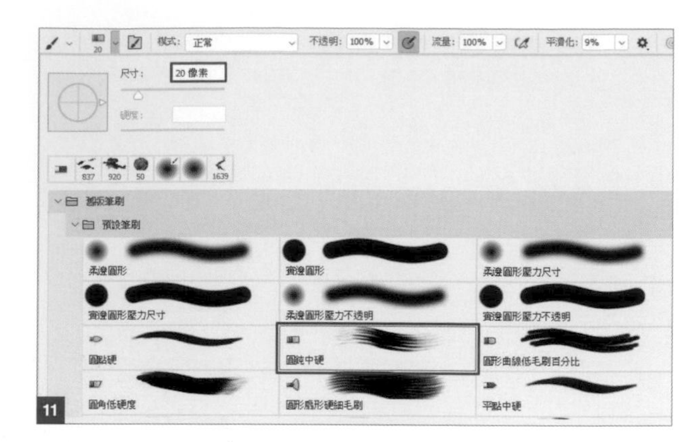

11

12

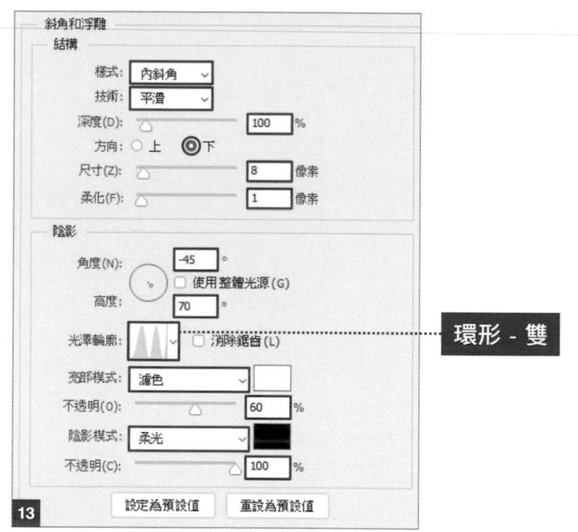

13

14

15

Ps

作出水墨畫的設計 no.020

將照片加工成水墨畫效果。

Point 使用水墨畫的筆刷建立遮色片 **How to use** 適用於日式風格的圖畫

01 | 配置金魚的照片後再套用負片效果

開啟素材「背景.psd」，再開啟素材「金魚.psd」，將金魚配置其中，圖層名稱為**金魚** 01。執行『**影像 / 調整 / 負片效果**』命令 02 03。

01

03

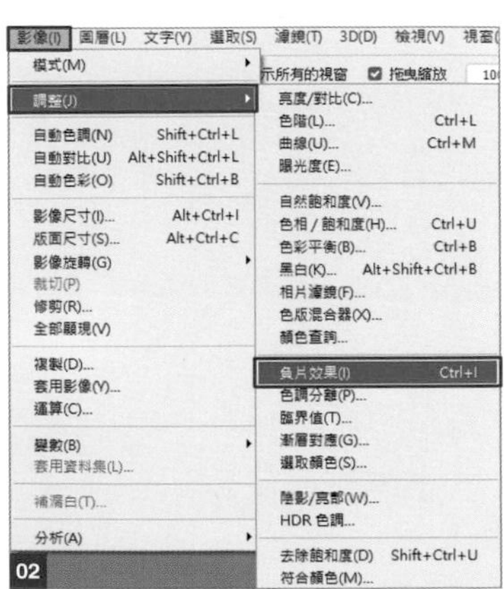

02

02 ｜ 設定影像的臨界值

執行『**影像 / 調整 / 臨界值**』命令，設定**臨界值層級**：190 04 05。套用效果如圖 06。將**金魚**圖層設定**混合模式：色彩增值**，讓金魚與背景看起來更融合 07 08。

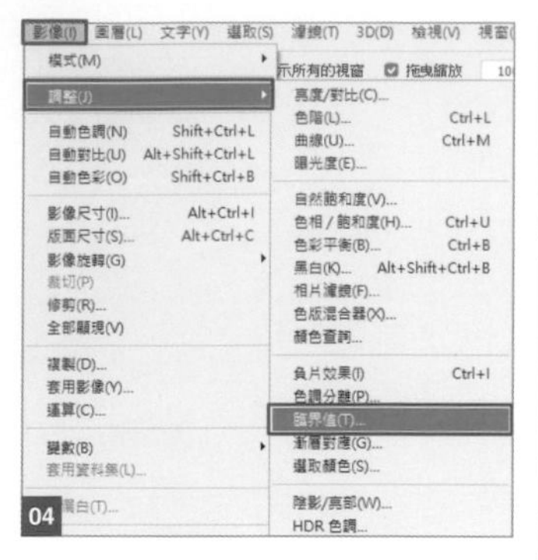

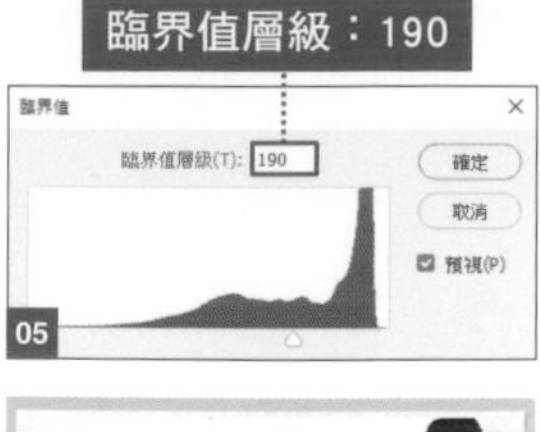

03 ｜ 製作水墨畫的筆刷

利用**橡皮擦工具**，把金魚周圍不需要的部份刪除 09。

選取**筆刷工具**，設定**柔邊圓形**筆刷 10。

開啟**筆刷設定**面板，選取**筆尖形狀**，設定**尺寸**：100 像素 11。

選取**筆刷動態**，如圖 12 設定。

選取**雙筆刷**，如圖 13 設定。筆刷選取**粉筆** 60 像素。

選取**轉換**，如圖 14 內容設定。

勾選**潮溼邊緣** 15。

就可以做出如沾溼墨水自然滲出的效果 16。

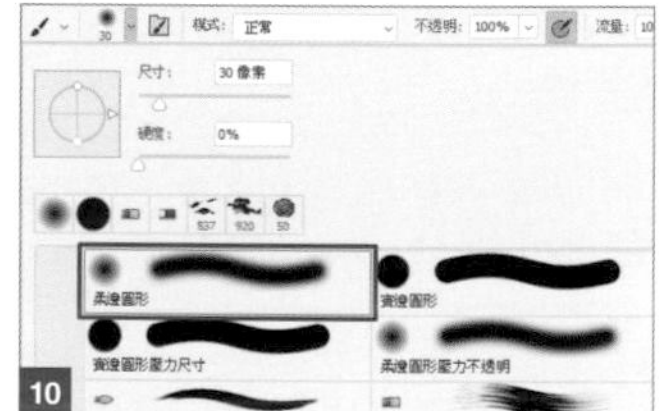

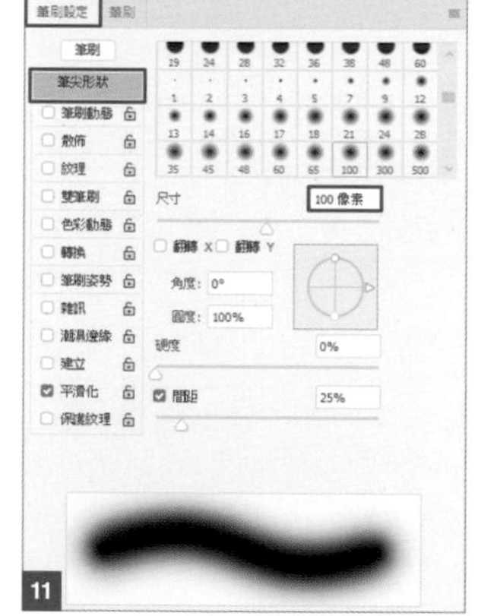

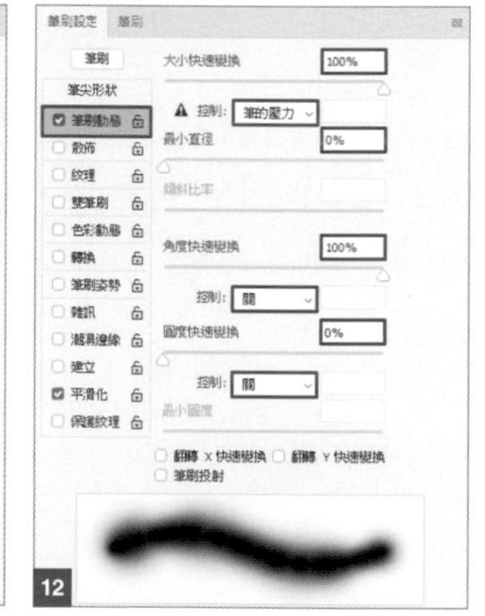

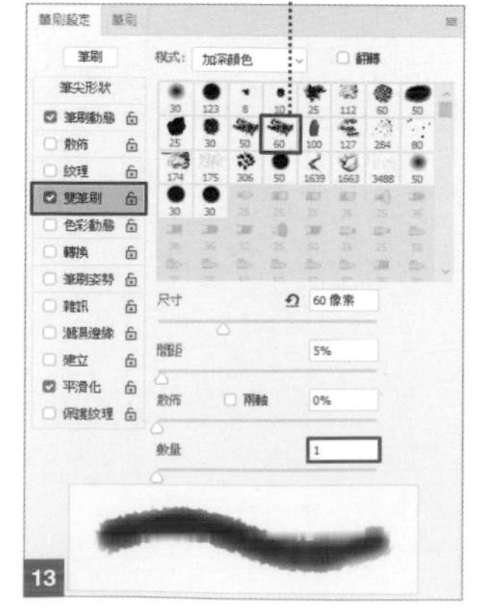

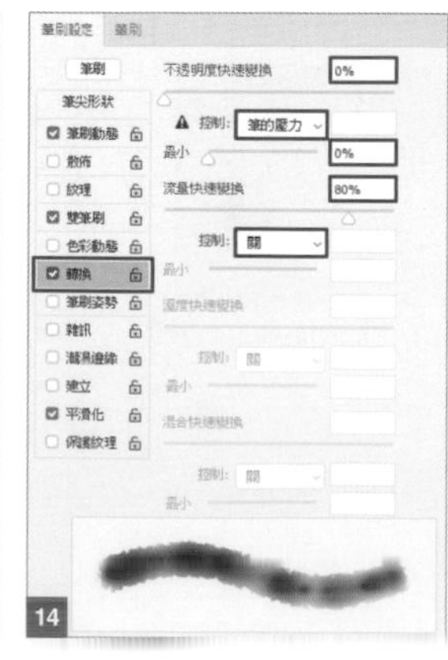

04 | 利用遮色片，將照片加工成水墨畫

從**圖層**面板中選取**金魚**圖層，按下**增加圖層遮色片**鈕 17。

依步驟 03 做出來的筆刷，來建立遮色片。

筆刷的**不透明度**為 70% 左右，從金魚的輪廓開始加上遮色片 18。

依照金魚的外形、魚鰭的形狀，慢慢增減遮色片 19。

在最上層建立一個新圖層，筆刷設定**尺寸：**25 像素左右，依喜好在**選項列**中按下**啟動噴槍樣式的形成效果**鈕後，在重點部位做更細緻的描繪 20 21。

最後在金魚的右下角加入紅色印章的設計圖案就完成了。

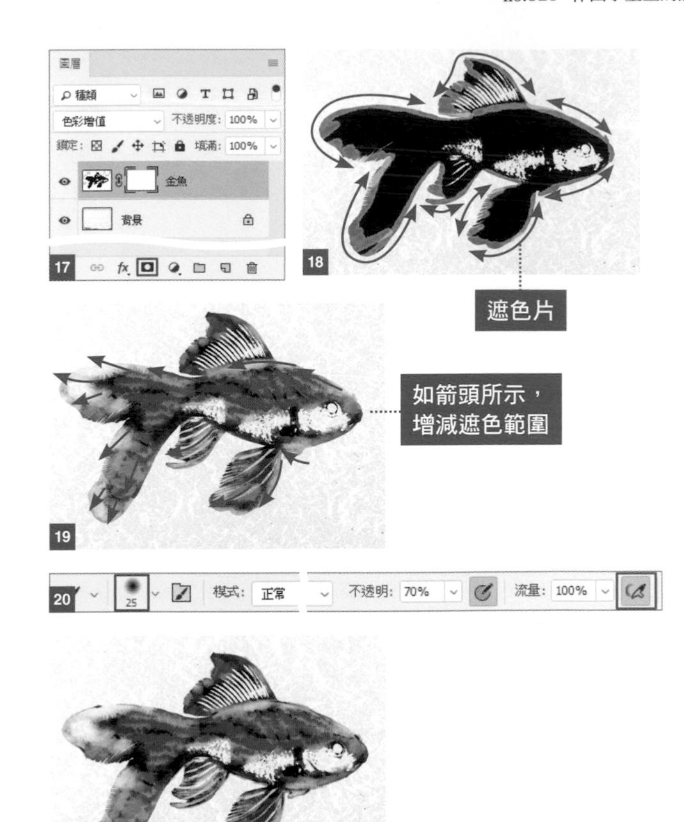

□ *column*

Ps

「水墨畫筆刷（平滑）」與「水墨畫筆刷（粗）」

本章節所提供的筆刷有**水墨畫筆刷（平滑）**與**水墨畫筆刷（粗）**2 種。可以依照個人喜好來使用。

水墨畫筆刷（平滑）

像是暈染在紙上，有模糊感的筆刷。線條偏柔軟，也比較好描繪，還可以畫出像水彩般的效果。

水墨畫筆刷（粗）

看起來明顯俐落的粗線條筆刷。想要畫輪廓或細部想要更明顯時，皆可使用。

Ps

製作逼真的水彩畫

no.021

用簡單的幾個步驟將照片編修成逼真的水彩畫，並使用水彩畫風格筆刷加上文字。

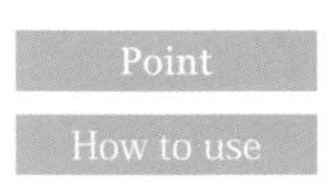

Point　使用「邊緣亮光化」濾鏡

How to use　呈現以照片為基礎的水彩畫效果

01 | 複製圖層並轉換成智慧型物件

開啟素材「Beach.psd」01，複製圖層，並將複製後的圖層放在最上方，圖層名稱命名為**濾鏡**，在**濾鏡**圖層上按右鍵，執行『**轉換為智慧型物件**』02。

01

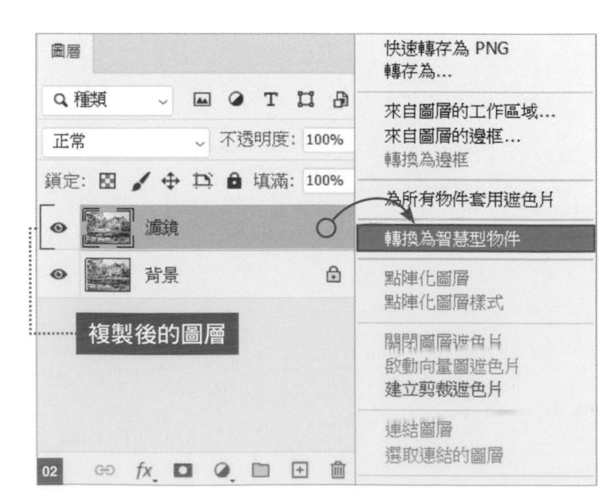

02

02 ｜ 在「濾鏡」圖層套用多種濾鏡，營造水彩質感

執行『**濾鏡 / 濾鏡收藏館**』命令。

此時會開啟交談窗，請從濾鏡清單中，選取**風格化 / 邊緣亮光化**，設定**邊緣寬度**：1、**邊緣亮度**：20、**平滑度**：10 03 04。

執行『**影像 / 調整 / 負片效果**』命令 05。

接著執行『**影像 / 調整 / 色相 / 飽和度**』命令，設定**飽和度**：-100 06。

完成以手繪質感強調輪廓的影像 07。

03 ｜ 調整混合模式，增加「濾鏡」圖層的手繪質感

選取**濾鏡**圖層，設定**混合模式**：**色彩增值**，呈現猶如水彩畫風格的粗糙質感 08。

調整**濾鏡**圖層的對比可以改變質感。

這裡還想再增加一點質感，因此執行『**影像 / 調整 / 色階**』命令，將**輸入色階**設定為 34／0.60／255 09。

完成水彩風格的照片 10。

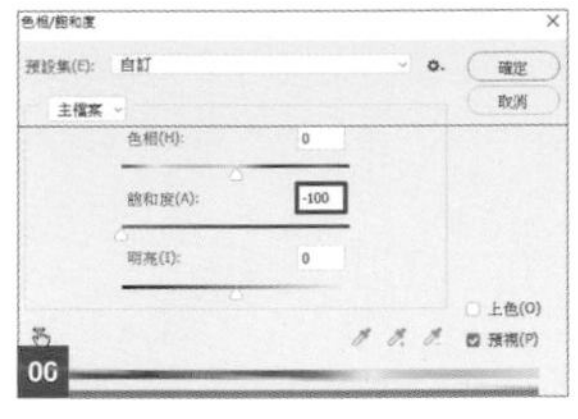

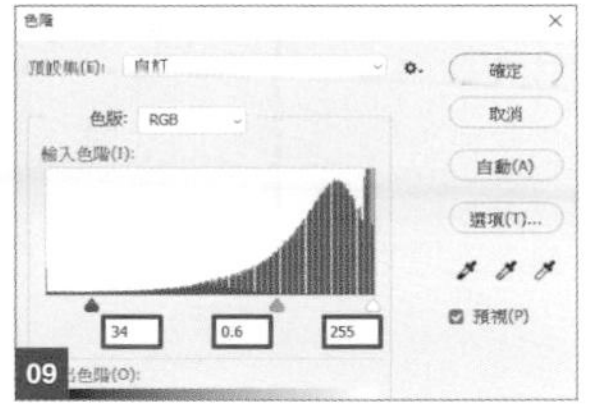

04 ｜ 疊上水彩紋理

重疊水彩紋理，以營造出更逼真的效果。

開啟素材「紋理.psd」，放在所有圖層最上方，設定**混合模式**：**實光**。

疊上實際的水彩紋理之後，可以呈現更逼真的效果 11。

以「實光」混合模式疊上「紋理.psd」

05 ｜ 製作水彩畫風格的筆刷

最後選取**筆刷工具**，開啟**筆刷設定**面板，依照圖 12 選取**筆刷動態**，設定**大小快速變換**：100%，再勾選**潮濕邊緣**，製作出水彩畫風格的筆刷。

在最上層新增圖層，於畫面右下方加上簽名風格的文字就完成了 13。

用筆刷手寫文字

memo

素材資料夾內的筆刷（水彩筆刷.abr）提供了質感柔軟的水彩筆刷與質感剛硬的水彩筆刷，請依照情境選擇適合的筆刷。

Ps

no. 022

製作浮世繪風格的設計

使用「Neural Filters」濾鏡，輕鬆製作出浮世繪風格的設計。

Point 選擇 Neural Filters 樣式內的基本影像

How to use 想輕鬆表現出各種藝術風格

01 | 將照片變成黑白

開啟素材「人物.psd」，在最上層複製一個圖層，圖層名稱為**濾鏡** 01。

按下**建立新填色或調整圖層**鈕 02，在最上層建立調整圖層**黑白** 1 03。

原影像

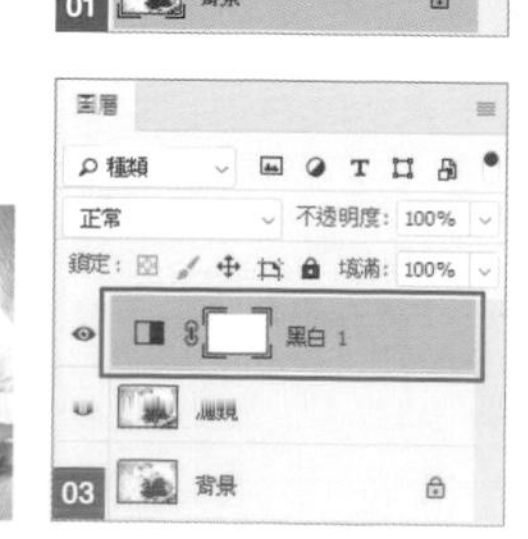

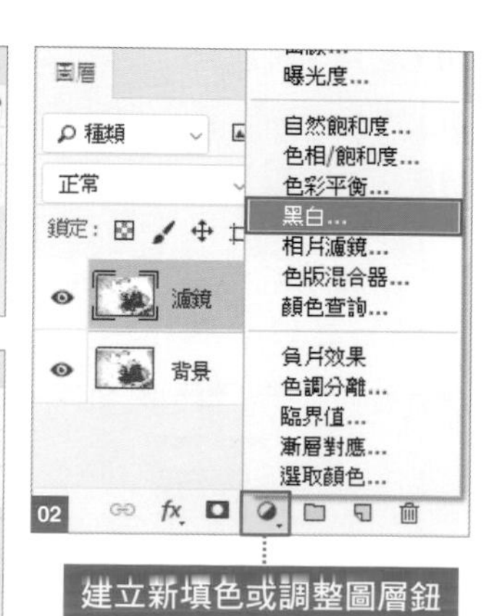

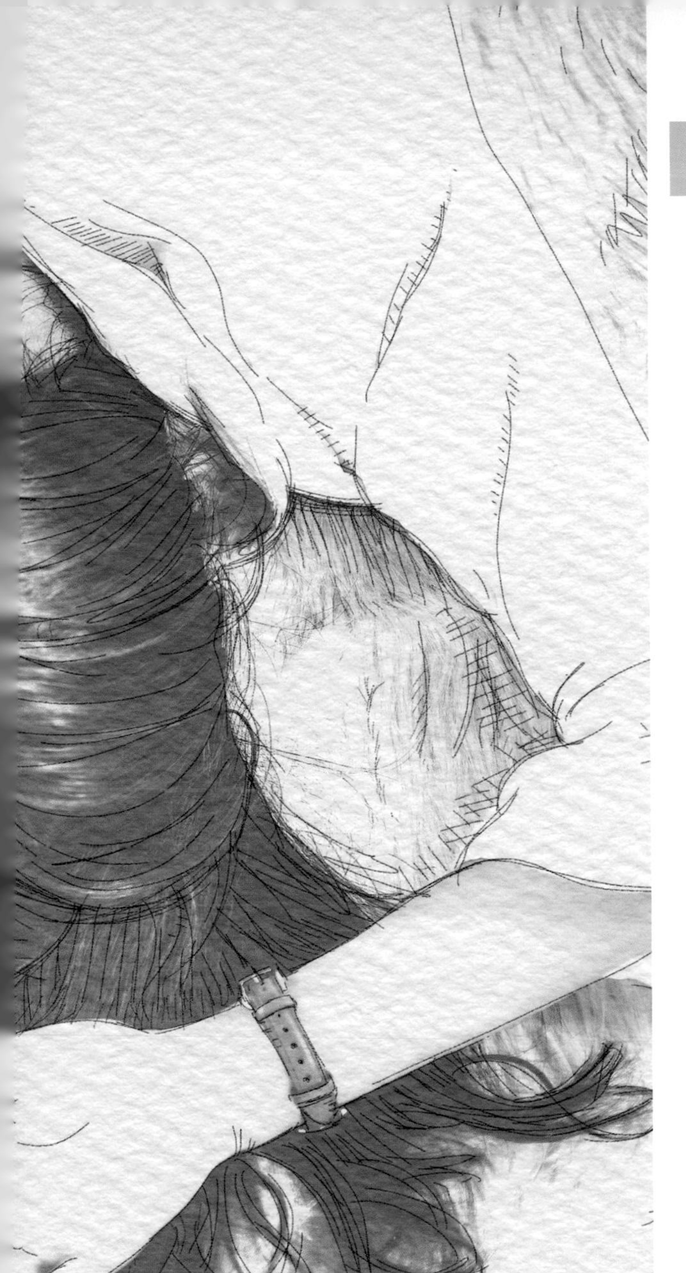

Ps

no.023

製作鉛筆線條的設計

將照片與鉛筆線條做組合，作出宛如鉛筆素描的畫像。

Point	仔細描繪照片的線條，就可以做出高質感的線條素描
How to use	需要鉛筆素描畫時

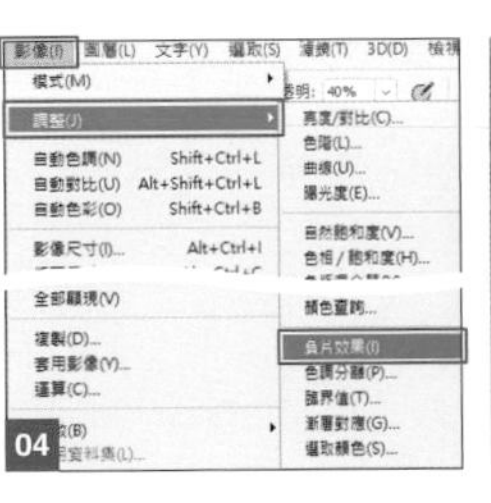

04

05

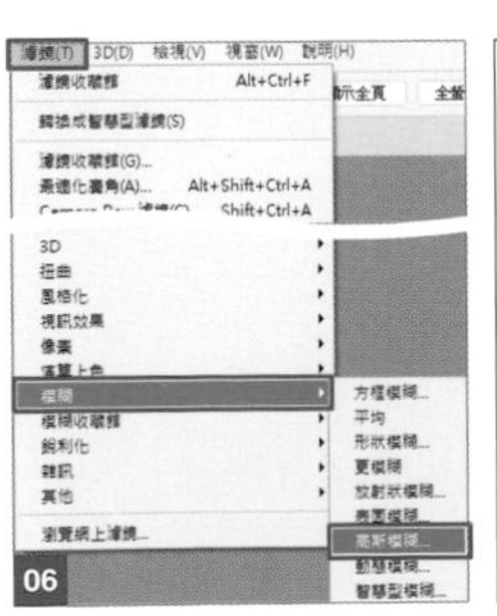

06

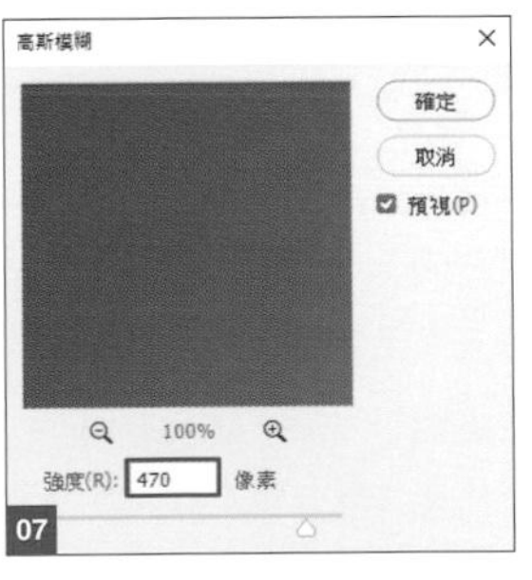

07

08

09

02 | 調整畫像，製作描繪的底圖

選取**濾鏡**圖層，執行『**影像 / 調整 / 負片效果**』命令 04 05。

執行『**濾鏡 / 模糊 / 高斯模糊**』命令，設定**強度**：470 像素，按下**確定**鈕套用 06 07。

圖層的混合模式為**加亮顏色** 08 09。

03 ┃ 設定筆刷

在**濾鏡**上層建立一個新圖層**線稿** 10，再選取**筆刷工具** 11，筆刷為預設的**鉛筆**，**尺寸**：10 **像素** 12。

編註：要使用**鉛筆**筆刷，請先按下右上方的齒輪鈕，從選單中點選**舊版筆刷**，載入舊版筆刷後，展開**舊版筆刷**中的**預設筆刷**，即可找到**鉛筆**筆刷。

設定**前景色**：**#000000**，沿著人物的輪廓與毛髮的流向畫出線條。

將**選項列**的**平滑化**設在 30%～60% 之間會比較好描繪 13。

透過**濾鏡**圖層，影像淺色部分的線條可能過白、看不清楚（如臉部、衣服等）14，這時可切換**濾鏡**圖層的顯示與隱藏狀態，逐筆描繪線條。

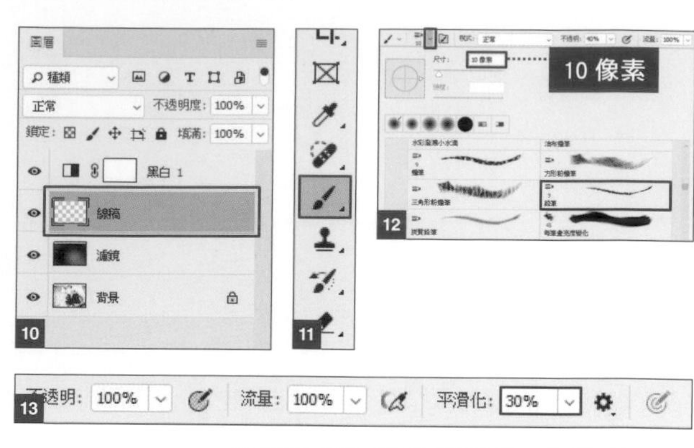

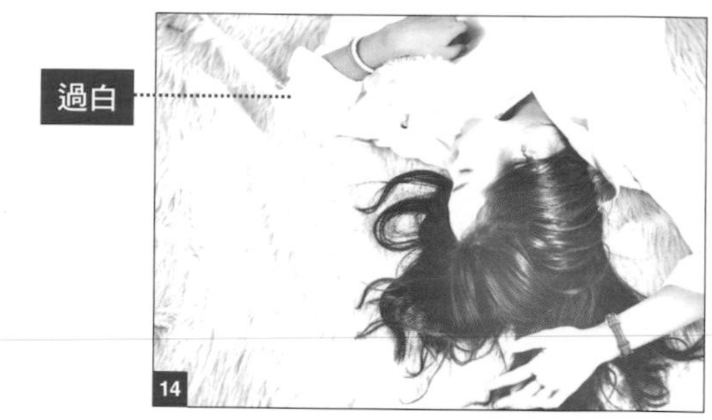

04 ┃ 用筆刷來描繪輪廓

先大致畫出輪廓 15。

再將毛髮等黑色密度較高的部分加強描繪，特別是臉部周圍，要仔細且注意線條的美感來描繪 16。不小心畫錯時，可以按 Ctrl（⌘）+ Z 鍵來修改，或調高**平滑化**的數值等，再重新描繪。

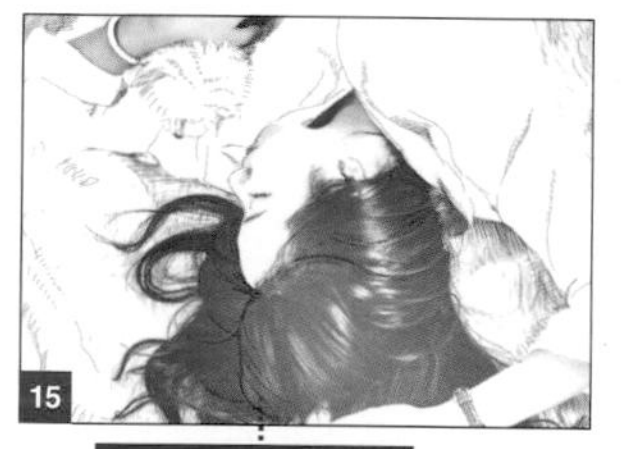

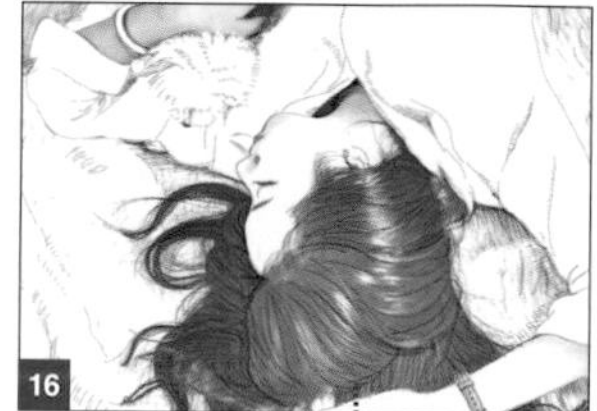

05 ┃ 加上紋理後就完成了

當作品只有線條時，會如圖 17 的結果，是接近真實的素描圖。最後再加上自己喜好的顏色便可完成。

本單元的範例，是再開啟素材「畫紙.psd」，放在**黑白 1** 調整圖層的下方，設定**混合模式**：**線性加深** 18。

將紙張的質感呈現出來後，作品就完成了 19。

Ps

製作猶如以色鉛筆繪圖的寫實設計

no.024

呈現出像用色鉛筆繪製圖畫的質感。

Point　錯開兩個重疊的圖層

How to use　呈現用色鉛筆繪圖的逼真效果

01 | 複製圖層再編修

開啟素材「貓.jpg」。
複製圖層，將圖層名稱命名為**質感**後，放在上方 01。
選取**質感**圖層，設定**混合模式：加亮顏色** 02 03。

02 I 反轉色階並加上模糊效果突顯輪廓

選取**質感**圖層，執行『**影像 / 調整 / 負片效果**』命令 04 05。

接著執行『**濾鏡 / 模糊 / 高斯模糊**』命令 06，設定**強度**：20 像素，按下**確定**鈕 07 08。

這兩個圖層完全重疊時，幾乎看不見，但是模糊輪廓再錯開位置，就能顯現出柔和的輪廓。

03 I 在輪廓加上粗糙質感

選取**質感**圖層，執行『**濾鏡 / 濾鏡收藏館**』命令 09。

開啟視窗，選取**筆觸 / 潑濺**。在右側選單設定**潑濺強度**：25、**平滑度**：1 10。

此設定可以在輪廓加上粗糙質感 11。

04 I 調整整體亮度

選取**背景**圖層，執行『**影像 / 調整 / 色階**』命令 12。

設定**輸入色階**：0／0.65／255，降低中間調，使整體清晰可見。接著設定**輸出色階**：0／225 13，降低眼睛周圍等過曝的亮部 14。

執行『**影像 / 調整 / 陰影 / 亮部**』命令 15。

設定**亮部**：25%，降低整體的明亮區域 16 就完成了 17。

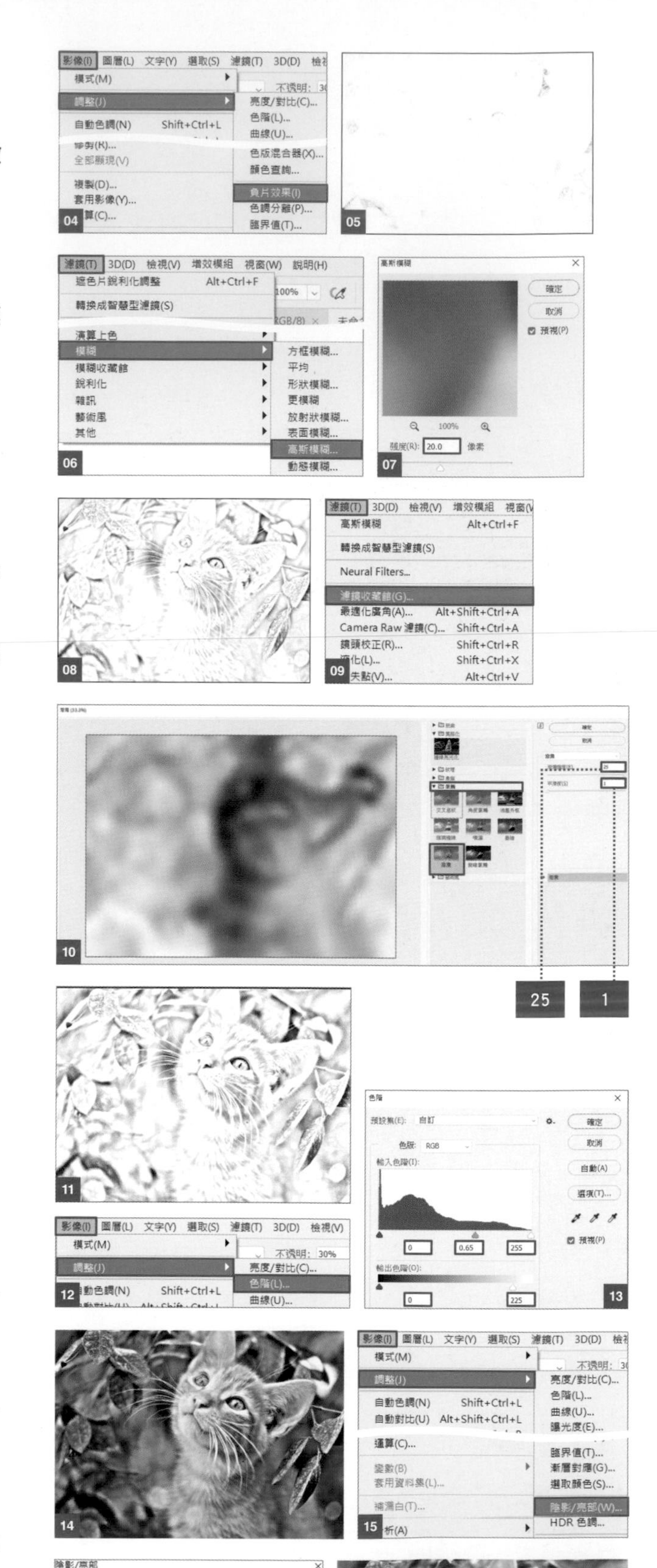

MUSIC

Ai

no.
025

Ps

做出混合不同顏色油漆且色彩鮮豔的圖案

no. 026

本單元要介紹將油漆混色的處理技巧。
使用 Photoshop，就可以做出油漆混色效果的作品。

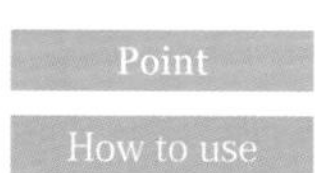

Point 使用「指尖工具」畫出油漆混合的效果
How to use 想要表現沉穩，或是活潑的視覺效果

01 ▎擺放文字

開啟素材「背景.psd」。從**工具**面板中選取**水平文字工具**，設定**字型：小塚ゴシック Pr6N**（也可以使用類似的粗體字型）／**樣式：H**／**尺寸：182 PT**／**前景色：#e81596**，在工作區域中央輸入「paint」文字，再執行『**編輯 / 任意變形**』命令，將文字逆時鐘旋轉 01。開啟素材「雷根糖.psd」，放在 paint 圖層的上方位置 02。選取**雷根糖**圖層，執行**按右鍵 / 建立剪裁遮色片** 03 04。將**雷根糖**圖層移到個人喜好的位置。本範例我們刻意讓雷根糖露出較多紅色的部份，以加強視覺效果 05。

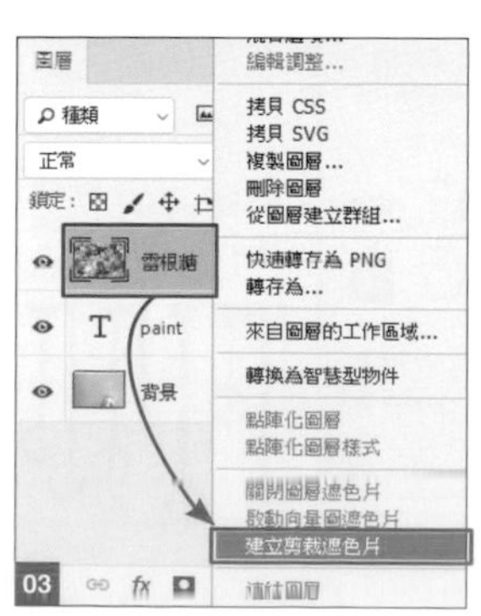

做出了文字形狀的剪裁遮色片

02 ｜ 使用指尖工具來加工

在**圖層**面板上選取 paint 圖層，然後**按右鍵／點陣化文字** 06 07。

同時選取**雷根糖**與 paint 圖層，然後**按右鍵／合併圖層** 08 09。

選取合併後的**雷根糖**圖層，執行『**濾鏡／液化**』命令 10。

選取**向前彎曲工具**，由上至下沿著文字做適當液化扭曲，讓文字看起來是油漆滴垂下來的效果 11。

在**內容**裡的**筆刷工具選項**，設定**尺寸：25～50** 之間，根據不同位置依筆刷大小來分開使用，效果會更好 12。

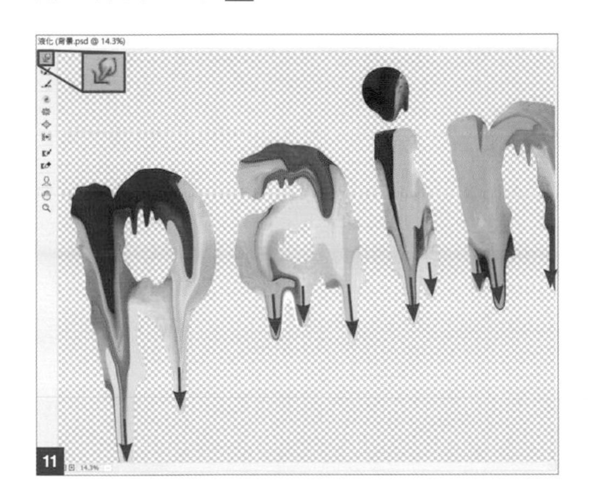

11

03 ｜ 增添立體感後就完成了

雙按**雷根糖**圖層，開啟**圖層樣式**交談窗 13。

選取**斜角和浮雕**，如圖 14 設定內容，加上立體效果 15。

選取**水平文字工具**，設定**字型：小塚ゴシック Pr6N／尺寸：92pt／樣式：H／顏色：#fffae6**，輸入文字「WET」。

執行『**編輯／任意變形**』命令，調整文字的方向讓它跟 paint 平行 16。雙按 WET 文字圖層，開啟**圖層樣式**交談窗。

如圖 17 的內容，將**混合範圍**的**下面圖層**設定為 0：50／135：203。在調整右邊的節點時，只要按住 Alt（option）鍵再拉曳，調整節點就會分割出來。

再將所有物件的大小還有版面稍為調整一下，作品就完成了 18。

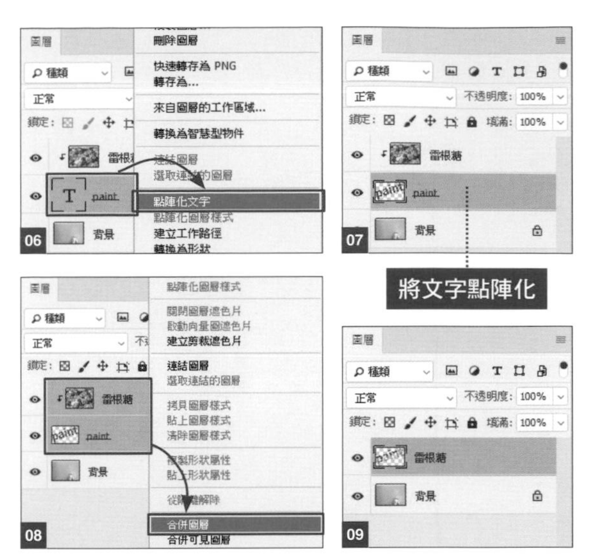

06 07 08 09

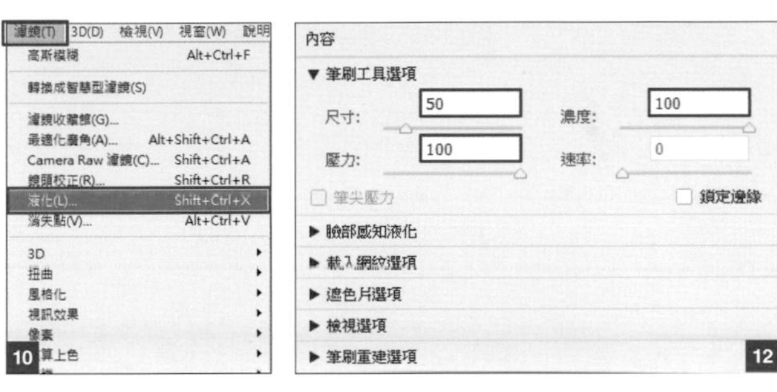

10 12

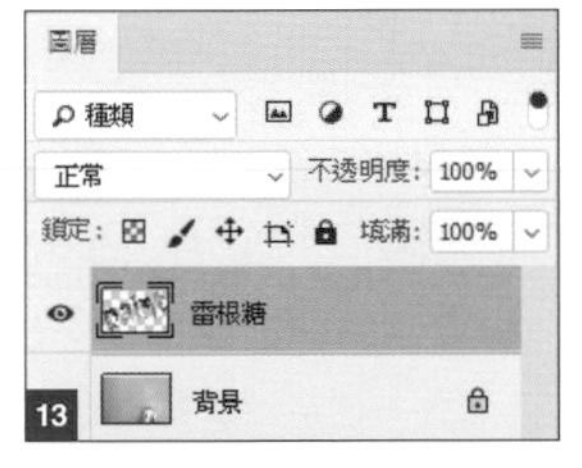

13

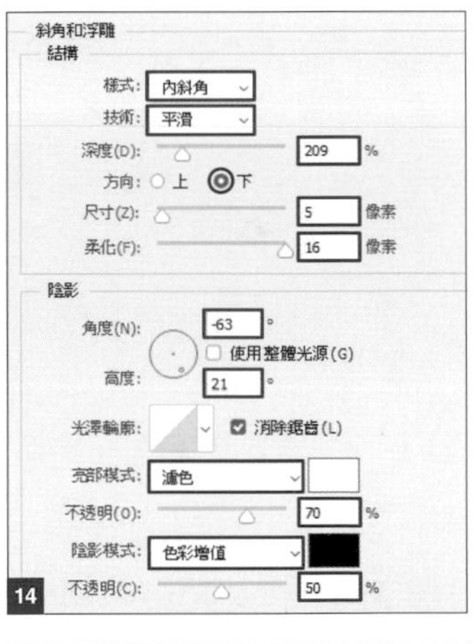

14

15

16

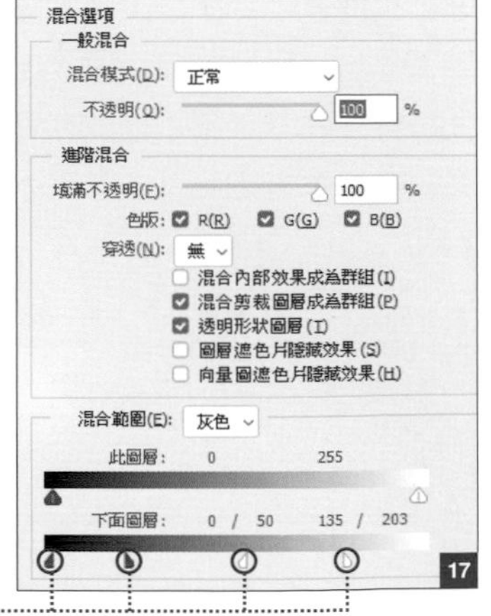

17

18

Ai

製作蠟筆效果的設計作品 no.027

利用 Illustrator 製作出像蠟筆寫的可愛文字，再套用紋理等濾鏡，表現出蠟筆獨特的不平滑視覺效果。

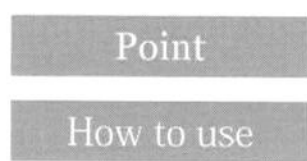

Point　調整紋理的大小讓效果看起來自然

How to use　適合孩童類、自然不做作風格的設計

01 | 建立新檔放入影像

執行『**檔案 / 新增**』命令，建立一個新文件。選取**網頁**，設定**寬度**：1280 px／**高度**：1024 px／**點陣特效**：高 (300 ppi) 01。

配置素材「嬰兒.psd」02，按 Ctrl（⌘）+ 2 鍵，把配置後的素材鎖定。

memo

字元面板的顯示 / 隱藏：

Ctrl（⌘）+ T 鍵

段落面板的顯示 / 隱藏：

Ctrl（⌘）+ Alt（option）+ T 鍵

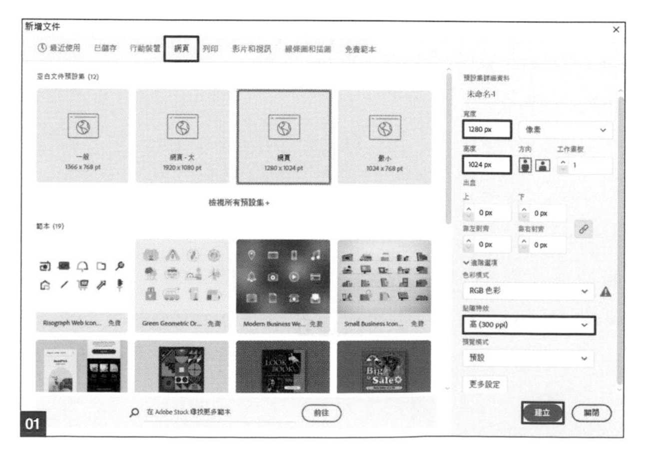

01

02

02 | 寫出色彩繽紛的文字

選取**工具**面板裡的**文字工具**，在**字元**面板中設定可愛活潑的字體。在此選用 Adobe Fonts 裡的 ScriptoramaMarkdownJF Regular 字型。輸入「HAPPYBIRTHDAY」後再換行，**字體大小：50 pt／行距：100 pt／字距微調：200** 03。在**選項列**中將**段落**設定**置中對齊**，為了讓字體看起來可愛，請如圖 04 來設定文字的顏色。**橘色：#fabe00／黃色：#fee100／淡藍色：#03b8de／紅色：#EA5520／草綠色：#abcd03**，使用這 5 種顏色替文字加上色彩。

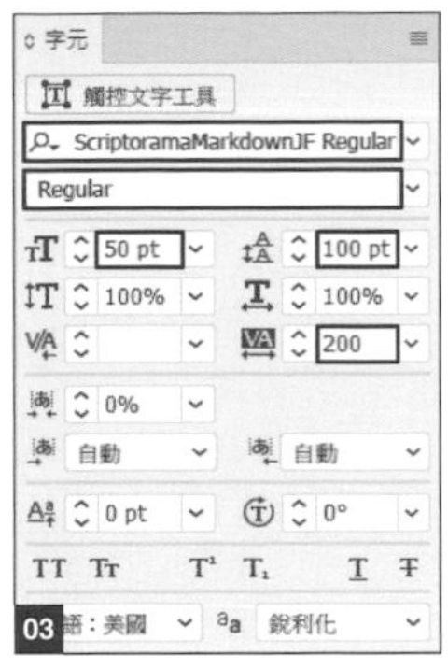

03

04

03 | 使用「觸控文字工具」，讓文字看起來更活潑

點選**字元**面板上的**觸控文字工具** 05，可以在保有文字內容的狀態下，針對個別字母自由地放大、移動或旋轉 06。請選取單一字母來進行移動及旋轉 07，讓文字看起來更有趣。

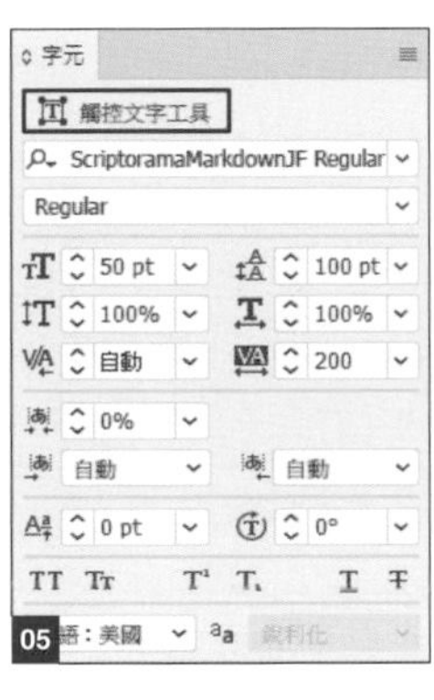

05

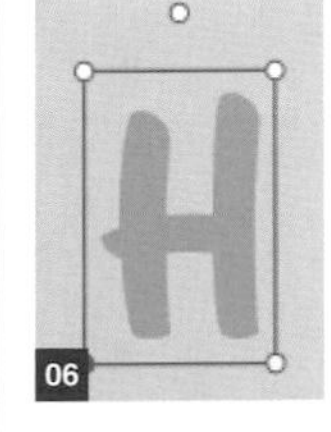

06

07

> **memo**
>
> **觸控文字工具**是 Illustrator CC 之後才有的功能。使用 CS6 的讀者，可以將文字建立外框後，再進行個別旋轉。

04 | 配置插圖

執行『**視窗 / 工作區 / 重設傳統基本功能**』命令，回復到預設的工具配置。從**工具**面板中選取**筆刷工具**，設定**筆刷定義**：5 **點圓形／筆畫**：1 pt，畫出繞圈的線條，再畫皇冠及數字 1 、愛心等圖案 08 09。

此外，如果**筆刷定義**中找不到：5 **點圓形**，可雙按預設集中的 3 **點圓形**，將**沾水筆筆刷選項**的尺寸改為 5 pt 10。

08 筆畫：1 pt　一致　5 點圓形

09

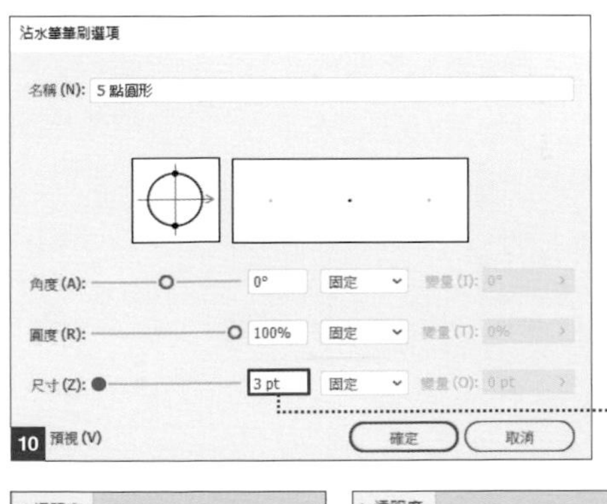

10

05 | 使用透明度面板建立遮色片

按 Ctrl（⌘）+ A 鍵選取全部，再按 Ctrl（⌘）+ C 鍵複製物件。

執行『**視窗 / 透明度**』命令，開啟**透明度**面板，按下**製作遮色片** 11，取消**透明度**面板中的**剪裁**選項，並選取遮色片縮圖後，將剛才複製的物件按 Ctrl（⌘）+ F 鍵**貼至上層** 12，這樣貼上的物件就會套用遮色片了。

11 12

06 | 替路徑加上輪廓

在**透明度**面板的遮色片中編輯。執行『**視窗 / 外觀**』命令，之後就可以邊確認紋理與效果來加以調整。

執行『**物件 / 路徑 / 外框筆畫**』命令，將線條的物件變更為路徑。

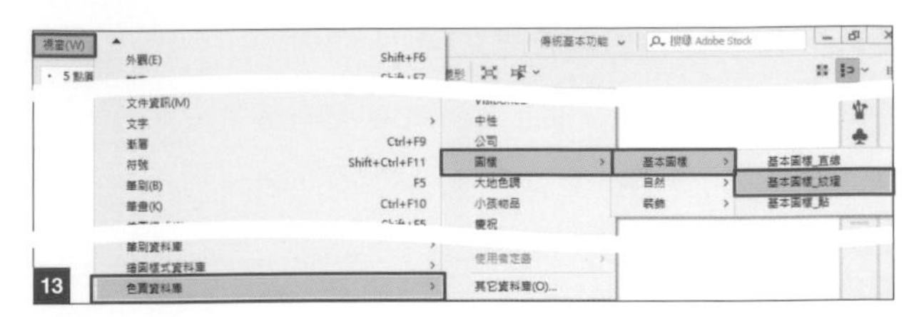

13

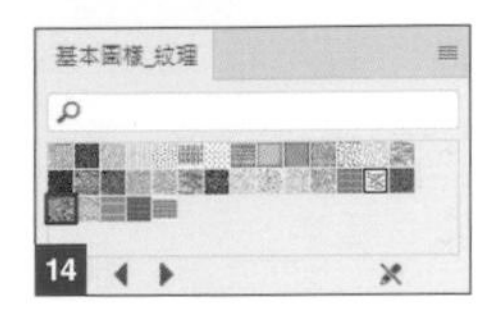

14

07 | 利用紋理來增添質感

執行『**視窗 / 色票資料庫 / 圖樣 / 基本圖樣 / 基本圖樣 _ 紋理**』 13 ，從面板中選取 USGD 21 **地形複雜的地表** 14 15 。

雙按**工具**面板的**縮放工具**，勾選**變形圖樣**選項後，設定 50% 縮小圖樣 16 17 。把彩色物件與紋理物件全選，製作遮色片，這樣物件就加入了不平整的紋理，整個畫面也添加了質感。

15

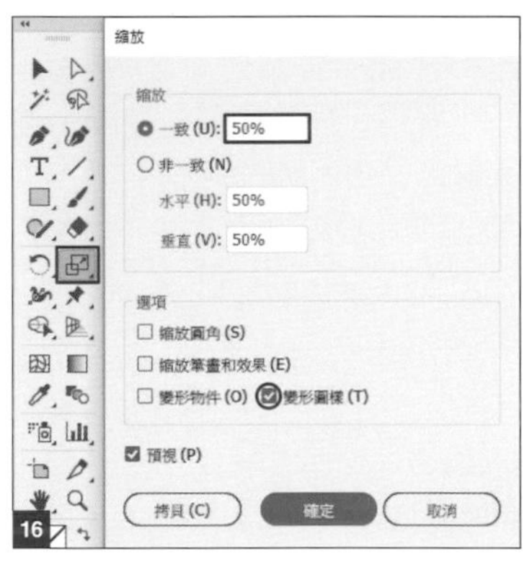

16

08 | 利用筆刷製作出粗糙表面

執行『**視窗 / 筆刷資料庫 / 藝術 / 藝術 _ 粉筆炭筆鉛筆**，開啟視窗後選取**炭筆色 _ 羽化**後套用 18 。

設定**筆畫**：0.75 pt／**填色**：#000000 19 。

使用**橡皮擦工具**，擦掉插圖與文字的輪廓，看起來就會帶有粗糙的質感。

17

18

19

09 | 加上蠟筆的質感

最後我們要再加上特殊的質感。請執行『**效果 / 藝術風 / 粗粉蠟筆**』命令，設定**筆觸長度：10／紋理：畫布／縮放：200%／浮雕：30／光源：頂端右側** **20**。

表面有磨擦感了 **21**。

21

20

column

Ai

活用「滴管工具」

- **按住 shift 鍵再按滑鼠左鍵**

選取物件後，按下**滴管工具**再按住 shift 鍵，將指標移至想要抽取的外框或填色，再按一下滑鼠左鍵。針對想要單獨抽取線條或顏色時，是一個很方便快速的工具。

- **按住 Alt（option）＋ shift 鍵再按滑鼠左鍵**

填色與線條的條件不變，只想改變物件外觀時，可以按下 Alt（option）＋ shift 鍵，再點按滑鼠左鍵。

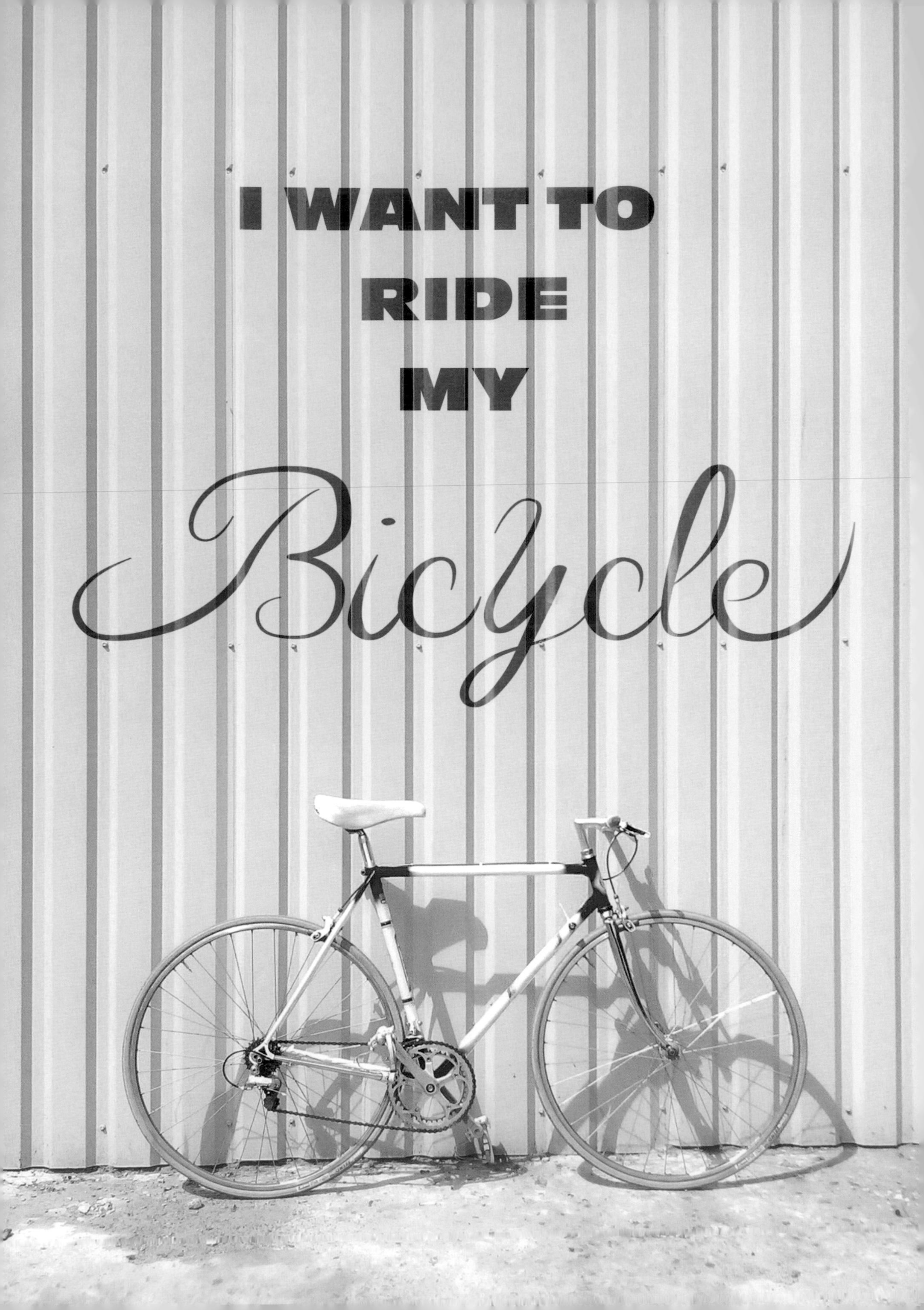
I WANT TO
RIDE
MY
Bicycle

Ps

與背景融合的藝術線條文字 no.028

使用「筆畫路徑」來表現油墨字跡的裝飾文字。可針對背景圖，製作出融合各種背景的油墨線條，呈現跟 Illustrator 不同風格的效果。

Point	製作路徑，模擬強度畫出有強弱效果的筆畫線條
How to use	需要醒目的標題與文字裝飾時可以使用

01 | 擺放文字

開啟素材「背景.psd」。從**工具**面板中選取**水平文字工具** 01。這裡我們使用 Adobe Fonts 裡收錄的 Quimby Mayoral 字型。在影像中央用**尺寸：115 pt**，輸入文字「Bicycle」02 03。

從**工具**面板中選取**筆型工具** 04，沿著文字如圖 05 畫出路徑。為了讓範例容易辨識，請設定 bicycle 圖層的**不透明度：50%**。

開啟**路徑**面板，雙按**工作路徑**，在**儲存路徑**交談窗將路徑命名為 bicycle 06。

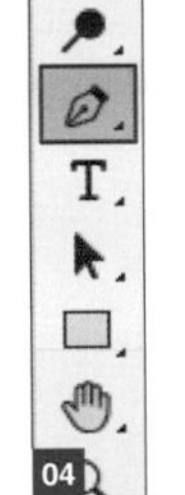

02 | 設定筆刷與調整

在最上方建立新圖層**裝飾文字**後選取 07。選取**筆刷工具** 08，設定**實邊圓形**筆刷 09。

開啟**筆刷設定**面板，選取**筆尖形狀**選項，設定**尺寸：40 像素／圓度：50%** 10。

選取**筆刷動態**選項，設定**控制：筆的壓力／最小直徑：10%** 11。

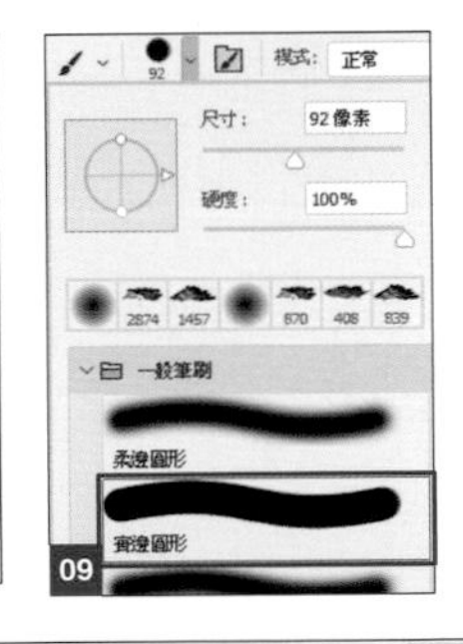

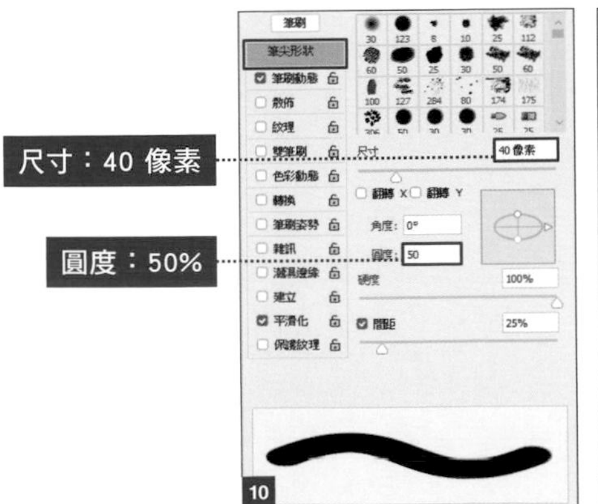

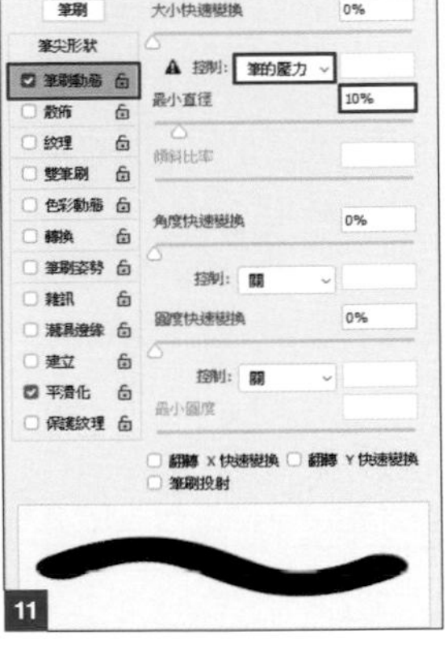

03 ｜ 描繪筆畫路徑

選取 bicycle 路徑之後，再選取**裝飾文字**圖層。設定**前景色：#be1818** 12 。

從工具面板選取**筆刷工具**，在影像上**按右鍵**／選取**筆畫路徑** 13 。

設定**工具：筆刷**／勾選**模擬壓力**，按**確定**鈕 14 。指定顏色的筆畫路徑就完成了 15 。

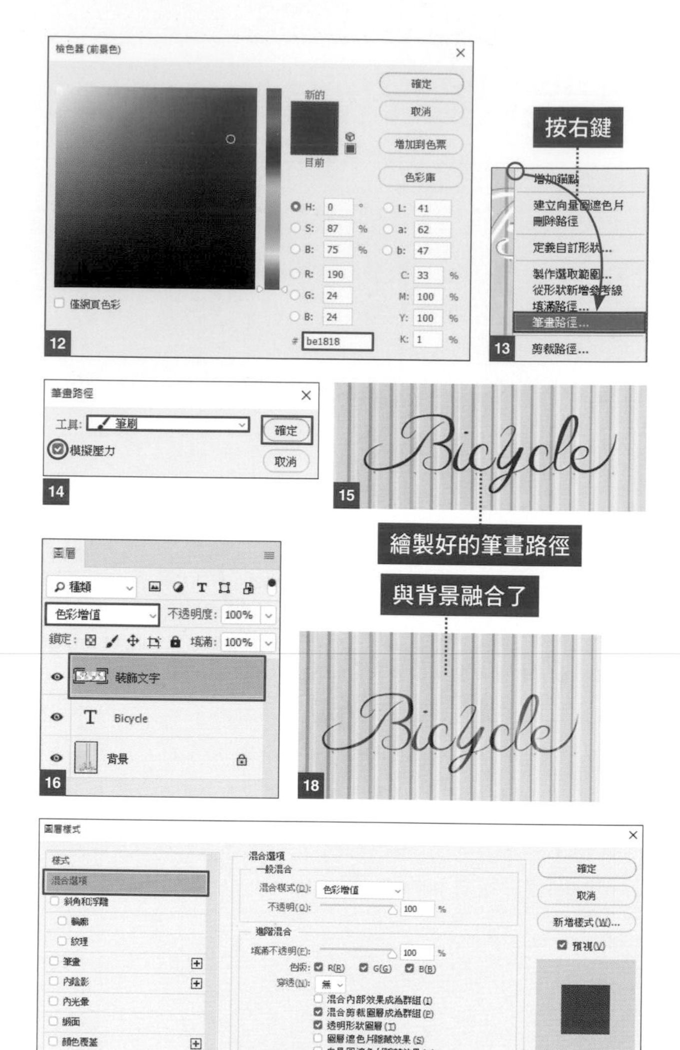

04 ｜ 完成與背景融合的作品

選取**裝飾文字**圖層，設定**混合模式：色彩增值** 16 。雙按**裝飾文字**圖層後，開啟**圖層樣式**，選取**混合選項**。將**混合範圍**的**下面圖層**設定為 0：212／247 17 。

這時，在右邊的調整點會稍微靠左，按住 Alt （option）鍵再拉曳，調整點就會被分割了，文字看起來就會跟背景融合 18 。

範例中，使用 Adobe Fonts 字型裡的 Azo Sans Uber 字型，加上文字 I WANT TO RIDE MY 來裝飾，一樣套用**混合模式**與**圖層樣式**後就完成了 19 。

Illustrator
Design
calligraphy

Ps

製作噴漆效果的設計作品

no. 030

本單元要製作像是噴漆噴在牆壁上的造型設計。噴漆造型是 Photoshop 所擅長的功能之一，屬於比較直接的表現方式，如果想要快速做出類似的設計，就可以使用 Photoshop。

Point　主要是使用噴漆效果的筆刷來描繪

How to use　休閒、運動、冷酷風格的設計

01 ┃ 選取適合的字體並輸入文字

開啟素材「背景.psd」。選取適合用來製作挖空文字的字型。範例選用 Stencil Std 字型。**前景色**：#ffffff，接著按下**工具**面板中的**水平文字工具**，在中央位置輸入文字「GRAFFIT」。執行『**編輯 / 任意變形**』命令，將文字稍微往順時鐘方向旋轉 01 。

02 | 切換文字的選取範圍，畫出噴漆狀的輪廓

在最上面建立 3 個新圖層，分別是**油漆**、**內側**、**外側**。將 GRAFFITI 文字圖層設為不顯示，在文字圖層縮圖上按下 Ctrl（⌘）+ 滑鼠左鍵，建立選取範圍 02，再執行『**選取 / 反轉**』命令 03。

選取**外側**圖層，按下**筆刷工具**，設定**筆刷種類：柔邊圓形／尺寸：400 像素** 04，按下選項列的**啟動噴槍樣式的形成效果** 05。

使用噴槍會有不均勻的效果，可以像圖 06 一樣在文字邊緣描繪，完成後取消選取範圍。

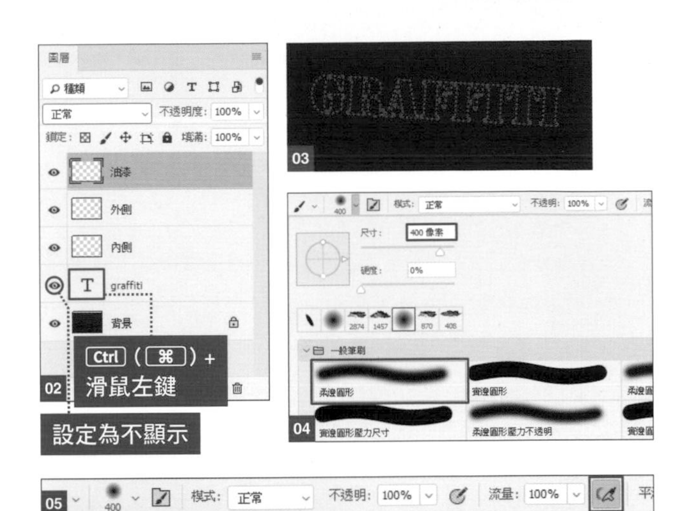

啟動噴槍樣式的形成效果

03 | 在文字內側噴漆，並畫出噴漆往下滴落的樣子

在文字圖層 GRAFFITI 的圖層縮圖上按住 Ctrl（⌘）+ 滑鼠左鍵，建立選取範圍。選取**內側**圖層，筆刷種類不變，設定**尺寸：200 像素**後開始描繪 07。

選取**油漆**圖層，設定筆刷**尺寸：15 像素**，如圖 08 畫出油漆滴落的樣子。

只要按住 shift 鍵，再上下描繪就可以畫出直線。想要表現液體最下方的凝聚狀，可以使用噴漆效果，在最下面的地方停留久一點的時間就可以了 09。

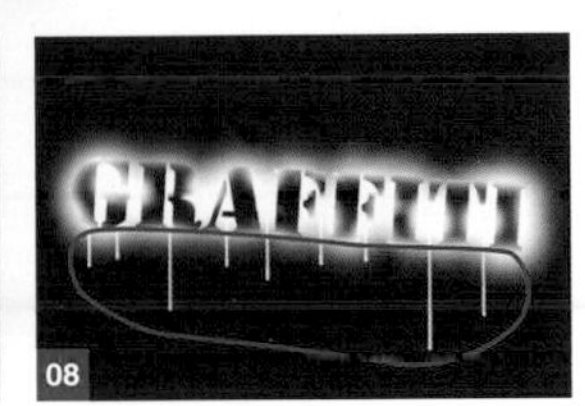

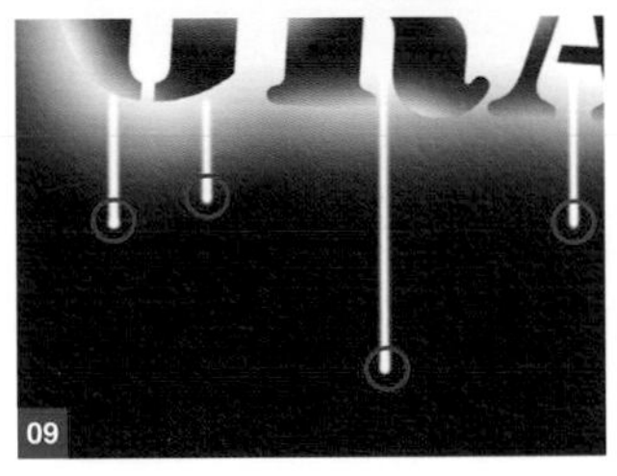

04 | 結合圖層，套用圖層效果後就大功告成了

選取**內側**、**外側**、**油漆**這 3 個圖層，執行**按右鍵 / 合併圖層**，將圖層名稱設為**噴漆** 10。

開啟**圖層樣式**交談窗，選取**混合選項**，在**混合範圍**的**下面圖層**設定 8/37:255 11。在調整左側的控點時，可按住 Alt（option）鍵再拉曳，調整控點就會被分割，看起來就會與背景的水泥圖案融合了 12。

此範例在文字上方加上圓形，一樣先建立圓形的選取範圍，再依照步驟 02~04 的方法設定就可以完成了。

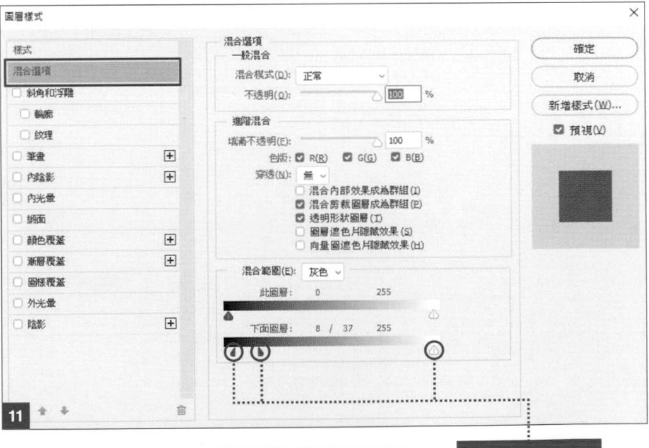

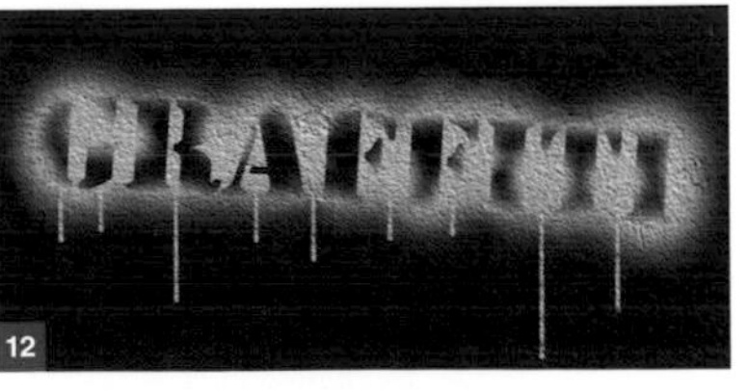

column

Ps Ai

認識 Adobe Fonts

本書的範例運用了 Adobe Fonts 字體庫，只要使用 Photoshop、Illustrator 等 Adobe 產品，訂閱 Adobe Creative Cloud，就可以免費使用。

Adobe Fonts 提供 500 種以上的日文字體以及總計 20,000 以上的高品質字體，設計印刷品、網頁、影像等作品時，都可以運用這些字體。

● 使用方法

啟動「Adobe Creative Cloud」01 Mac 01 Win 。

選取右上方的**字體** 02，再選取**瀏覽更多字體** 03，開啟字體庫的網頁 04，不論是透過**所有字體**、**推薦**或右上方的搜尋，都可以尋找你想要的字體 05。找到適合的字體後，按下**新增字體**，就可以在你的電腦上同步使用字體。如果想取消該字體，只要按下**移除**即可 06。在 Photoshop 或 Illustrator 的**字元**面板中，可以使用新增的字體 07。

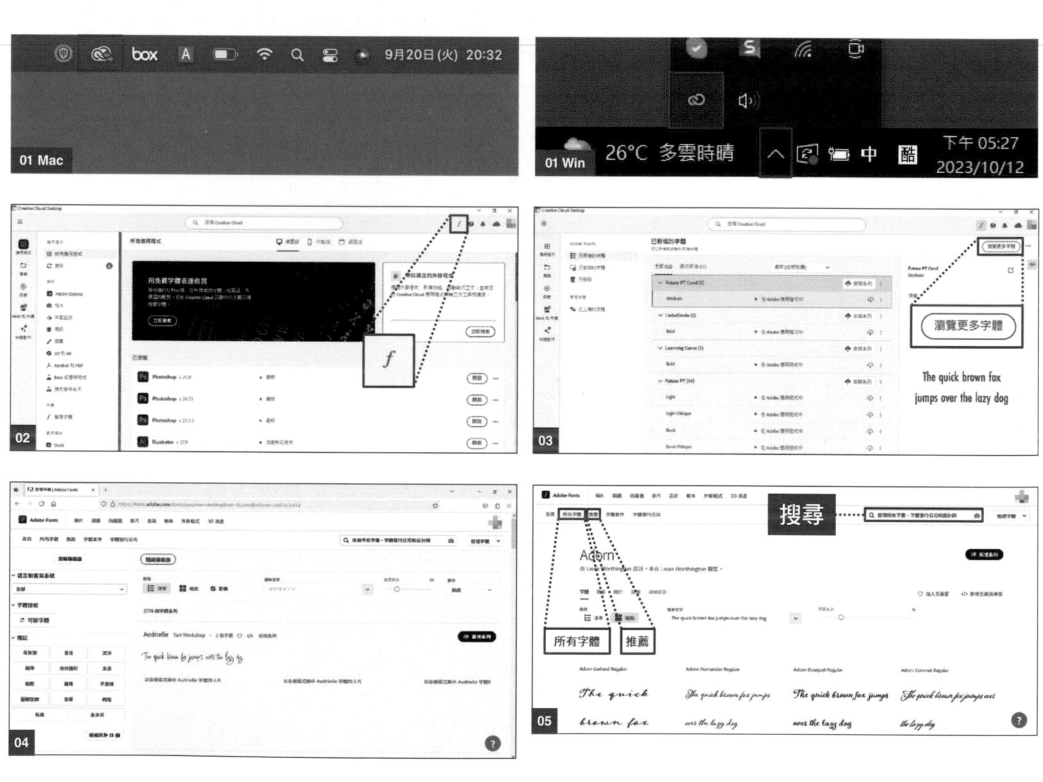

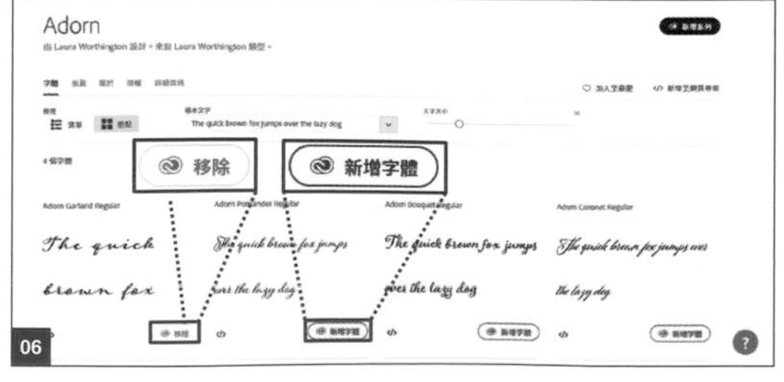

擬真物體的加工技巧

拼圖的碎片、撕裂的膠帶、液狀的金屬、破裂的玻璃、大理石的紋路、撕破的紙等，本章將教你如何使用濾鏡和圖層樣式來重現這些質感。

Chapter 04

Analog effect design techniques

Ps

製作拼圖效果

no.031

將影像加工成拼圖，表現出拼圖的立體與散亂感。

Point 操作時要注意圖層的排列

How to use 適用於廣告與影像設計

01 ｜ 製作拼圖的線稿

開啟素材「人物.psd」，開啟素材「拼圖框線.psd」後放在最上層位置 01。

選取**工具**面板中的**魔術棒工具**，再選取拼圖的內側 02 03。此時，請先確認已取消勾選**選項列**裡的**連續的**選項 04。建立一個新圖層**拼圖**，設定**前景色：#ffffff** 後，利用**工具**面板的**油漆桶工具**將選取範圍填滿顏色 05 06。

01

02

03

選取拼圖的內側

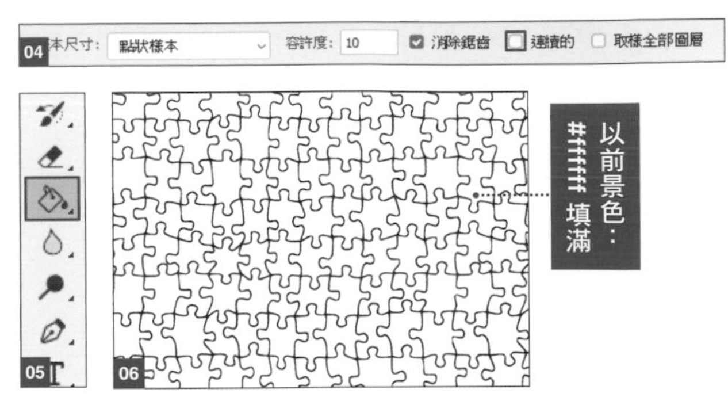

02 | 增加拼圖的立體感

選取**拼圖**圖層。設定**填滿：0%**，開啟**圖層樣式**交談窗，選取**斜角和浮雕**選項，如圖 07 設定內容。**光澤輪廓**請選取**凹槽 - 深**。

拼圖的立體感就完成了 08。

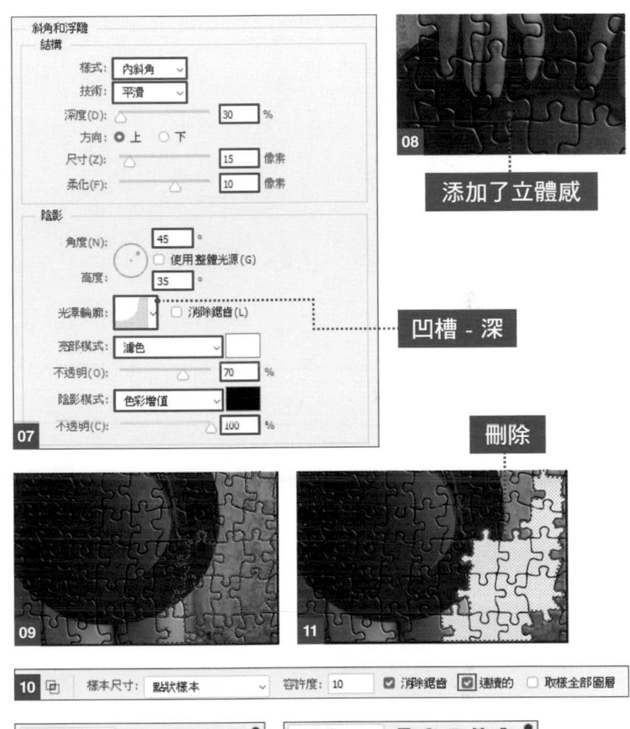

03 | 表現出拼到一半的狀態

選取**拼圖**圖層，再按下**魔術棒工具**，如圖 09 在右下角隨意挑選幾塊拼圖。

這時請勾選**選項列**上的**連續的**選項，以片為單位來建立選取範圍 10。

不要取消選取範圍，直接改選取**人物**圖層，再按下 Delete 鍵刪除 11。把**拼圖框線**與**人物**兩個圖層群組化 12，選取群組並取消範圍後，按下**建立圖層遮色片**鈕 13。

選取群組的圖層遮色片縮圖，按下**筆刷工具**，在拼圖的框線部份使用遮色效果。選取**實邊圓形**，用較大尺寸的筆刷在線條上先畫上遮色片，再用細一點的筆刷來做遮色片的修補，這樣會比較容易完成 14。

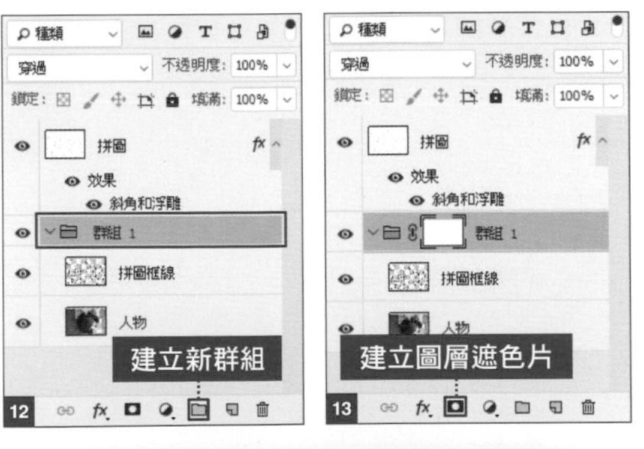

04 | 配置背景，替拼圖加上陰影

開啟素材「背景.psd」，並放置在最下層的位置 15 16。

選取**拼圖**圖層，開啟**圖層樣式**交談窗。選取**陰影**選項，並如圖 17 設定內容。

就能為拼圖加上陰影了 18。

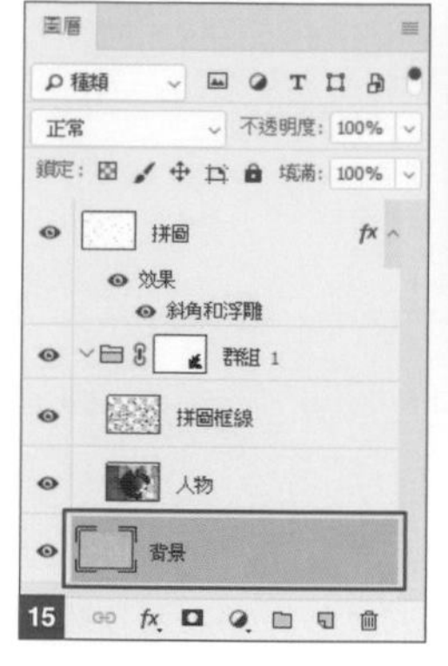

15

16

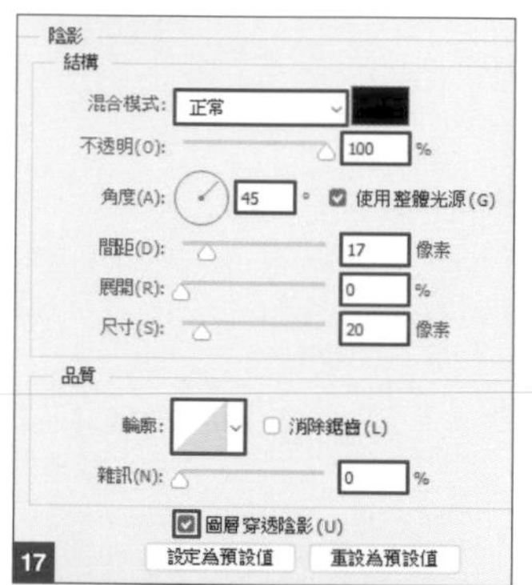

17

18

05 | 剪下單片拼圖，設計版面

選取**拼圖**圖層，再選取**魔術棒工具**，如圖 19 建立選取範圍，再按下 Delete 鍵刪除。在選取範圍仍選取的狀態下，選取**人物**圖層後**按右鍵 / 剪下的圖層** 20，將圖層命名為**單片**，移動至最上層的位置 21。

選取**拼圖**圖層，執行**按右鍵 / 拷貝圖層樣式**，接著選取**單片**圖層，執行**按右鍵 / 貼上圖層樣式** 22。

這時**填滿**也會一併複製，請設定**填色：100%**，然後將單片拼圖移動、旋轉，放在喜歡的位置後再加以排列 23。

19

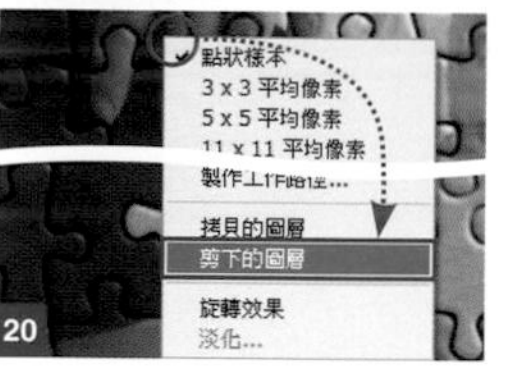

20

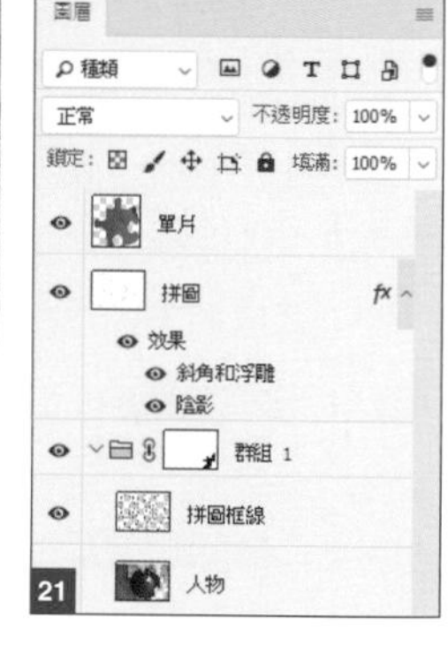

21

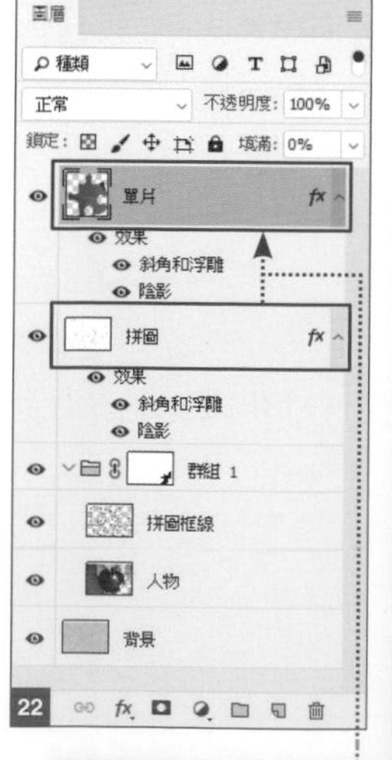

22

23

06 | 依喜好做單片拼圖的擺放

如步驟 05 的操作，依喜好再剪下其他單片拼圖，擺放在適合的位置，作品就完成了 24。

24

Ps

紙膠帶文字設計 no.032

利用紙膠帶來設計文字。

Point 將紙膠帶的切口處理完善　　**How to use** 作為標題設計或周圍裝飾

01 ❙ 製作膠帶

開啟素材「背景.psd」，建立一個新圖層**膠帶**。
按下**矩形選取畫面工具**，建立一個長方形的選取範圍，再用**油漆桶工具**填入顏色 01 。
此例設定尺寸為**寬度：400 像素／高度：90 像素**的長方形 02 。填滿的顏色，只要填入任意喜歡的顏色，方便辨識即可。
另外，在**選項列**設定**樣式：固定尺寸**，就可以利用數字來決定選取範圍。

01

02 化：0 像素　消除鋸齒　樣式：固定尺寸　寬度：400 像素　高度：90 像素

02 ｜ 製作膠帶的切口

選取**橡皮擦工具**，設定**粉筆 60 像素** 03。

從膠帶的左側往右側擦拭，如圖 04 製作出的切口。直向擦拭的話，會變成如圖 05 的樣子，請務必要注意。

另一邊則從膠帶的右側往左擦拭，做出如圖 06 般的切口。

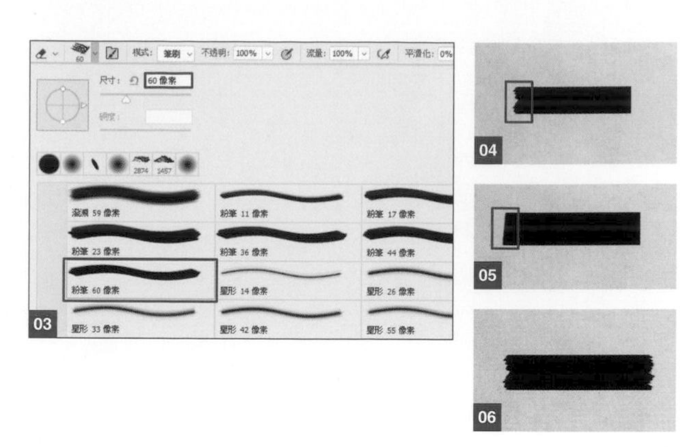

03 ｜ 增加質感

選取**膠帶**圖層，開啟**圖層樣式**交談窗，選取**圖樣覆蓋**選項，如圖 07 設定內容。**圖樣**請選取**灰色羊皮紙**。由於預設的圖樣沒有顯示**灰色半皮紙**，請先執行『**視窗 / 圖樣**』命令，開啟**圖樣**面板，從選單中點選**舊版圖樣和更多**，載入**舊版圖樣和更多**資料夾 08。接著開啟**圖層樣式**交談窗，點按**圖樣**縮圖旁的箭頭，即可由**舊版圖樣和更多／舊版圖樣／彩色紙張**中看到**灰色羊皮紙**。

選取**顏色覆蓋**選項，如圖 09 設定內容，其中顏色設定為 **#ed4141** 10。

選取**陰影**選項，如圖 11 設定內容。

圖層的**不透明度：70%** 12，紙膠帶的質感就完成了 13。

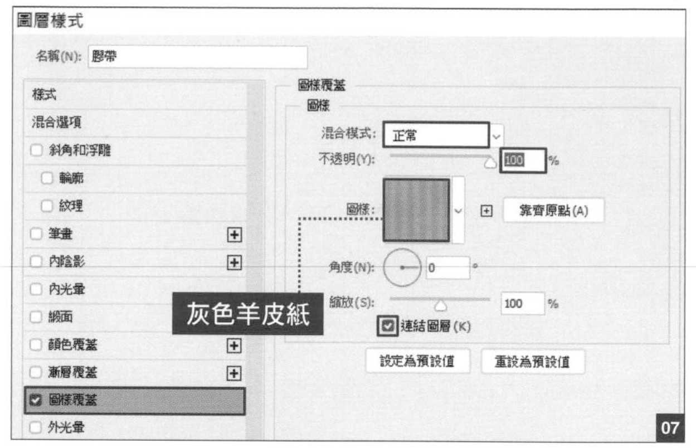

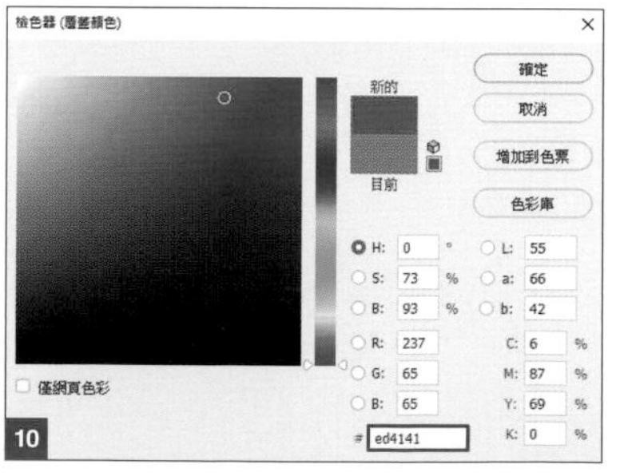

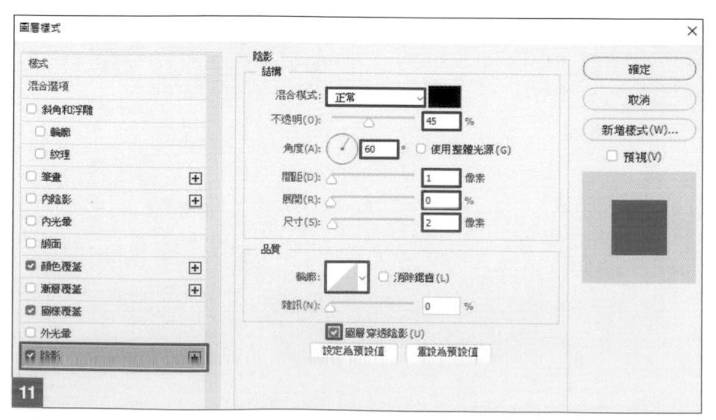

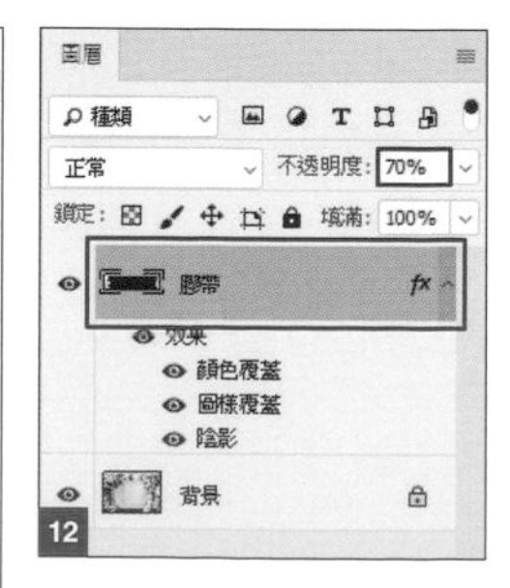

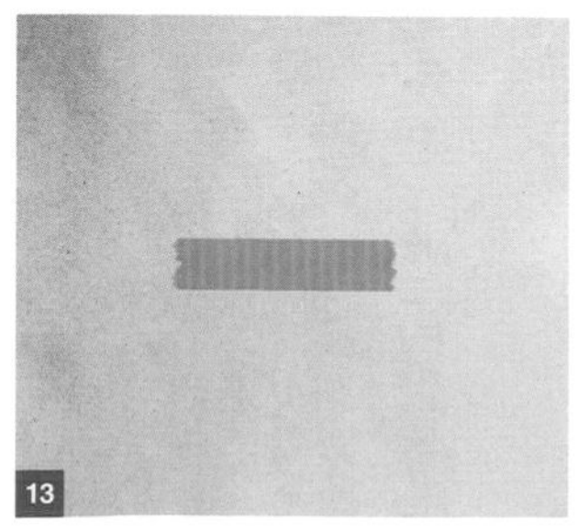

04 | 使用相同方法，製作膠帶的元件

依照步驟 01、02 的方法，保持**高度：90 像素**不變，製作出數張長度不同的膠帶 14。

在**圖層**面板上選取**膠帶**圖層，**按右鍵 / 拷貝圖層樣式**，再到做好的膠帶圖層上**按右鍵 / 貼上圖層樣式** 15。

14

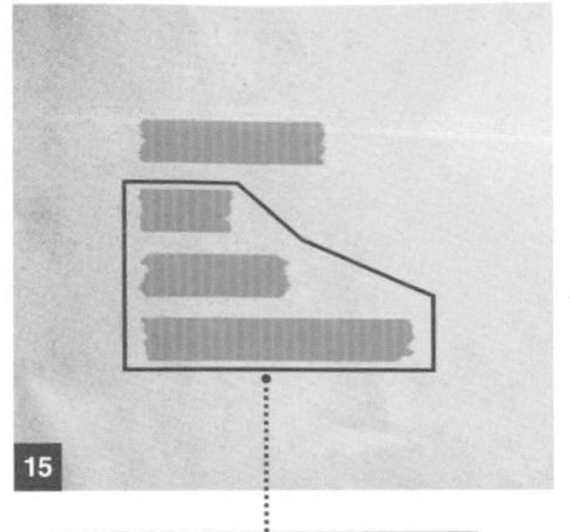

15

拷貝 / 貼上圖層樣式

05 | 將做好的元件排列好，組合成文字後就完成了

複製圖層後，再使用**任意變形**功能，組合成自己喜好的文字就可以了 16。

範例中，將文字組合後所剩下的膠帶隨意留在旁邊，表現出手工製作的感覺。

16

□ column

Ps

指定像素尺寸，建立選取範圍的方法

在製作網頁等情況，都需要以像素為單位來進行調整。這時，可以在**工具**面板中選取適當的選取工具後，由**選項列**設定，如右圖設定**樣式：固定尺寸**後，就可以依**寬度：400 像素／高度：90 像素**來建立固定尺寸的選取範圍。

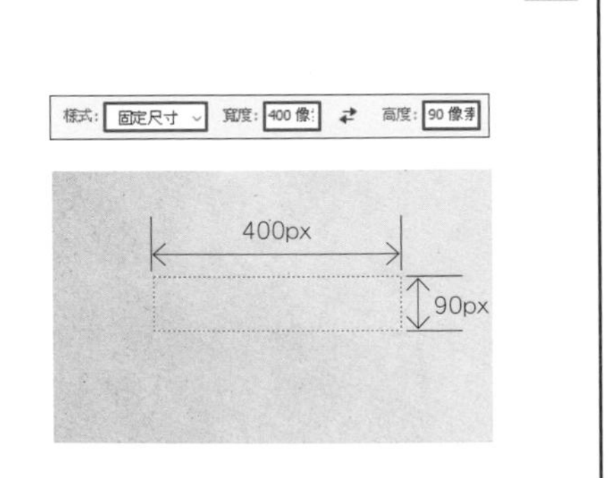

Ps

製作液體金屬

no.033

製作金屬融化的影像設計。

Point	仔細設定「液化」濾鏡與「斜角和浮雕」圖層樣式
How to use	呈現金屬融化般的效果或光澤感

01 | 製作湯匙融化的效果

開啟素材「背景.psd」，選取**湯匙**圖層，執行『**濾鏡 / 液化**』命令。

選取**向前彎曲工具**，設定「尺寸：25～100」，製造出湯匙融化的效果 01 02。

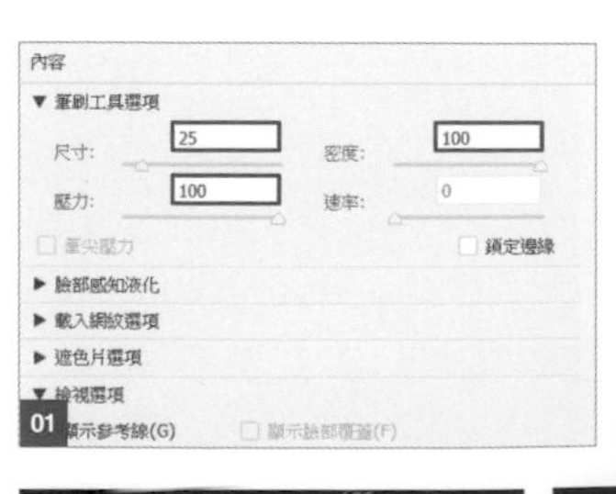

01

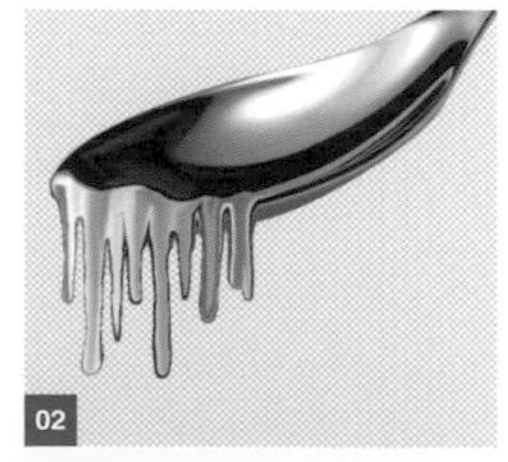

02

02 | 把文字圖層當作參考，繪製融化的文字

設定前景色：#ffffff，選取水平文字工具，再設定字型：小塚ゴシック Pr6N／字型大小：171 pt。

03

04

輸入「Liquid」後，放在**湯匙**圖層的下方 **03**。
在 Liquid 圖層的上方新增 LOGO 圖層。
選取**筆刷工具**，設定**實邊圓形筆刷**。
把文字「Liquid」當作參考，繪製融化效果。
使用**橡皮擦工具**調整形狀 **04**。
描繪完成後，刪除「Liquid」文字圖層。

03 ｜ 使用圖層樣式增加金屬質感

在 LOGO 圖層按兩下，開啟**圖層樣式**交談窗。
選取**斜角和浮雕**，依照圖 **05** 進行設定。
按一下**光澤輪廓**縮圖，開啟**輪廓編輯器**，依照圖 **06** 進行設定。
透過這裡的設定，呈現金屬融化的效果。請一邊檢視狀態，一邊仔細調整各個控制點 **07**。
選取**緞面**，依照圖 **08** 設定。
選取**顏色覆蓋**，設定**顏色**：**#818181** **09**。
選取**內光暈**，依照圖 **10** 設定。
這樣就能呈現金屬融化的質感 **11**。

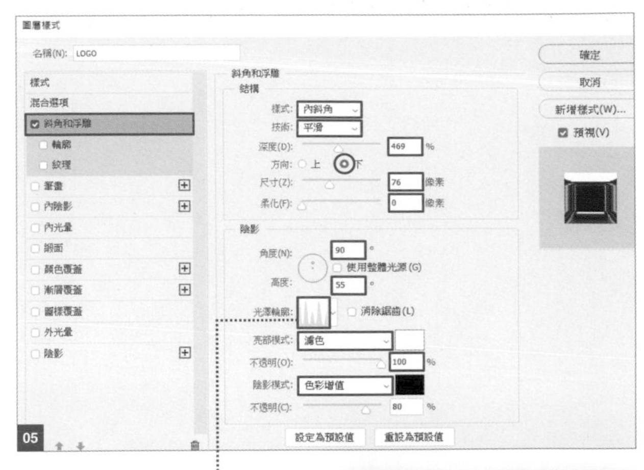

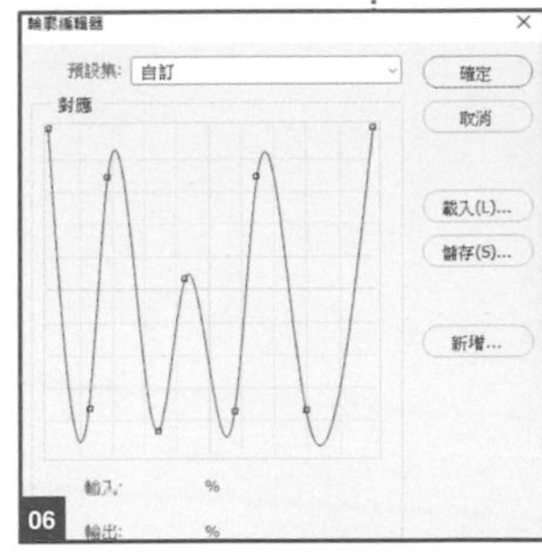

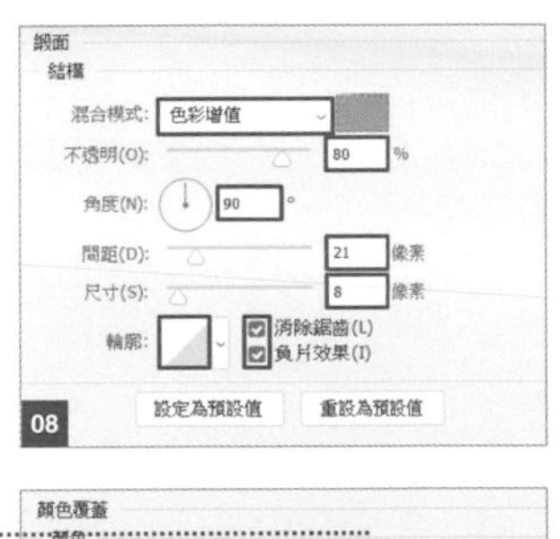

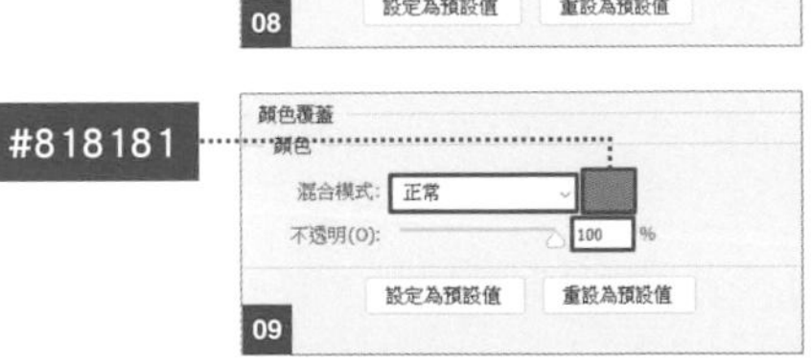

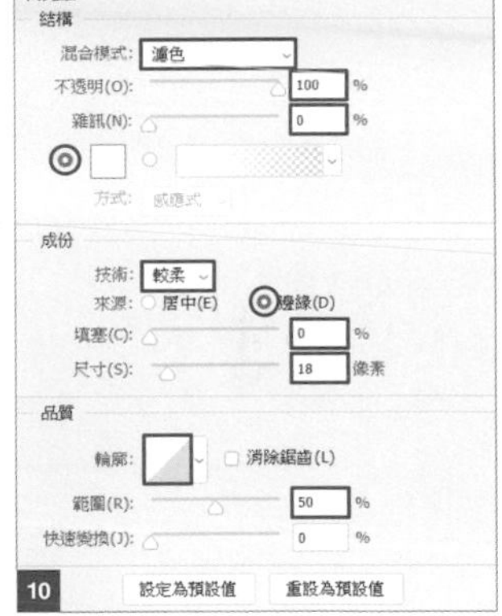

column

製作液體感的技巧

調整步驟 03 的圖 **09** **顏色覆蓋**圖層樣式，可以製作出不同影像。右圖影像更改了**混合模式**：**#0078ff**，以呈現出液體效果。

Ps

玻璃碎片文字

no. 034

使用圖層樣式與玻璃的紋理，做出玻璃破裂的效果。

Point 使用浮雕、筆畫、光暈來表現玻璃的效果

How to use 適用於玻璃物件或用在 logo 等

01 ❙ 擺放文字

開啟素材「背景.psd」。

使用**水平文字工具**，設定**字型：小塚ゴシック Pr6N**／**字型樣式**：H／**字型尺寸**：150pt，輸入文字「BROKEN」01。

文字的顏色可以依喜好設定，只要容易辨識即可。將文字放在中央的位置 02。

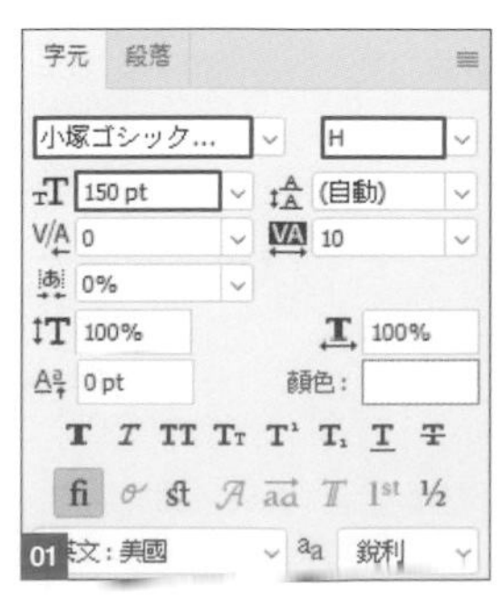

01

02

02 | 替文字加上玻璃的質感

與本書的 P.67 **製作玻璃鏡片**的要領相同，在文字圖層上套用圖層樣式。在這裡，我們要製作出更具透明感的玻璃。

選取 BROKEN 文字圖層，設定**填滿：0%** 03。

開啟**圖層樣式**交談窗，選取**斜角和浮雕**如圖 04 設定，其中**亮部模式**的顏色為 **#ffffff**，**陰影模式**的顏色為 **#59fdf3**。

選取**筆畫**選項，如圖 05 設定內容，顏色設定為 **#59fdf3**。

選取**內光暈**選項，如圖 06 設定內容，顏色設定為 **#ffffff**。

選取**漸層覆蓋**選項，如圖 07 設定內容。在**前景色**為 **#ffffff** 的狀態下，再從預設集中選取**前景到透明**，不透明度的控點設定在**位置：5%** 08，完成後按下**確定**鈕，回到**圖層樣式**交談窗，在畫面上拖曳調整漸層的位置 09，完成後再按下**確定**鈕。

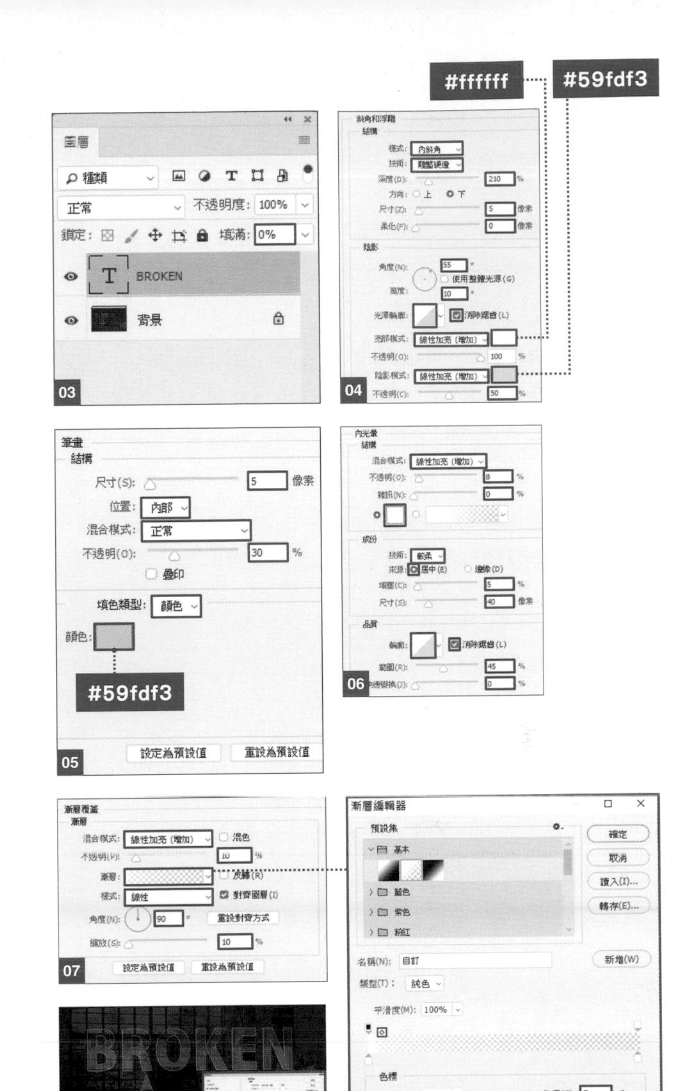

03 | 如同玻璃破裂般，將文字分割

選取 BROKEN 圖層，**按右鍵 / 點陣化文字** 10。在此有些操作是重複的，所以使用快速鍵來提高工作效率。

選取**多邊形套索工具**(快速鍵：L)，選取出文字要分割的範圍 11 12。有時也會需要手動選取**多邊形套索工具**。

直接切換至**移動工具**(快速鍵：V)，移動文字的位置 13。

再次選取**多邊形套索工具**，建立選取範圍 14，直接切換成**移動工具**移動文字，接著執行**任意變形**(快速鍵：Ctrl ＋ T)，如圖 15 小幅旋轉文字。

透過**多邊形套索工具**(快速鍵：L)／**移動工具**(快速鍵：V)，搭配**任意變形**(快速鍵：Ctrl ＋ T)讓文字旋轉，將文字逐漸切割完成 16(為了避免文字難以辨識，請不要將文字過度切割，操作時要確認整體的可讀性)。

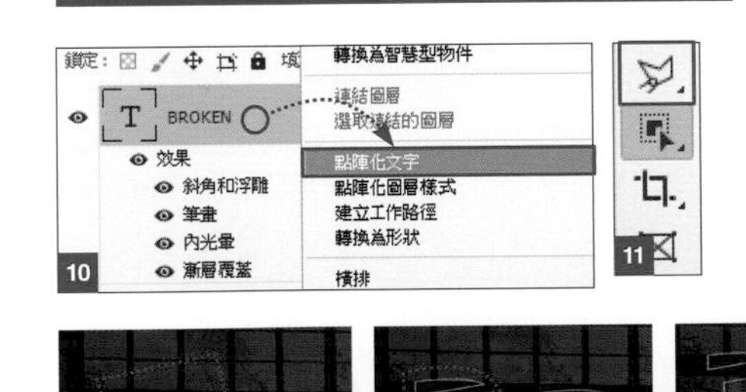

04 | 重疊玻璃的紋理增加真實感

開啟素材「玻璃.psd」，放在 BROKEN 圖層的上方，設定**混合模式：加亮顏色** 17。

在 BROKEN 圖層的圖層縮圖上按 Ctrl（⌘）+滑鼠左鍵，建立選取範圍。

直接選取**玻璃**圖層，在**圖層**面板中按下**增加圖層遮色片**鈕 18。

文字增加了玻璃碎裂的質感了 19。

17

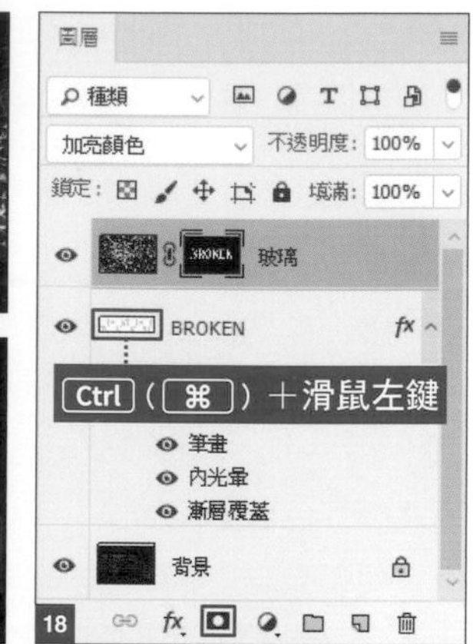

18

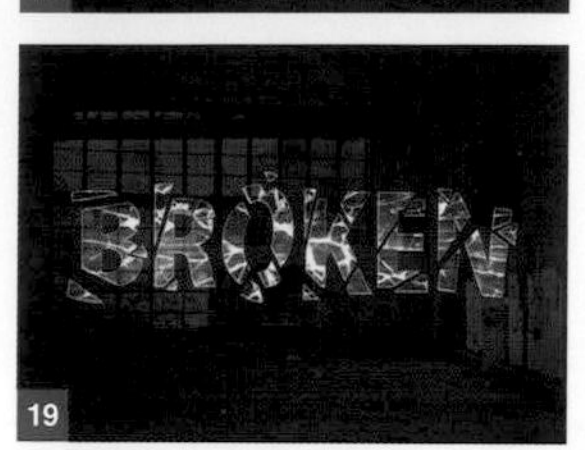

19

05 | 加上散亂的破璃碎片裝飾後就完成了

開啟素材「玻璃.psd」，放在最上方位置，設定**混合模式：加亮顏色**。

按下**多邊形套索工具**，注意碎片的尺寸與數量，再依喜好選取想要使用的部份，作為散亂的玻璃碎片 20（為了方便辨識，圖中將選取的部份設定為黃色）。

接著**按右鍵 / 拷貝的圖層**，剪下選取範圍，並準備多個破碎的元件。

將剪下來的元件擺放在適當位置 21，再將 BROKEN 圖層的圖層樣式複製後貼上，範例就完成了 22。

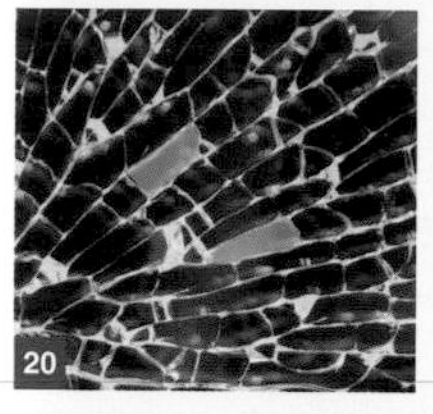

20

21

22

column

全圖鳥瞰模式

我們在設計作品時，雖然知道完成圖給人的印象很重要，不過在製作過程中，尤其是細部調整比較多的時候，畫面就會不知不覺變成如右圖般，一直在放大的狀態下進行，這時只要按下 Ctrl ＋ 0 鍵，就可以馬上恢復全圖的鳥瞰模式，方便確認作品的協調與否。

如下圖，在對應視窗尺寸的框內，只要將想要放大確認的部份拉曳選取後，就可以按照比例將選取範圍放大檢視了。

Ps

製作逼真的大理石紋理

no.035

利用雲狀效果濾鏡製作出逼真的大理石。

Point　複製以「雲狀效果」建立的影像，藉此產生深度

How to use　適用於逼真的大理石設計

01 ┃ 套用雲狀效果

開啟素材「背景.jpg」。

按一下**背景**圖層右側的鎖頭圖案 01，轉換成一般圖層，並將圖層名稱命名為**大理石** 02。

先設定**前景色：#000000**、**背景色：#ffffff**（預設狀態）03。

執行『**濾鏡 / 演算上色 / 雲狀效果**』命令 04 05。

接著，執行『**濾鏡 / 演算上色 / 雲彩效果**』命令 06 07。

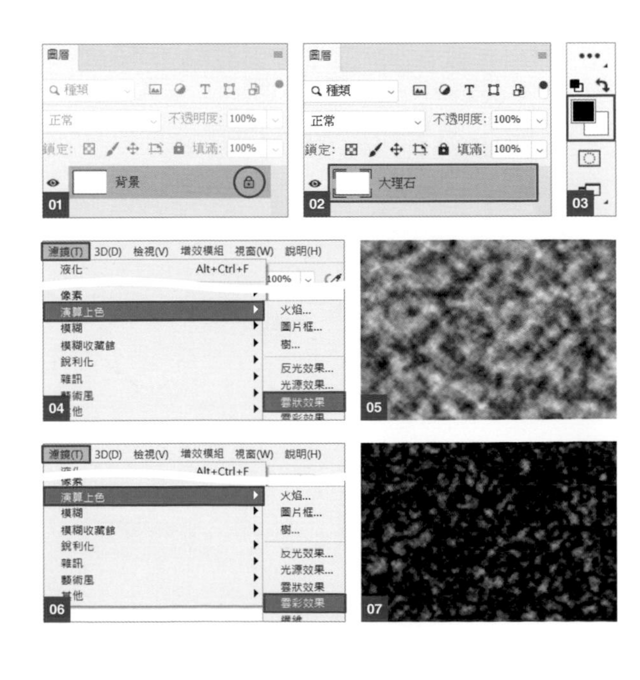

Chapter 04

02 | 調整對比，製作光澤質感

執行『**影像 / 調整 / 色階**』命令 08，設定**輸入色階**：0／2.5／120，讓黑色細紋變得清晰可見 09 10。

執行『**濾鏡 / 濾鏡收藏館**』命令 11，開啟視窗，選取「**藝術風 / 塑膠覆膜**」，右側數值設定**亮部強度**：10、**細部**：10、**平滑度**：5 12。

這樣就能呈現大理石的光澤感 13。

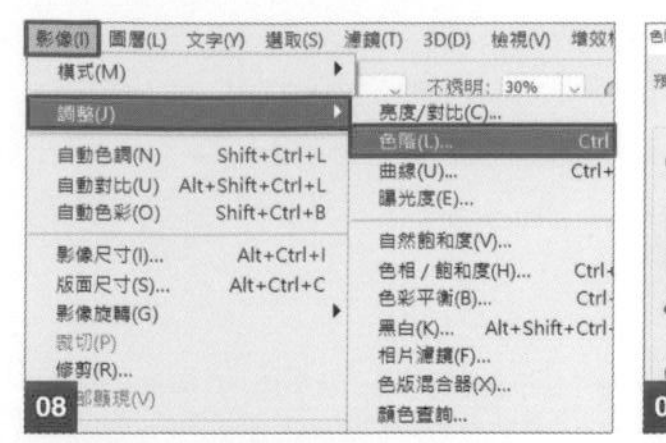

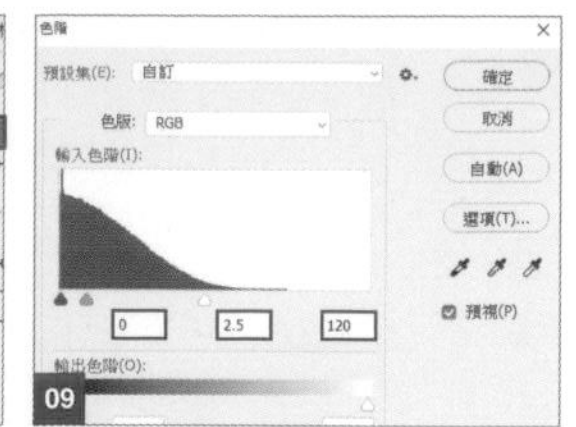

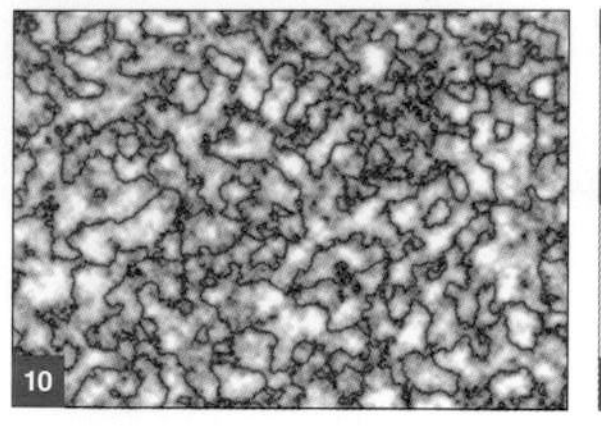

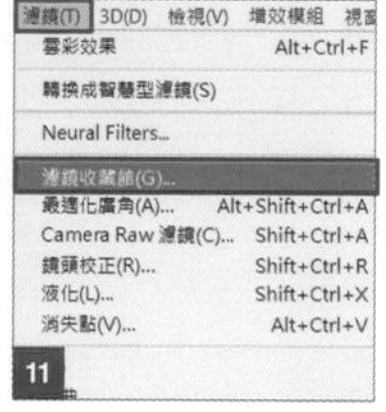

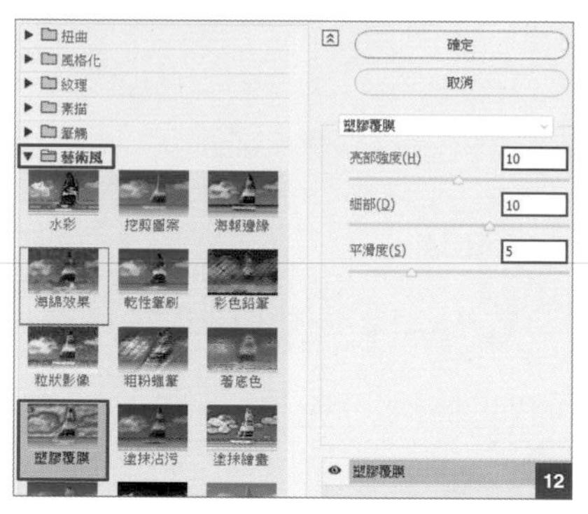

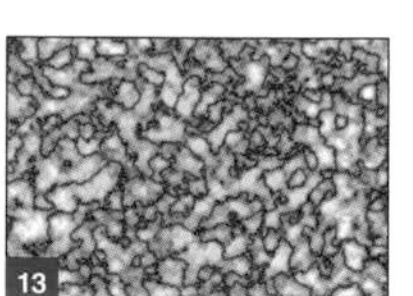

03 | 複製圖層合成逼真質感

在上面複製出另一個「大理石」圖層，設定**混合模式：濾色** 14 15，複製後的圖層名稱命名為**大理石 2**，這樣比較容易瞭解。

執行『**編輯 / 任意變形**』命令 16，約放大「140%」，順時針旋轉「15°」17。

將**大理石 2** 圖層的**不透明**度設定為「75%」，製造出不均勻感 18 19。

在**大理石 2** 圖層上方再複製另一個圖層，圖層名稱命名為**大理石 3**。

執行『**編輯 / 任意變形**』命令，逆時針旋轉「-30°」20。

為了營造不均勻感，而將**大理石 3** 圖層的不透明度設定為「50%」。

完成黑白色大理石 21。

如果你想製作的是黑白色大理石，現在這樣就能直接使用。

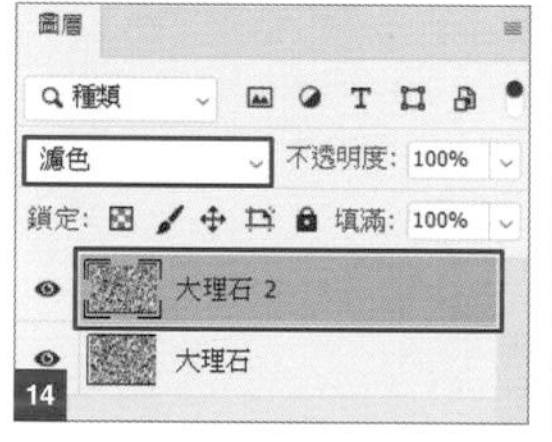

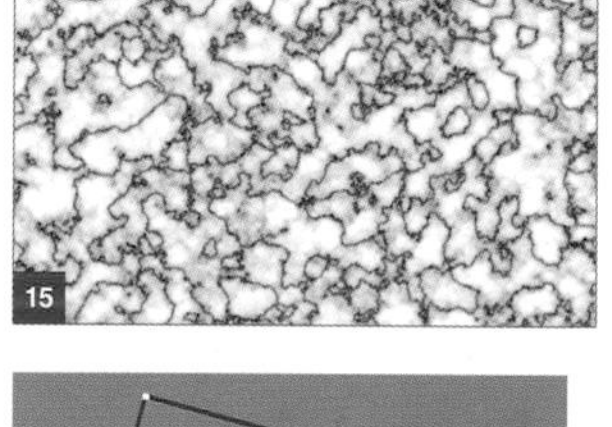

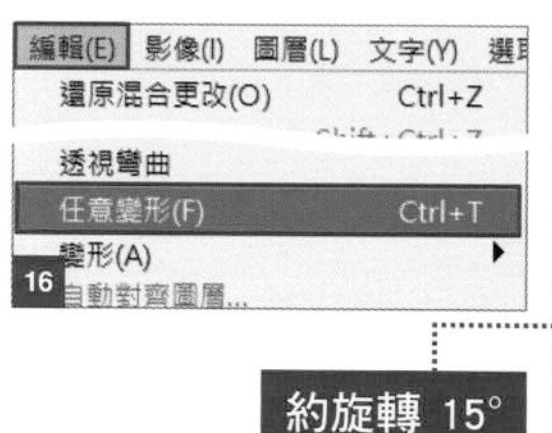

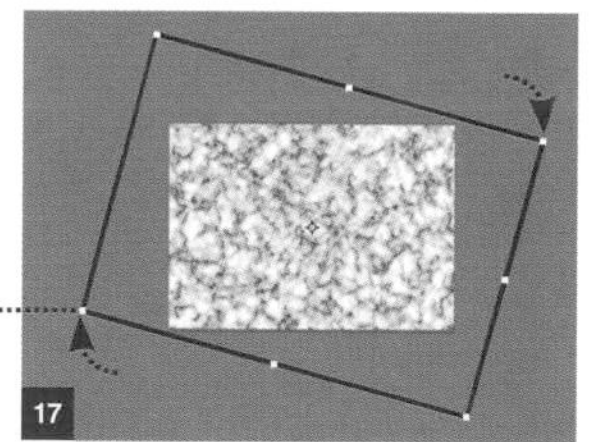

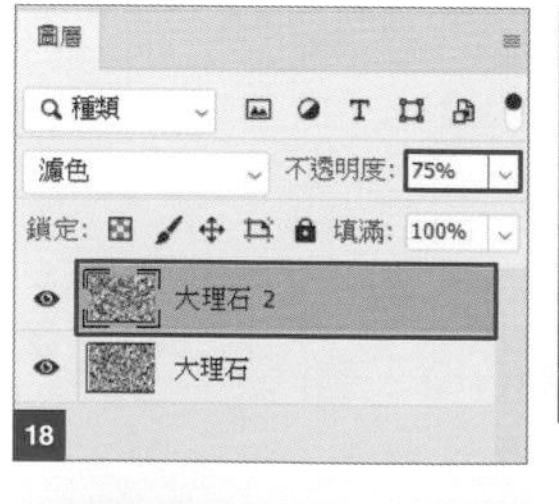

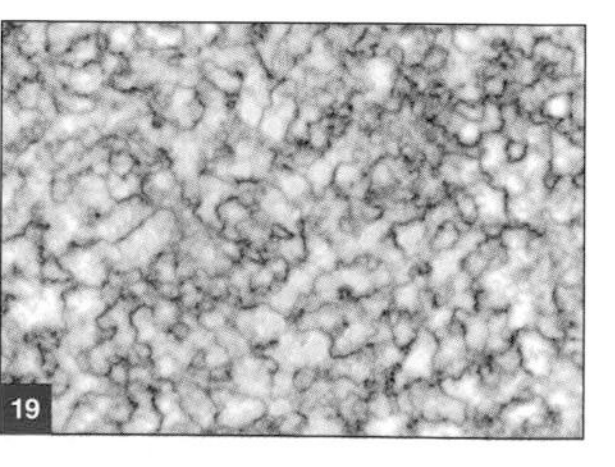

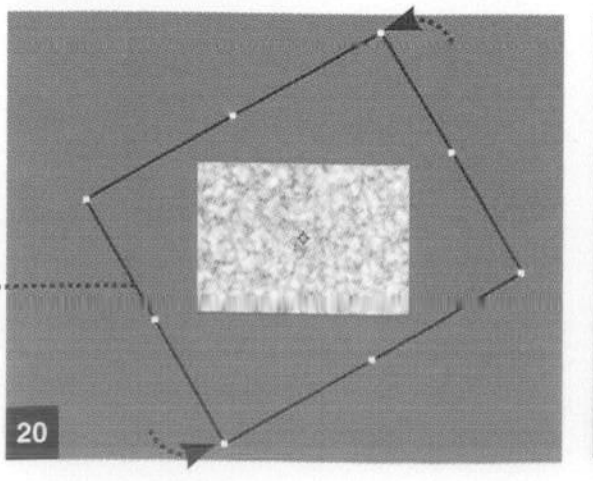

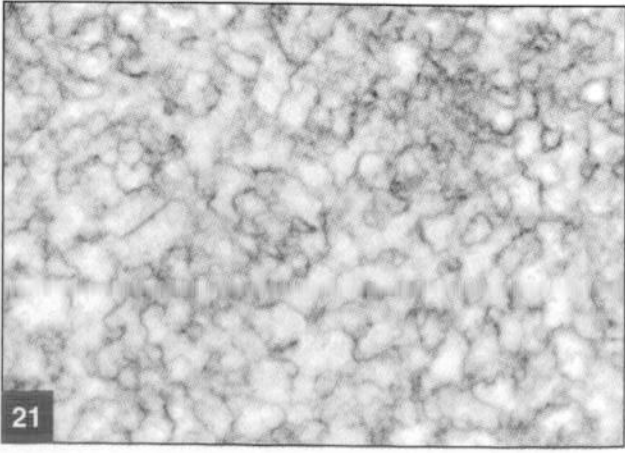

04 | 製作出混合部分金色的質感

接著要製作混合部分金色的大理石。

在最上方新增**金色**圖層。

執行『**選取 / 顏色範圍**』命令 22。

將畫面放大 200%，選取畫面上的灰色部分，設定**朦朧**：70，這個數值請參考圖 23 的黑白選取範圍預視狀態再調整，完成選取範圍後，按下**確定**鈕。

完成如圖 24 的選取範圍後，選取**工具**面板的**油漆桶工具**，填滿色彩。

下個步驟會透過**圖層樣式**指定顏色，這裡只要選擇容易分辨的顏色即可 25。

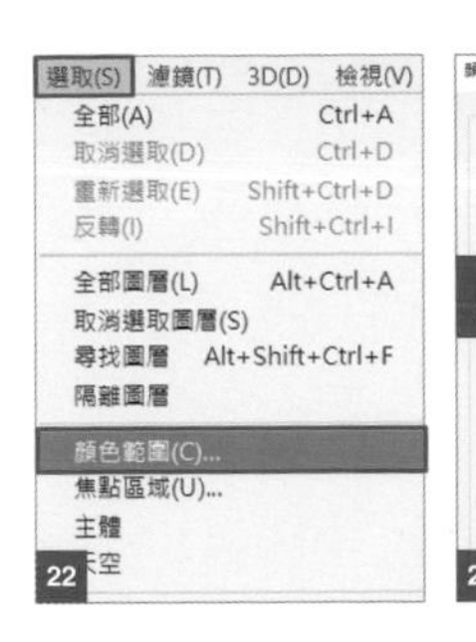

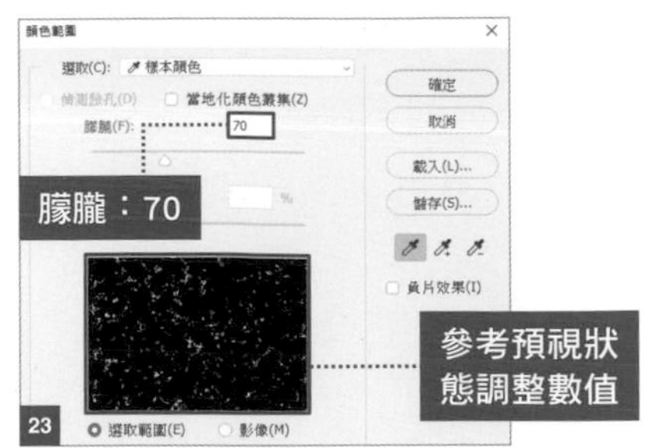

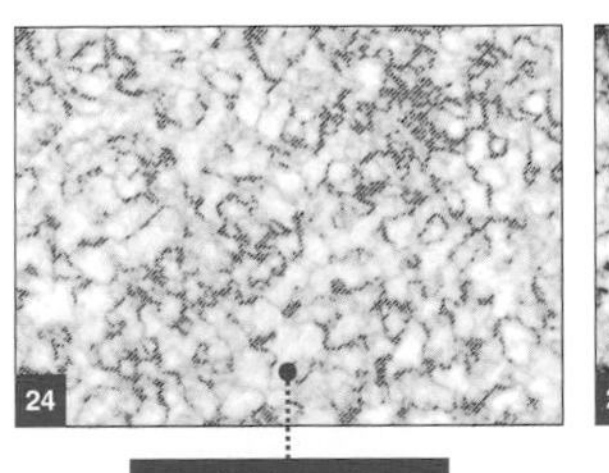

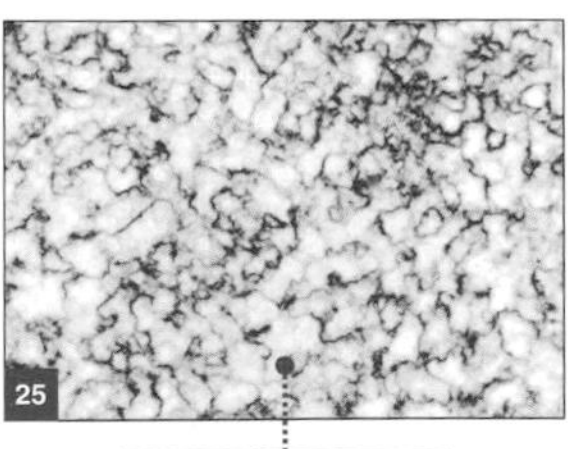

05 | 加上金色增加質感

選取**金色**圖層，執行『**圖層 / 圖層樣式 / 圖樣覆蓋**』命令 26。

保留預設值，按一下**圖樣**中的**圖樣揀選器**，選取**舊版圖樣和更多 / 舊版圖樣 / 石頭圖樣 / 土** 27。

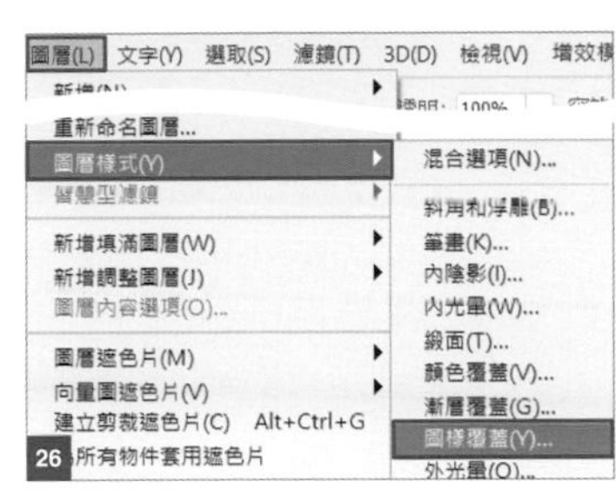

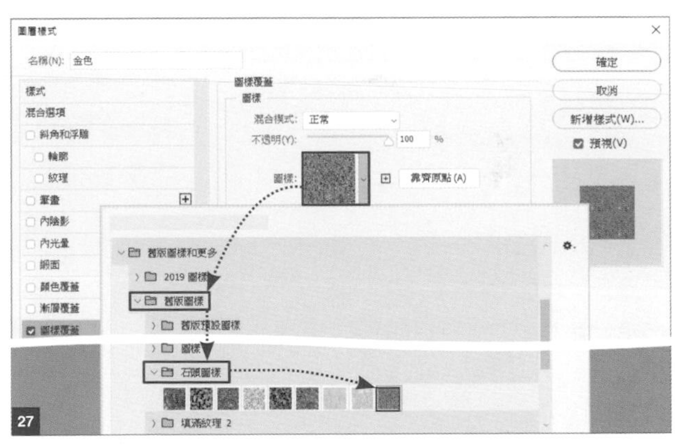

memo

圖樣的位置會隨著 Photoshop 版本而異，如果你找不到**舊版圖樣**，請執行『**視窗 / 圖樣**』命令，開啟**圖樣**面板，按一下面板右上方的按鈕，點選**舊版圖樣和更多**。

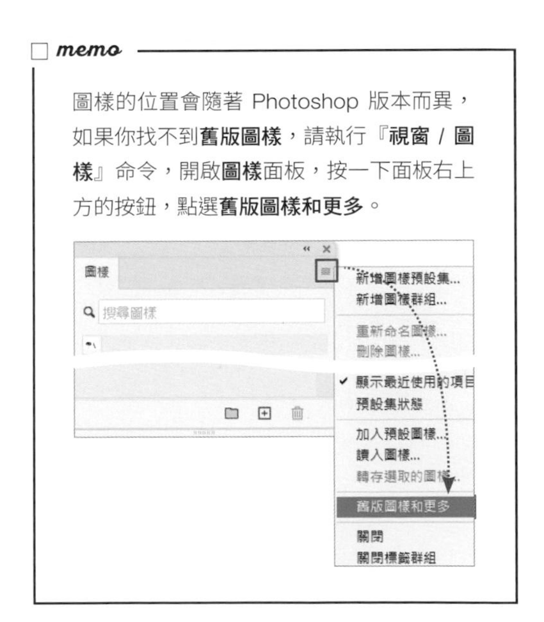

雖然產生了粗糙質感，但是顏色卻不適合，所以勾選**樣式 / 顏色覆蓋**，設定**混合模式：覆蓋**、**顏色：#8d601f**、**不透明：40%** 28。

這樣就完成混合了金色的大理石 29。

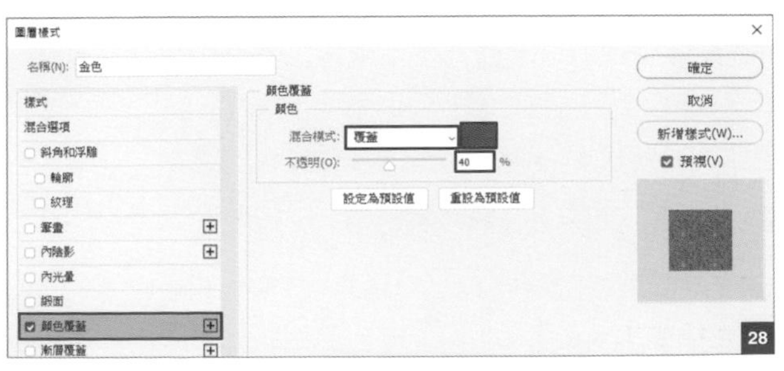

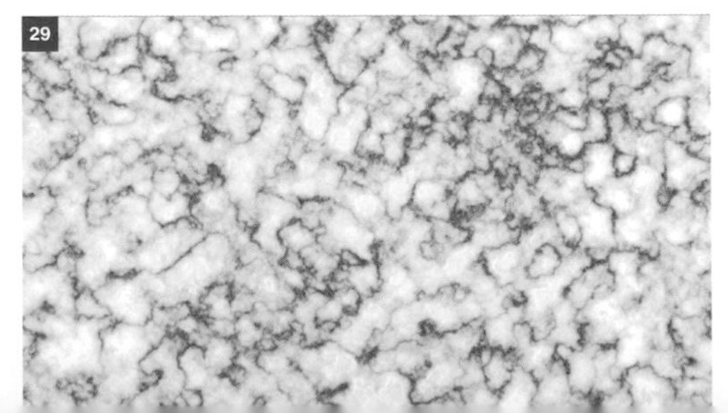

Chapter 04

Ps

製作撕紙效果

no. 036

製作出撕紙效果的影像設計。

Point 使用筆刷呈現紙張撕裂的毛邊部分

How to use 適用於分割畫面或當作設計重點

01 | 刪除想呈現撕紙效果的範圍

開啟素材「貓頭鷹.jpg」01。接著開啟素材「森林.jpg」02 之後，將**森林**圖層放在「貓頭鷹.jpg」的最上方 03。使用**套索工具**選取想呈現撕紙效果的範圍 04。

按下 Delete 鍵刪除選取範圍內的部分 05，這樣就會顯示出下方**貓頭鷹**圖層的眼睛部分。

01

02

03

04

05

02 | 在影像邊緣加入質感

在**森林**圖層下方新增**毛邊**圖層，選取**前景色：#ffffff**，**筆刷種類：粉筆（60 像素）** 06。

開啟**筆刷設定**面板，選取**筆刷動態**，設定**角度快速變換：30%** 07。

使用剛才完成的筆刷，從影像邊緣開始往外描繪，製造出撕紙質感。

粗細不用統一，描繪出粗細不均勻部分比較逼真 08。

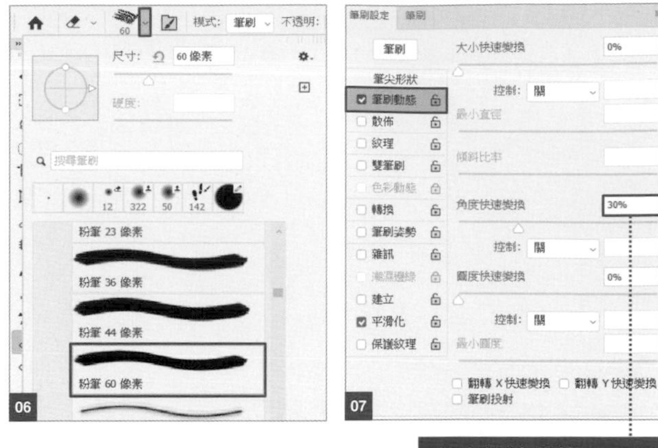

08

03 | 加上撕紙後的毛邊質感

選取**橡皮擦工具**，使用剛才製作的筆刷描摹影像的邊緣，讓影像內側也出現凹凸不平的效果 09。

04 | 在邊緣加上陰影

開啟**毛邊**圖層的圖層樣式，選取**陰影**，依照圖 10 設定。加上陰影產生立體感就完成了 11。

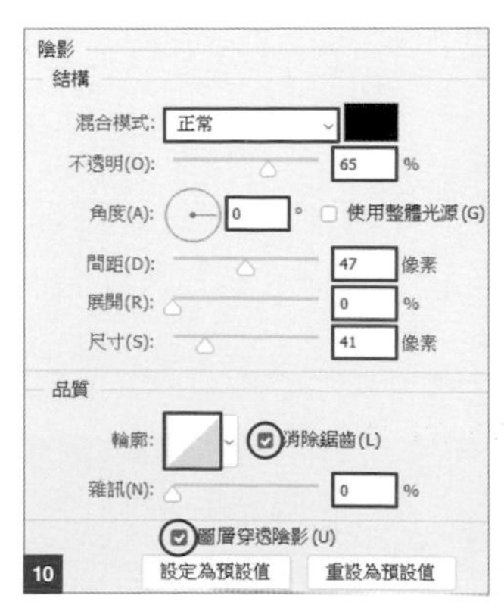

10

11

Ps

製作紙張的質感 no.037

這個單元將介紹用 Photoshop 來作出紙張的質感。

Point 利用濾鏡表現紙的質感，使用漸層效果來表現折痕

How to use 手邊缺乏素材，又想表現紙張的皺褶感時

01 | 表現出雲的質感

執行『**檔案 / 開新檔案**』命令，選取**列印**項目後按下 B5 尺寸，設定**解析度：350 像素 / 英吋**，建立一個新文件 01 。

執行『**濾鏡 / 演算上色 / 雲狀效果**』命令 02 。

執行『**濾鏡 / 演算上色 / 雲彩效果**』命令 03 。

譯註 執行濾鏡命令前，請先回復至**預設的前景和背景色**。

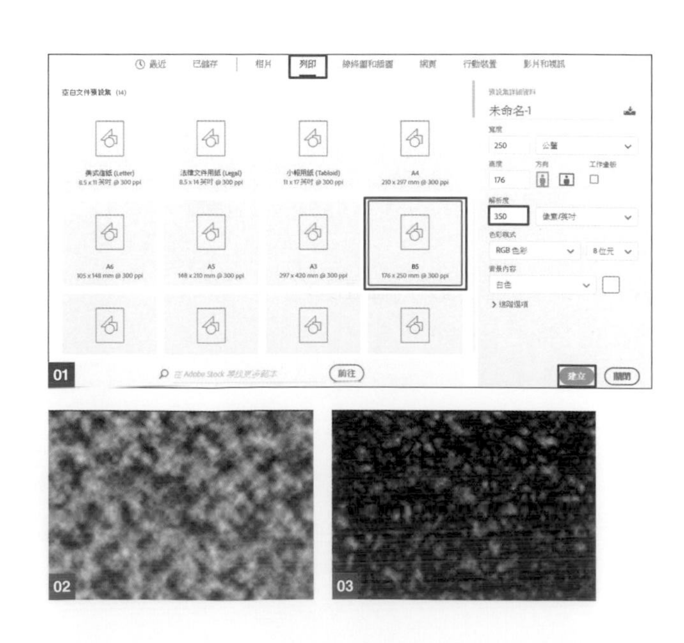

02 | 使用「浮雕」濾鏡表現牛皮紙效果

執行『**濾鏡 / 風格化 / 浮雕**』命令，如圖 04 設定內容 05。

03 | 填上色彩，做出牛皮紙的色調

執行『**影像 / 調整 / 色相 / 飽和度**』命令，再如圖 06 設定內容，確認已勾選**上色**選項，就可以反應出如牛皮紙般的色調。

再開啟**色階**交談窗，如圖 07 設定內容，以調整亮度，紙的質感就完成了 08。

04 | 表現紙張的皺褶

建立一個新圖層**皺摺**。

找出畫面大約中央處，並選取左半邊 09。

設定**前景色：#000000**。

選取**漸層工具** 10，漸層的類別選取**前景到透明** 11。

按住 Shift 鍵，由選取範圍的右邊外側往內側拉曳，如圖 12 短距離套用漸層效果。

按下快速鍵 Shift + Ctrl（⌘）+ I，反轉選取範圍。設定**前景色：#ffffff**，由選取範圍的左側往內拉曳，套用相同的漸層效果 13。

設定**皺褶**圖層為**混合模式：柔光／不透明度：50%** 14 15。

複製圖層，配置在喜好的位置後就完成了 16。此例還添加了文字設計，提升完整度。

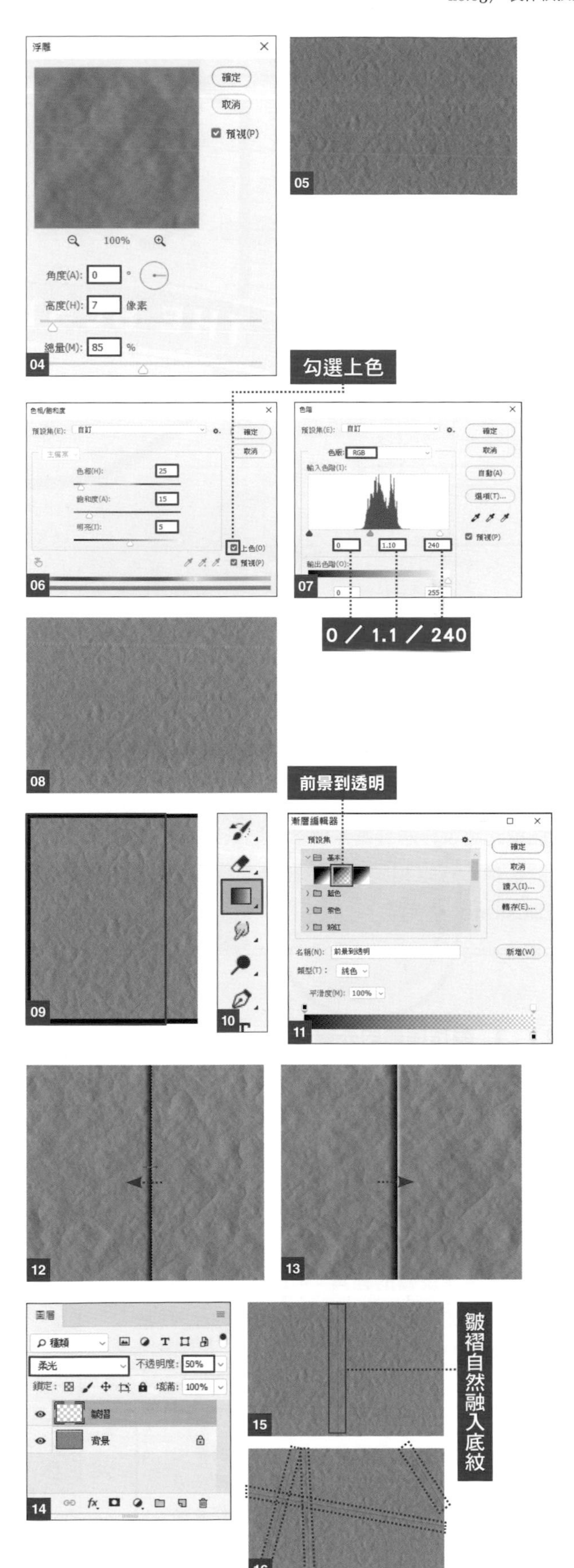

05 | 從「外觀」面板設定緞帶的彎曲程度

在**外觀**面板中按下**新增效果 / 彎曲 / 弧形**，如圖 16 17 設定內容，緞帶變彎曲了 18。依據標籤的形狀、大小，再來調整緞帶的長度。

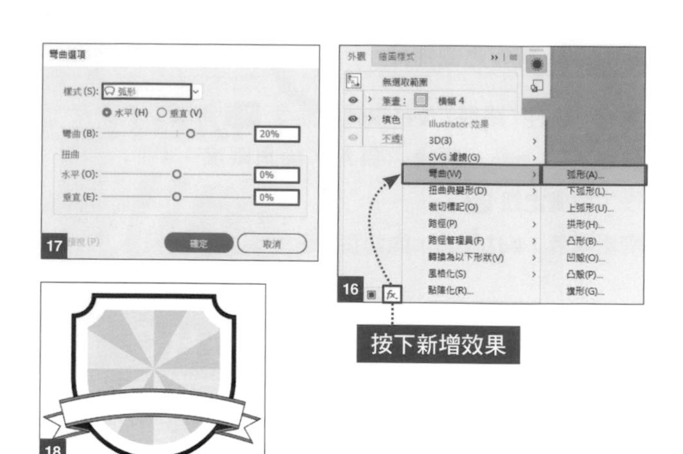

06 | 設定緞帶的顏色為黑白

執行『**編輯 / 編輯色彩 / 重新上色圖稿**』19。按下右下角的**進階選項**鈕 20，在**重新上色圖稿**的面板中選取**色彩減少選項** 21。

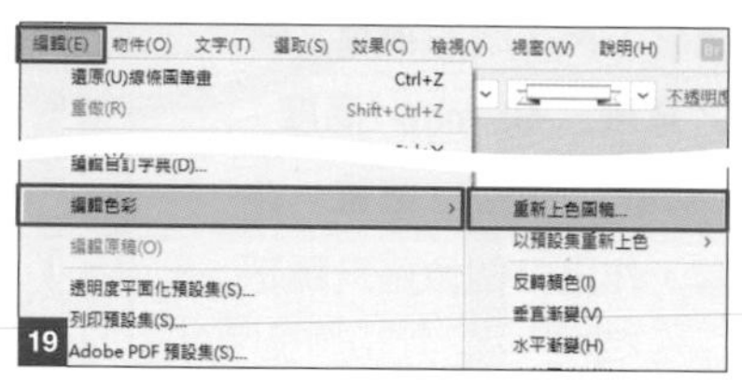

取消**保留**選項中的**黑色**與**白色**。預設值中**黑色**與**白色**，因為不是選項，本來是無法選取的，不過透過這個設定後，就可以使用了。為了不讓顏色變淡，可以更改為**上色方式：保留色調** 22。

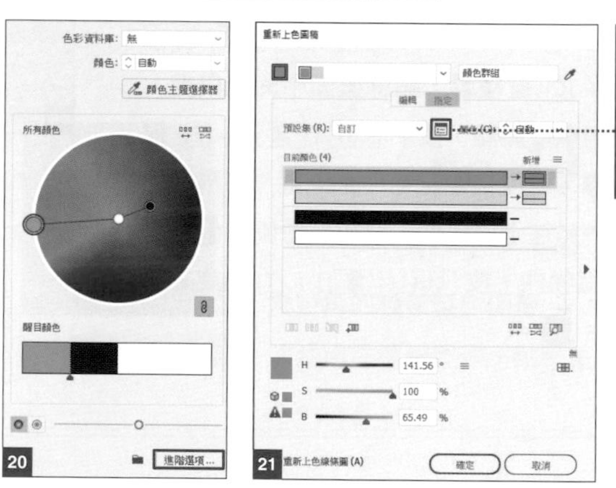

在交談窗中選取想要變更的色彩，進行顏色的變更。雙按**編輯色彩**鈕，在**檢色器**中選取想要變更的顏色。在此選取綠色，變更為 #ffffff，白色部份則變更為 #000000 23 24 25，黑白色的緞帶就完成了 26。

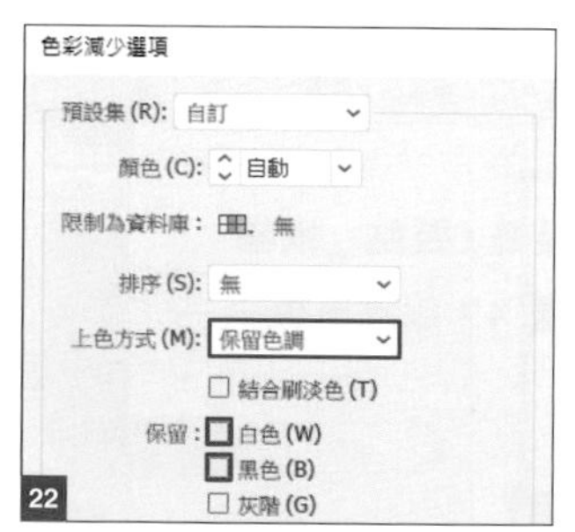

memo

要變更顏色的話，雖然也可以執行『**物件 / 外觀分割**』命令來操作，不過**重新上色圖稿**功能，可以在保留原有的編輯資訊下進行顏色的變更。這個功能在很多場合都可以使用，如果可以善用此功能，對操作上也會有相當的幫助。詳細可以參照 P.327。

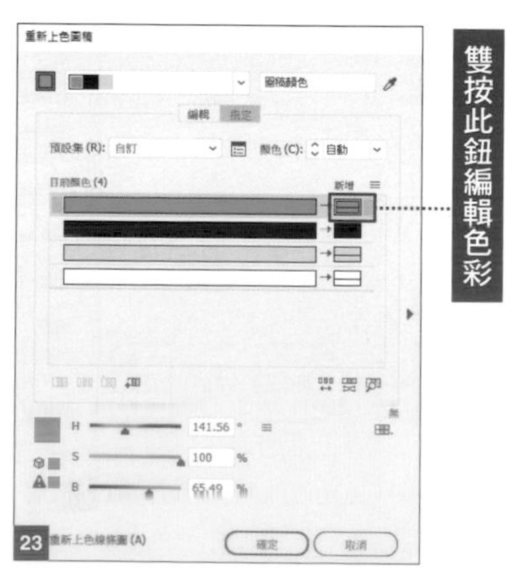

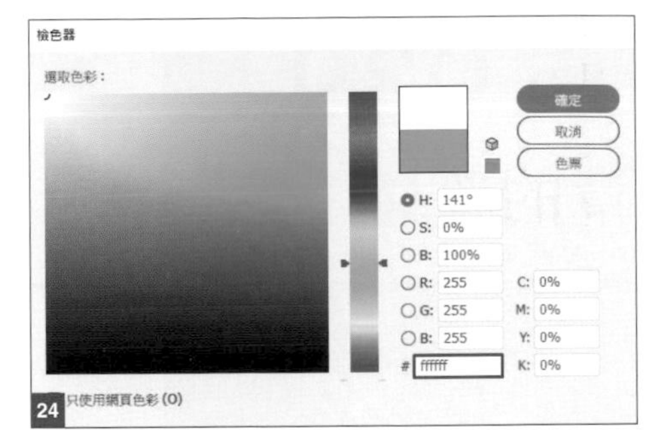

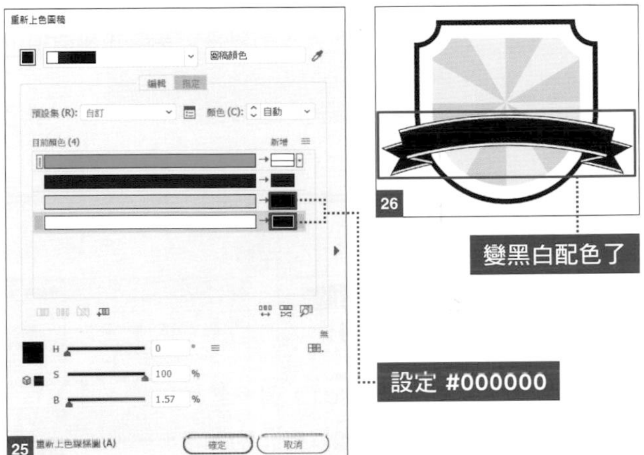

07 ｜ 加入裝飾文字

在**工具**面板上按下**星形工具**，設定**填色**：#000000／**半徑 1**：4 mm／**半徑 2**：2 mm／**星芒數**：5 製作一個星形，再加以複製，共 2 個星形分別放在標籤兩側 27 28。

設定**字型尺寸**：24 pt／**字型**：Paralucent Text Bold，然後輸入「PREMIUM」。下方設定**字型尺寸**：62 pt／**字型**：Number Five Smooth，然後輸入「Quality」29。此例字型是使用 Adobe Fonts 裡的字型。

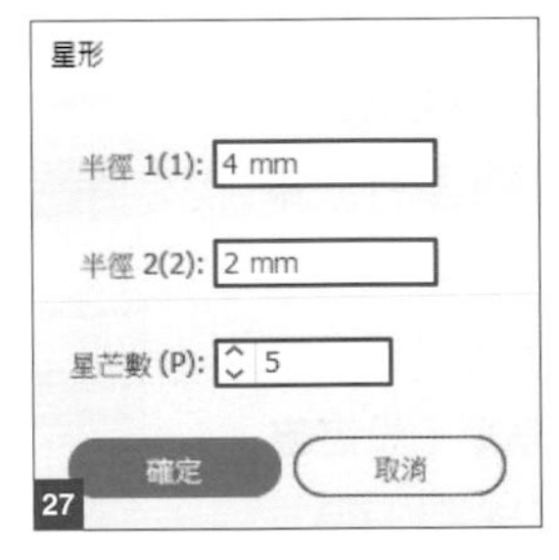

08 ｜ 在緞帶中加入文字後就完成了

利用**工具**面板的**橢圓形工具**，配合緞帶的大小畫一個圓形 30。

在**工具**面板中切換至**路徑文字工具**，選取圓形 31，設定**填色**：#ffffff／**字型**：Paralucent Text Bold／**尺寸**：23pt，輸入「THE BEST CHOICE」。

使用**工具**面板的**旋轉工具**，調整文字位置後就完成了 32 33。

02 | 替 logo 加上紙張的質感

複製**背景**圖層，圖層名稱為**材質**，放在 logo 圖層的上層位置。

在**圖層**面板中選取**材質**圖層，**按右鍵 / 建立剪裁遮色片** 08。

Logo 套用與背景相同的紙張材質了 09。

將**材質**圖層設定為**混合模式：實光 / 不透明度：90%**，看起來更自然 10 11。

選取 logo 圖層，再執行『**濾鏡 / 模糊 / 高斯模糊**』命令，設定**強度：0.7 像素**後套用，表現出紙張柔軟的視覺效果 12。

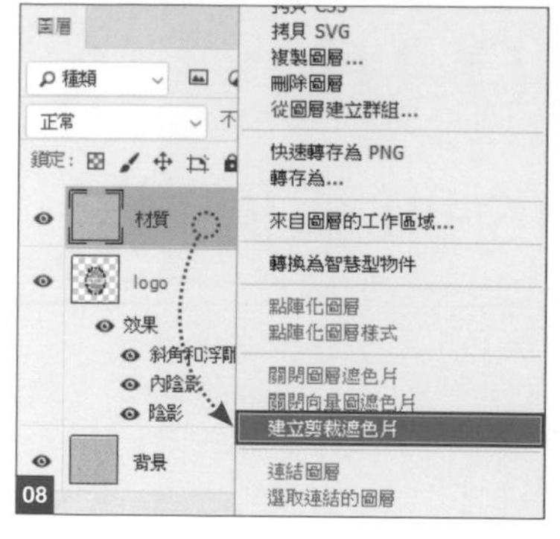

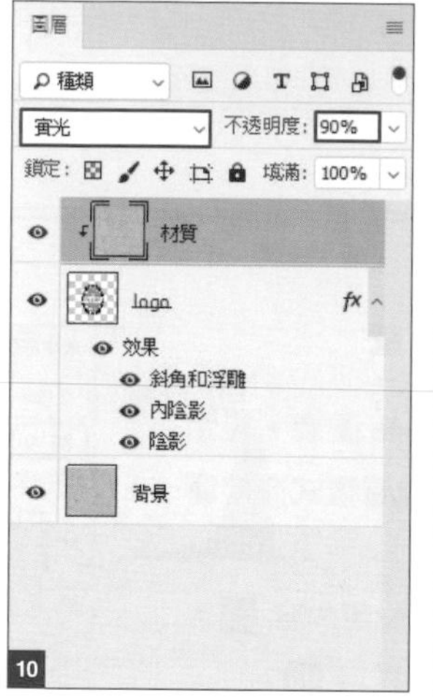

03 | 在最上面加入光線，再將整體微調後作品就完成了

設定**前景色：#ffffff**。從**圖層**面板中建立**調整圖層 / 漸層**，放在最上面的位置 13。設定**混合模式：覆蓋 / 不透明度：35%** 14。

雙按**漸層填色** 1 調整圖層，開啟**漸層填色**交談窗，設定**漸層：前景到透明**，如圖 15 設定內容，在畫面上直接拉曳，做出光線從畫面右上方照射下來的感覺，調整漸層位置。

最後再確認一下整體畫面後作品就完成了 16。

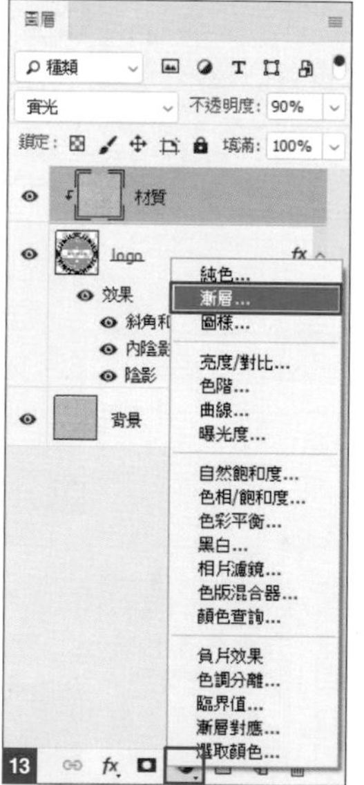

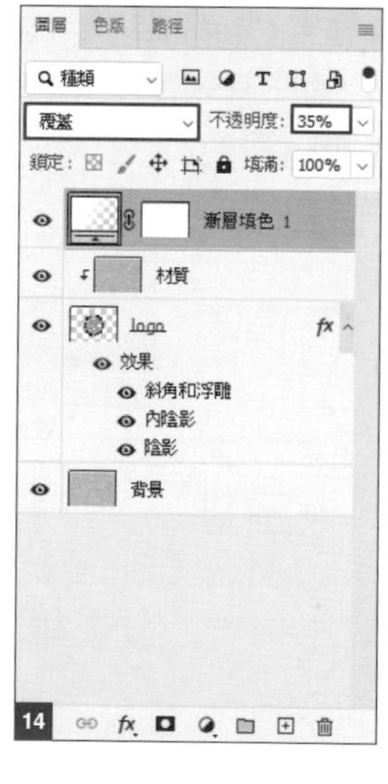

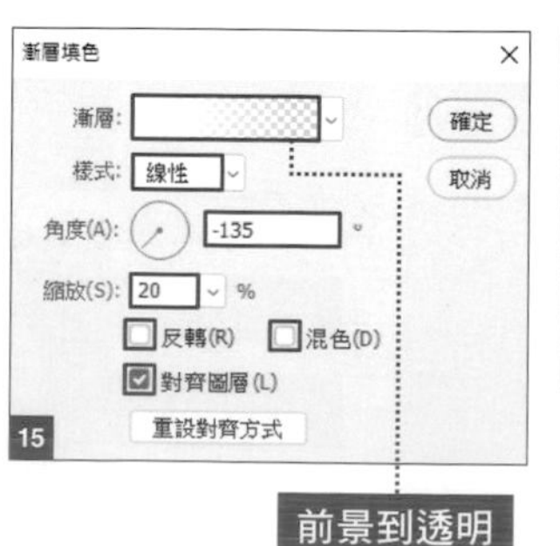

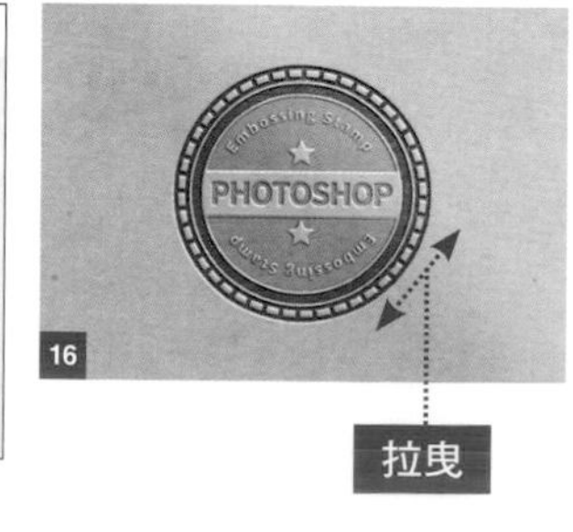

各種光特效的設計技巧

本章將製作閃閃發光的星空、如煙霧般的光、如火花般擴散的光、霓虹燈、鑽石閃耀的光芒等。此外，你還可以學到風景照的光線編修方法，像是側光、逆光、將白天轉為夜晚等。

Chapter 05

Lighting effect design techniques

Ps

製作點點星光

no.041

使用筆刷描繪數次，製作出擬真的星空。

Point 設定筆刷散佈與大小快速變換

How to use 製作星空場景

01 | 載入筆刷

在素材「星空筆刷.abr」按兩下，將筆刷載入 Photoshop。這個筆刷是利用「星空筆刷用素材.jpg」製作而成 01。

筆刷的重點在於**筆刷動態 / 大小快速變換** 02，以及**散佈 / 散佈：1000%** 的設定 03。

02 | 分成多個圖層描繪星空

開啟素材「背景.psd」。

在事先準備的**人物**圖層下方新增**星（遠）**、**星（中）**、**星（近）**3 個圖層。

從遠處的天空開始描繪。選取**星（遠）**圖層，設定**前景色：#ffffff**，再選取**筆刷工具**中的**星空筆刷**。

以**尺寸：50 像素**在整個影像上描繪星星 04。

開啟**圖層樣式**交談窗，選取**外光暈**，依照圖 05 設定，降低圖層的不透明度，設定為**不透明度：30%**，呈現遠處的星空 06。

接著選取**星（中）**」圖層，同樣用**尺寸：50 像素**的筆刷繪製星空，複製**星（遠）**圖層的圖層樣式，貼在這個圖層上。不透明度也會一併複製，所以更改成**不透明度：40%** 07。

選取**星（近）**圖層，筆刷設定為**尺寸：150**，開始描繪星空。同樣貼上圖層樣式，設定**不透明度：60%** 08。

03 | 在整個影像加上亮度

在最上方新增**光**圖層，設定**混合模式：覆蓋**。選取**筆刷工具**，使用**柔邊圓形筆刷**增加亮度。請依照個人喜好設定筆刷尺寸，在整個影像加上亮度就完成了 09。

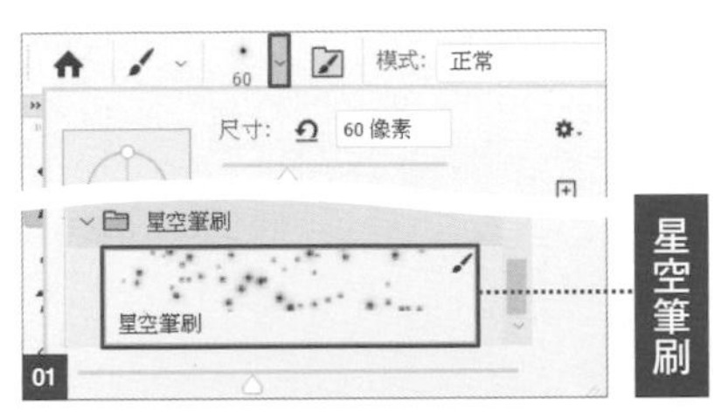

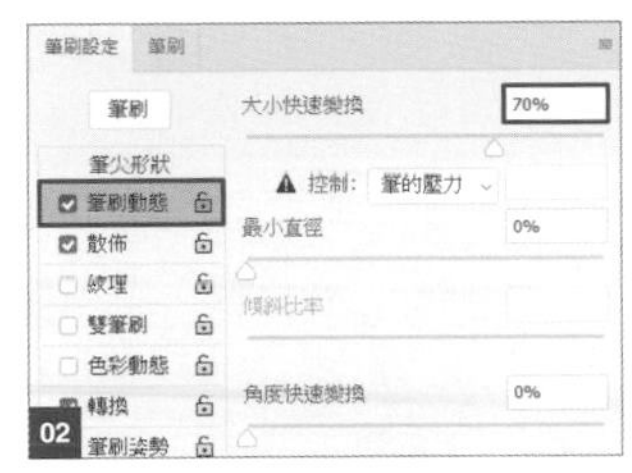

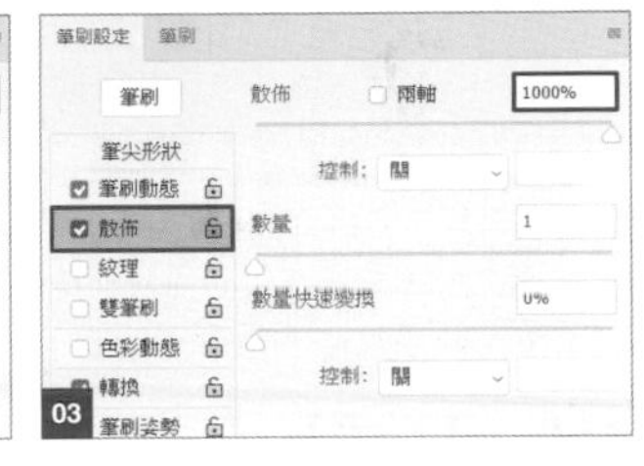

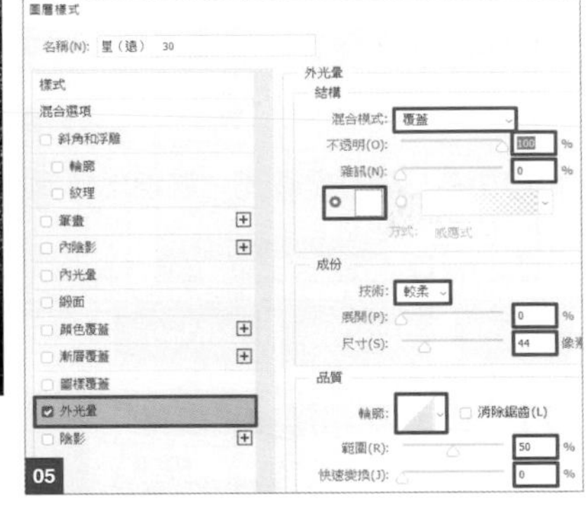

設定「不透明度：30%」

設定「不透明度：40%」

設定「不透明度：60%」

Chapter 05

製作光線特效 no.043

利用動態模糊的晃動感製作光線特效。

Point	在使用「銘黃」濾鏡後的影像套用「動態模糊」
How to use	製作具有動態感的視覺設計

01 | 複製圖層製造晃動感

開啟素材「人物.psd」，裡面包括背景與人物去背圖層 01。

往上複製**人物（去背）**圖層，圖層名稱命名為**晃動**，**不透明度**設定為 20% 02，往右上方移動，營造晃動感 03。

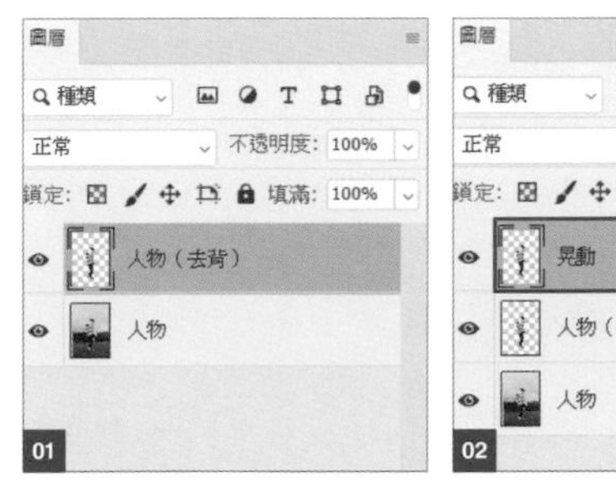

01

02

03

02 | 複製圖層並套用濾鏡

接著複製**人物（去背）**圖層，放在最上方，圖層名稱命名為**光**，設定**混合模式：濾色** 04 05。

選取**光**圖層，執行『**濾鏡 / 濾鏡收藏館**』命令 06。選取**素描 / 銘黃**，在右側設定**細部**：10、**平滑度**：10，按下**確定**鈕 07 08。

04

05

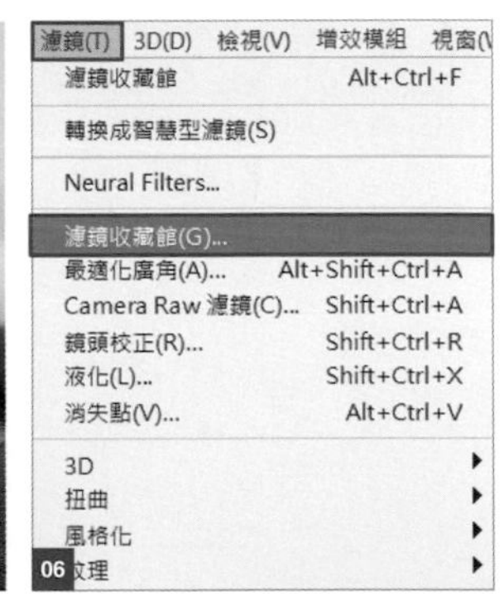

06

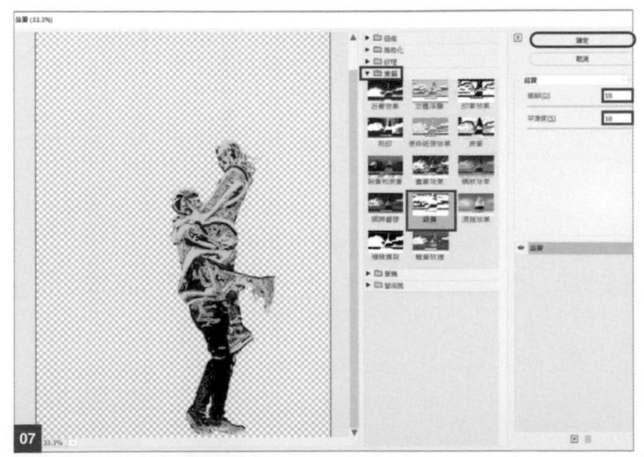

07

08

03 | 製作光線特效

選取**光**圖層，執行『**濾鏡 / 模糊 / 動態模糊**』命令 **09**。

設定**角度**：75°、**間距**：1000 **像素** **10**。

套用**銘黃**濾鏡後，加上模糊時，會產生清楚的線條 **11**。

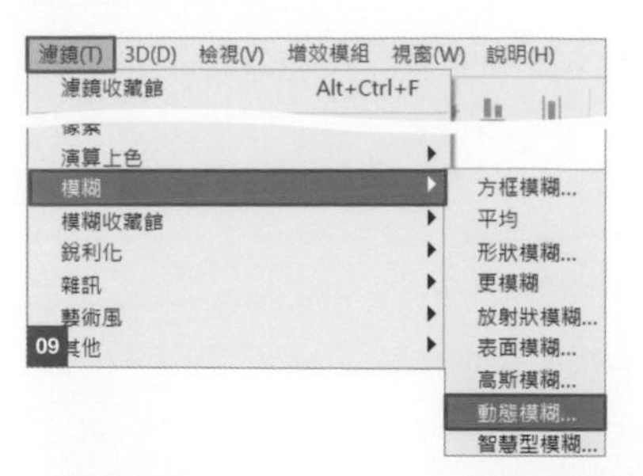

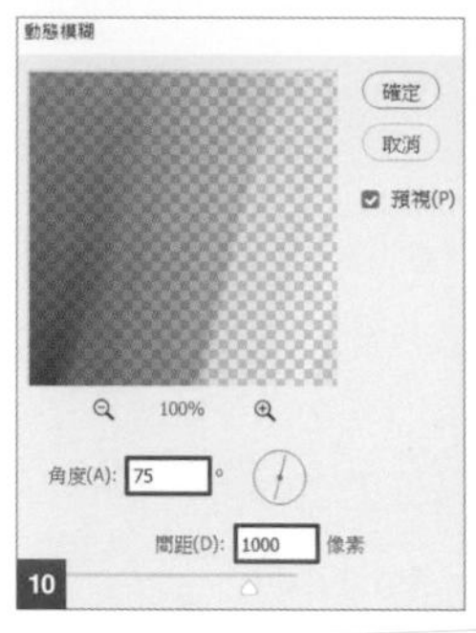

04 | 為光線特效上色

選取**光**圖層，執行『**影像 / 調整 / 色相 / 飽和度**』命令 **12**。

光圖層為白色，沒有色彩，所以勾選**上色**，設定**色相**：+325、**飽和度**：+65 **13**，以洋紅色系上色 **14**。

選取**工具**面板的**移動工具**，往右上方移動，調整位置，避免讓光線超出人物的左側 **15**。

決定位置之後，調整光線的對比。

執行『**影像 / 調整 / 色階**』命令 **16**，設定**輸入色階**：30／0.8／185，提高對比 **17** **18**。

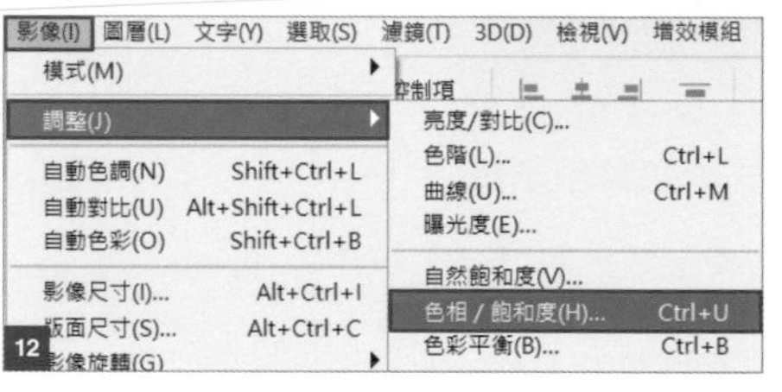

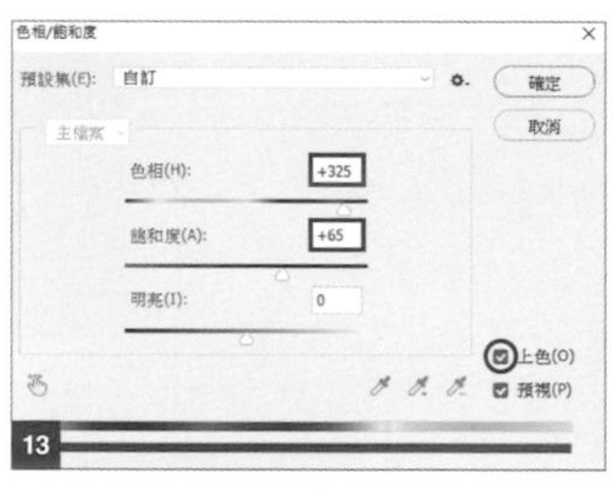

往右上方移動光線

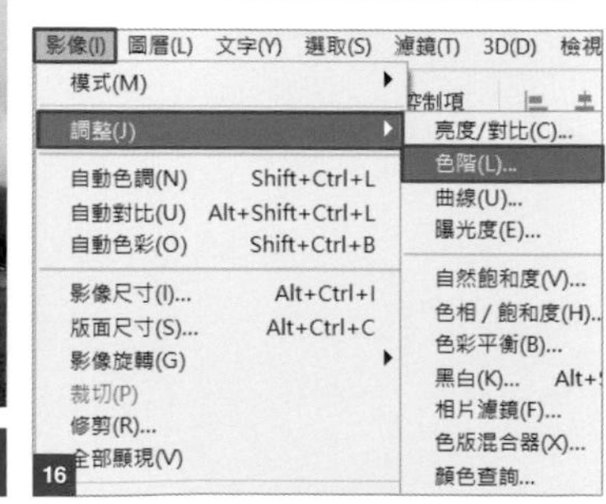

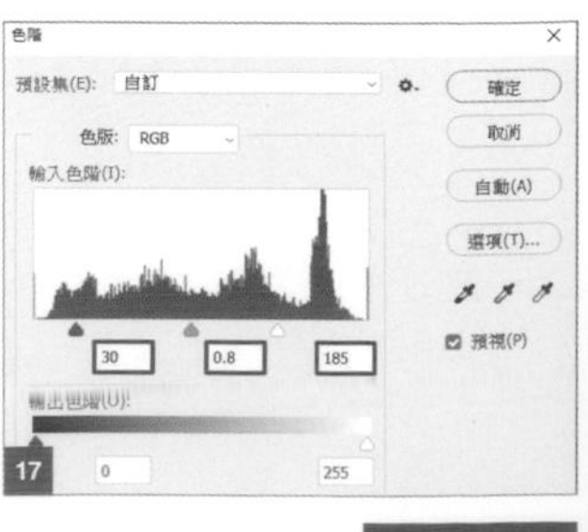
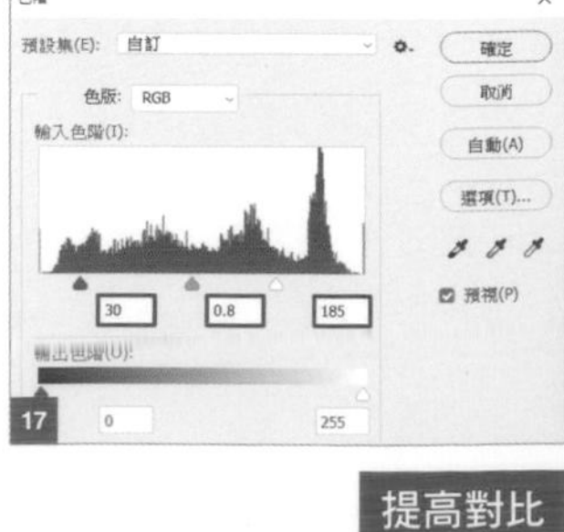

提高對比

05 | 調整背景的色調讓光線更明顯

按一下**圖層**面板中的**建立新填色或調整圖層**，執行『**漸層對應**』命令 **19** **20**。

按一下**內容**面板中的漸層 **21**，設定「色標」的位置，自左起為「0%：#352018」、「50%：#1f8b97」、「100%：#ffeb90」**22**。

memo

下載素材包含了這裡的漸層，只要在「動態模糊漸層 .grd」按兩下，就可以載入使用。

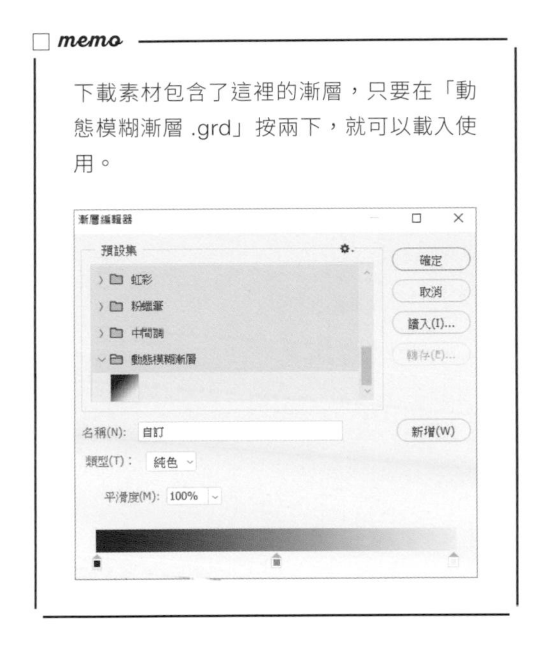

漸層對應 1 調整圖層要放在**光圖**層下方 **23**，這樣就不會受到**光**圖層的顏色影響，以下方圖層設定的顏色統一色調，強調出光線特效 **24**。

Ps

集中的光束

no.044

在畫面中做出放射狀的光束。

Point 仔細調整、重疊強與弱兩種光線

How to use 可用來營造夕陽氛圍或強調畫面重點

01 | 利用漸層做出縱向光束

開啟素材「背景.psd」，在上層建立新圖層**放射狀的光**。選取**工具**面板中的**漸層工具** 01。將前景色與背景色設為預設狀態，選取**漸層：前景到背景** 02，由下而上拖曳出漸層 03。執行『**濾鏡／扭曲／波形效果**』命令，設定**類型：正方形／產生器數目：5／波長：最小 9／最大 183／振幅：最小 5／最大 120／縮放：水平 100／垂直 100**，並選取**重複邊緣像素** 04，即可在畫面上加入縱向直線 05。

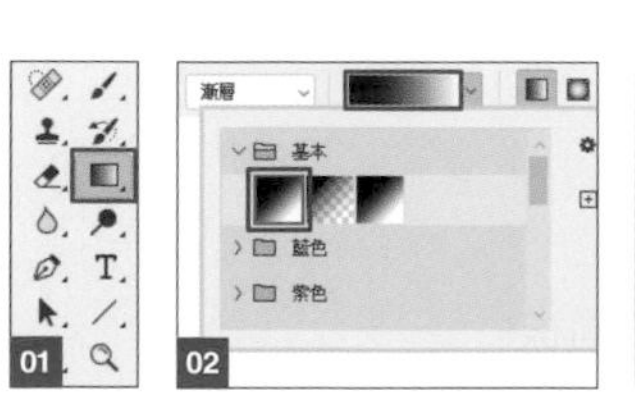

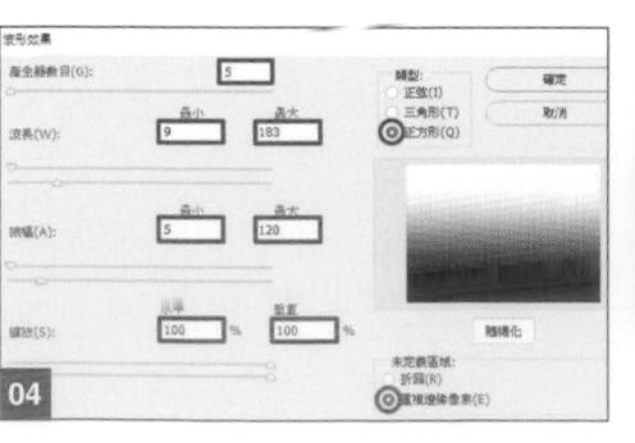

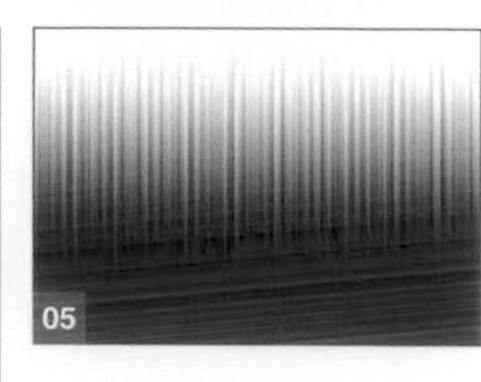

02 | 製作放射狀光束

執行『**濾鏡 / 扭曲 / 旋轉效果**』命令，如圖 06 設定內容，將光束調整成放射狀 07。

03 | 為光束填色

執行『**影像 / 調整 / 色相 / 飽和度**』命令，如圖 08 勾選**上色**後變更**色相**、**飽和度**和**明亮**數值 09。

執行『**影像 / 調整 / 色階**』命令，如圖 10 設定內容來提高對比。

執行『**濾鏡 / 模糊 / 高斯模糊**』命令，如圖 11 套用**強度**：10 像素 12。

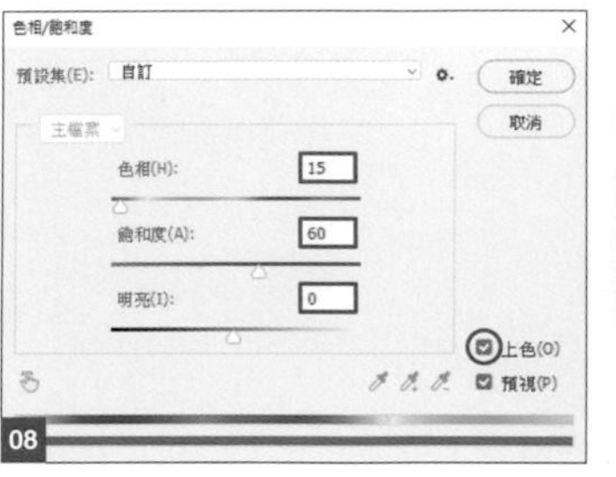

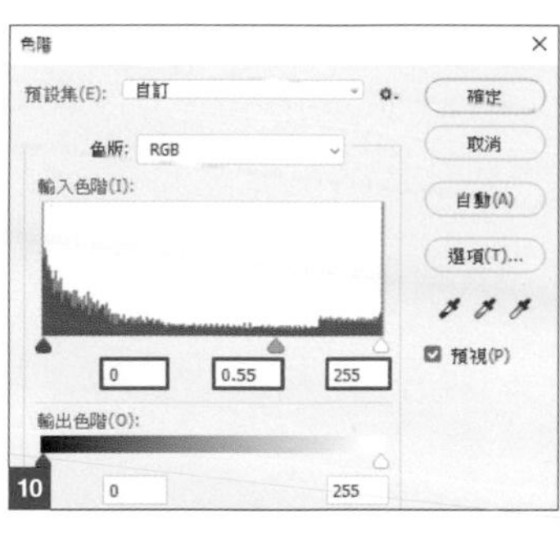

04 | 讓光束與背景更融合

複製**放射狀的光**圖層，並移至下層，命名為**放射狀的光 2**。將**放射狀的光**圖層設定為**混合模式**：**濾色**。**放射狀的光 2** 圖層設定為**混合模式**：**覆蓋** / **不透明度**：30% 13 14。

選取**放射狀的光 2** 圖層，執行『**編輯 / 任意變形**』命令放大至 200% 15，放大時可直接在**選項列**指定放大的倍率 16。

選取**放射狀的光**圖層，同樣使用**任意變形**命令縮小至 45% 17。

由於縮小後光束的線條會太過明顯，請再次執行『**濾鏡 / 模糊 / 高斯模糊**』命令，套用**強度**：10 像素，作品就設定完成了 18。

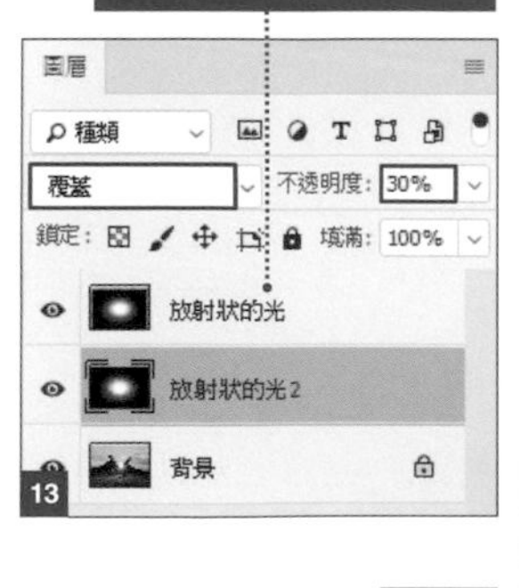

Ps

做出火花般擴散的光

no. 045

用自製的筆刷來表現火花。

Point	自製筆刷的各項設定
How to use	表現火花

01 ┃ 載入筆刷

請雙按素材中的「火花筆刷.abr」來載入筆刷。

筆刷中包含**火花筆刷 01**、**火花筆刷 02** 2 種筆刷。

此筆刷是利用「火花筆刷素材01.jpg」和「火花筆刷素材02.jpg」兩張影像，執行『**影像 / 調整 / 負片效果**』命令 01，再執行『**編輯 / 定義筆刷預設集**』命令設定而成 02。

※ 詳情請參考 P.319 **自製創意筆刷**的說明。

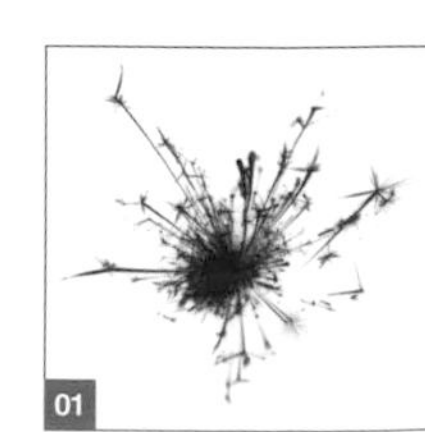
01

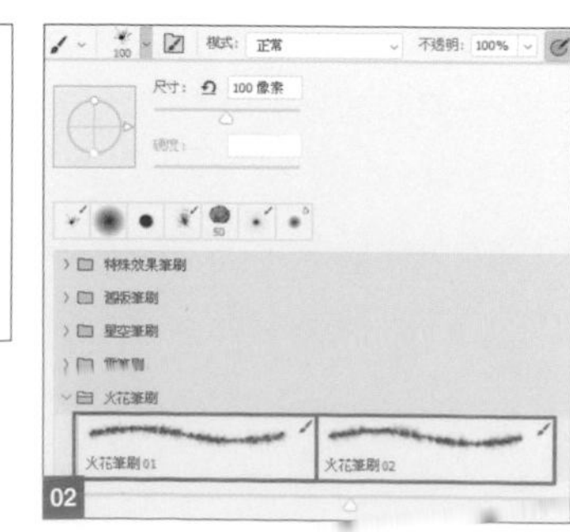

02

02 | 用筆型工具描繪出路徑

開啟素材「人物.psd」。

選取**筆型工具**以環繞女孩的方式描繪出路徑 03，將**路徑**面板中的此路徑命名為**火花的軌跡** 04。在**圖層**面板上層建立新圖層**火花的軌跡**。選取**筆刷工具**，選定**火花筆刷 01**，設定**前景色：#ffffff／尺寸：30** 像素。

選取**筆刷工具**，確認已選取**火花的軌跡**路徑，在**路徑**面板上**按右鍵** / 選取**筆畫路徑** 05，在**筆畫路徑**面板中確認**工具：筆刷**後，按下**確定**鈕 06 07。

03

04

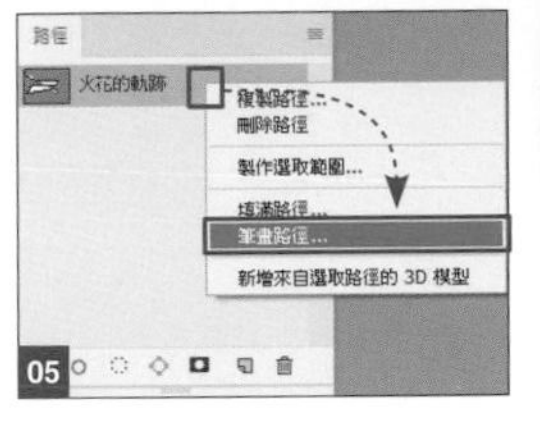

05

07

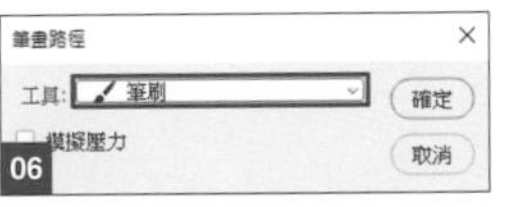

06

03 | 透過圖層樣式調整光的顏色

開啟**圖層樣式**交談窗，選取**外光暈**，如圖 08 設定內容，其中**結構**區設定顏色為 **#ffa800** 09。

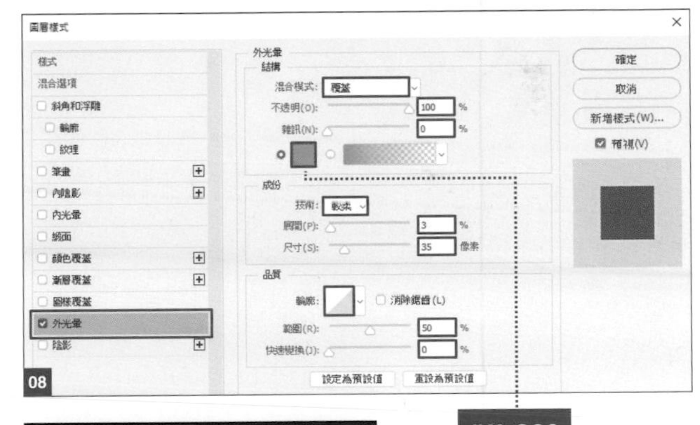

08

#ffa800

09

調整了顏色

04 | 在畫面中加上火花

在上層建立新圖層**火花的軌跡（大）**。

選定**火花筆刷 02**，沿著軌跡以 100-200 像素的尺寸隨機描繪。

拷貝**火花的軌跡**圖層樣式，再貼上**火花的軌跡（大）**圖層 10。

接著在上層建立新圖層**火花**，將筆刷尺寸設定在 600 像素左右，以點按的方式在軌跡上加入火花，完成後同樣要拷貝、貼上圖層樣式，到此範例就完成了 11。

此範例我們還以相同的要領新增了文字，提升作品完整性。

10

以火花筆刷 02 描繪

用點按方式加上火花

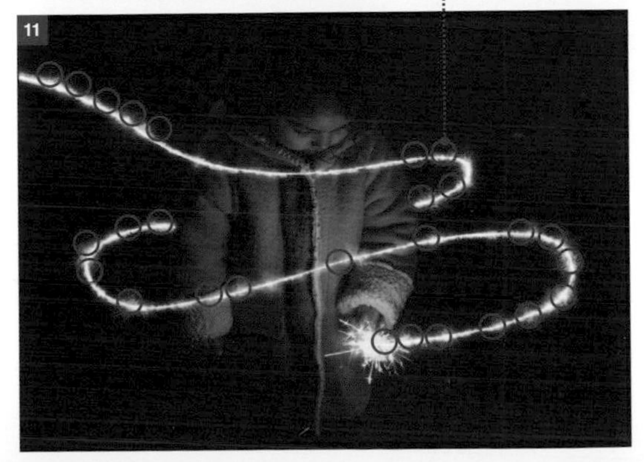
11

Ps

設計霓虹燈管招牌

no. 046

用路徑來製作霓虹燈管招牌。

Point	將路徑的筆劃變化成線段
How to use	製作各式酒吧的廣告、招牌

01 | 輸入文字

請開啟素材「背景.psd」，我們已事先將貓的輪廓做成 CAT 路徑 01 02 。

選取**工具**面板中的**水平文字工具**，輸入「CAT BAR」，此範例套用的字型是收錄於 Adobe Fonts 中的 VDL-V7MaruGothic，並設定**字型大小：89 pt／垂直縮放：120%／顏色：#ffffff** 03 04 。

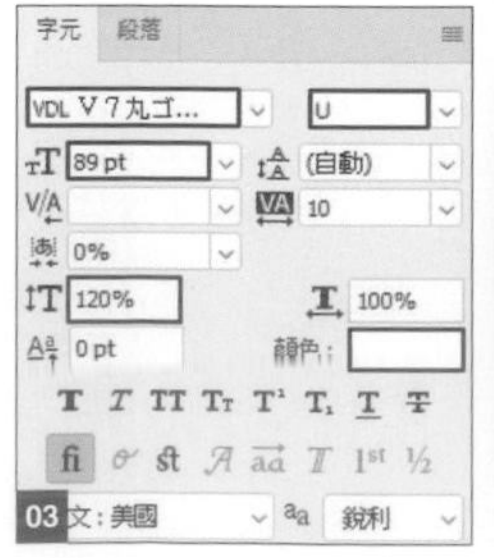

02 | 用文字來建立路徑

選取**圖層**面板上的文字圖層 CAT BAR，然後**按右鍵／建立工作路徑** 05。

路徑名稱定義為 CAT BAR 06，再刪除 CAT BAR 文字圖層。

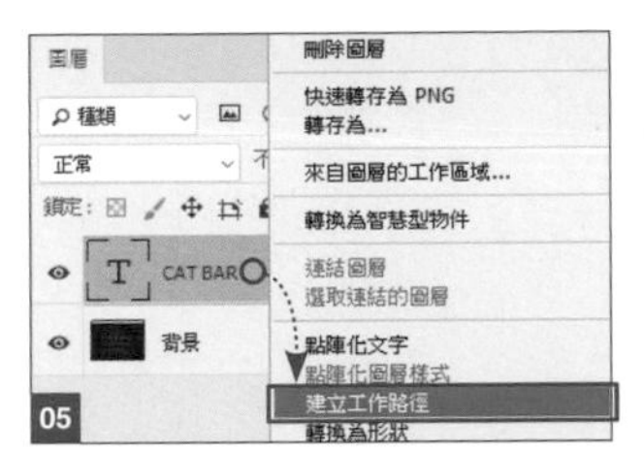

03 | 將路徑轉換為筆畫

請選取**筆刷工具**，設定**前景色：#ffffff／實邊圓形壓力不透明／尺寸：35 像素** 07。

選取 CAT BAR 路徑，建立新圖層**文字**並選取此圖層。按下**路徑選取工具** 08，在路徑上**按右鍵／筆畫路徑** 09。

如圖 10 設定後按下**確定**鈕，就描繪出文字的外框了 11。

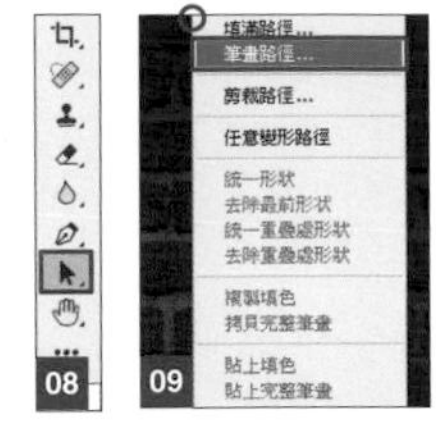

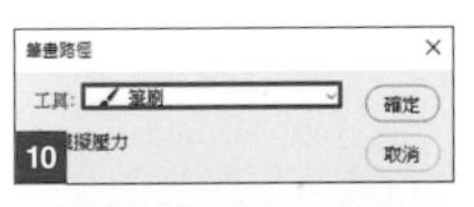

04 | 建立貓的外框

選取事先準備好的 CAT 路徑，建立新圖層 CAT，與步驟 03 相同做出貓的外框 12。

05 | 複製與結合圖層

複製並合併 CAT 和**文字**圖層，將圖層命名為**光**，並移至最上層 13。接著將**光**圖層設定為不顯示。

06 | 透過圖層樣式製作霓虹燈管質感與光線

選取 CAT 圖層並開啟**圖層樣式**交談窗。

選取**斜角和浮雕**選項，如圖 14 設定內容，其中**光澤輪廓**套用預設中的**圓椎體 - 反轉的**。

選取**內陰影**選項，如圖 15 設定內容。

選取**內光暈**選項，如圖 16 設定內容，其中**結構**的顏色設定為 #ff00e4。

選取**外光暈**選項，如圖 17 設定內容，其中**結構**的顏色設定為 #ff00e4。

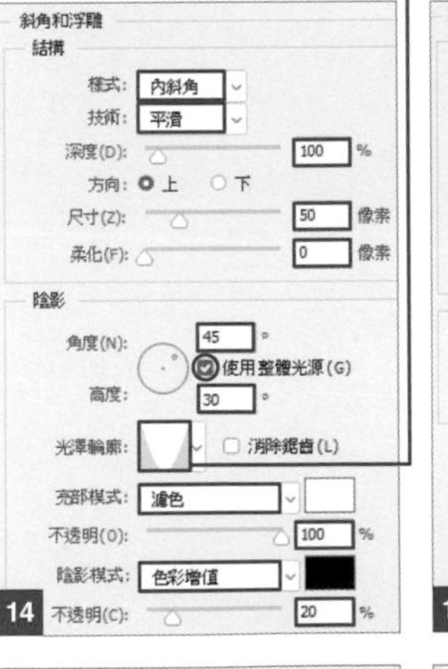

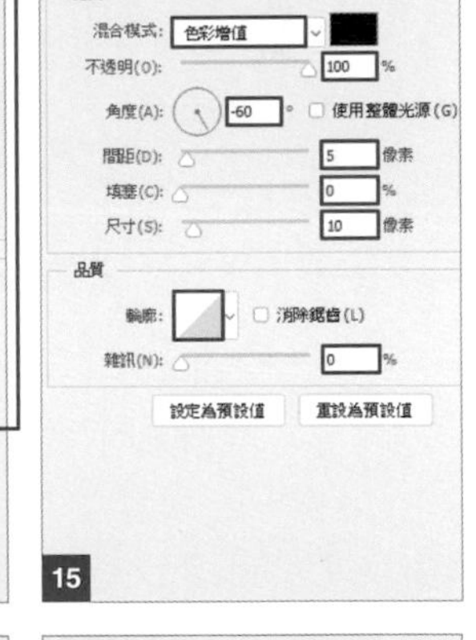

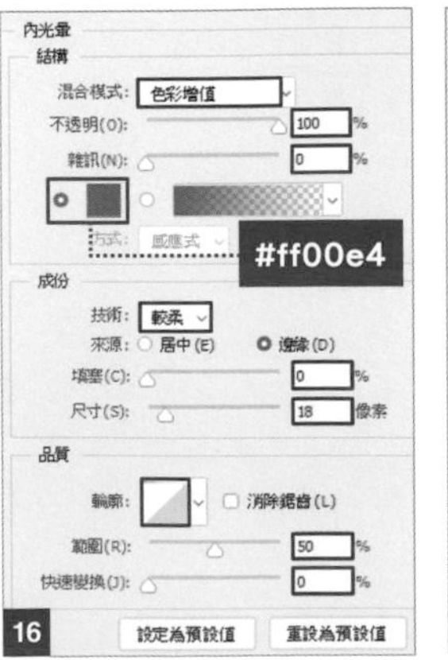

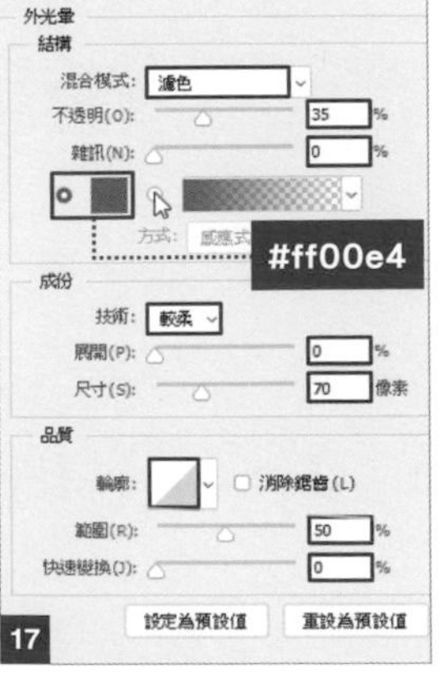

07 | 繼續以圖層樣式增添燈管質感與光線

選取**陰影**選項，如圖 18 設定內容，製作出霓虹燈管的質感 19。

選取 CAT 圖層，按右鍵選取**拷貝圖層樣式**，再選取**文字**圖層，按右鍵選取**貼上圖層樣式** 20。

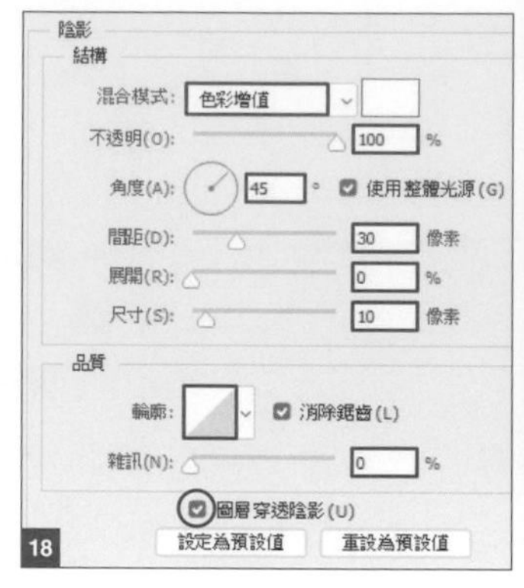

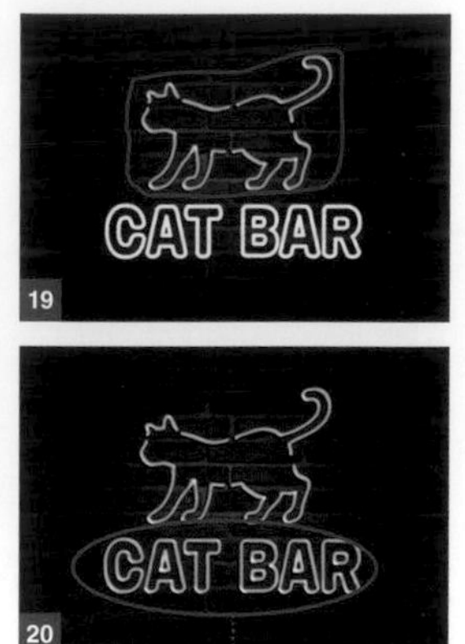

套用了圖層樣式

08 | 調整霓虹燈管與整體的光線

選取**光**圖層，設定圖層**混合模式：覆蓋** 21。

執行『**濾鏡 / 模糊 / 高斯模糊**』命令，套用**強度**：50 像素 22。

複製**光**圖層並移至上層，提升光的強度 23。

按下**圖層**面板的**建立新填色或調整圖層**鈕，選取**相片濾鏡**，並移至最上層 24。

在**內容**面板設定**顏色**：**#ff00e4**，再如圖 25 設定內容。

套用後會為整體畫面增加顏色，範例就完成了 26。

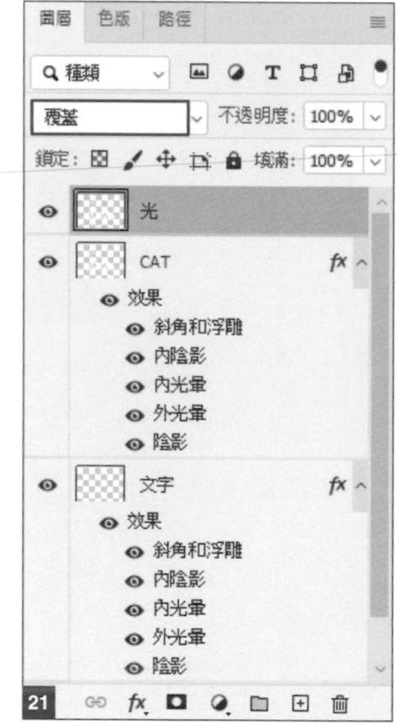

光更強烈了

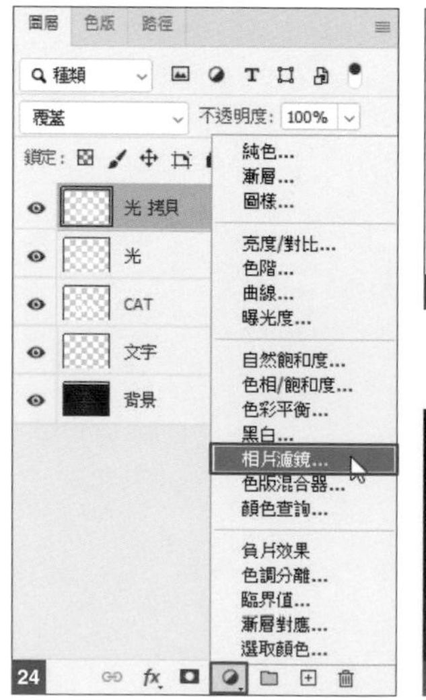

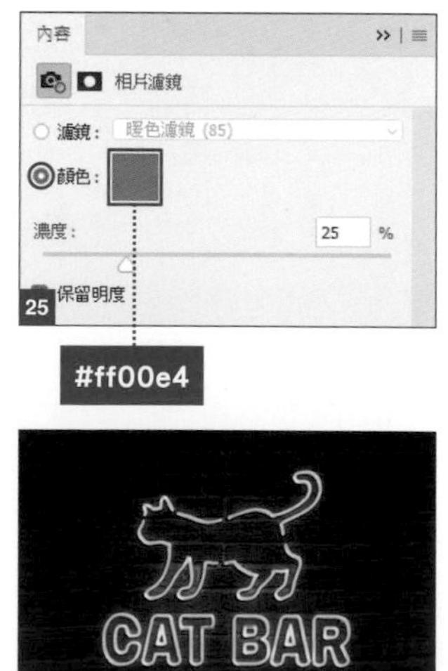

#ff00e4

Ps

柔和的光線　no.047

做出陽光照射的柔和光線。

Point	透過斜光與漸層就能改變氣氛
How to use	可用來表現柔軟、溫和的印象

01 | 複製影像來添加柔和的氣氛

請開啟素材「風景.psd」，複製圖層並移至上層，圖層命名為**濾鏡** 01。

選取**濾鏡**圖層，執行『**濾鏡 / 模糊 / 高斯模糊**』命令，套用**強度**：18 像素 02。

將圖層的**混合模式**設定為**覆蓋** 03 04。

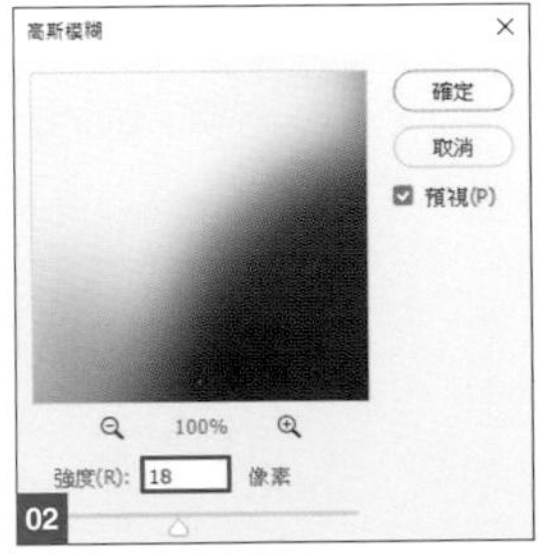

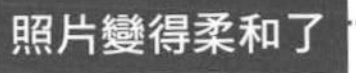

02 | 設定雲狀效果濾鏡的臨界值

在上層建立新圖層**斜光**。

執行『**濾鏡 / 演算上色 / 雲狀效果**』命令 **05**。

執行『**影像 / 調整 / 臨界值**』命令，套用**臨界值層級：**170 **06** **07**。

譯註 套用**雲狀效果**前請先將**前景色 / 背景色**回復到預設狀態。

03 | 製作放射狀模糊的斜射光

請執行『**濾鏡 / 模糊 / 放射狀模糊**』命令，如圖 **08** 設定**模糊方式：縮放**，將模糊中心向右上方拉曳。

再執行一次相同設定的**放射狀模糊** **09** **10**。

設定圖層**混合模式：濾色／不透明度：**60% **11** **12**。

想像光由上往下照射下來，再利用**任意變形**功能來調整斜射光的位置 **13**。

最後將斜射光擴大至 160%，角度設定旋轉 -23 度 **14** **15**。

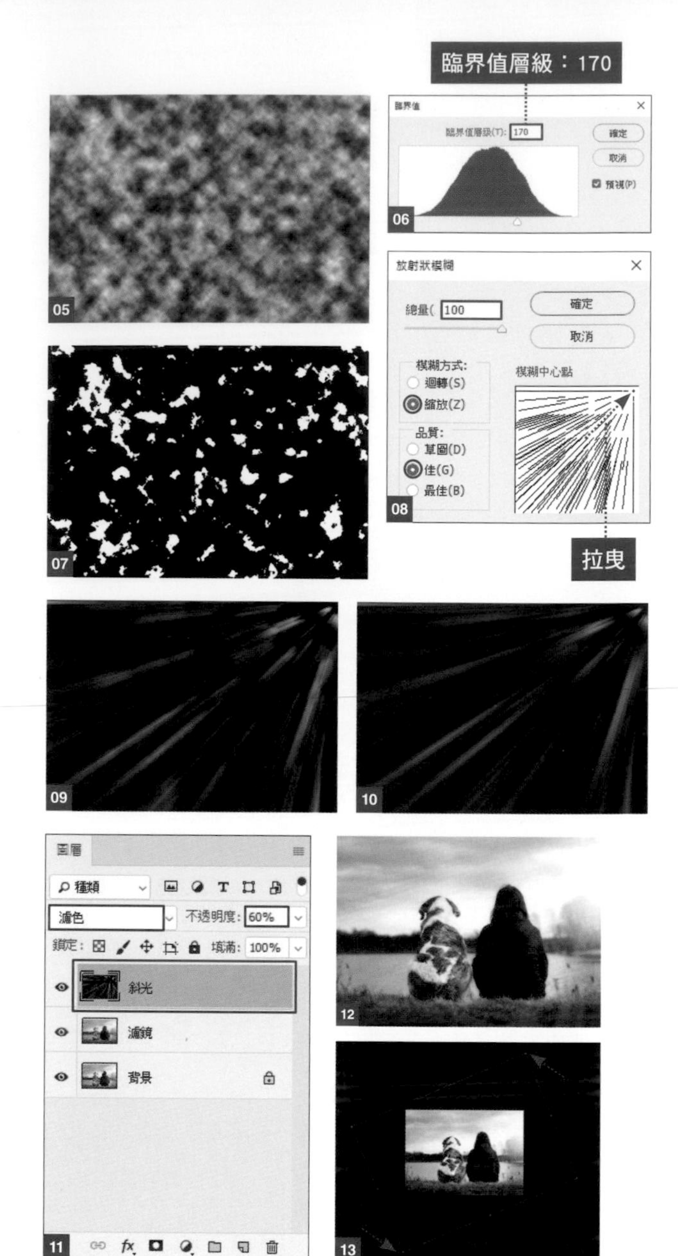

04 | 利用漸層提升柔和的氛圍

設定**前景色**：**#ffffff**，再按下**圖層**面板的**建立新填色或調整圖層**鈕，選擇**漸層**後移至最上層 16。如圖 17 設定漸層色，再將漸層色的中心往右上方拉曳 18。設定**漸層填色**調整圖層的**不透明度**：**30%** 19 20。

16

前景到透明

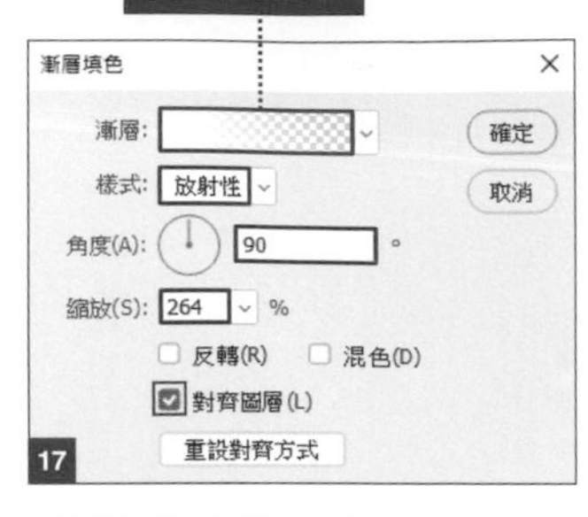

17

18

拉曳到右上角

19

20

為照片添加了柔和氛圍

05 | 利用相片濾鏡調整圖層提升溫暖度

在最上層增加**相片濾鏡**調整圖層 21，在**內容**面板中如圖 22 設定**暖色濾鏡（85）**(Warming Filter(85) 23。

21

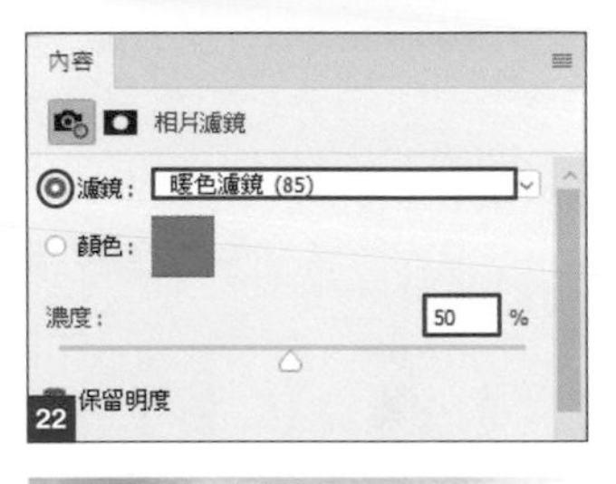

22

23

提升了畫面的溫度

06 | 增加「曲線」調整圖層淡化色彩

在最上層新增**曲線**調整圖層 24，**內容**面板則如圖 25 設定**輸入**：**0**／**輸出**：**25**，將色彩淡化後就完成了 26。

24

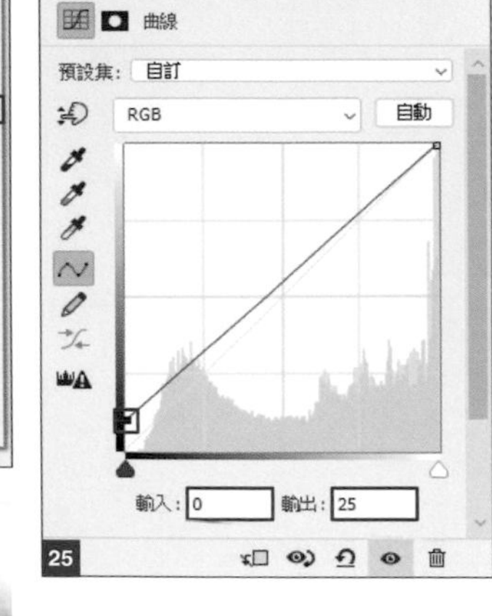

25

26

Chapter 05

Ps

重現逆光拍攝的街景 no.048

為街景照片加上逆光效果，呈現戲劇般氣氛。

Point 畫面後方的強烈光線會讓前方景物的陰影更加鮮明

How to use 營造各種逆光的場景

01 | 加強後景的白色光源

請開啟素材「風景.psd」，在上層建立新圖層**後面的光**，完成後選取圖層。

由**工具**面板選取**筆型工具**，將後面的街道與天空建立成路徑，接著**按右鍵 / 製作選取範圍**後，設定**羽化強度：20 像素**，建立成選取範圍 01 02。

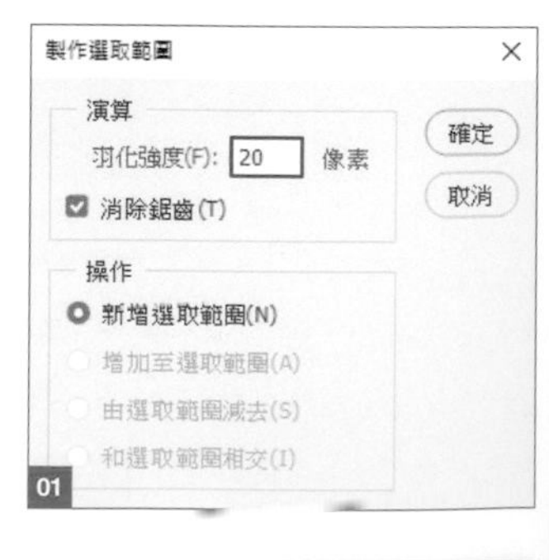

02 | 在選取範圍內填色

設定**前景色**：**#ffffff**，使用**油漆桶工具**在選取範圍內填色 03。

03

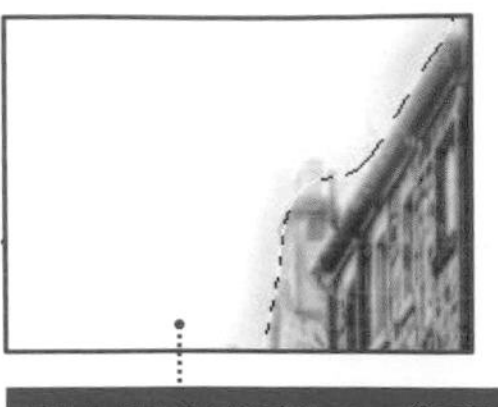

03 | 為街道、建築物提升亮度

在上層建立新圖層**建築物的光**，然後選取圖層。設定圖層**混合模式**：**覆蓋**後，選取**筆刷工具**，設定**前景色**：**#ffffff／柔邊圓形**，塗抹街道和建築物靠通道的側面，以提升亮度 04 05。繪製時可從遠到近慢慢調整筆刷的不透明度，越靠近眼前越透明。

04

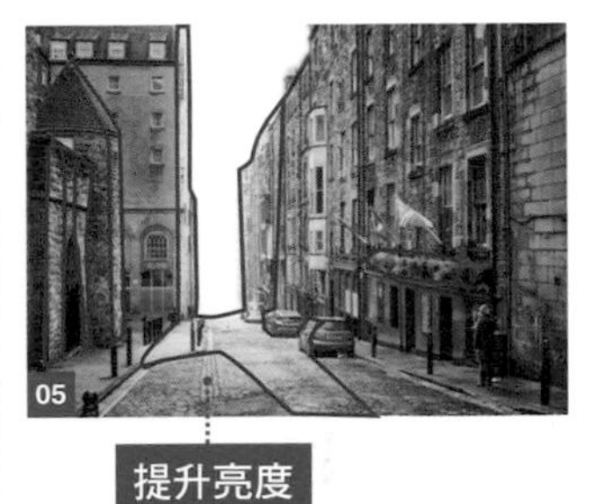

05

04 | 加深陰影

在上層建立新圖層**陰影**。

用**筆型工具**將要加強陰影的部份建立成路徑（為方便讀者理解，畫面中我們以紅色範圍表示）06。

接著**按右鍵 / 製作選取範圍**，如圖 07 設定**羽化強度**：0 像素後套用。

設定**前景色**：**#000000**，再選取**油漆桶工具**填滿選取範圍，設定圖層的**不透明度**：**50%** 08 09。

06

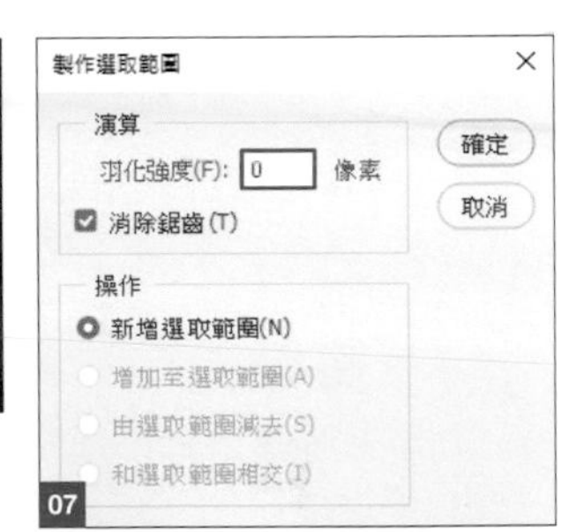

07

08

09

05 | 描繪車輛的陰影

選取**筆刷工具**，設定**前景色**：**#000000/ 柔邊圓形**後，塗抹車輛後方及地面上的陰影 10。

執行『**濾鏡 / 模糊 / 高斯模糊**』命令，套用**強度**：**3 像素**，讓陰影的邊界稍微模糊，更融合背景 11。

10

11

06 ❙ 重疊逆光濾鏡

在最上層建立新圖層**逆光**。

設定**前景色：#000000** 後填入顏色 **12**。

執行『**濾鏡 / 演算上色 / 反光效果**』命令，如圖 **13** 設定**鏡頭類型：50-300 釐米變焦**，然後由預視窗中拉曳，讓光重疊在中心位置後按下**確定**鈕 **14**。

執行『**濾鏡 / 模糊 / 放射狀模糊**』命令，如圖 **15** 設定內容後套用 **16**。

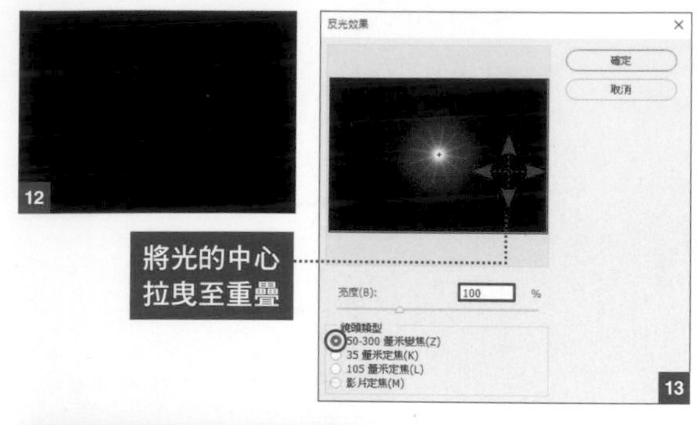

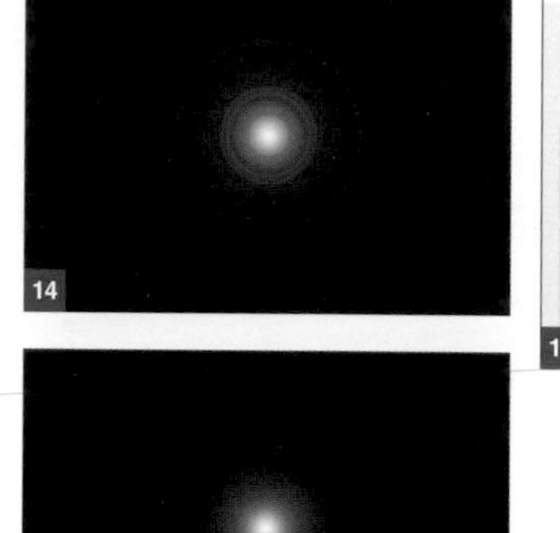

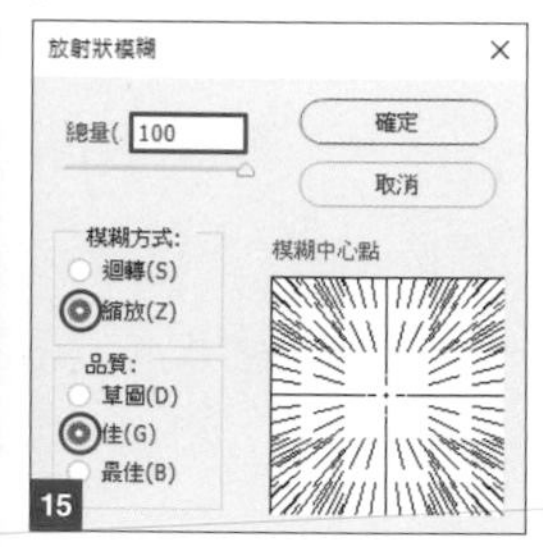

07 ❙ 移動並放大光源

設定圖層**混合模式：濾色**，然後將光源移至街道的盡頭 **17** **18**。

使用**任意變形**功能將光源擴大至 250% **19** **20**。

08 ❙ 調整顏色完成範例

執行『**影像 / 調整 / 色相 / 飽和度**』命令，如圖 **21** 設定顏色。

由街道遠處照射過來的逆光街景就完成了 **22**。

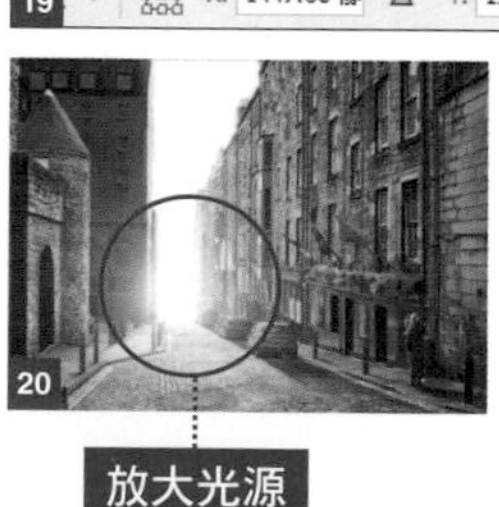

Ps

將白天變成夜晚

no.049

將原本是白天的照片，變換成富有想像空間的夜晚景色。

Point 重疊多個光圖層來營造氣氛

How to use 呈現出夢幻的光線

01 | 調整亮度與飽和度

請開啟素材「風景.psd」。
執行『**影像 / 調整 / 色相 / 飽和度**』命令，勾選**上色**後如圖 01 設定，為整體加入藍色調 02。
接著選取**色階**命令，如圖 03 設定內容。

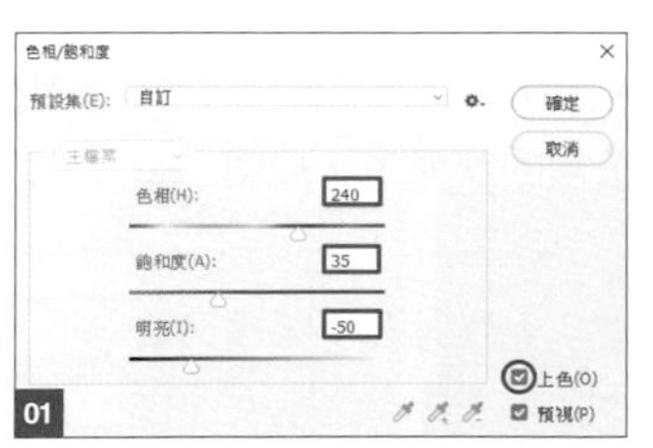

01

02

加入藍色調

提高對比後，整體畫面又更暗了 04，白天的照片就變成夜晚的風景了。

原影像

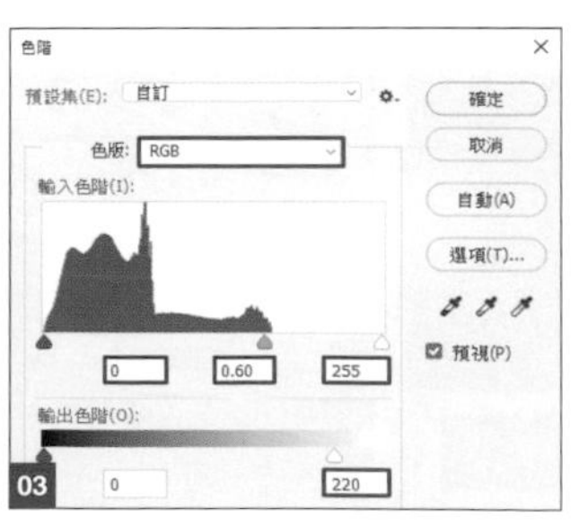

03

04

加強暗度

Chapter 05

Ai

製作鑽石般的光澤 no.050

製作如鑽石般的光澤。Illustrator 很適合做出堅硬寶石般的光澤，所製作出來的光線，可以給人閃耀奪目的視覺效果。

Point	使用重新上色與隨機變更色彩功能變換顏色
How to use	可應用在擬真的寶石或幾何圖案上

01 ┃ 建立一個多邊形做為基底

建立一份新文件。

由**工具**面板選取**多邊形工具** 01，設定**填色：無／筆畫：#000000／筆畫寬度：1 pt**，再設定**半徑：20 mm／邊數：16**，建立一個 16 邊形 02 03。

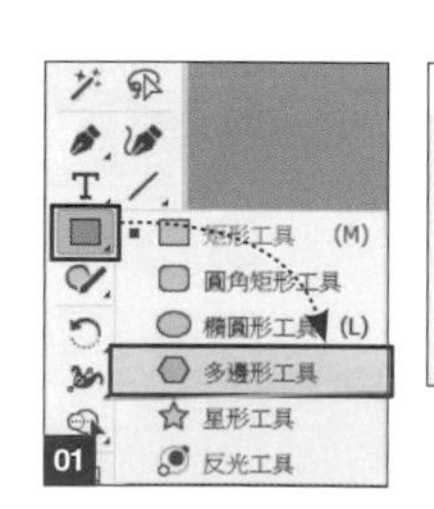

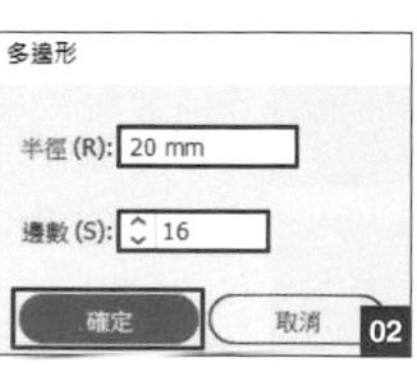

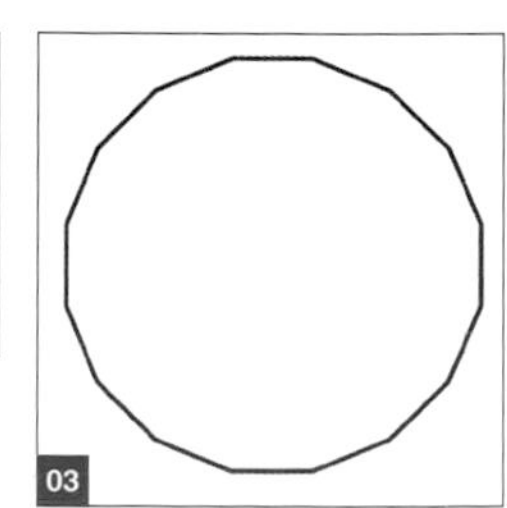

02 | 旋轉與對齊物件

雙按**工具**面板的**旋轉工具** 04，設定旋轉角度 11.25 05。

用同樣的方法以**多邊形工具**設定**半徑：**7 mm/ **邊數：**8，建立 8 邊形 06，再用**旋轉工具**設定旋轉角度 22.5 07。

接著選取這 2 個物件，由**對齊**面板設定**水平居中**、**垂直居中**，讓物件對齊上下、左右，向中央對齊 08。

03 | 建立 V 字線和對角線

用**鋼筆工具**由中央的 8 邊形外側向 16 邊形的頂點連接 09，雙按**工具**面板中的**旋轉工具**，設定**角度：**45 進行複製 10。

將 V 字線與 8 邊形的頂點接合 11，合計共新增 8 個線段 12。

用**鋼筆工具**繪製 16 邊形的對角線，再利用**旋轉工具**旋轉 45 度，複製出 4 個線段，如圖 13。

選取 16 邊形以外的所有線條，按下 Ctrl（⌘）+ 3 鍵將其隱藏。

04 | 製作鑽石的外框

選取**工具**面板的**矩形工具**，建立**寬度：**20 mm/ **高度：**20 mm 的正方形，配置在中央 14，再用**旋轉工具**將正方形旋轉 45 度後複製 15。

用**鋼筆工具**由正方形的頂點開始，向周圍 16 邊形的頂點畫出 W 字形的線段 16，和剛才的步驟相同，旋轉 45 度後複製，完成如圖 17。

memo

此單元的範例是利用連結多邊形的頂點，再旋轉、複製而成。

05 | 顯示所有物件並設定筆畫無

按下 Ctrl（⌘）+ Alt（option）+ 3 鍵顯示所有物件，步驟 01～04 製作的物件將會重疊顯示 18。

執行『**視窗 / 路徑管理員**』命令，選取**路徑管理員**面板內的**分割** 19 20，設定**填色：**#ffffff/ **筆畫：無** 21。

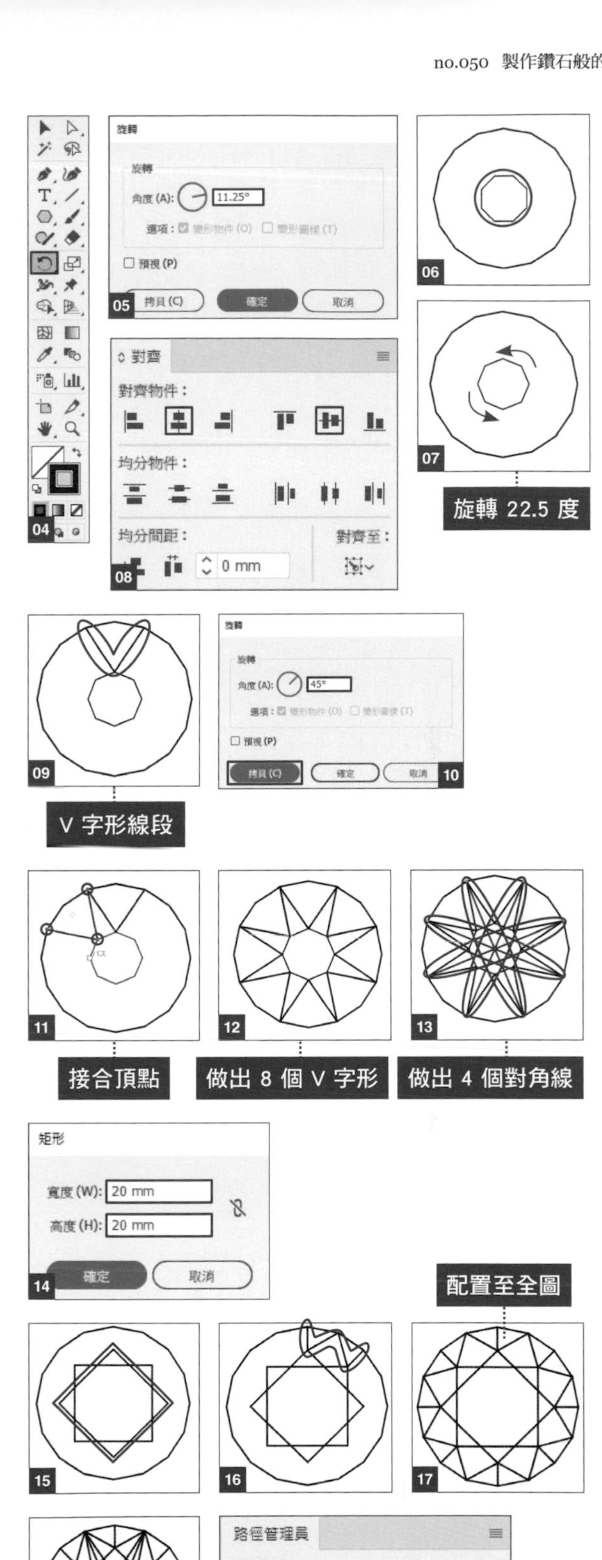

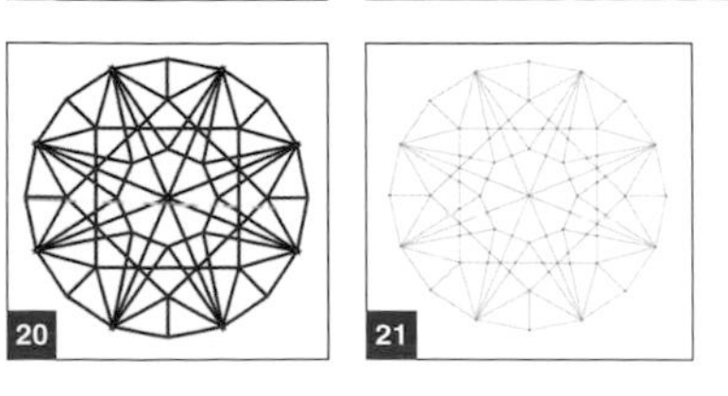

06 ❙ 為最上層的物件填色

在選取鑽石物件的狀態下，按下**圖層**面板中圖層名稱前的圖示，展開圖層內容 22。

選取最上面的物件（確認移至**圖層**面板最下層的路徑，點選右側的空心圓成同心圓時即是選取該路徑）23，設定**填色**：**#707070** 24。

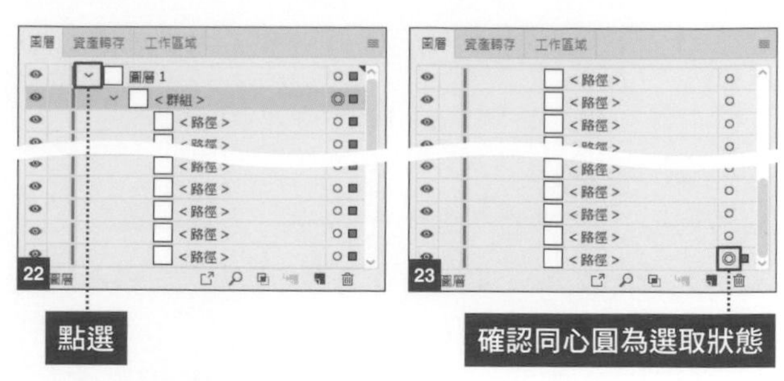

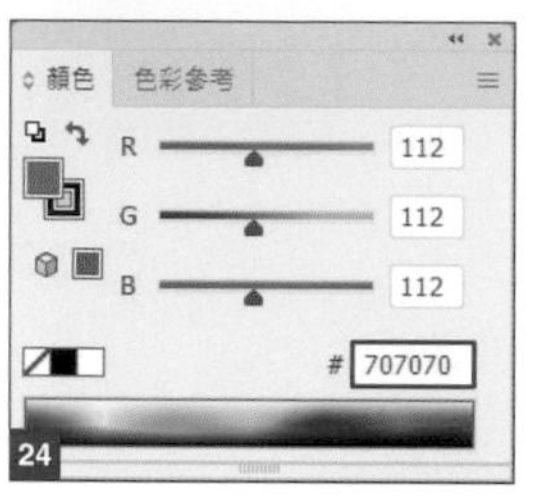

07 ❙ 隨機配色

選取全部的鑽石物件 25。

執行『**編輯 / 編輯色彩 / 由前至後漸變**』命令，就會由上一步驟設定的物件開始，將全部物件填滿漸層色 26 27。

執行『**編輯 / 編輯色彩 / 重新上色圖稿**』命令 28，按下面板右下角的**進階選項**，開啟面板後，再按下**隨機變更色彩順序**鈕 29，配色就會隨機變化 30。

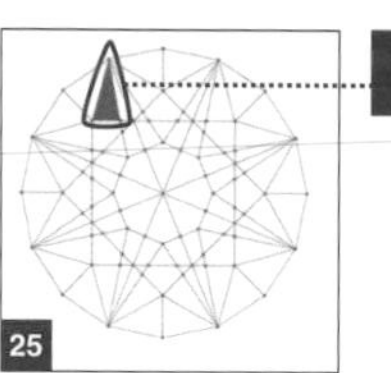

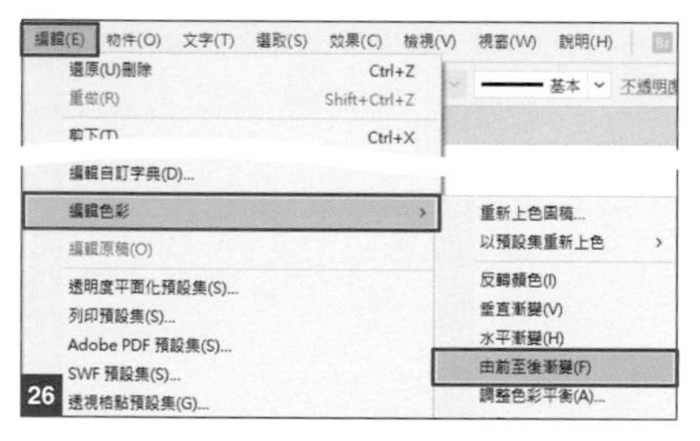

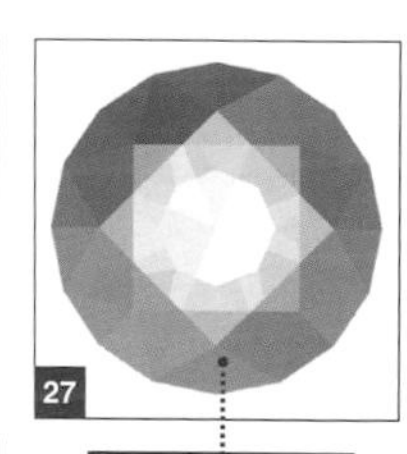

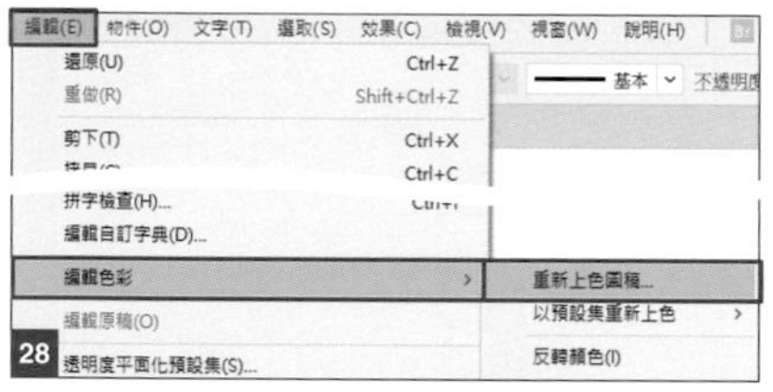

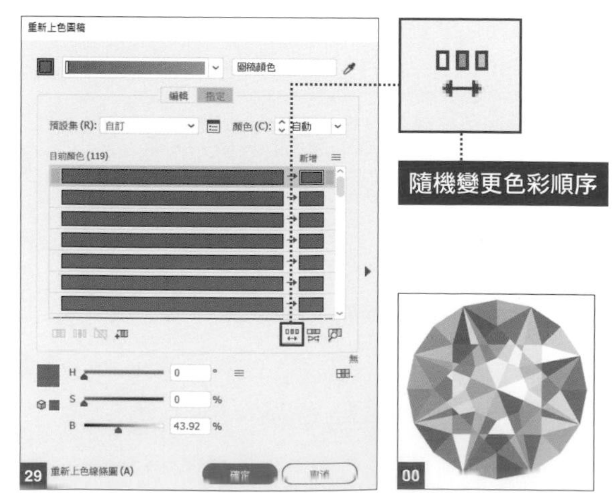

08 | 製作不規則的反射

由**矩形工具**建立**填色：#707070** 的長方形，再用**美工刀工具** 31 如圖 32 切割形狀。

選取最上層的物件，設定**填色：#ffffff** 33。

選取全部的矩形物件，執行『**編輯 / 編輯色彩 / 垂直漸變**』命令 34，物件將會由上至下填入漸層色 35。

與步驟 07 相同，接著執行『**編輯 / 編輯色彩 / 重新上色圖稿**』命令，再按下**隨機變更色彩順序**後套用，長方形就會隨機填入漸層色 36。

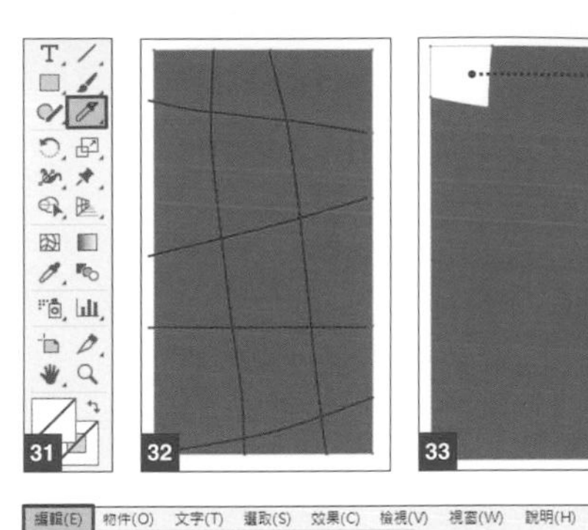
31 32

33

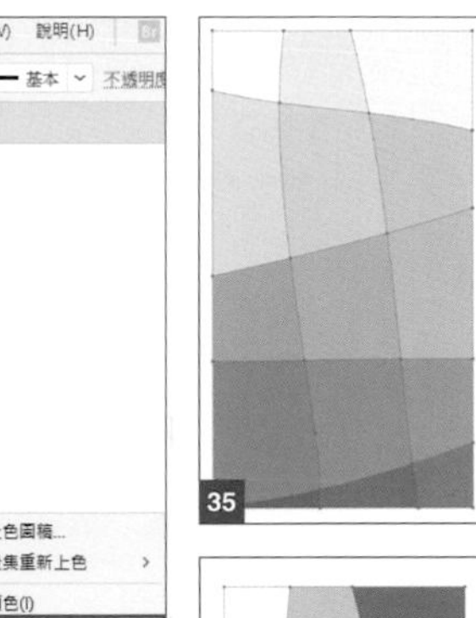
35

34

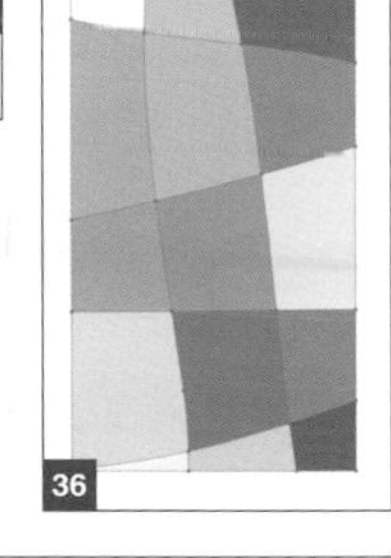
36

09 | 重疊不規則的反射

執行『**視窗 / 透明度**』命令，設定**漸變模式：柔光** 37，複製並貼上長方形物件，配置到步驟 07 的物件之前 38。

調整角度和大小後，依整體效果來複製並配置數個不規則反射 39。

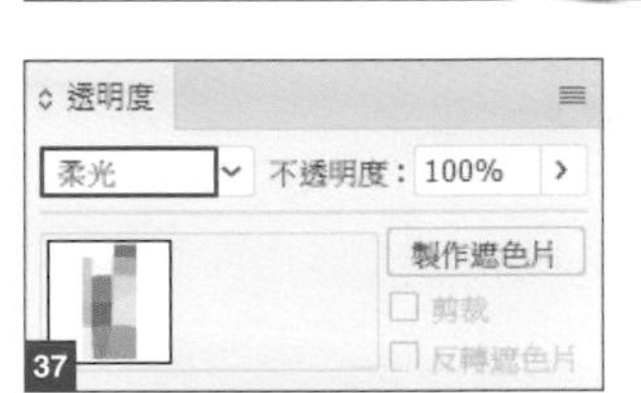

37

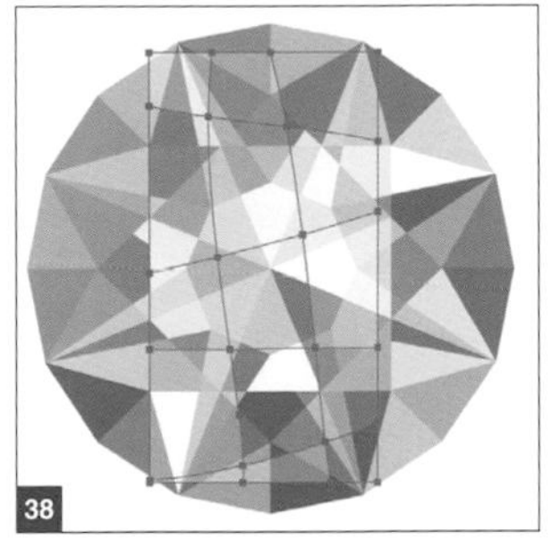
38

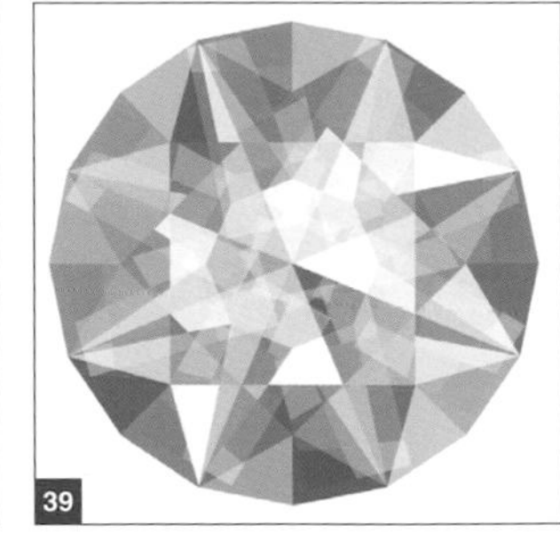
39

10 | 最後強調出對比

用**鋼筆工具**如圖 40 畫出放射狀圖案，在**透明度**面板設定**漸變模式：色彩加深** 41 42。

最後用**鋼筆工具**設定**填色：#ffffff**，描繪出反光效果，整個範例就完成了 43。

此範例還配置了背景並輸入文字，讓範例更完整呈現。

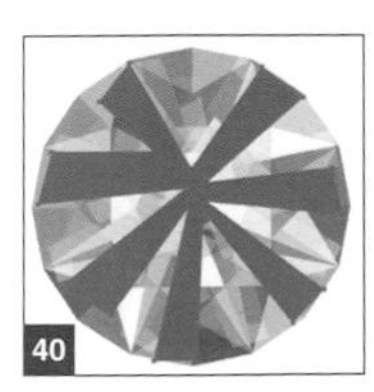
40

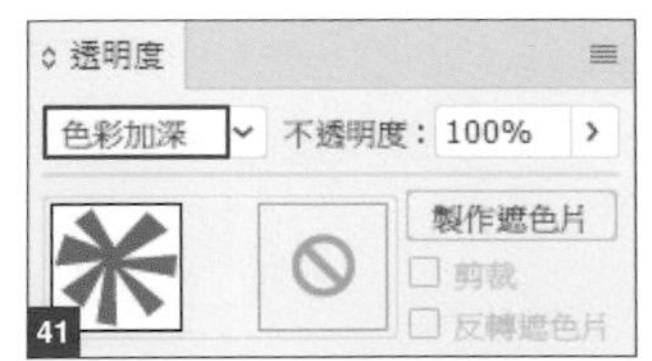

41

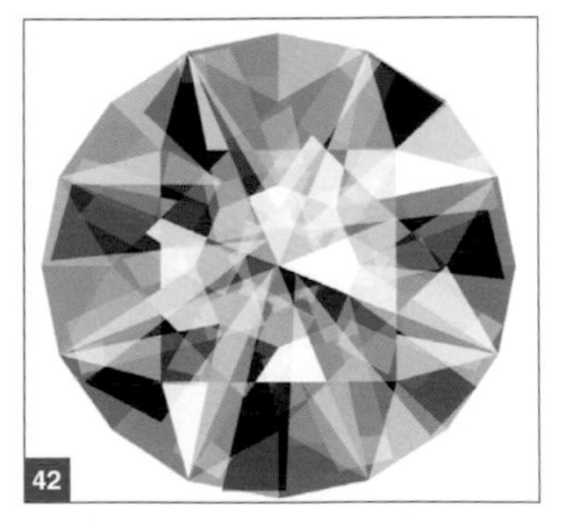
42

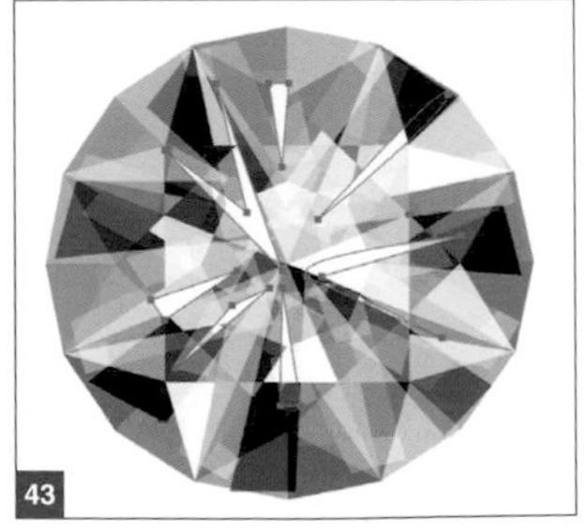
43

column

濾鏡收藏館

Photoshop 的濾鏡依照組合方式，可能產生意想不到的趣味效果，還可以重疊多種濾鏡，以下將介紹部分濾鏡。

■原影像

海報邊緣

■藝術風

海綿效果

霓虹光

壁畫

彩色鉛筆

水彩

著底色

粒狀影像

■素描

邊緣撕裂

拓印

便條紙張效果

石膏效果

■紋理

裂縫紋理

嵌磚效果

■風格化

邊緣亮光化

■扭曲

海浪效果

材質的製作技巧

你可以依需求製作各種材質，如毛皮、布料、和紙、帆布、網屏圖案、漸層、蕾絲、圓點圖案等。許多材質都能輕鬆擬真自製，無需使用照片素材。

Chapter 06

Texture making design techniques

Ps

製作動物毛皮的材質

no. 051

使用動物的毛皮做成筆刷，設計出毛皮風格的 logo 設計。

Point　切換筆刷尺寸，添加質感效果

How to use　讓人印象深刻的標題或封面設計

01 ┃ 將文字與毛皮圖案重疊

開啟素材「背景.psd」，並雙按素材「毛皮筆刷.abr」載入筆刷。

其中**毛皮筆刷**的部份，是從素材**獅子** 01 中截取而來 02，執行『**影像 / 調整 / 臨界值**』命令，套用**臨界值**後 03 **定義筆刷預設集**，組合成圓形的筆刷 04。

選擇喜好的字型輸入「CALF」05，再選擇較粗的字型。範例中選用從 Adobe Fonts 裡下載的 **Azo Sans Uber** 字型。

開啟素材「毛皮.psd」，將圖層放在**背景**之上的位置 06。在**圖層**面板中的 CALF 圖層縮圖上，按住 Ctrl（⌘）鍵 + 滑鼠單按，建立選取範圍 07。

01

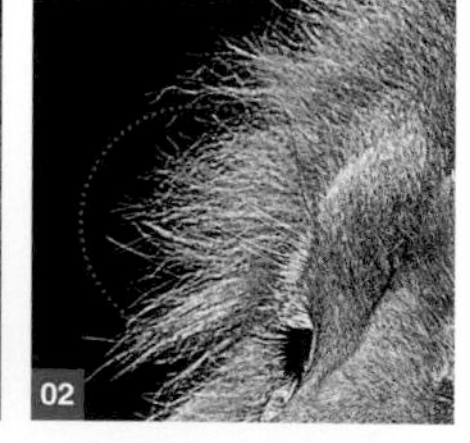
02

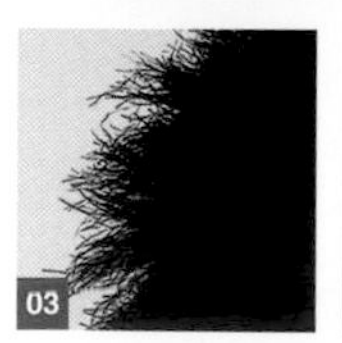
03

04

05

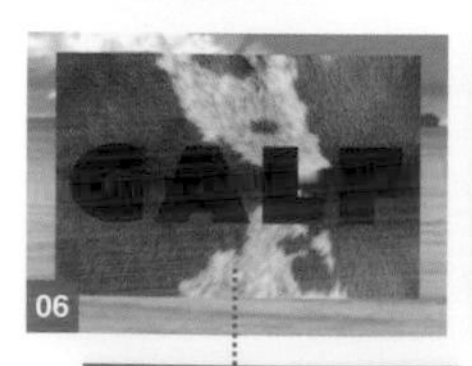
06

07

配置「毛皮.psd」

02 ｜ 建立圖層遮色片調整位置

在**圖層**面板上選取**毛皮**圖層，按下**增加圖層遮色片**鈕，將文字圖層 CALF 刪除或隱藏 08，解除圖層遮色片與圖層的連結記號，調整圖像的位置 09 10。

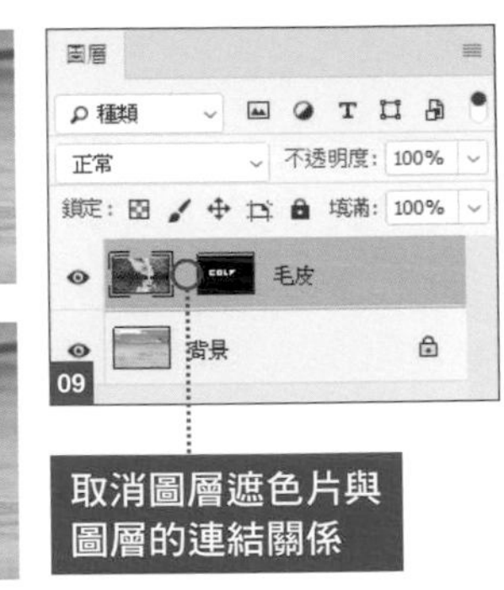

03 ｜ 添加毛順感

選取**毛皮**圖層的圖層遮色片縮圖。

選取**筆刷工具**，設定**前景色**：**#ffffff**，選取剛才載入的**毛皮筆刷** 11。

開啟**筆刷設定**面板，選取**筆刷動態**選項，設定**角度快速變換**：**100%** 12。

沿著文字外型畫出毛皮的毛順感。首先設定**尺寸**：**100 像素**左右來進行描繪 13。

接下來，使用**尺寸**：**200～500 像素**，改用直接點按的方式，替文字邊緣加上毛皮質感 14。

開啟**毛皮**圖層的**圖層樣式**交談窗。

選取**斜角和浮雕**選項，如圖 15 設定內容。

選取**內陰影**，如圖 16 設定內容，其中**結構**區的顏色設定為 **#000000** 17。

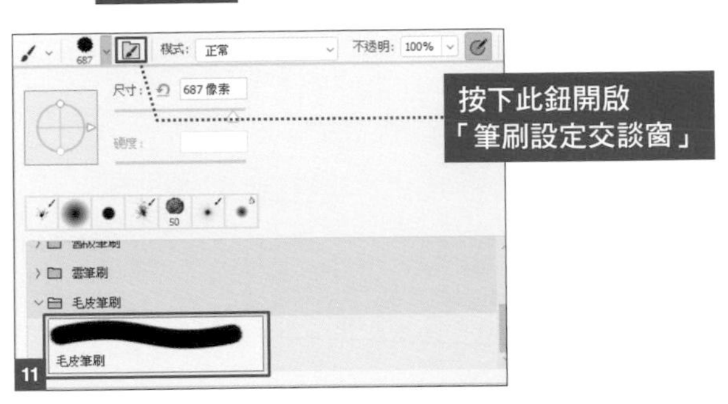

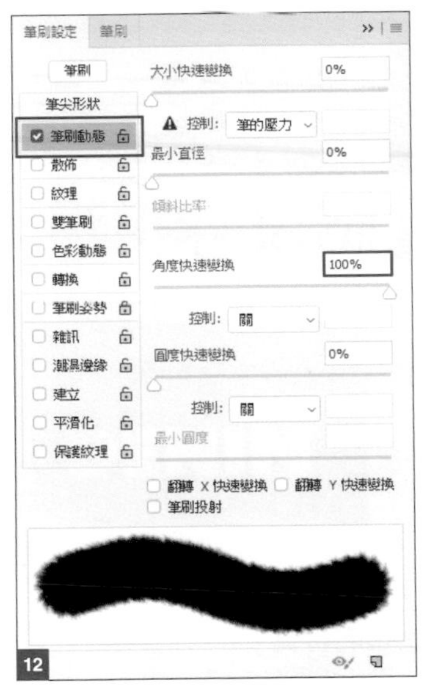

04 ｜ 加上陰影後就完成了

在**毛皮**圖層的下層位置加上新圖層**陰影**。

選取**筆刷工具**，設定**前景色**：**#000000**／**柔邊圓形**，在毛皮的下方畫上陰影後就完成了 18。

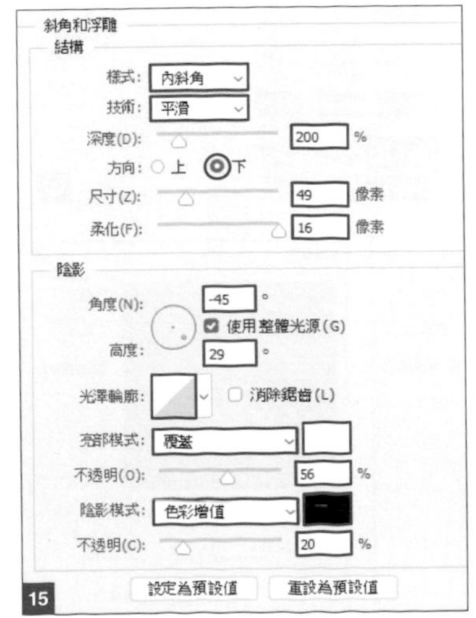

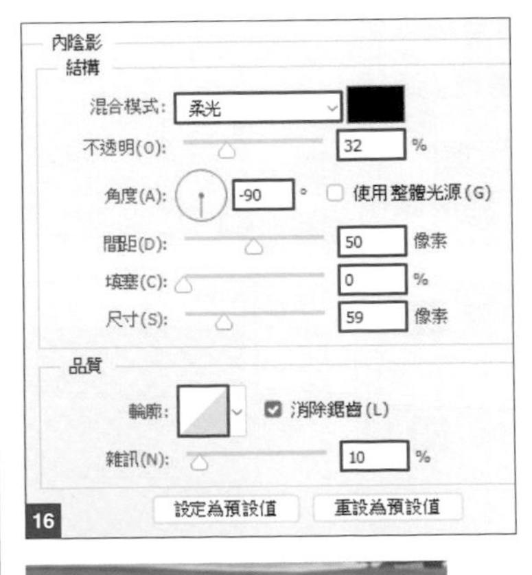

Ps

no. 054

製作油畫質感

重疊筆畫線條，模擬出油畫的紋理。

Point	重疊直條紋與橫條紋，作出有凹凸的質感
How to use	想要表現出油畫感的背景時

01 | 使用網屏圖樣製作線條

開啟素材「背景.psd」。

執行『**濾鏡 / 濾鏡收藏館**』命令，如圖 01 設定內容。

執行『**濾鏡 / 雜訊 / 增加雜訊**』命令，如圖 02 設定內容。

複製**背景**圖層後置於上方，套用『**編輯 / 變形 / 順時針旋轉 90 度**』03。

設定圖層的**混合模式：加深顏色** 04。

將兩個圖層合併，圖層名稱設定為**畫布**。

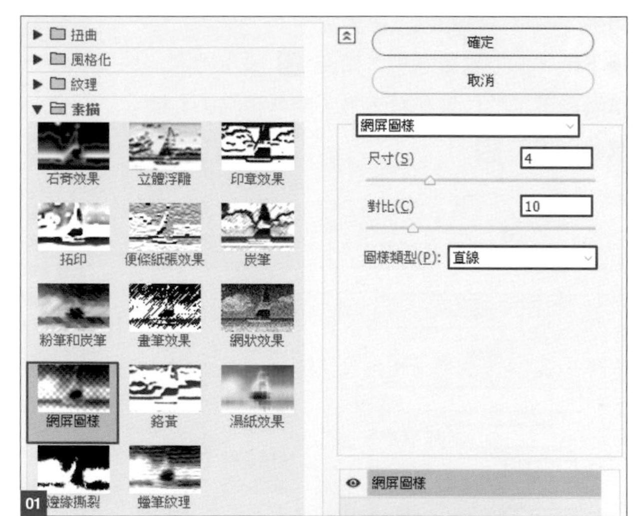

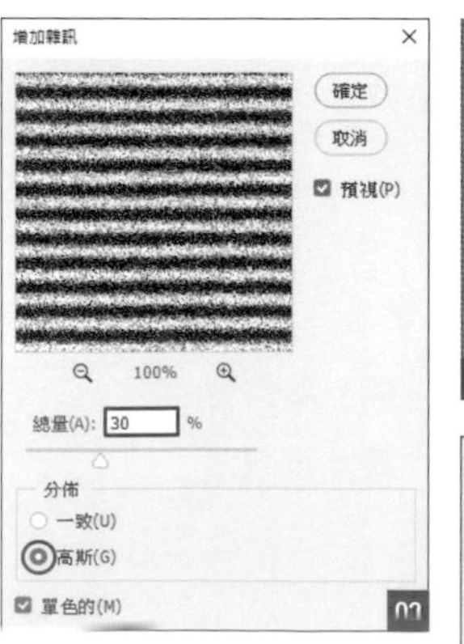

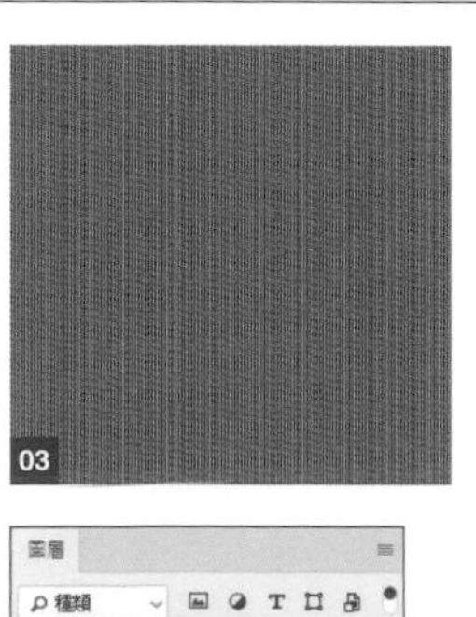

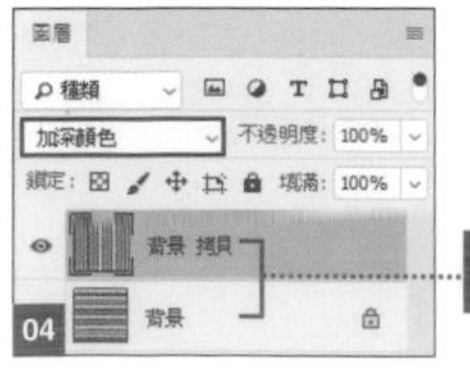

02 | 上色並加上凹凸的質感

從**圖層**面板中建立調整圖層，選取**純色** 05，顏色為 **#d2cab8** 06。

放在上面位置，設定**混合模式：實光** 07 08。

選取**畫布**圖層，執行『**濾鏡 / 風格化 / 浮雕**』命令，如圖 09 設定。

油畫的立體感就完成了 10。

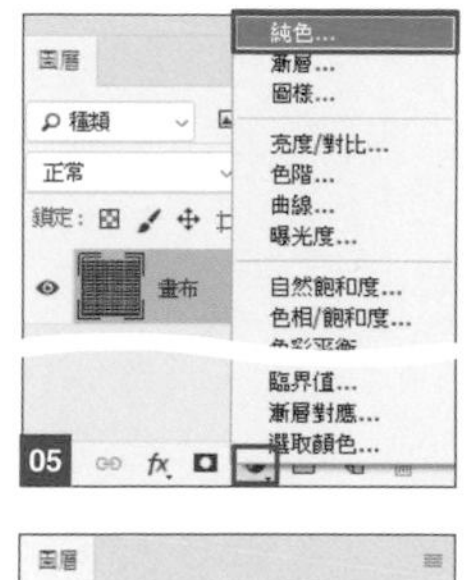

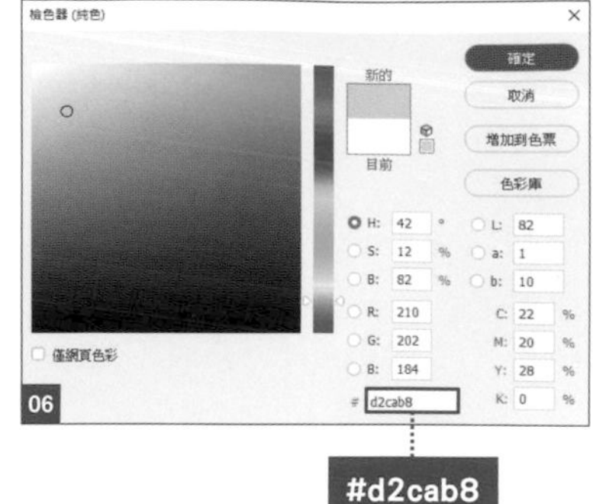

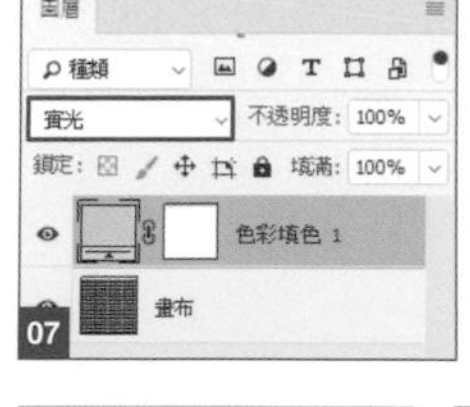

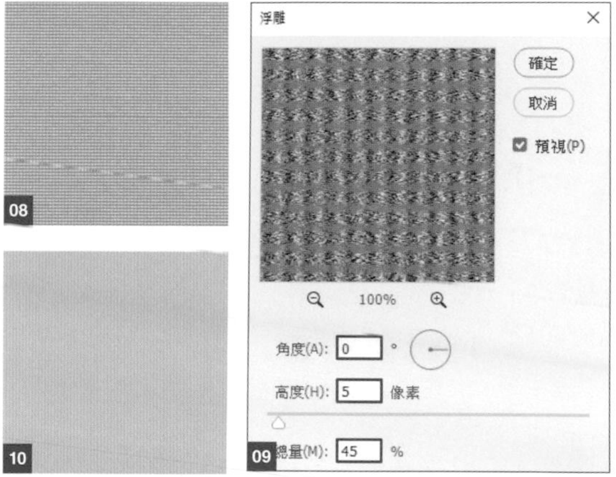

03 | 搭配如油畫般的影像再加以融合

開啟素材「向日葵.psd」，放在最上層的位置。設定**混合模式：加深顏色／不透明度：85%** 11 12。

執行『**濾鏡 / 風格化 / 油畫**』命令，如圖 13 內容設定。

仿油畫質感的作品就完成了 14。

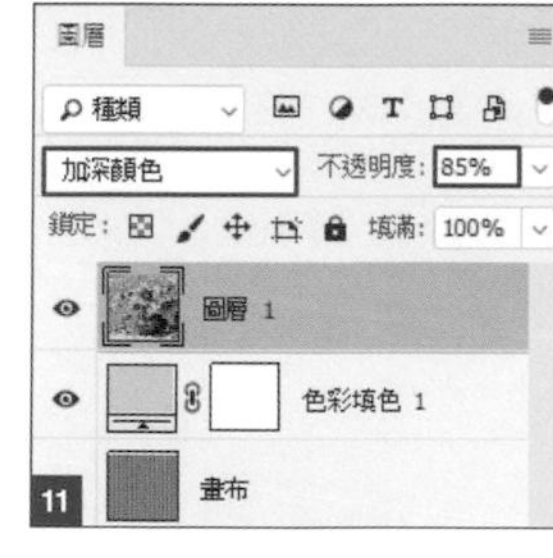

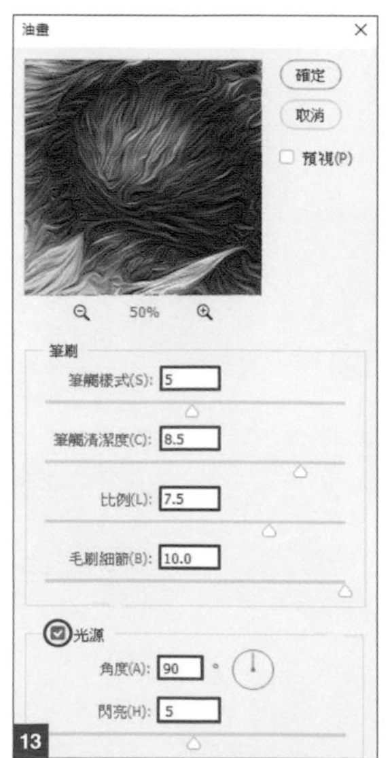

Chapter 06

CLASSIC MOTOR SHOW

DOT EFFECT

POP ART

PHOTO EFFECT

Ps

製作網點圖案

no.055

製作圓點樣式與圖案的合成。

Point	使用彩色網屏圖樣製作出圓點樣式
How to use	適用於復古的印刷風格及廣告等

01 ｜ 使用網屏圖樣加工

開啟素材「人物.psd」，其中我們已經事先將人物與背景分別處理成兩個圖層。

將前景色與背景色回復至預設狀態，再選取**人物**圖層，執行『**濾鏡 / 濾鏡收藏館**』命令。

選取**素描 / 網屏圖樣**，設定**尺寸**：6／**對比**：0／**圖樣類型**：**點** 01 02。

開啟**色階**交談窗，設定**輸入色階** 3：0.35：130，將對比調高 03 04。

執行『**濾鏡 / 銳利化 / 遮色片銳利化調整**』命令，再如圖 05 設定內容。以上步驟就強調出點陣感了 06。

將圖層的混合模式設定為**色彩增值**／**不透明度**：70%，與背景自然融合 07。

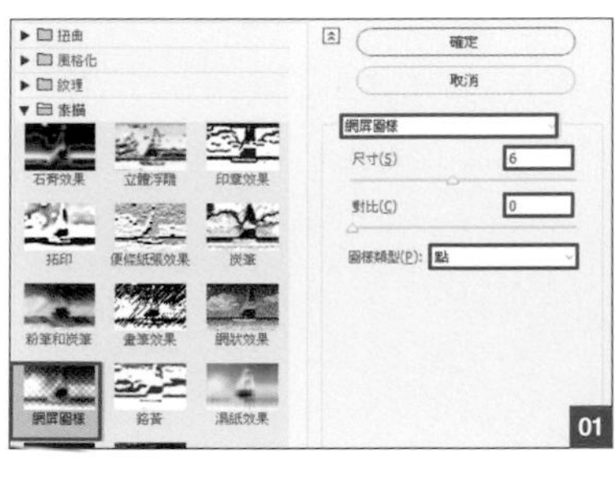

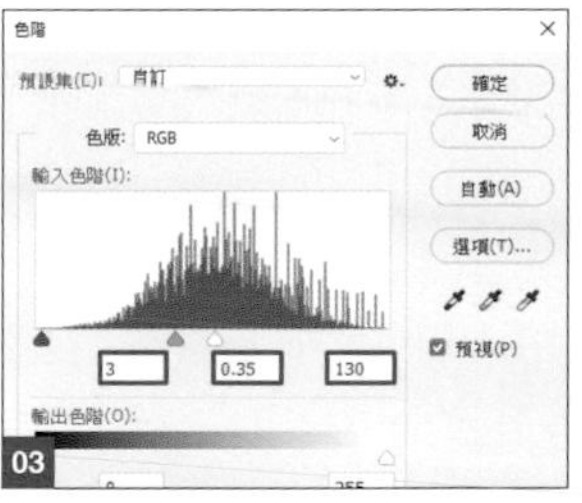

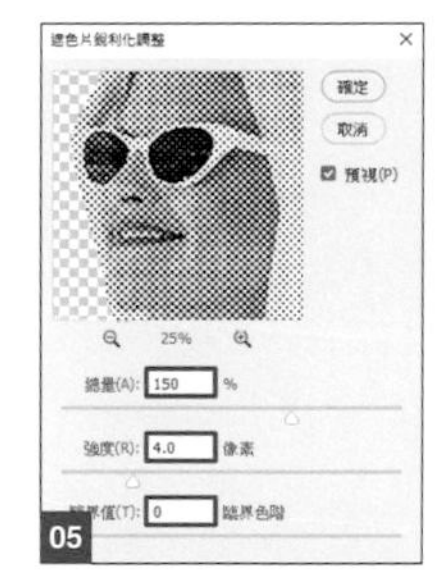

02 ｜ 為人物上色，加上筆畫

在**人物**圖層的下方建立新圖層**填色**。

選取**筆刷工具**，填上喜好的顏色 08。

在**圖層**面板上，選取**人物**圖層後開啟**圖層樣式**交談窗。

選取**筆畫**選項，如圖 09 設定內容，幫圖像外圍加上筆畫 10。

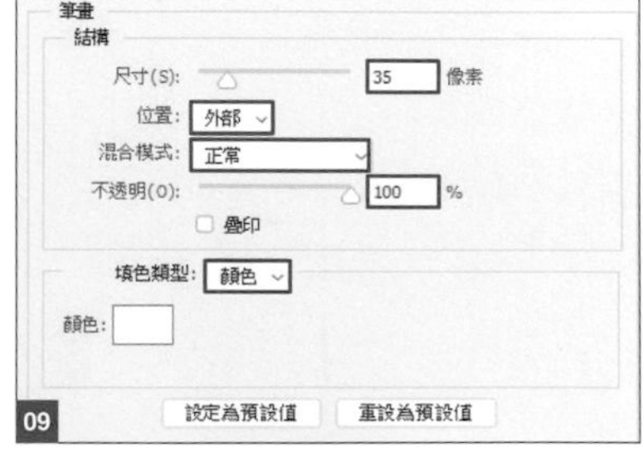

03 ｜ 添加紙張的質感後就完成了

開啟素材「紋理.psd」，放在最上層的位置。

設定圖層的**混合模式**：**色彩增值**／**不透明度**：70% 11。

再加上喜好的文字排列後作品就完成了。

範例表現出早期汽車展覽會的氣氛。

Ps

製作漸層重疊的紋理 no.056

使用形狀重疊效果，組合出複雜的漸層。

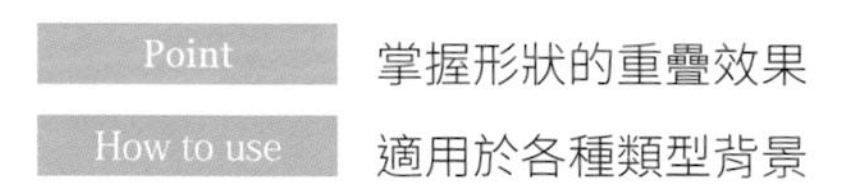

Point 掌握形狀的重疊效果

How to use 適用於各種類型背景

01 在背景上加上漸層

開啟素材「背景.psd」，設定**前景色：#2256be／背景色：#8cb2e3**。從**工具**面板中選取**漸層工具**，套用預設的**前景到背景** 01 。
在畫面由上往下拖曳出漸層 02 。

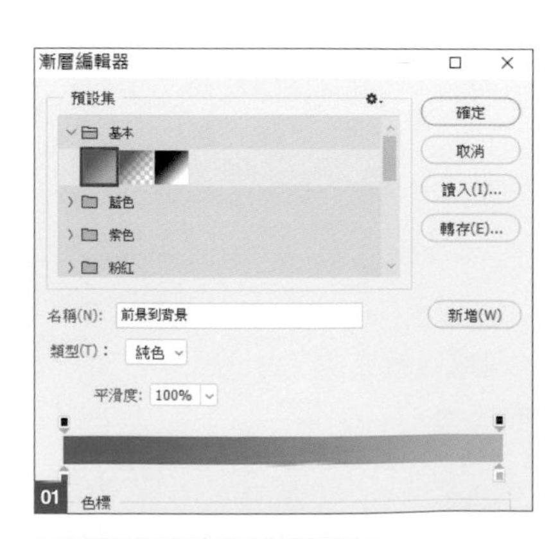

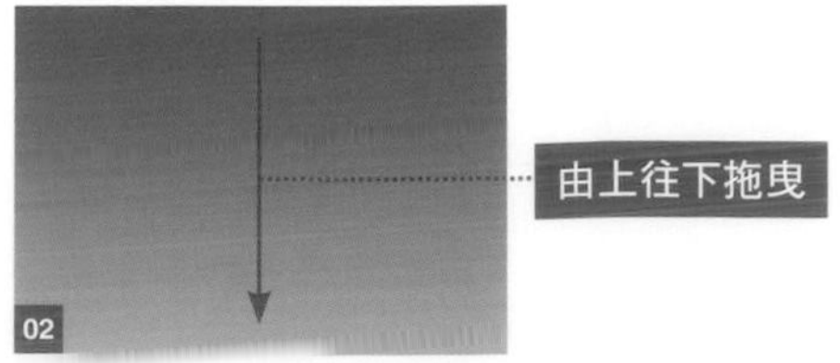

02 | 使用「筆型工具」製作形狀

從**工具**面板中選取**筆型工具**，如圖 03 設定**選項列**裡的內容，**檢色工具模式：形狀／路徑操作：新增圖層**。下一個操作中顏色會變成透明，所以**填色**的設定不會有影響。

製作喜好的形狀 04，將圖層設定為**填滿：0%** 05。製作好的形狀，圖層名稱為**形狀 1**。

03 | 變化圖層樣式

雙按圖層開啟**圖層樣式**交談窗，將**筆畫**選項如圖 06 設定，將**內光暈**選項如圖 07 設定後，成果如圖 08。

04 | 用相同方法再新增其他形狀

如步驟 02，在上方位置利用**筆型工具**新增形狀 09。

在**圖層**面板中，選取**形狀 1** 圖層，**按右鍵 / 拷貝圖層樣式**。

選取剛才作好的**形狀 2** 圖層，**按右鍵 / 貼上圖層樣式** 10。

以相同方式來增加形狀圖層，如圖 11 12 13。

將 3 個新增的形狀圖層設定**不透明度：40%**，可以讓重疊的形狀，外觀質感看起來更加柔順自然 14。

將製作好的形狀圖層群組化，名稱設為**形狀**，再設定群組的**不透明度：40%** 15 16。

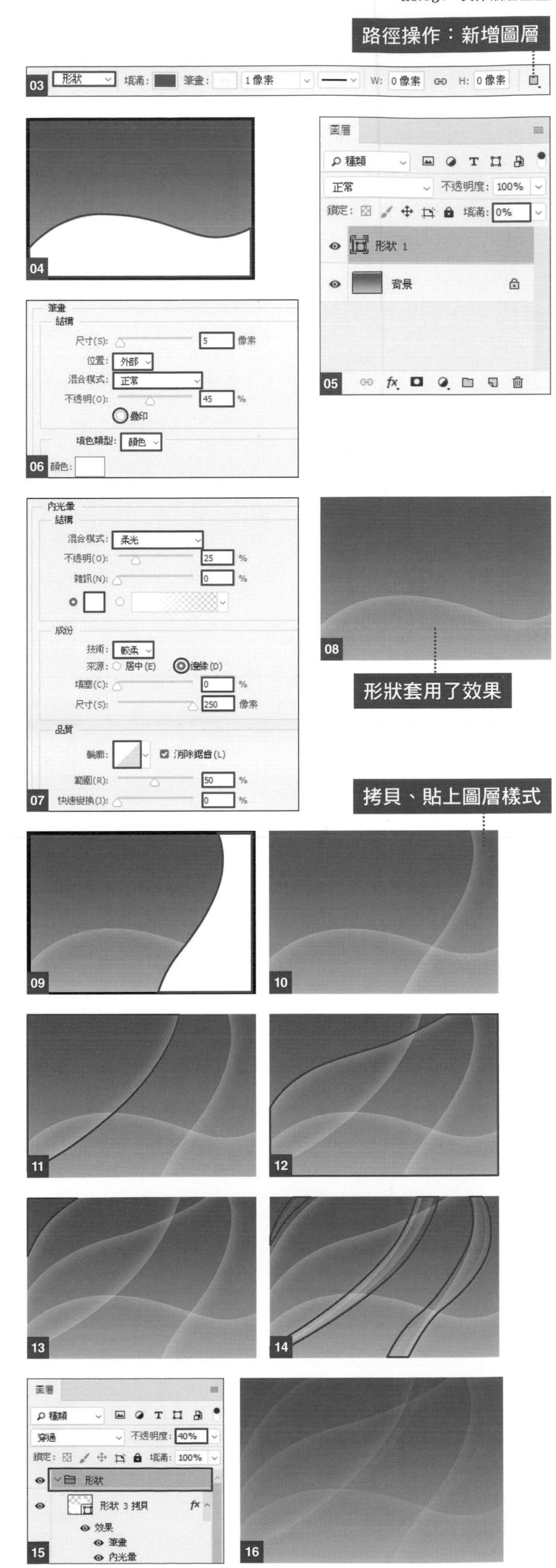

05 | 使用調整圖層製作漸層

設定**前景色**：#ffffff，從**圖層**面板中選取**建立新填色或調整圖層 / 漸層**，如圖 17 設定內容，漸層設定為**色彩到透明** 18。

放在**形狀**群組的上層位置，設定**混合模式**：**加亮顏色**／**不透明度**：**30%** 19。

選取圖層遮色片縮圖**按右鍵 / 刪除圖層遮色片** 20 21。

06 | 在形狀重疊的部份上套用漸層效果

仔細觀察形狀，選取想要套用漸層效果的範圍。如果想要選取如圖 22 的紅色範圍，可以選取圖 23 與圖 24 紅線所交疊的部份，如圖 25。

在**圖層**面板上選取某一圖層後，按 Ctrl（⌘）鍵＋滑鼠左鍵，建立選取範圍。接下來，在另一個圖層上按 Ctrl（⌘）鍵＋ Shift 鍵＋ Alt 鍵＋滑鼠左鍵後，就可以選取出交疊的部份了，如圖 26。

選好範圍後，在**圖層**面板選取**漸層填色 1** 圖層，按下**增加圖層遮色片** 27。

07 | 新增漸層，調整漸層的位置與尺寸

雙按**漸層填色 1** 圖層的圖層縮圖，開啟**漸層填色**交談窗 28。改變**縮放**的數值，在畫面上拖曳，以調整漸層的位置並修正大小 29 30。

利用相同方式，從**圖層**面板中按下**建立調整圖層 / 漸層**，就可以繼續選取交疊範圍，並套用遮色片，再用同上的方式調整漸層的**縮放**與圖層的**不透明度**，依續操作來完成作品 31。

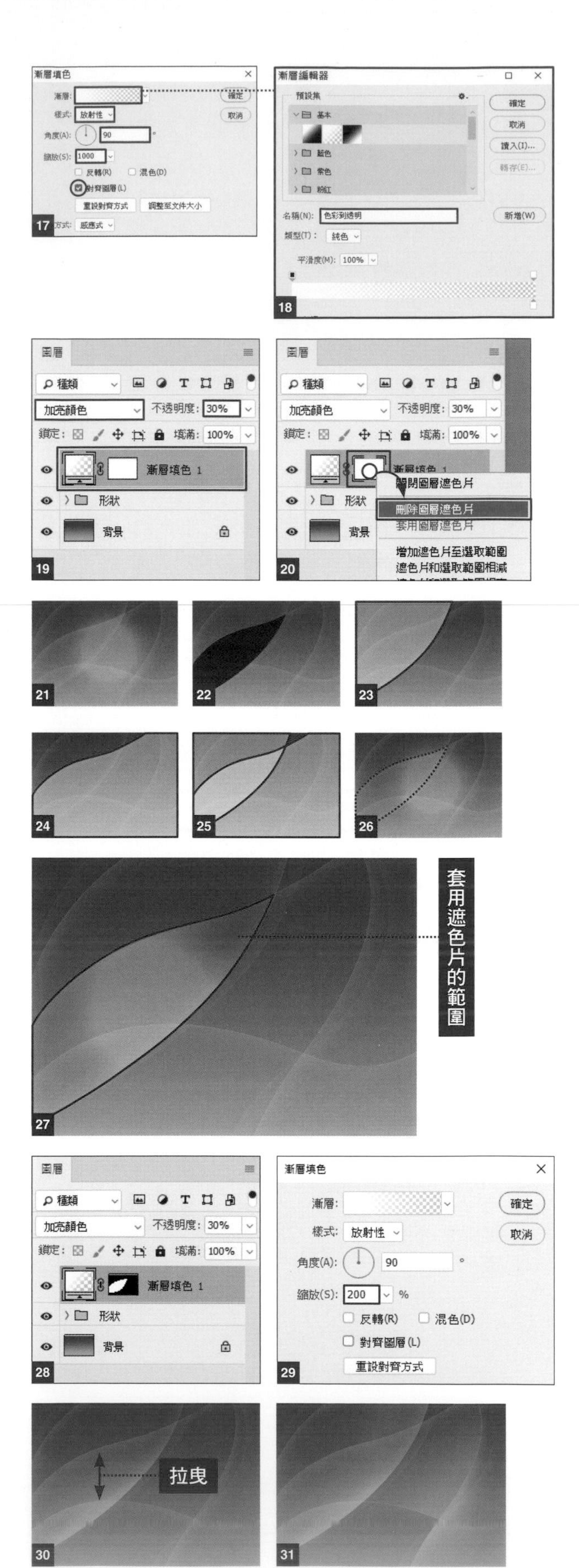

Ai

設計出蕾絲造型 no.057

製作蕾絲形狀，再登錄到筆刷與樣式，日後便可以隨時有效率地使用各種蕾絲造形。

Point 登錄筆刷與樣式當作常用工具

How to use 適用於華麗、優雅的造型設計

01 ｜ 製作蕾絲圖案

開新檔案，從**工具**面板中選取**鉛筆工具**，設定**筆畫寬度：4 pt/ 寬度描述檔 1**，用**鋼筆工具**畫出蕾絲圖案 01 02。填色設定 #000000，來畫裝飾的部份 03。

02 | 複製然後反轉

選取圖案，進行複製然後反轉，雙按**工具**面板上的**鏡射工具**，選取**鏡射**交談窗的**垂直**，再按下**確定**鈕讓它反轉 04 05 06 。

03 | 登錄蕾絲筆刷

選取已作好的圖案，執行『**視窗 / 筆刷**』命令，按下**筆刷**面板中選單的**新增筆刷**，登錄在筆刷資料庫裡 07 08，選取**圖樣筆刷**後再按下**確定**鈕 09。在**圖樣筆刷選項**交談窗，設定**名稱：蕾絲筆刷／上色方式：色調**，**蕾絲筆刷**就登錄完成了 10。

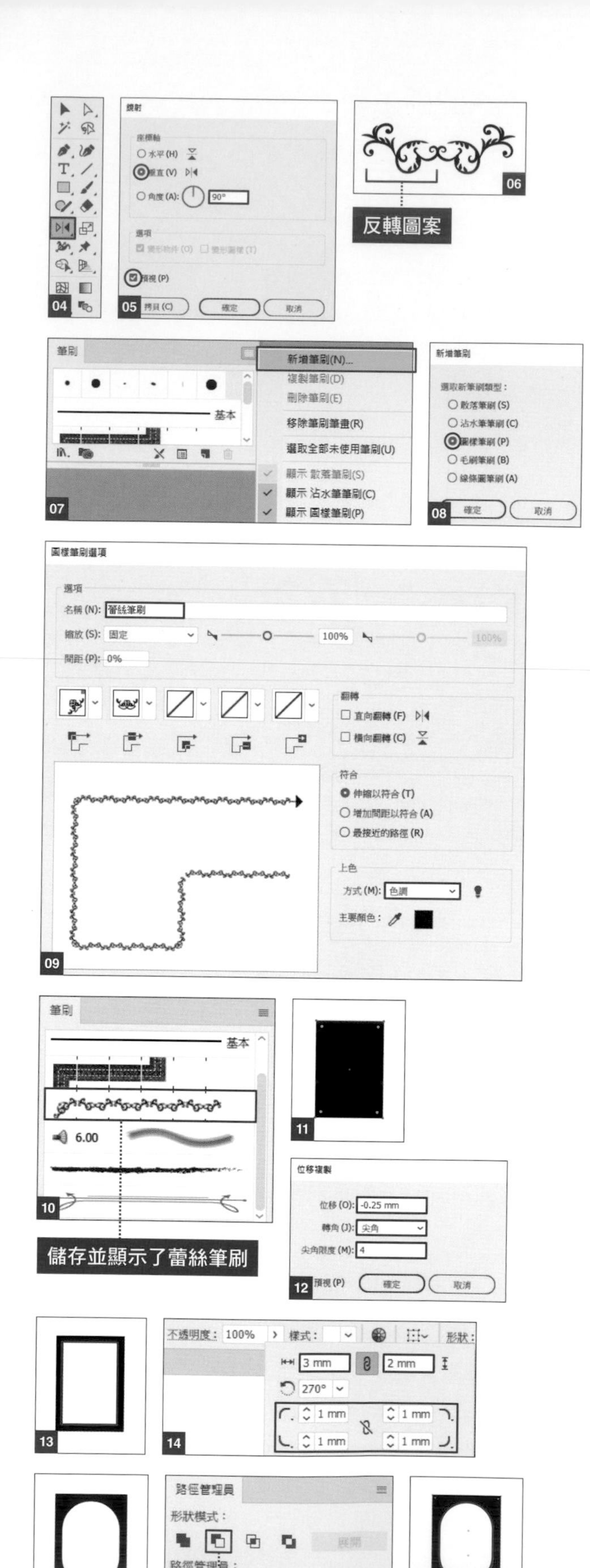

04 | 製作網狀蕾絲

從**工具**面板中利用**矩形工具**製作一個**寬度：2.5 mm／高度：3.5 mm** 的長方形 11。

執行『**物件 / 路徑 / 位移複製**』命令，如圖 12 設定內容，套用後內側就多了一個矩形，將內側的 4 個角設定為**填色：#ffffff** 填滿顏色 13。

點選內側的矩形，在**選項列**上設定**形狀**為**矩形寬度：3 mm／矩形高度：2 mm／圓角類型：圓角／圓角半徑：1 mm** 14，四個角就變圓角了 15。執行『**視窗 / 路徑管理員**』命令，選取兩個圖案後，在**路徑管理員**面板點選**形狀模式：剪去上層** 16，就會變成如圖 17 的模樣。

05 | 登錄蕾絲圖樣

選取剪下來的物件，執行『**視窗 / 圖樣選項**』命令，再從**圖樣選項**面板選單中選取**製作圖樣** 18。

圖樣選項面板如圖 19 設定內容，將剛才做好的樣式登錄在**色票**中 20。

蕾絲的樣式登錄在色票裡了。此外，在使用的時候，可以將圖樣傾斜 45 度，看起來會更有變化 21。

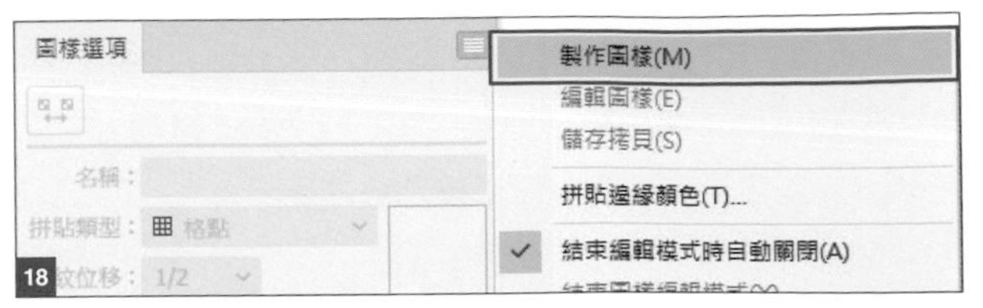

18

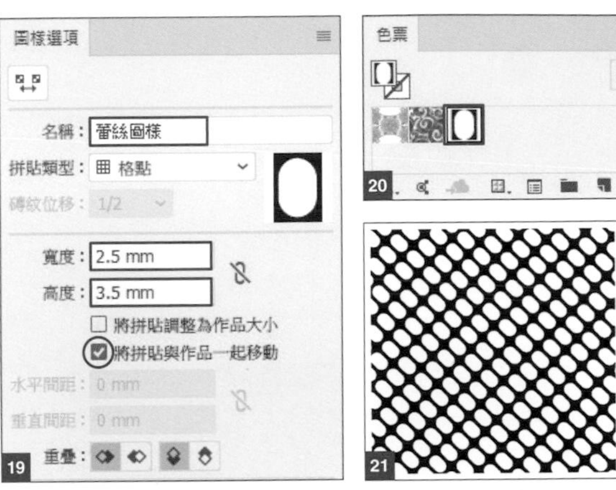

19 20 21

06 | 製作簡單的蕾絲

在**工具**面板的**筆刷工具**中，設定**填色**：**#000000／筆畫**：**無**，畫出一個橢圓形，在上面用白色畫一個花的樣子 22 23。

選取白色花的部份，執行『**物件 / 複合路徑 / 製作**』命令 24。

選取橢圓與花這兩個物件後，執行『**視窗 / 路徑管理員**』命令，在**路徑管理員**中點選**形狀模式**：**剪去上層** 25。

接著用**矩形工具**建立一個長方形（為方便辨識，圖中以灰色矩形表示）26。同時選取圖案與前面的長方形 2 個物件，再按下**路徑管理員**面板中的**形狀模式**：**交集** 27，左右兩邊就完成裁剪了 28。

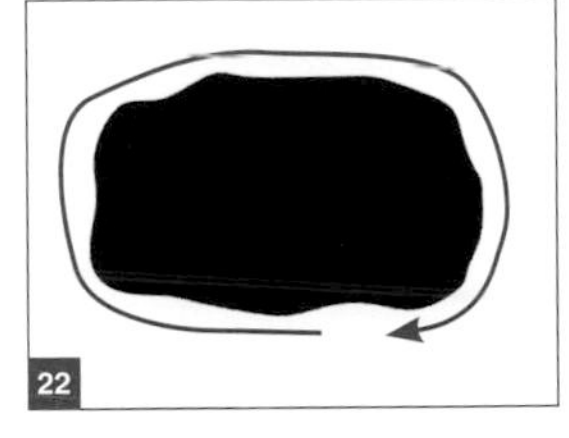
22

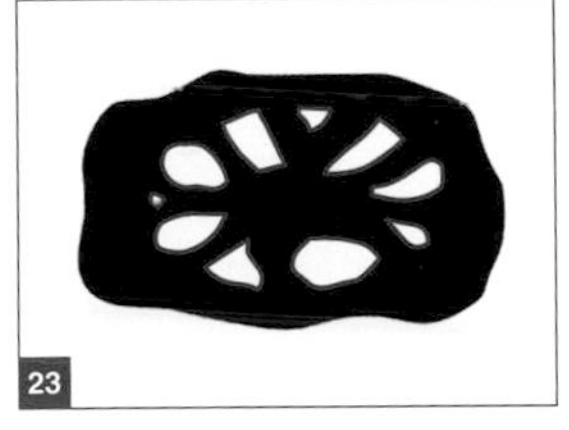
23

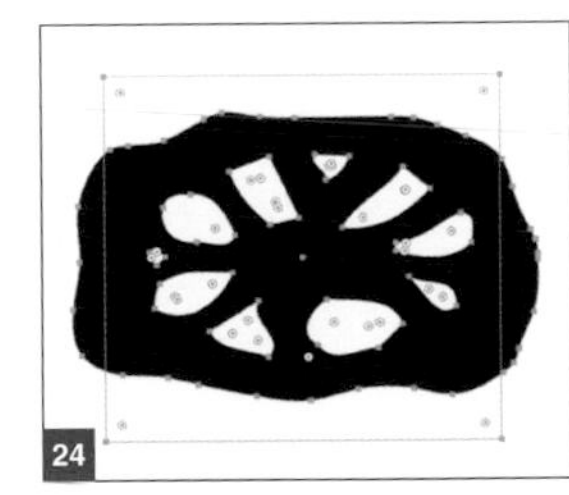
24

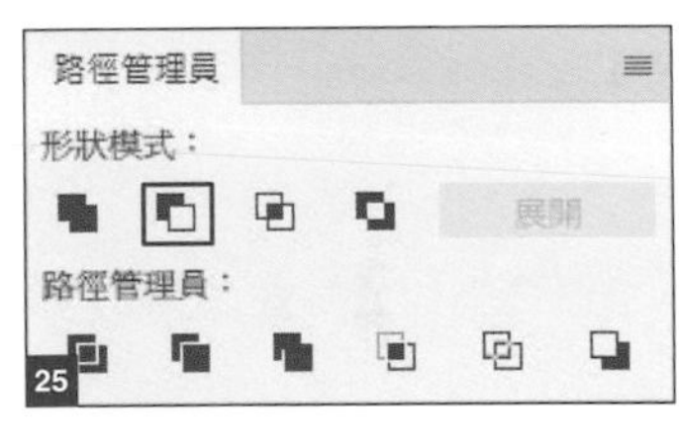

25

26

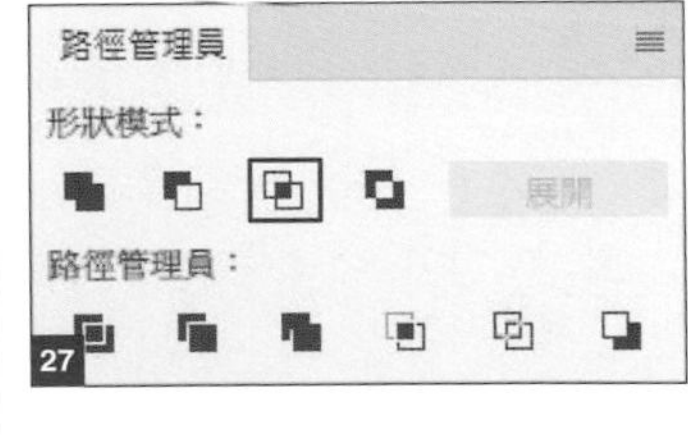

27

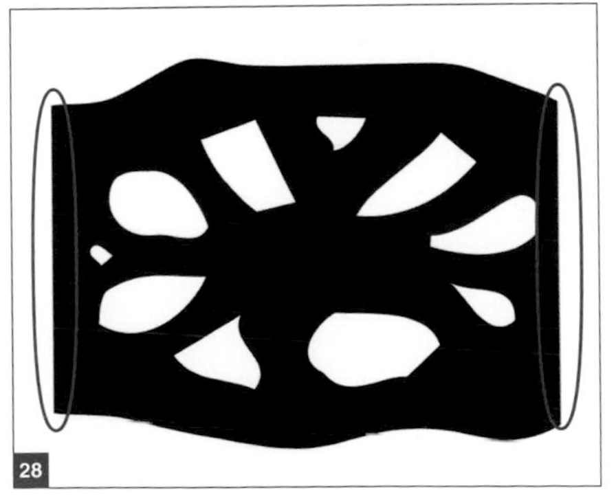
28

07 | 登錄蕾絲筆刷

使用**直接選取工具**選取兩端後，執行『**物件 / 路徑 / 平均**』命令，選取**水平**後按下**確定**鈕 29。

跟步驟 03 一樣的方式登錄**筆刷** 30，名稱設定為**蕾絲筆刷 2／上色方式：色調**，第 2 種簡單的蕾絲筆刷就完成了 31。

範例中，是將這 2 種蕾絲筆刷與圖樣，重疊並加以設計後所完成的作品 32。

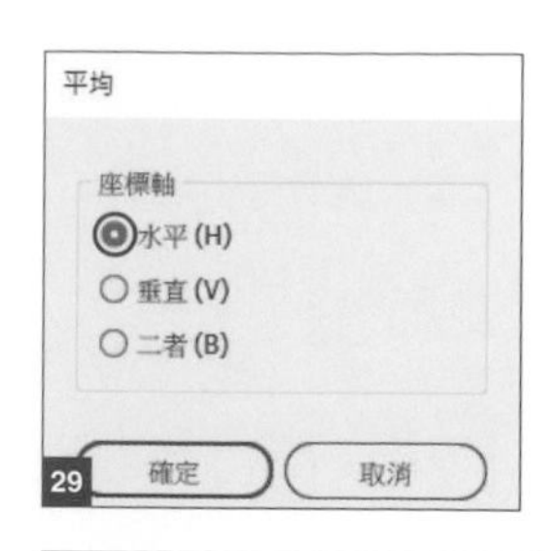

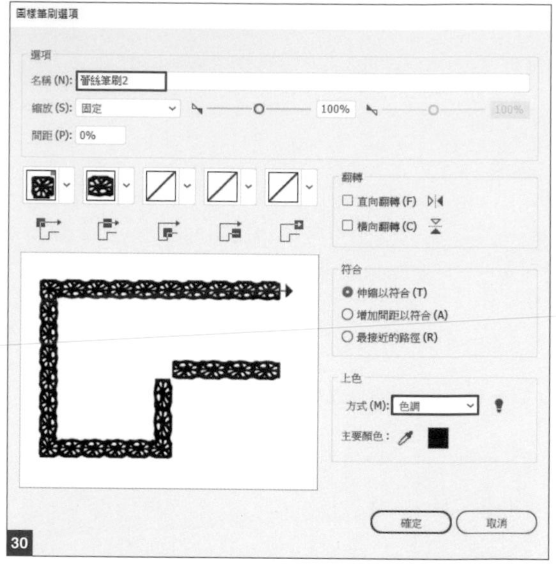

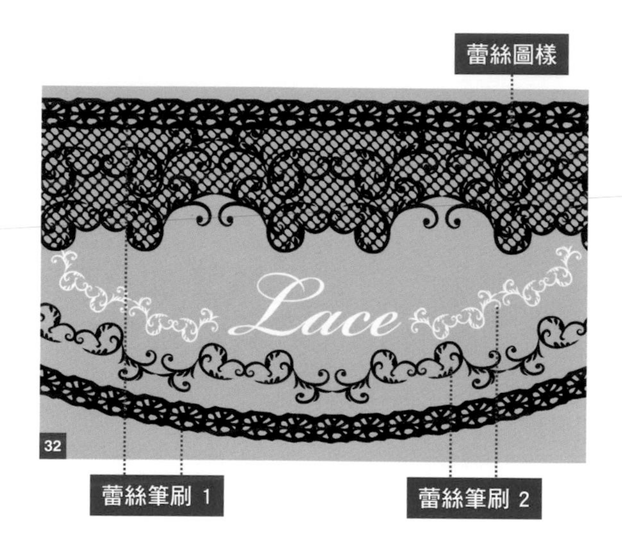

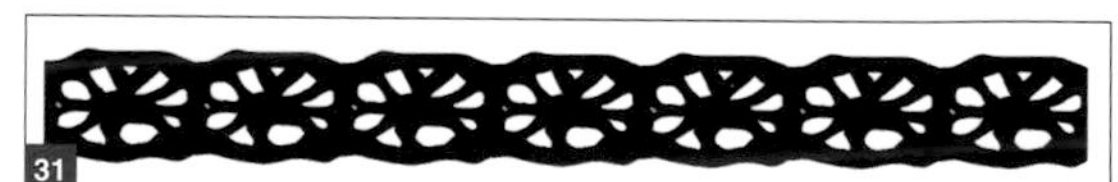

column

圖樣的旋轉與縮放

在使用**工具**面板中的**旋轉工具**與**縮放工具**時，只要勾選**變形圖樣**，就可以為圖樣做個別調整。

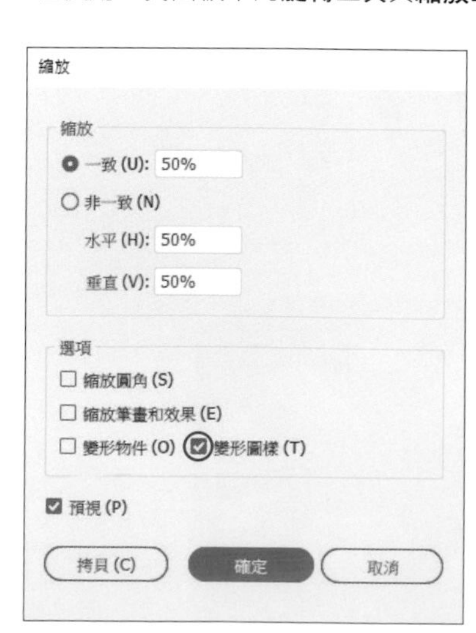

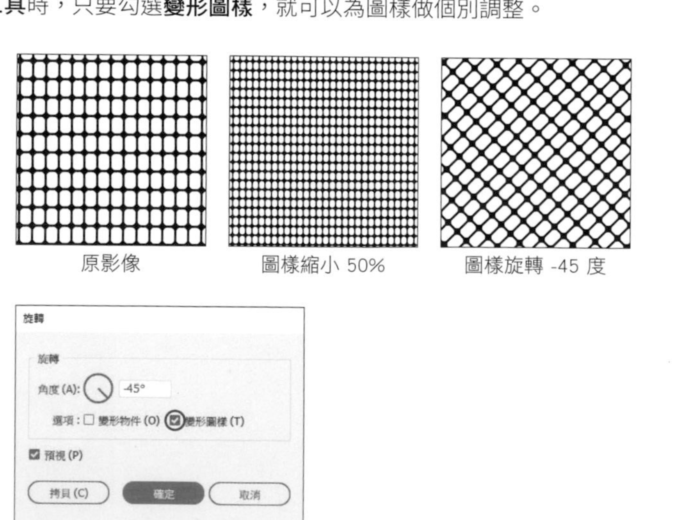

Ps

圓點設計

no.058

Chapter 06

製作圓點的造型設計，並套用在洋裝上。

Point 利用相同的步驟，也可以將照片的部份切割登錄為樣式來善加利用

How to use 適合用在各種廣告等影像合成

01 | 製作樣式

執行『**檔案 / 開新檔案**』命令，設定**寬度：200 像素／高度：200 像素**，建立一個新文件 01。

從**工具**面板選取**橢圓工具** 02。

設定**前景色：#000000**，在畫布上點一下開啟**建立橢圓**面板，如圖 03 設定寬度、高度 85 **像素**畫出一個正圓形，將作好的形狀**橢圓** 1 放在中央位置 04。

要將物件放在正中央位置時，可按下 Ctrl（⌘）+ A 鍵，將畫布全選後，再從**選項列**按下**對齊垂直居中**與**對齊水平居中**的選項 05。

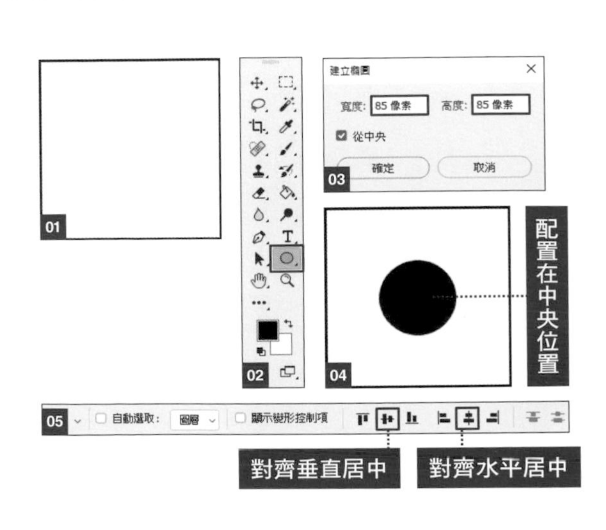

02 | 製作無接縫樣式

複製**橢圓 1** 圖層。執行『**濾鏡 / 其他 / 畫面錯位**』命令，畫面會出現**必須先將此形狀圖層點陣化或轉換為智慧型物件，才能繼續進行…**的訊息，這裡請按下**轉換為智慧型物件**鈕 06。將**畫面錯位**交談窗如圖 07 設定內容，畫布尺寸是 200 像素，所以**水平**、**垂直**操作畫面錯位 **100 像素**，就可以製作無接縫圖樣了 08。接著將背景隱藏 09。執行『**編輯 / 定義圖樣**』命令，圖樣名稱設定為**點點圖案**，按下**確定**鈕 10，圖樣的定義就完成了。

03 | 將洋裝與圖案合成

開啟素材「女性.psd」，在最上層建立一個新圖層**圓點**。執行『**編輯 / 填滿**』命令，如圖 11 設定**內容：圖樣**，在**自訂圖樣**選取剛才製作的**點點圖案**，按下**確定**鈕 12。先隱藏**圓點**圖層，使用**筆型工具**與**選取範圍工具**等，將想要套用圓點圖案的部份範圍選取出來 13。顯示**圓點**圖層，在已選取範圍的狀態下，選取**圓點**圖層，再按下**增加圖層遮色片**鈕 14。

04 | 讓圓點與服裝更服貼

雙按**圓點**圖層，開啟**圖層樣式**交談窗的**混合選項**，將**混合範圍 / 下面圖層**設定為 0：196／237 15。在**下面圖層**右側控點的左邊按下 Alt（Option）鍵再拉曳，即可調整節點。

設定**圓點**圖層的**混合模式：色彩增值**，圓點跟洋裝看起來就會更融合了 16。

05 | 變更圓點的尺寸與顏色後就完成了

如要變更圓點尺寸的話，在**圖層**面板上選取**圓點**圖層，解除**圖層遮色片與圖層的連結鎖**後，使用**任意變形**來變更大小。填色時，請執行『**影像 / 調整 / 色相 / 飽合度**』命令，勾選**上色**選項，再調整成自己喜歡的顏色。圓點的位置與顏色決定後，選取**圓點**圖層的圖層遮色片，再選取**筆刷工具**，將拉鍊還有布料重疊的部份如圖 17，分別套用遮色片後作品就完成了 18。

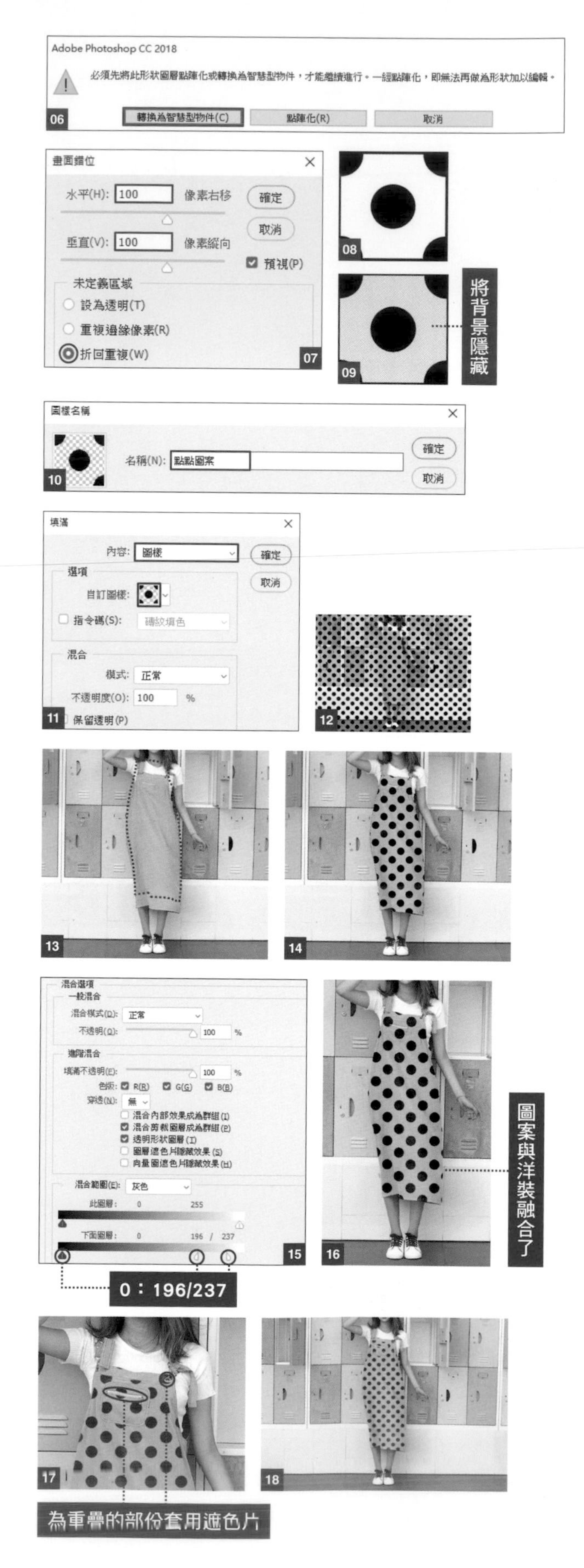

Ps

no.059

製作無縫圖樣

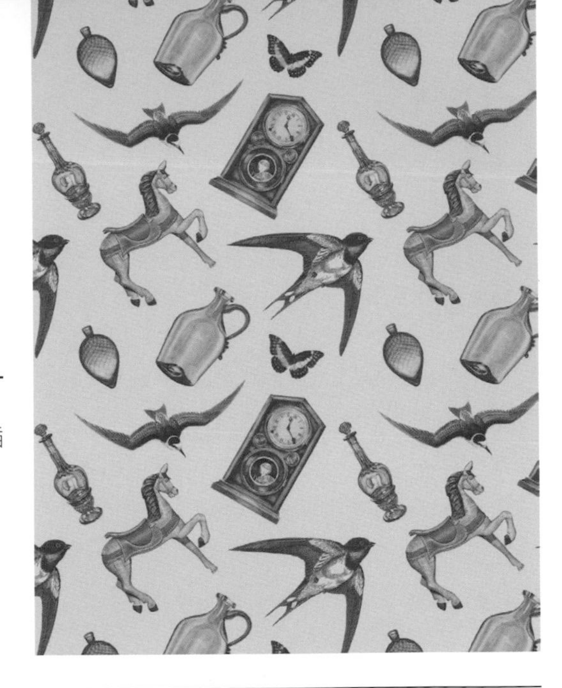

利用「圖樣預視」製作無縫圖樣。使用帶有懷舊感的插圖，完成具有一致性的影像作品。

Point　製作出風格一致的影像

How to use　可以當作圖樣、背景等

01 | 顯示圖樣預視

執行『**檔案 / 開新檔案**』命令，建立**寬度：1000 像素**、**高度：1000 像素**的文件 01。接著執行『**檢視 / 圖樣預視**』命令 02，執行此設定後，可以讓背景影像延伸至畫面之外，如圖 03 所示。

01

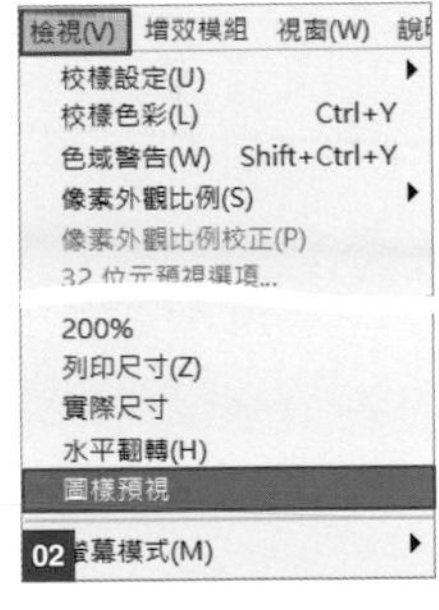

02

03

> **memo**
>
> 使用圖樣預視時，最好先將各個圖層「轉換為智慧型物件」。在一般圖層執行操作，可能出現意料之外的結果，如影像被裁切等。

02 | 置入素材

開啟素材「素材集.psd」，這個檔案準備了幾個復古風格的插圖素材 04，將素材集中的**鳥 01** 圖層移動到剛才新建立的文件中，在圖樣預視狀態，把物件置入畫面上，就會自動形成無縫圖樣 05。

執行『**視窗 / 導覽器**』命令，可以實際確認完成影像 06。

04

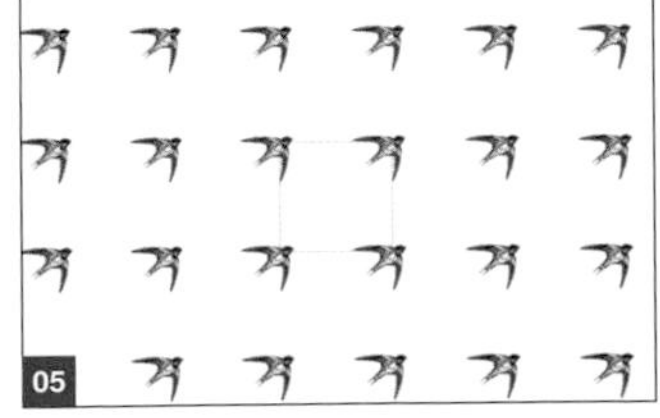
05

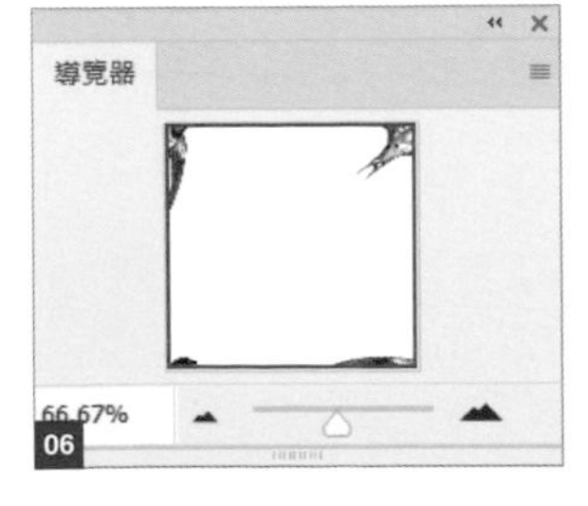

06

03 | 依照個人喜好編排素材

移動素材集中的各個圖層，進行排版。這次排成每個素材都沒有重疊，以相等間距留白的版面，請依照個人喜好排版 07。

07

04 | 讓素材具有一致性

統一整體色調，讓影像具有一致性，方便處理背景。

選取最上方的圖層，按一下**建立新填色或調整圖層**，執行**曲線**命令 08。

左下方的控制點設定**輸入：0／輸出：80** 09，接著增加控制點，設定**輸入：50／輸出：85** 10，讓整體具有霧面質感 11。

接著選取**曲線 1** 調整圖層，按一下**建立新填色或調整圖層**，執行『**漸層對應**』命令 12。

請依個人喜好建立漸層。此範例建立了藍色系 **#0c2442** 到黃色系 **#dedac6** 的漸層 13 14。

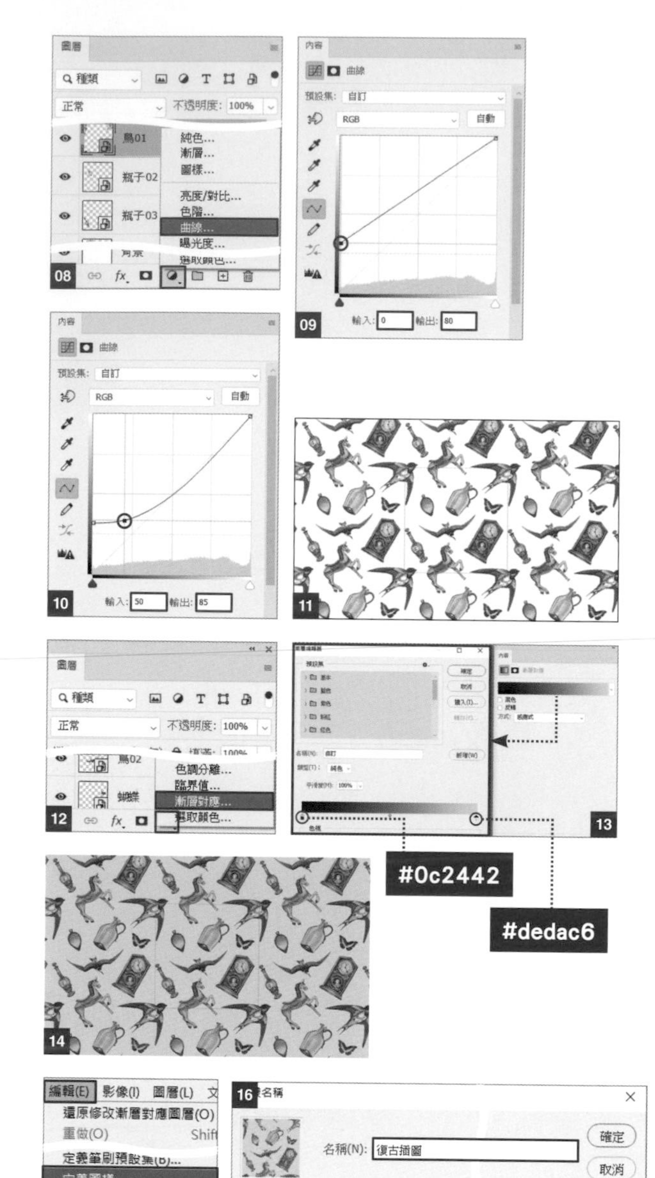

05 | 儲存成圖樣再套用圖樣

完成之後，執行『**編輯 / 定義圖樣**』命令 15。

請依個人喜好命名後，按下**確定**鈕，這個範例命名為「復古插圖」16。

執行『**檔案 / 開新檔案**』命令，選取**列印**預設集中的 A6（你可以選擇你喜愛的尺寸）17。

執行『**圖層 / 新增填滿圖層 / 圖樣**』命令 18。

按下**確定**鈕後，按一下視窗左側的預視，利用圖樣揀選器選取剛才建立的圖樣 19。

在顯示**圖樣填滿**視窗的狀態，在畫面上拖曳，就能調整位置。調整**縮放**可以放大、縮小畫面上的圖樣比例 20，套用之後就完成了。

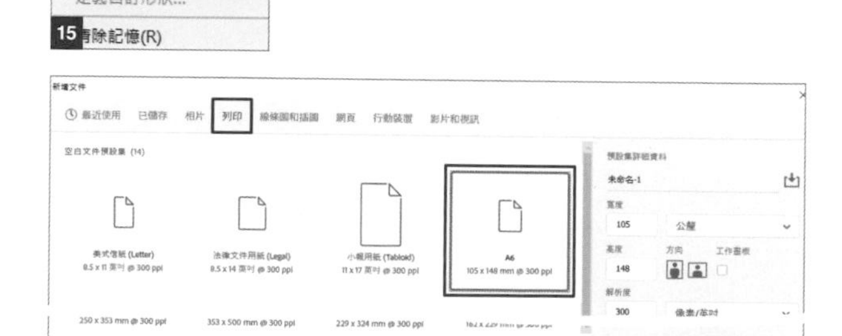

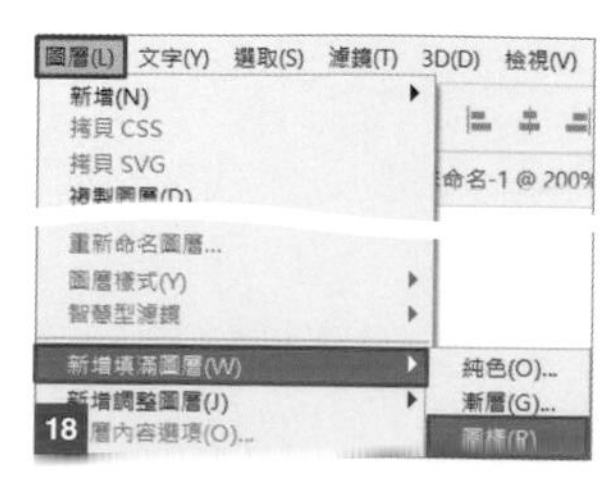

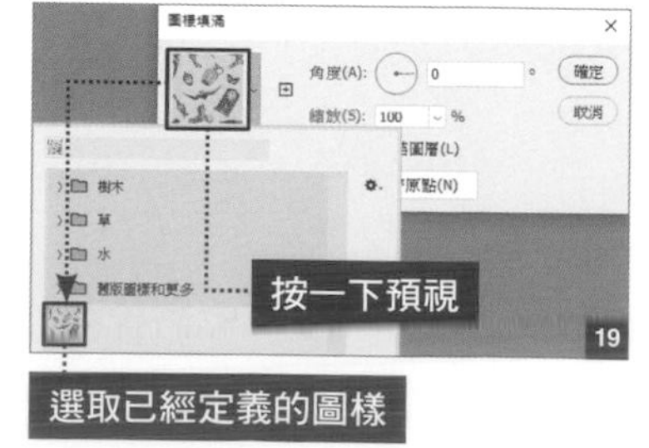

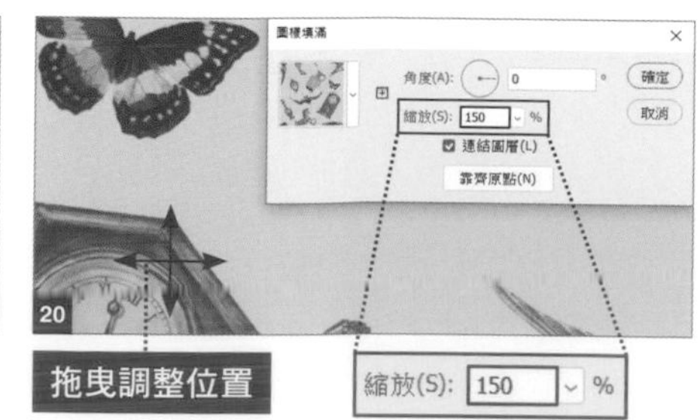

Ps

依照皺摺貼上影像 no.060

本單元要依照布料的皺摺變形影像，可以合成出自然的效果。在此要試著貼上 P.191 製作的圖樣。

Point 使用「移置」濾鏡在影像加上扭曲效果

How to use 與皺摺或凹凸影像合成時

01 | 提高底圖影像的對比

開啟素材「紋理.jpg」。

執行『**影像 / 調整 / 色階**』命令，依照圖 01 提高對比 02。

接著執行『**濾鏡 / 模糊 / 高斯模糊**』命令，設定**強度**：5 像素 03 04。

memo

提高對比會增加扭曲量，套用模糊效果可以降低加上扭曲時，影像變粗糙的程度。

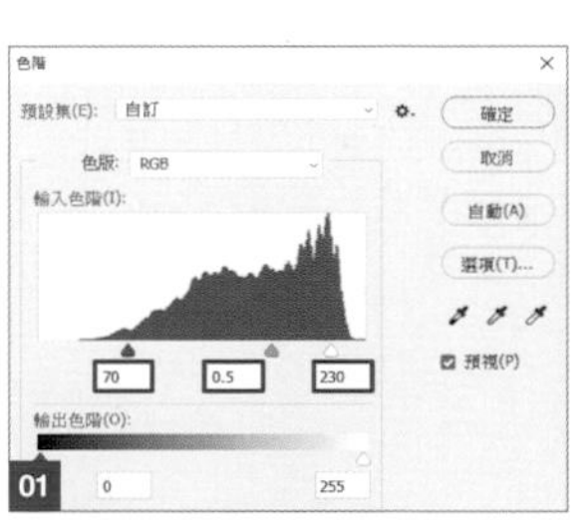

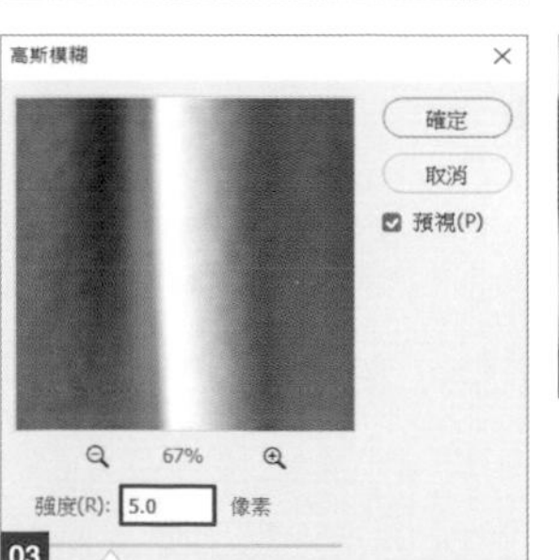

加上模糊效果

02 ｜ 儲存成 psd 檔

執行『**檔案 / 另存新檔**』命令，以 psd 檔案格式儲存在桌面等方便尋找的位置。
檔名命名為「扭曲.psd」等容易瞭解的名稱。

03 ｜ 再次開啟素材檔案並疊上圖樣

再次開啟素材「紋理.jpg」05。
接著開啟素材「圖樣.jpg」(此素材在 P.191 已經介紹過製作方法)，移動到「紋理.jpg」內，放在上方 06，設定**混合模式：色彩增值** 07 08。

04 ｜ 在圖樣加上扭曲效果

選取**圖樣**圖層，執行『**濾鏡 / 扭曲 / 移置**』命令 09，如圖 10 所示，維持預設值，按下**確定**鈕。
開啟**選擇移置對象**視窗，選取步驟 02 儲存的「扭曲.psd」，按下**開啟**鈕 11，就能依照皺摺在圖樣加上扭曲效果 12。

memo

與色彩增值相比，加上扭曲效果之後，影像看起來更自然。

只套用**色彩增值**，重疊的圖樣呈現平面狀態

執行『**濾鏡 / 扭曲 / 移置**』命令，加上扭曲效果後，在重疊的圖樣加上扭曲，可以感受到素材「紋理」的遠近感，看起來比較自然

05

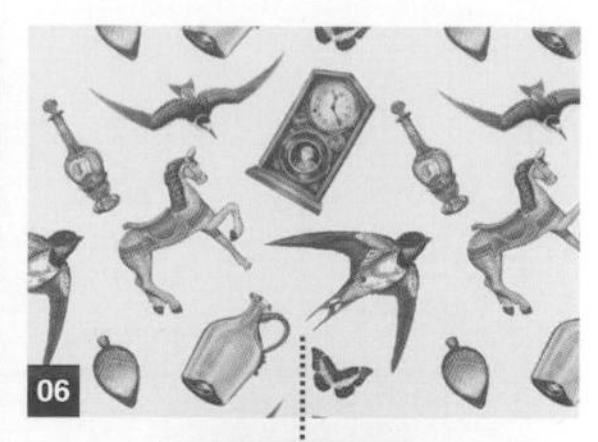
06

疊上圖樣

07

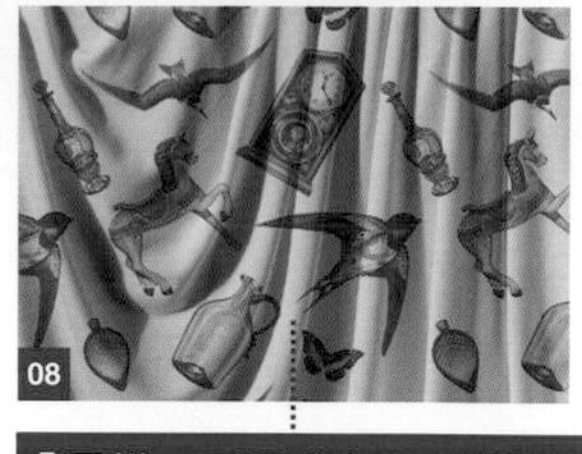
08

「圖樣」圖層改為色彩增值

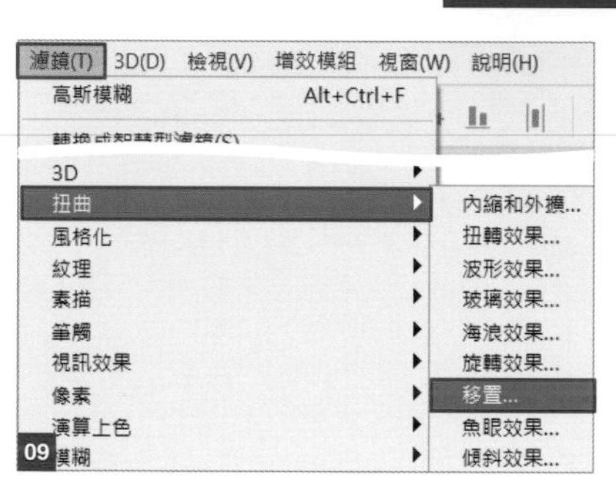

09

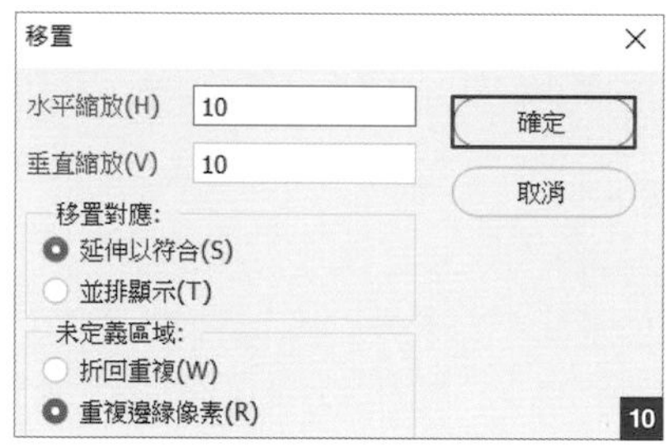

10

11

12

插畫繪製技巧

本章將製作鉛筆風格、植物、花朵、絲帶、剪紙、逼真的智慧型手機等作品。本章收集了使用 Illustrator 創作的範例，讓你可以集中學習 Illustrator 的技巧。

Chapter 07

Illustration making design techniques

Ai

no. 061
製作鉛筆風格的插畫

製作專屬的筆刷，可以畫出獨具溫暖氛圍的插畫素描。

Point　使用筆刷工具

How to use　想要製作有溫暖感覺的插畫裝飾時

01 ｜ 讀取筆刷，配置影像

建立一個新文件。請先想好要畫的插圖尺寸及用途再來設定，此例設定**寬度**：186mm／**高度**：131.5mm／**色彩模式**：CMYK。

執行『**視窗 / 筆刷資料庫 / 藝術 / 藝術 _ 粉筆炭筆鉛筆**』命令，在**藝術 _ 粉筆炭筆鉛筆**中選取**粉筆 - 塗抹** 01，就會登錄在**筆刷**面板中了。

執行『**檔案 / 置入**』命令，讀取素材「兔子.png」後置入，利用縮放功能適當調整後按下 Ctrl（⌘）+ 2 鍵，將影像鎖定 02。

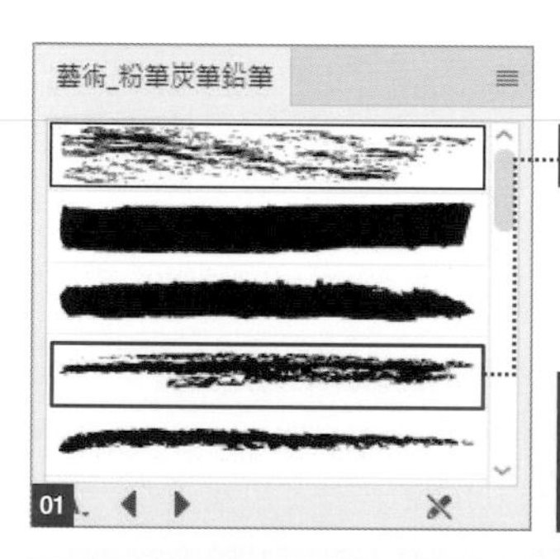

調整好之後按下 Ctrl（⌘）+ 2 鍵鎖定影像

02 ｜ 使用筆刷工具，以影像當底圖製作插畫

選取**工具**面板中的**繪圖筆刷工具**，設定**筆畫**：C0、M57、Y32、K49／**筆畫寬度**：0.1 pt，用筆刷沿著照片描出輪廓 03。

□ memo

建議使用**繪圖筆刷工具**和**鉛筆工具**來畫插圖，線條明顯比較好描繪。

□ memo

在描線時，如果發現筆畫不夠筆直，可以雙按**鉛筆工具**開啟**鉛筆工具選項**來調整平滑度，只要沿著畫好的筆畫再描繪一次，就可以將路徑上的線條整理得比較平順。

依照片畫出輪廓

03 | 製作自訂筆刷

設定**筆畫**：C0、M11、Y23、K19，用筆刷工具描繪線條 **04**。

執行『**視窗 / 筆刷**』命令，開啟**筆刷**面板後，將描繪好的筆畫拖曳到面板上 **05**。

開啟**新增筆刷**面板後，選取**線條圖筆刷**，按下**確定**鈕 **06**。

在**線條圖筆刷選項**交談窗中，設定**名稱：鉛筆素描／重疊：調整尖角和摺線避免重疊**，其它的內容不變 **07**，筆刷就登錄完成了 **08**。

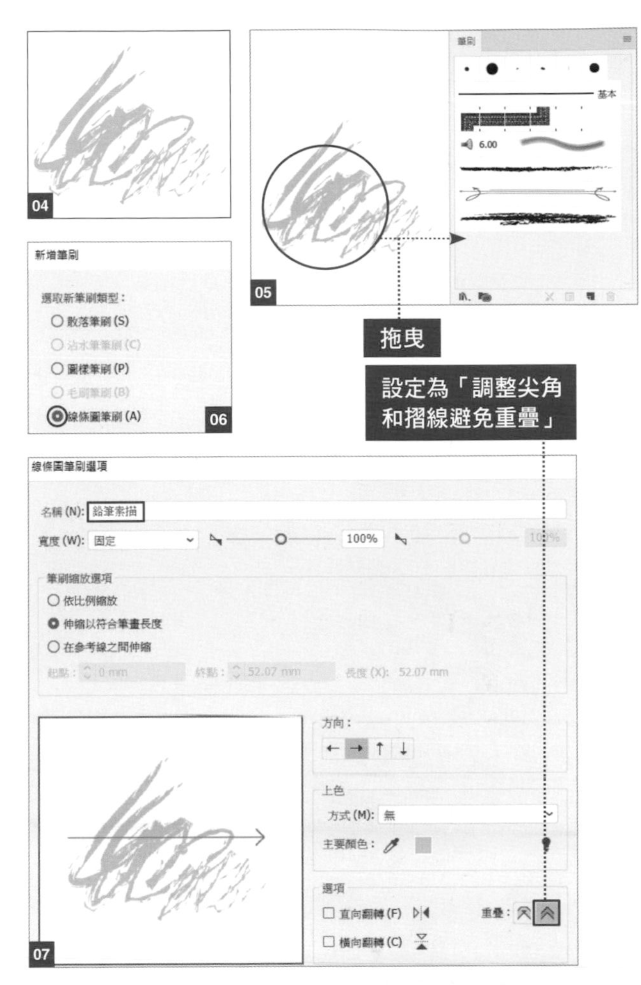

04 | 替插畫加上陰影

選取剛才做好的筆刷，一邊調整筆刷的寬度，一邊畫出插畫的陰影部份 **09**。

陰影完成後，按下 Ctrl（⌘）+ Alt（option）+ 2 鍵，解除影像的鎖定狀態，再按下 Delete 鍵刪除背景 **10**。

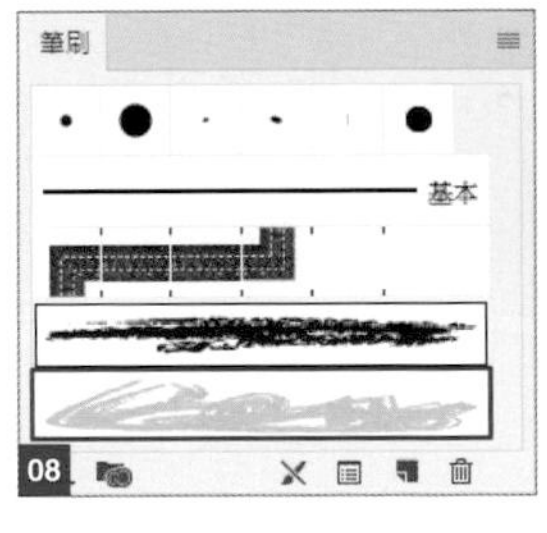

☐ *memo*

> 在描繪陰影時，使用筆刷工具畫出來的線條可能比較不直，這時候可以用**鉛筆工具**來描繪，效果會比較好。

05 | 將材質放在背景圖

將「材質.png」置入檔案中，執行『**物件 / 排列順序 / 移至最後**』命令，將紋理置於最後面。換了一個背景之後，整個畫面的氣氛就變得溫暖了 **11**。

選取兔子的插畫，再執行『**視窗 / 透明度**』命令，在**透明度**面板裡設定**色彩增值**後，插畫與背景就融為一體，作品就完成了 **12**。

Ai

製作畫筆風格的插畫

no.062

利用鋼筆工具的設定與填色效果，可以簡單製作出畫筆風格的手繪插畫。

Point 將線條設定為手繪方式來製作

How to use 適合在各種場合的手繪插畫

01 ｜ 製作插畫的準備工作

從**工具**面板中選取**鋼筆工具**，設定**填色：無／筆畫：#1b2c76／筆畫寬度：3pt／變數寬度描述檔：寬度描述檔 1** 01。

如果不太會製作插畫，可以參考 P.196 **製作鉛筆風格的插畫**內容，將影像配置在下方，然後再加以描繪。在這個單元裡，我們是從零開始，利用隨手繪圖的方式來完成一幅插畫。

02 ｜ 隨手繪製插畫

首先要畫一個人物的側面，從鼻子開始，再畫嘴巴、耳朵、頭髮，眼睛的部份使用**橢圓形工具**來描繪 02。

接下來，用**鋼筆工具**來畫帽子 03。

再接著也是用**鋼筆工具**畫身體與腳的部份，胸前的鈕扣用**橢圓形工具**來製作 04。

再畫手臂與盤子。眼睛與胸前的鈕扣，還有盤子設定**填色：#000000**，接著用**文字工具**寫上文字「GOOD COOK」後，放在盤子的上方。在這裡我們使用與插畫風格相近的字型 Bourton Hand Sketch A 05。

03 ｜ 填上顏色

使用**選取工具**選取要上色的路徑，這裡選取了頭髮的路徑 06。

按下 Ctrl（⌘）+ C 鍵複製，再按下 Ctrl（⌘）+ F 鍵**貼至上層**，在**工具**面板切換填色與筆畫，塗上顏色 07 08。

04 ｜ 設定塗抹效果

執行『**效果 / 風格化 / 塗抹**』命令 09。

在**塗抹選項**中設定：**密集**之後，按下**確定**鈕 10。看起來就會像是用畫筆隨意塗抹的效果 11。圍裙、鞋子也是利用相同的方式塗色，再變更為塗抹效果。領巾與料理設定**填色：#c11920**，變更好顏色後，設定塗抹效果，廚師的插畫就完成了 12。

範例中還加上了裝飾，利用線條表現出餐廳菜單的氛圍。

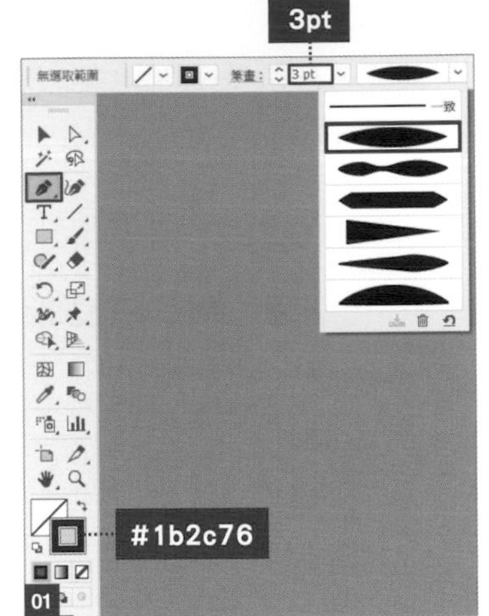

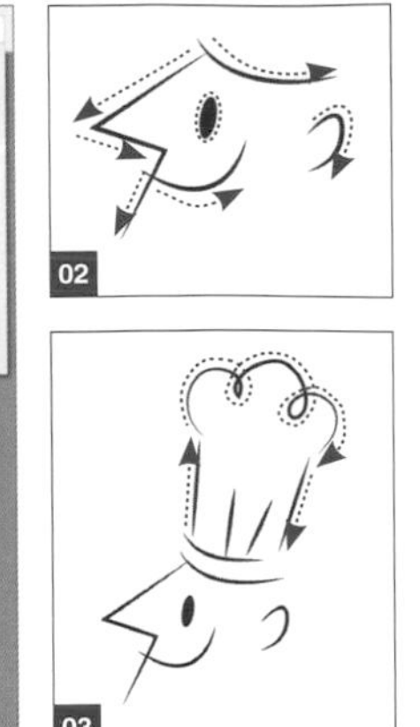

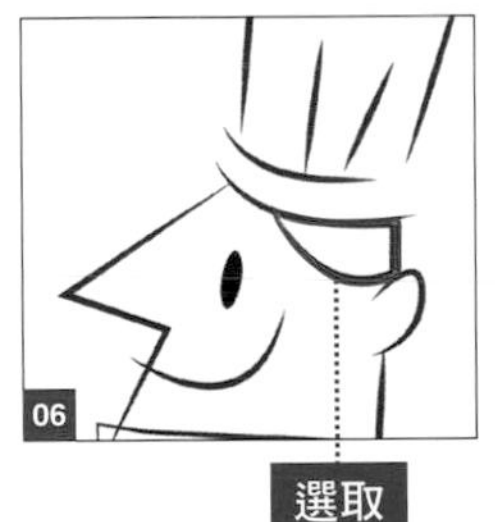

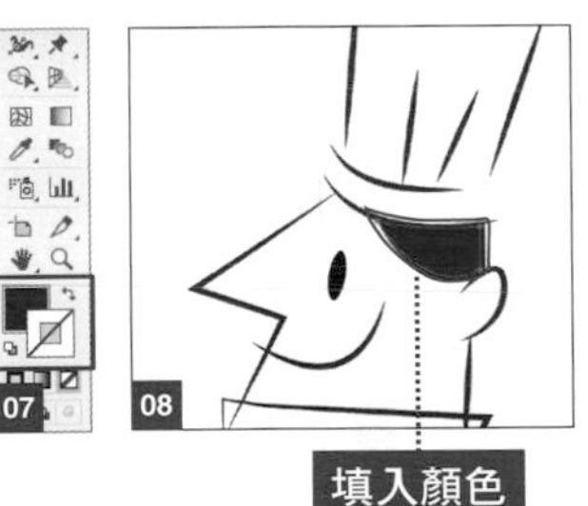

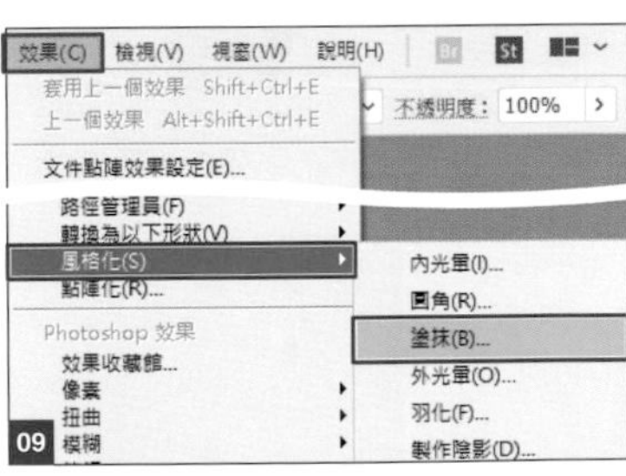

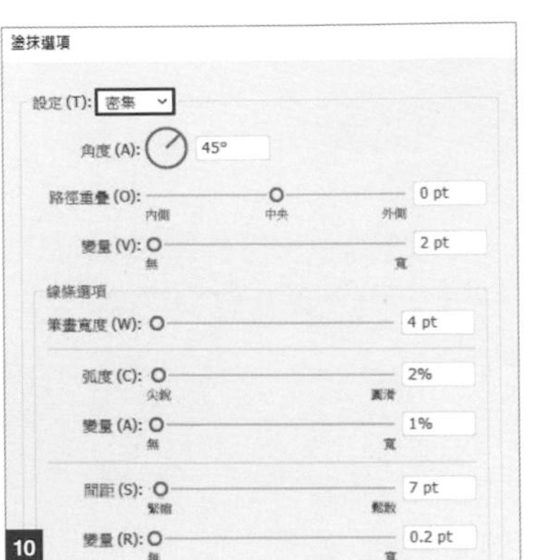

Flower
Green

Ai

植物造型設計範例

no.063

製作植物插圖，再利用淡淡的顏色，就能表現出水彩描繪出來的質感。

Point　登錄筆刷，調整筆畫寬度

How to use　重點裝飾，或裝飾外框等需要畫龍點睛的效果時

01 ｜ 畫出植物葉片

建立一份新文件。從**工具**面板中選取**鋼筆工具**，設定**填色：#cbcbcb**，畫出葉子輪廓 01。

執行『**視窗 / 筆刷資料庫 / 藝術 / 藝術 _ 水彩**』命令，從**藝術 _ 水彩**選單中選取**水彩 _ 細薄**，用 2 pt 的筆刷來畫陰影 02。

設定**筆畫**：**#ffffff**／**變數寬度描述檔**：**寬度描述檔 1**，再畫上葉脈 03 04。

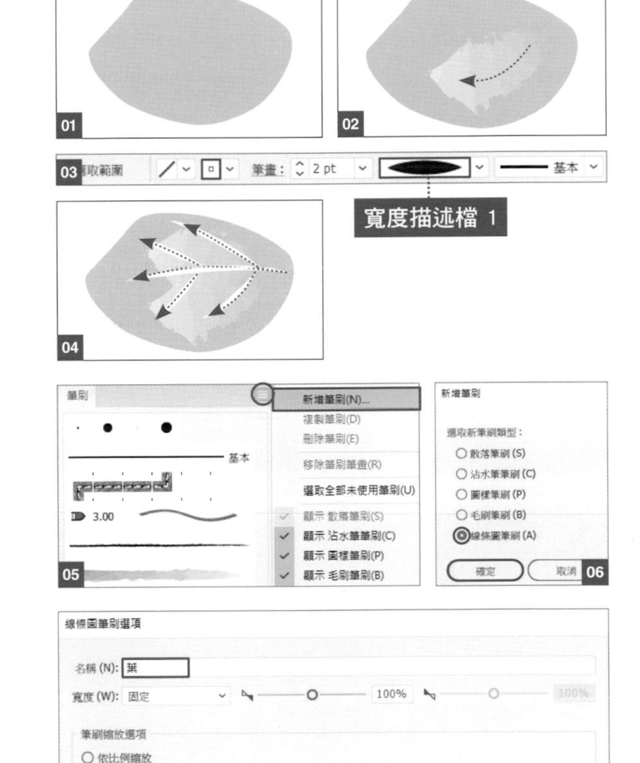

02 ｜ 將植物登錄在筆刷

選取葉子與陰影，從**視窗**中開啟**筆刷**面板，再從**筆刷**面板選單中執行**新增筆刷** 05。

在**新增筆刷**交談窗中選取**線條圖筆刷**，按下**確定**鈕 06。

在**線條圖筆刷選項**交談窗，設定**名稱：葉**／**筆刷縮放選項：伸縮以符合筆畫長度**／**方式：色調及濃度** 07，**葉**的筆刷就登錄完成了 08。

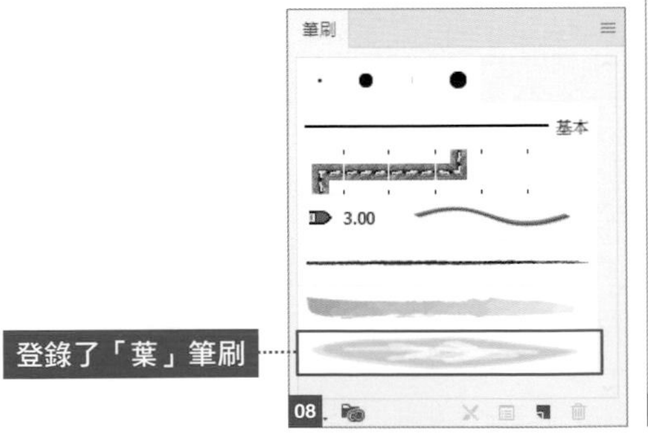

Chapter 07

03 | 製作不同種類的葉子，登錄成筆刷

重複步驟 01～02 的操作，畫出不同種類的葉片，再登錄成筆刷 09。

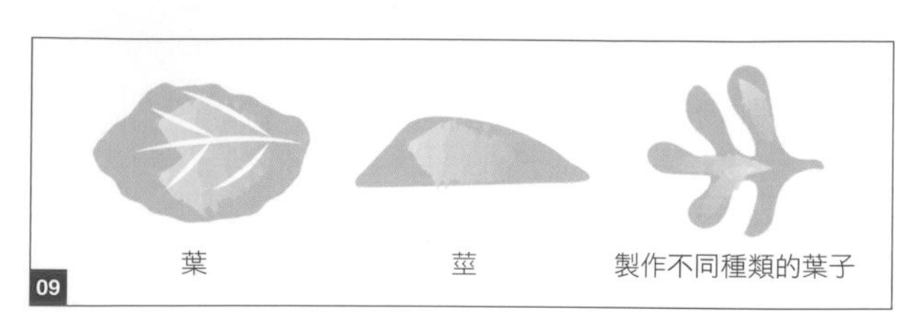

04 | 使用植物筆刷來畫插圖

使用步驟 01～03 中製作並登錄完成的筆刷來繪製插圖。繪製時可隨時變更尺寸與顏色，考慮畫面整體效果來進行，例如線條比較簡單的**莖**筆刷，就可以搭配**莖**和**葉**兩種筆刷來使用。將兩片葉子連結在一起，再調整長度等，稍作調整就可以畫出各種不同樣貌的植物插圖 10。範例中繪製了植物插圖的外框，讓作品更有裝飾上的變化。

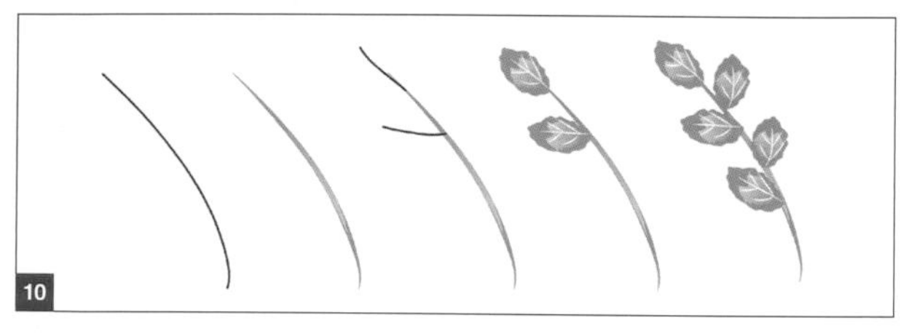

在製作筆刷時，建議可以參考其它插畫或植物照片等，都有助於製作植物筆刷時的靈感發想。

☐ memo

在**選項列**中除了可以設定**變數寬度描述檔**，還可以變換寬度，以便畫出形狀不同的葉片。登錄多種款式的筆刷，再將其筆畫寬度稍作調整，就可以變化出各種豐富的插圖作品。

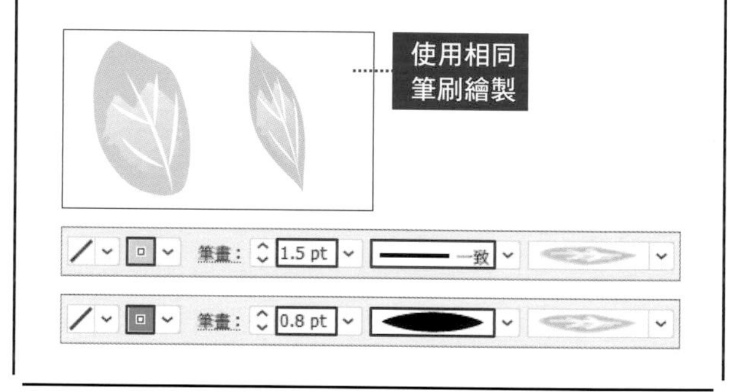

☐ column

Ai

動態符號與靜態符號

假設我們將圖案建立成符號（以下稱**主符號**），便可在文件中多次使用此符號來建立圖案（以下稱**子符號**），來簡化重複繪製的工作。

而**動態符號**是指變更**子符號**的顏色時，並不會變更**主符號**；即使變更了**主符號**的顏色，**子符號**的顏色也不會跟著改變（如果想要變更的話，就必需展開符號）。

反觀**靜態符號**是指編輯**主符號**時，**子符號**也會同時更動；編輯**子符號**時，**主符號**也會跟著改變。

靜態符號是 Illustrator CC2015 版開始的新功能，要同時更新符號時，是一項很方便的功能。

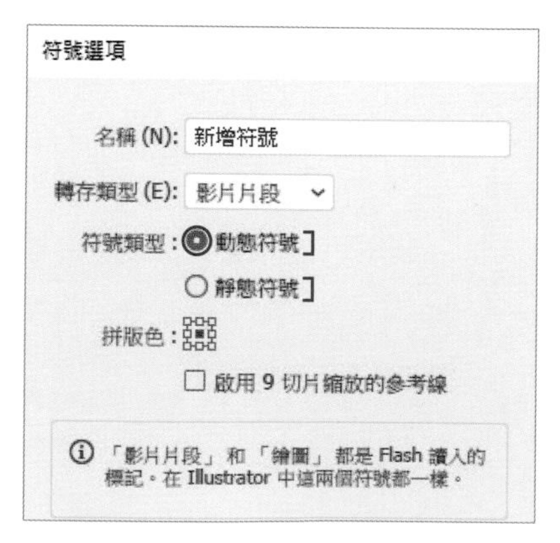

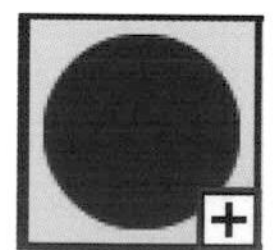

顯示 + 符號表示屬於「動態符號」，沒有的話是「靜態符號」

Ai

no.064

花朵造型設計範例

這個單元要製作花朵的插畫，可以搭配前一單元 063 **植物造型設計範例**來豐富花束的插圖。

Point　調整路徑的距離與寬度，及變數寬度描述檔

How to use　用在裝飾與設計的重點部分

01 | 製作花瓣登錄成筆刷

在**工具**面板中選取**鋼筆工具**，設定**填色**：**#cbcbcb**／**筆畫**：**無**，如圖畫出花瓣 01。

執行『**視窗 / 筆刷資料庫 / 藝術 / 藝術 _ 水彩**』命令，選取**輕筆水痕 - 細薄**，設定**筆畫**：**2 pt** 用筆刷畫出陰影，再畫出花瓣的線條 02 03。

執行『**視窗 / 筆刷**』命令，開啟**筆刷**面板。選取所有物件後，在**筆刷**面板選單中選取**新增筆刷** 04。選取**線條圖筆刷**後按**確定**鈕 05。

在**線條圖筆刷選項**交談窗中，設定**名稱**：**花瓣**／**方式**：**色調及濃度** 06。

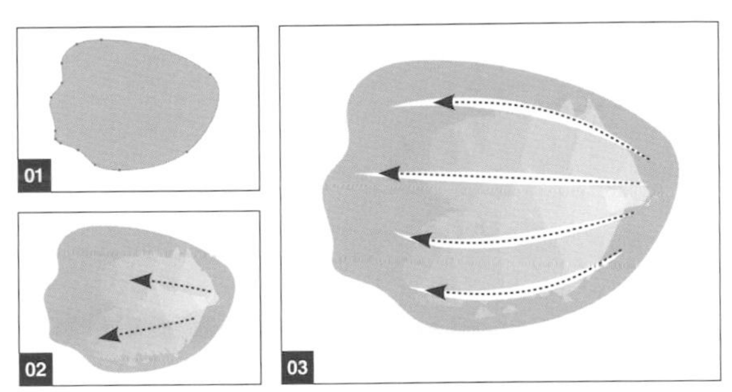

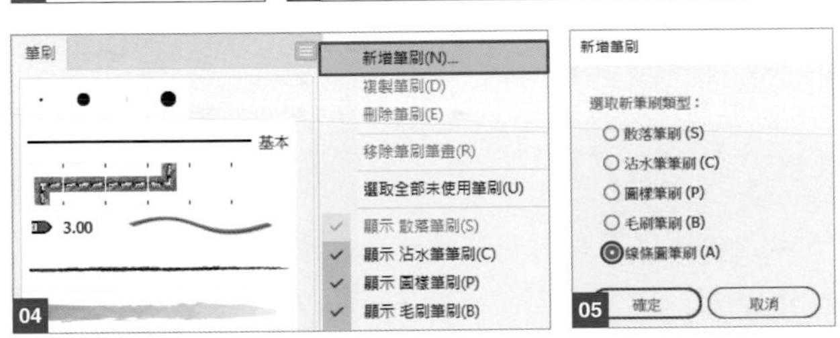

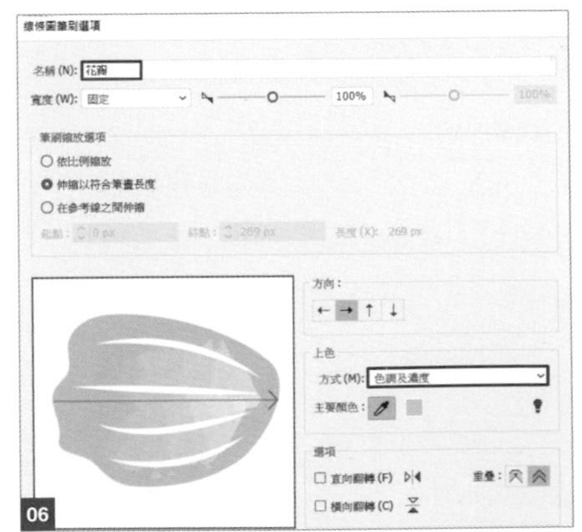

02 | 製作捲起的花瓣，再登錄成筆刷

用剛才製作的花瓣來新增筆刷，製作稍微捲曲的花瓣造型。設定**填色**：**#a9a9a9**，做出花瓣捲曲的部份 07。捲曲的部份再畫上陰影 08。將畫好的捲曲花瓣物件，登錄成筆刷。在**線條筆刷選項**中，設定**名稱**：**捲曲的花瓣**／**方式**：**色調及濃度**。

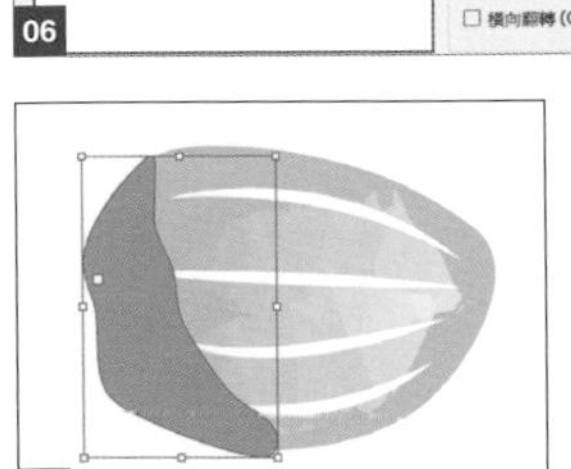

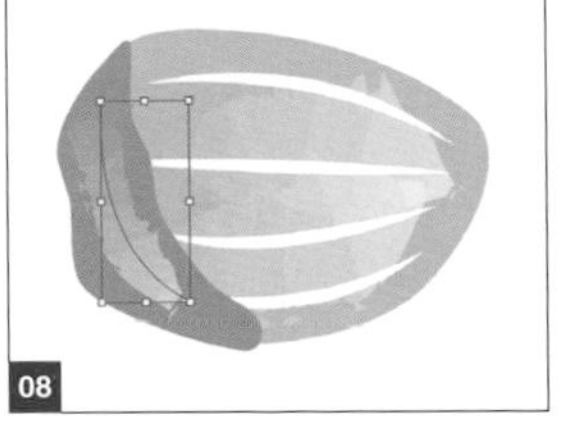

Chapter 07

03 | 繪製花蕊

設定**填色**：**#724b0c**／**筆畫**：**無**，用**筆刷工具**畫一個橢圓形 09。

按下 Ctrl（⌘）+ C 鍵複製，再按下 Ctrl（⌘）+ F 鍵**貼至上層**後再縮小，接著變更**填色**：**#beba66** 10。執行『**物件 / 路徑 / 增加錨點**』命令，以增加錨點 11。

接下來執行『**效果 / 扭曲與變形 / 縮攏與膨脹**』命令，設定**膨脹 5%** 12，花蕊就完成了 13。

04 | 製作花朵

用製作好的**花瓣**筆刷，描繪出花瓣圖案，再變更顏色 14，再用**捲曲的花瓣**筆刷，注意整體效果繪製出 5 片花瓣的花朵圖案 15，最後將花蕊放在花朵的正中央，花朵就完成了 16。

05 | 畫出不同角度的花朵

與製作**莖**的方法相同 17，在**選項列**中將**變數寬度描述**設定為**寬度描述檔 1** 18，再與 3 片花瓣組合，不同角度的花朵就完成了 19。

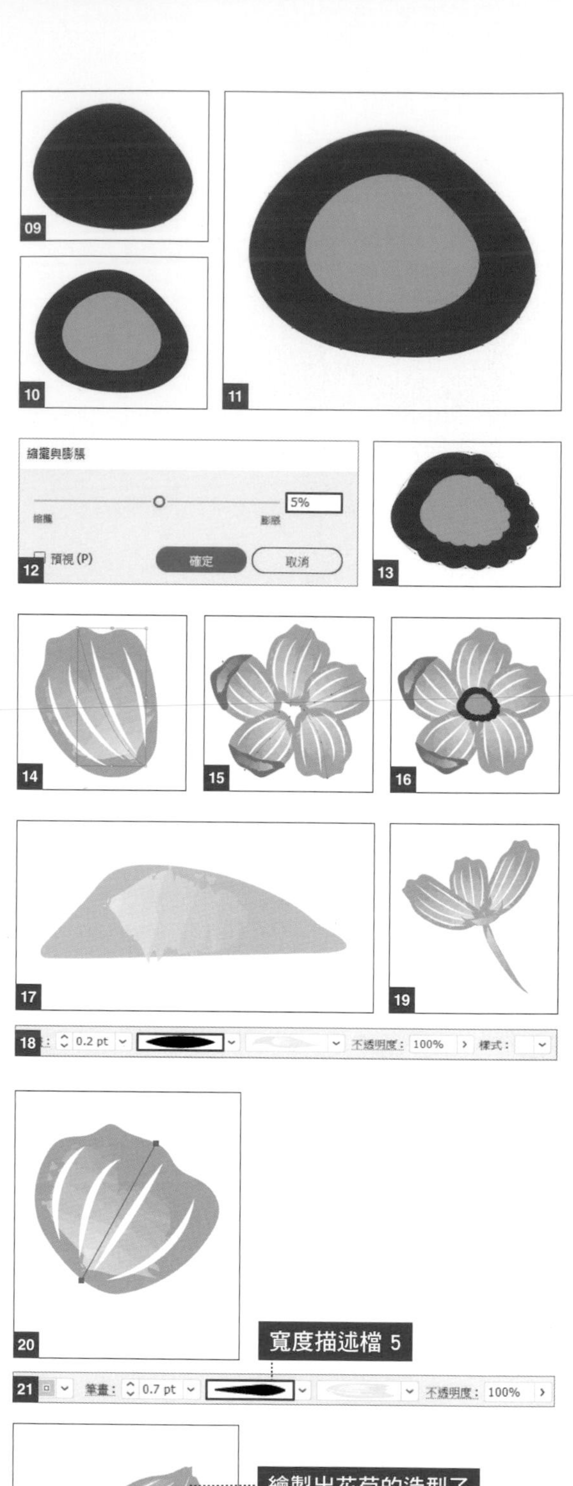

06 | 製作花苞

應用**花瓣**筆刷來繪製花苞。設定**筆畫**：**#474488**／**筆畫寬度**：0.7 pt，製作出短一點的花瓣 20。

在**選項列**中的將**變數寬度描述**設定為**寬度描述檔 5** 21。花苞的外型就完成了。像這樣變更描繪路徑的距離與寬度，還有調整筆畫，就可以應用在各種不同的造型設計，莖與其他項目也可以調整後再描繪完成 22。範例中，將 **063 植物造型設計範例**所製作的植物筆刷一起組合使用，製作出花束作品。

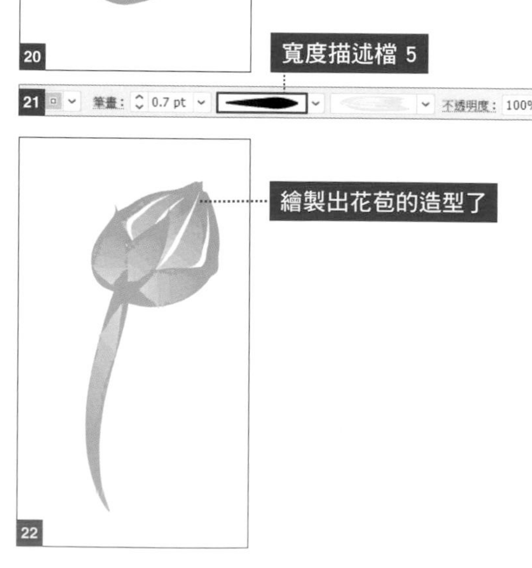

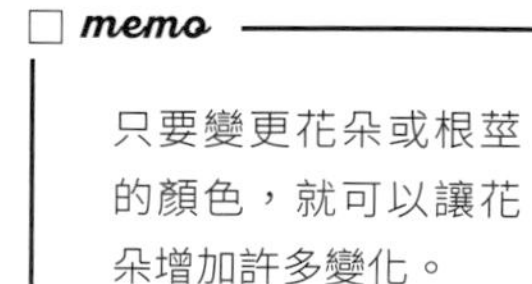

memo

只要變更花朵或根莖的顏色，就可以讓花朵增加許多變化。

Ai

製作緞帶

no.065

製作復古的緞帶，適合用在插畫或標題的造型。

Point 用 3D 效果製作出緞帶的立體感

How to use 適用於標題或強調重點的造型設計

01 ｜ 製作緞帶的立體線條

建立一個新文件，從**工具**面板中選用**鋼筆工具**，設定任意顏色畫出**筆畫**：**1 pt**，長約 160 mm 的波浪線條 01。

執行『**效果 /3D 和素材 /3D(經典)/ 突出與斜角 (經典)**』命令，在**突出與斜角選項 (經典)** 交談窗中，從上至下設定**位置：自訂旋轉／50／10／0／透視：0／突出深度：60 pt／表面：無網底** 02，就完成立體緞帶的外觀 03。

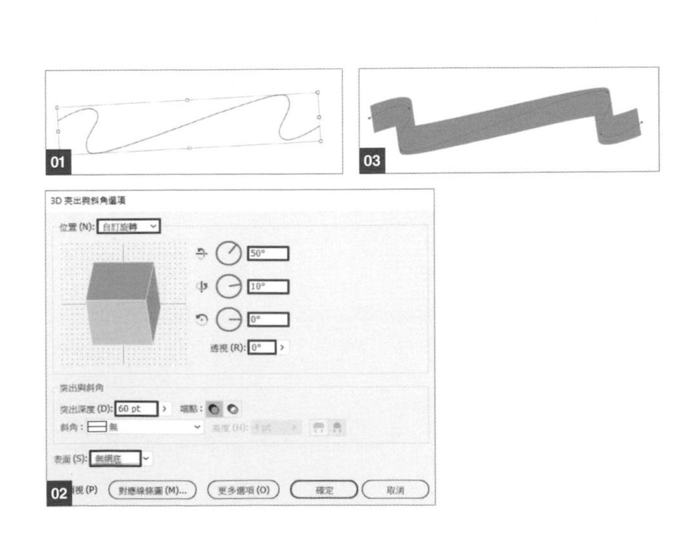

02 ｜ 塗上顏色，調整線條

執行『**物件 / 擴充外觀**』命令，變更設定為**填色**：**#c0aa99**／**筆畫寬度**：1 pt／**筆畫**：**#310a03** 04。

將上方多餘的物件按下 Delete 鍵刪除 05 06。

外觀看起來有移位跑掉的地方，再利用**選取工具**將外型稍做調整 07 08。

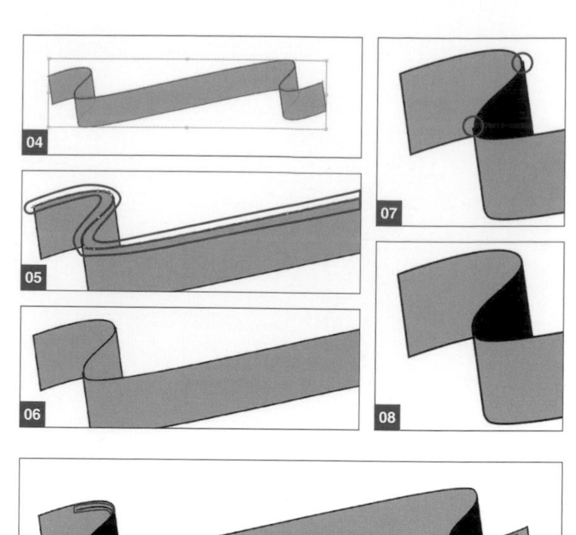

03 ｜ 製作陰影

沿著緞帶兩端的線段，做出 2 條**筆畫寬度**：1 pt／**筆畫**：#310a03 的線條 09。

執行『**物件 / 漸變 / 漸變選項**』命令，如圖 10 設定內容。

選取左邊 2 條線條，執行『**物件 / 漸變 / 製作**』命令，2 條線條套用漸變效果後會形成影子，右邊也是用相同方法製作 11。

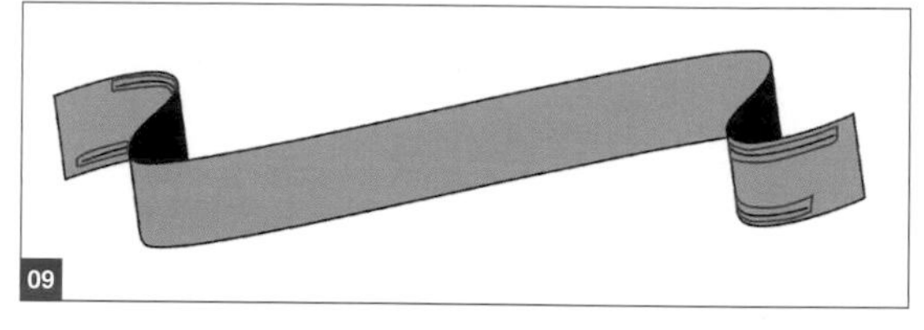

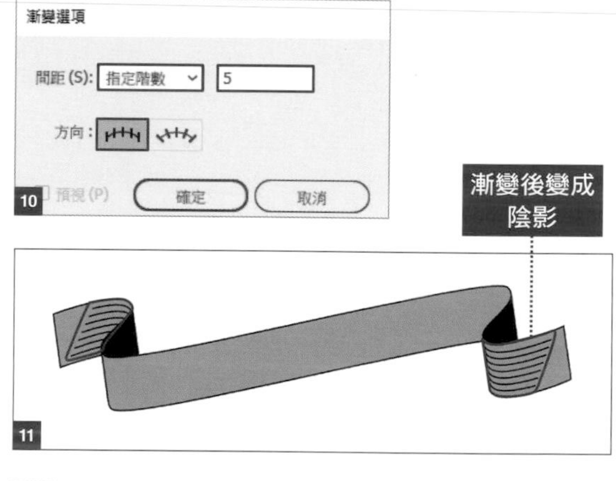

04 ｜ 改變緞帶左右兩端

在緞帶的某一端，利用**工具**面板的**增加錨點工具**，在尾端中央處增加一個錨點 12 13，再用**直接選取工具**將錨點往內側拉，緞帶的尾端就像被修剪過一樣 14，完成後再用相同方法編輯另一端 15。

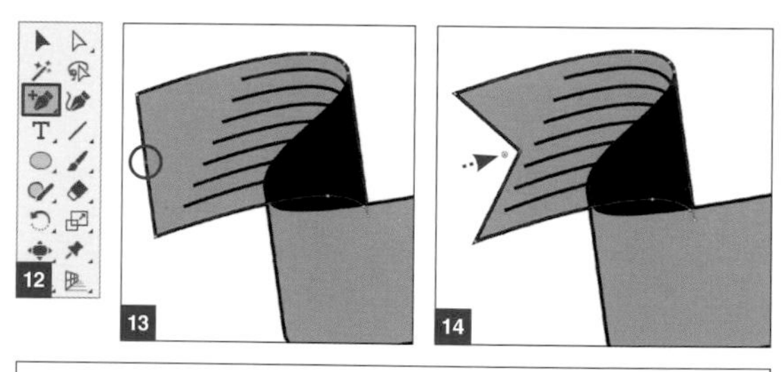

05 ｜ 增加文字

沿著緞帶外型，加入喜好的文字。在此使用 Adobe Fonts 的 AdornS Condensed Sans 字型，輸入「VALENTINE'S DAY」16。

範例中，配合插圖情境，將緞帶當成標題來擺放。

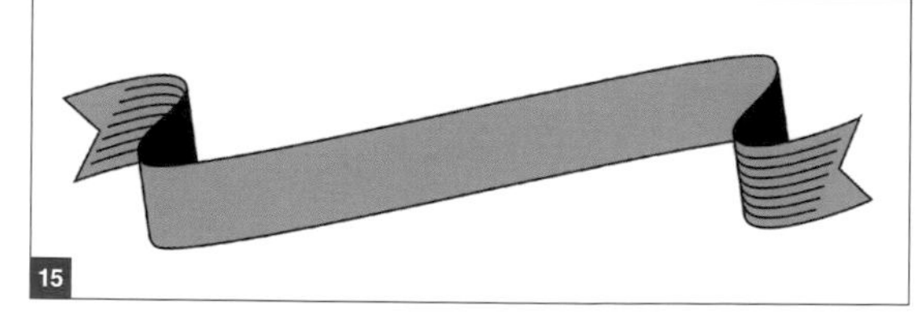

memo

在步驟 01 製做波浪線條時，稍做改變就可以做出各種不同款式的緞帶。

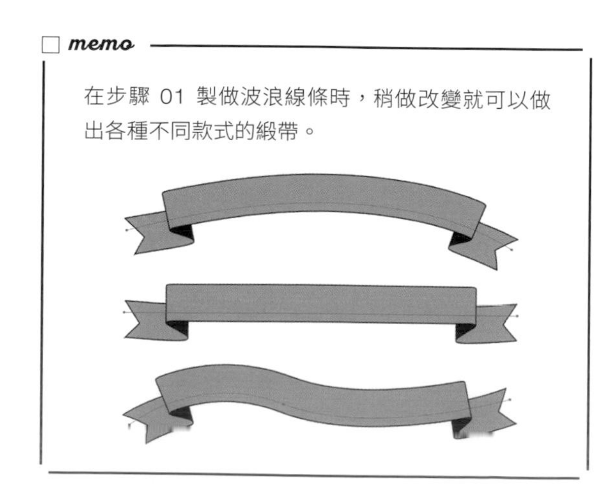

□ column

Ai

「漸變工具」的漸變功能與「編輯色彩」的漸變功能

以**漸變工具**進行漸變時，形狀就會改變，這是**漸變工具**的漸變效果。與針對顏色變化的**編輯色彩**中**垂直漸變**、**水平漸變**、**由前至後漸變** 3 種特效是不相同的。

編輯色彩的漸變特效，是指想要維持物件的外型，來製作出顏色變化的效果。如果可以理解其不同的功能與效果，就可以活用於各種用途。

- **漸變工具**在漸變過程會改變形狀

- **編輯色彩**的漸變效果只有改變顏色

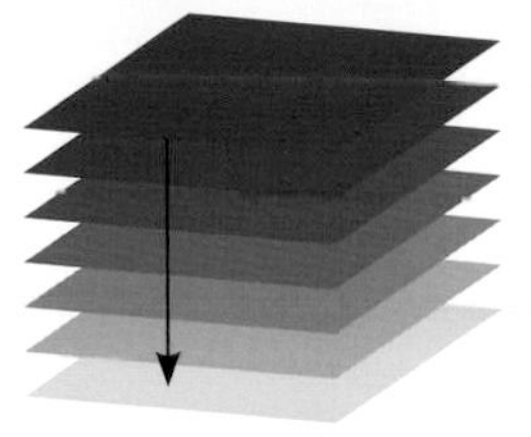

由前至後漸變

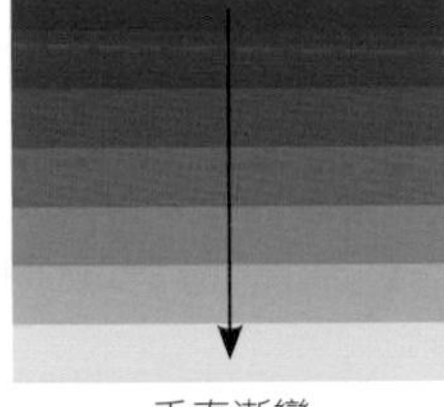

垂直漸變

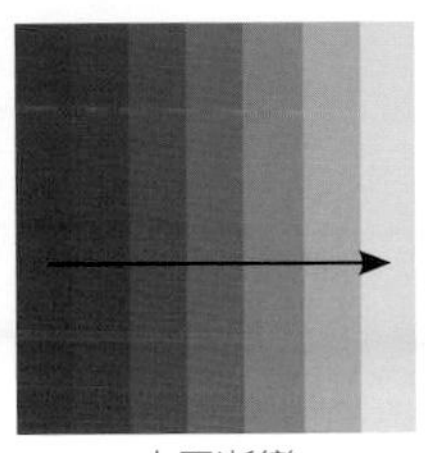

水平漸變

由前至後漸變

- **垂直混色**：上、下顏色變換的漸層

- **水平混色**：左、右顏色變換的漸層

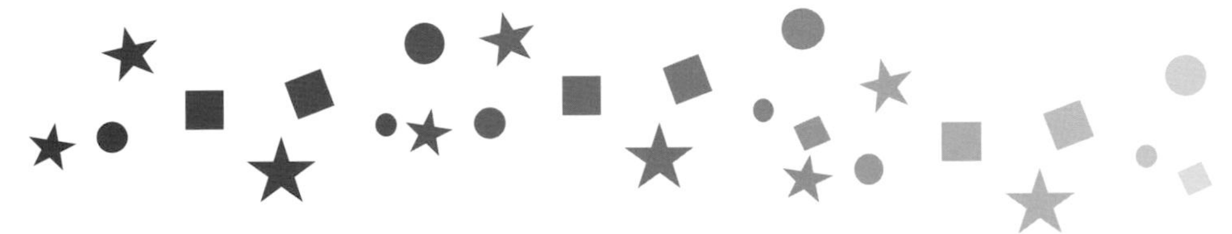

- **由前至後漸變**：
  依圖層構造的前與後做變化，適用於變換複雜或剪裁過的物件顏色

Ai

製作拼貼風格的插圖作品 no.066

從頭開始製作出一個溫柔風格的拼貼插畫。步驟雖然多了點，不過可以學習到如何利用 Illustrator 來製作插畫的一連貫操作哦！

Point 使用「鋼筆工具」，再用筆刷與紋理做出模擬效果

How to use 想要表現出手繪、有溫度的插圖

01 | 製作背景

按下 Ctrl（⌘）+ N 鍵建立一個新文件。可以根據想要的目的，從**網頁**、**列印**等找出適用的文件尺寸，這裡我們從**網頁**找出想要的類別，再設定大一點的尺寸來使用 01。

選取**工具**面板的**矩形工具**，將地板塗上紅色**填色：#e13a18**、壁面塗上粉色 **#efbb98** 02。

選取地板與壁面，執行『**效果 / 扭曲與變形 / 粗糙效果**』命令，設定**尺寸：0.5%／細部：5** 英寸，選取**點：平滑**後，按下**確定**鈕 03。

邊緣變得不完整了 04，圖層名稱為**背景**。

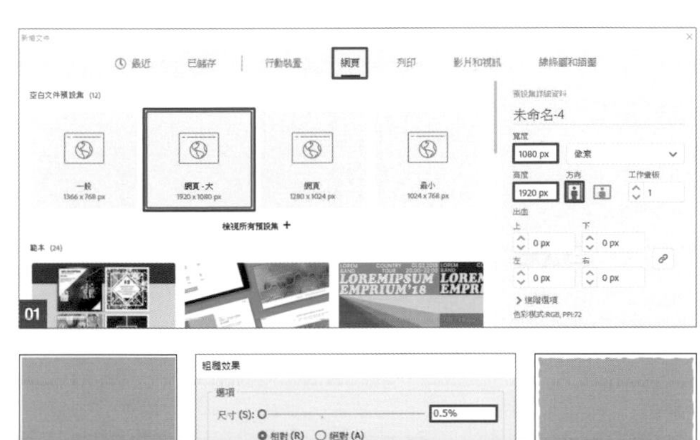

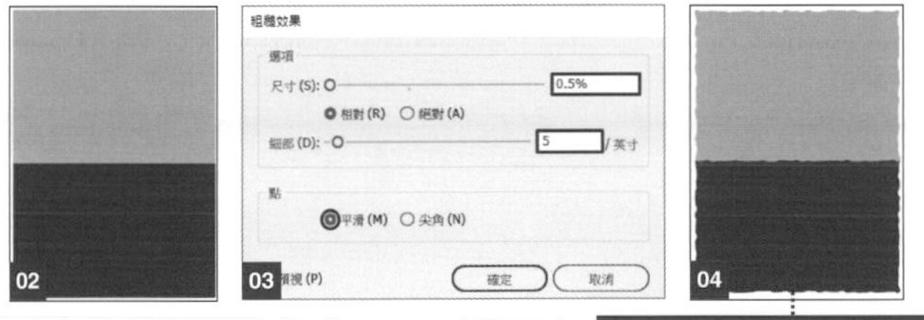

外側有不完整的效果

02 | 製作衣櫥套用粗糙效果

建立一個新圖層，圖層名稱為**製作插畫**，在這裡要來製作插畫。

用**鋼筆工具**畫出一個衣櫥，要看起來像是手畫的，所以線條不用刻意太整齊，這樣畫出來的衣櫥才會比較自然**填色：#6b3e03** 05 06。

一樣用**鋼筆工具**幫衣櫥的門畫上裝飾插圖。葉子與根莖用**填色：#eba024**，衣櫥的門用**填色：#ffffff／筆畫寬度：2 pt**，衣櫥的手把用**橢圓形工具**來繪製。選取全部的葉子，執行『**效果 / 扭曲與變形 / 粗糙效果**』命令，如圖 07 設定。看起就會比較像手繪風格 08 09。

整體衣櫥看起來就如同圖 10 的效果。

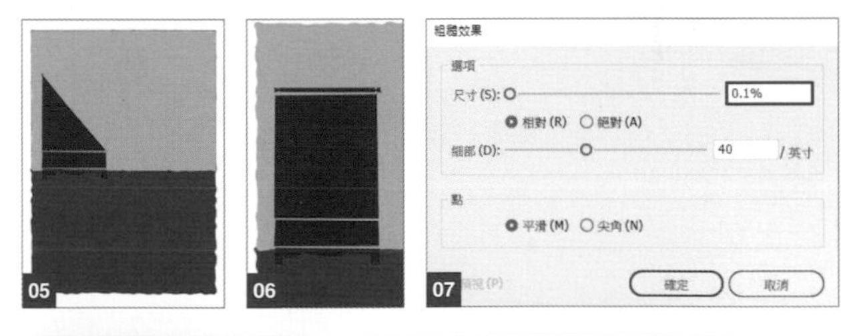

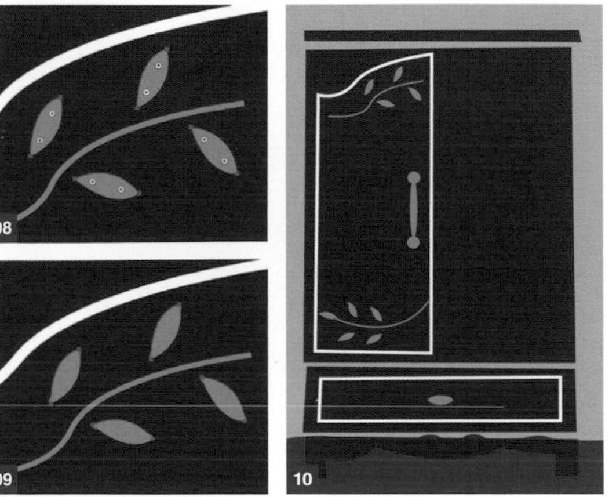

03 | 製作虛線

莖的部份要做出手繪風格的虛線後，再登錄至筆刷。用**鉛筆工具**畫出橢圓形，填色與筆畫都設定 **#000000** 11。

Chapter 07

04 | 將虛線登錄成筆刷

選取虛線，執行『**視窗 / 筆刷**』命令，開啟**筆刷**面板。從右上角的面板選單中選取**新增筆刷**，再選取**圖樣筆刷** 12 13。

在**圖樣筆刷選項**中，將筆刷的名稱設為**虛線**，如圖 14 設定內容後按下**確定**鈕。手繪風格的筆刷就登錄在**筆刷**面板中了。

選取根莖的部份，再選取**筆刷**中的**虛線** 15 16。

選取衣櫥的門，雙按**工具**面板裡的**鏡射工具**，如圖 17 設定內容，再按下**複製**鈕。

按住 Shift 鍵再往橫向平行移動，衣櫥就完成了。

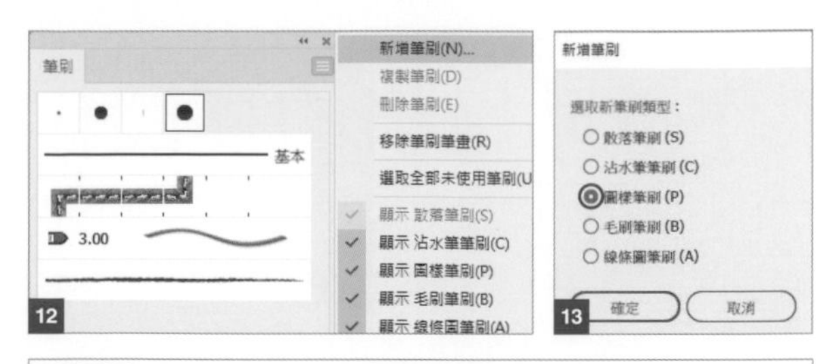

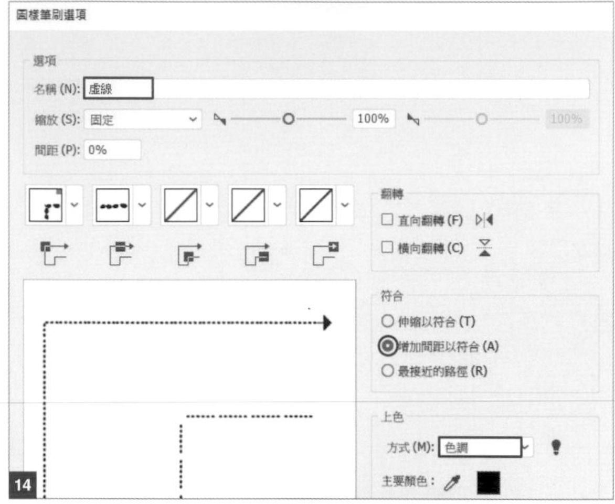

05 | 繪製床

接著再用**鋼筆工具**來製作床的部份。

跟衣櫥使用相同的顏色，先畫床尾的床腳還有床板的部份 18。

複製、貼上畫好的床腳與床板，再將其縮小，放在床頭的位置，完成整個床架的繪製 19。

接下來，要畫枕頭與棉被。枕頭請用**填色**：**#a9d3ad**、棉被請用**填色**：**#f09465**。為了要表現出遠近感，可以執行『**物件 / 排列順序**』命令，來調整物件的前、後配置。

為棉被加上花樣。粉色的棉被配合流線型的花朵模樣 20。

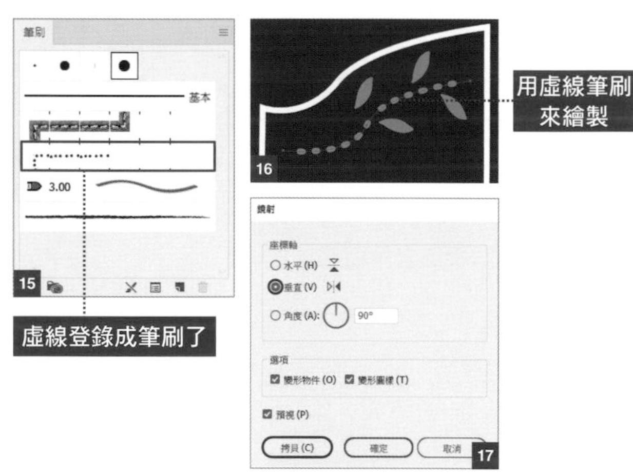

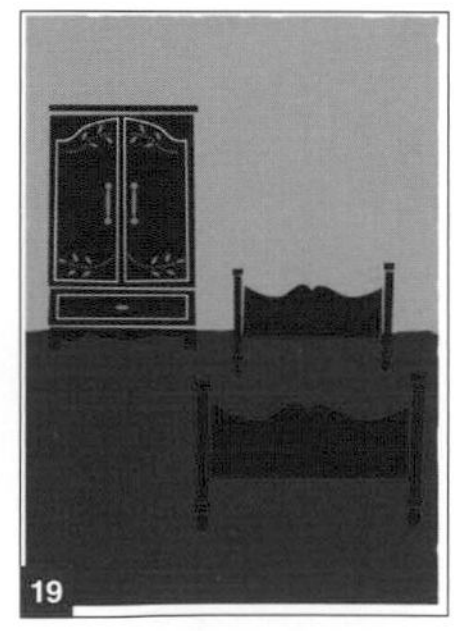

06 | 製作枕頭的縫線，再製作兔子、窗戶、圖案

選取枕頭，執行『**物件 / 路徑 / 位移複製**』命令，設定**位移**：-6 px／**轉角**：**尖角**／**尖角限度**：4，按下**確定**鈕 21。

使用**位移複製**，可以物件（枕頭）為基準來建立新的路徑，範例將位移複製設定為負數，路徑就會建立在內側。

完成枕頭、棉被

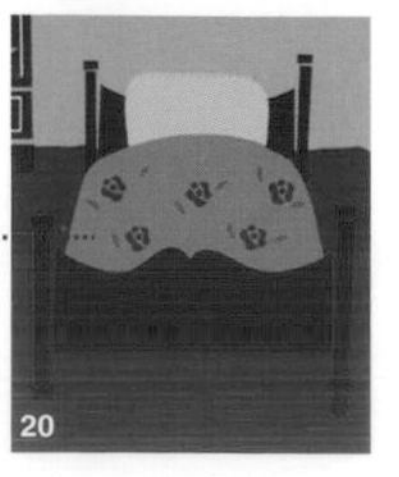

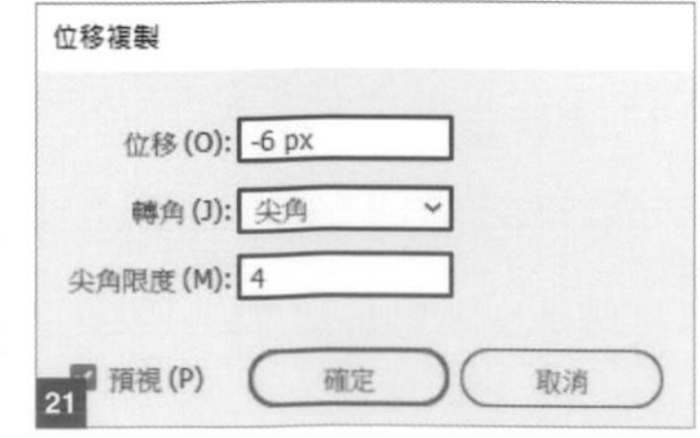

在**選項列**設定**填色：無／筆畫：#ffffff／筆畫寬度**：0.4 pt，使用剛才製作完成的**筆刷：虛線** 22 23。

以相同的方法，用**鉛筆工具**畫出穿著紅色睡衣的兔子，還有窗戶、床的圖案等 24 25。

07 ｜ 用筆刷來增加質感

執行『**視窗 / 筆刷資料庫 / 藝術 / 藝術 _ 粉筆炭筆鉛筆**』命令 26，在面板中選取**粉筆** 27。

設定**寬度**：0.5 pt／**填色**：#e13a18，畫上兔子的耳朵細節。用一樣的寬度，設定**填色**：#efbb98 畫上兔子的臉頰 28。

在**選項列**中設定**筆畫**：#ffffff／**粉筆／不透明度**：30% 29。在物件上輕輕描畫，讓畫中的物件、衣服等，看起來有木頭質感，再為服裝添加質感，整體會有不平滑感的視覺效果 30。

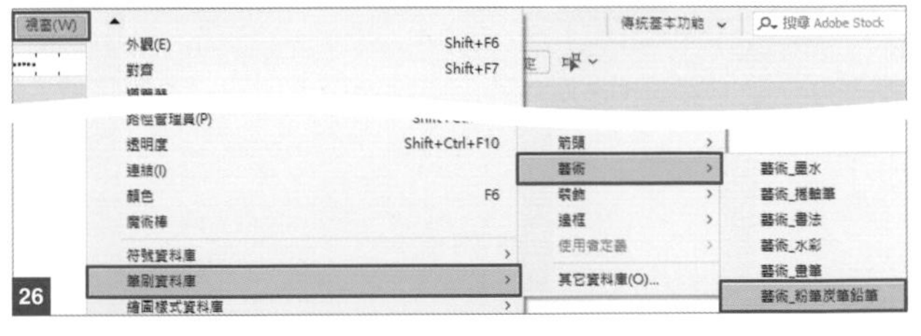

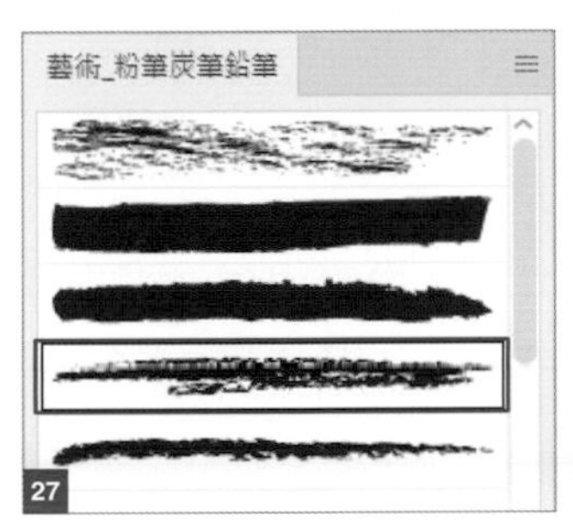

08 ｜ 製作壁紙

開啟素材「壁紙背景 .ai」，配置在**背景**圖層的粉色壁面上，壁紙的圖樣就完成了 31。

再從檔案中開啟素材「紙.jpg」，配置在**製作插畫**圖層的最前面，做出紙張的質感。執行『**視窗 / 透明度**』命令，在**透明度**面板裡設定**色彩增值**，套用剪裁遮色片後就完成了 32。

5:22
2月20日 火曜日

Ai

製作逼真的智慧型手機插圖 no.067

利用圖形的組合，可以做出逼真的手機插圖。製作過程雖然比較繁瑣，但只要照著步驟一個一個操作就可以完成。

Point 進行圖形的整合與調整透明度

How to use 介紹產品與廣告用途

01 ｜ 建立新文件再製作需要的圖形

執行『**檔案／新增**』命令，建立一個新的檔案，如圖 01 設定內容，這裡我們假設用途為網頁，因此設定單位為**像素**。

從**工具**面板中選取**圓角矩形工具**如圖 02，建立一個**寬度**：300 px／**高度**：600 px／**圓角半徑**：30 px 的長方形 03 04。這個長方形就是智慧型手機的本體外型，圖層名稱為**主體** 05。繪製時也可以不分圖層，但若將每個元件建立在不同圖層，之後在執行上將會方便許多。在每個步驟中，像是鎖定或是解鎖…等，都是為了讓接下來的步驟能更順利執行。

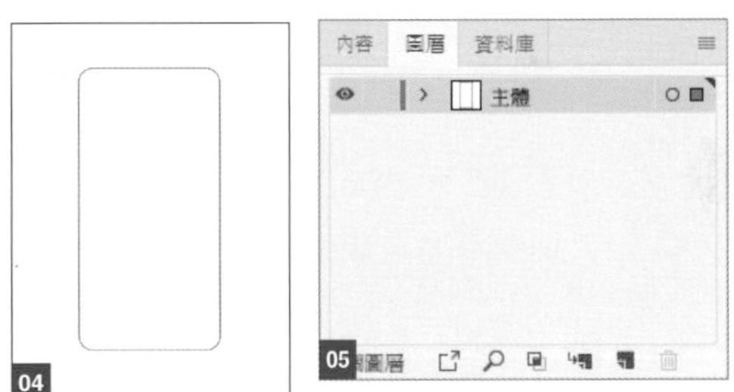

02 ｜ 替長方形物件加上漸層，做出質感

選取步驟 01 建立的長方形，執行『**視窗／外觀**』命令，變更內容為**筆畫**：**無**／**填色**：**白** 06。執行『**視窗／漸層**』命令，設定**類型**：**線性**／**角度**：-90，在漸層滑桿上設定 5 個顏色節點，由左開始為 **#3e3a39**、**位置**：0%／**#000000**、**位置**：10%／**#3e3a39**、**位置**：50%／**#000000**、**位置**：90%／**#3e3a39**、**位置**：100%。漸層滑桿上節點間的中心位置，分別為**位置**：50／**位置**：60／**位置**：40／**位置**：50 07。利用漸層設定，手機主體的光澤感就完成了 08。

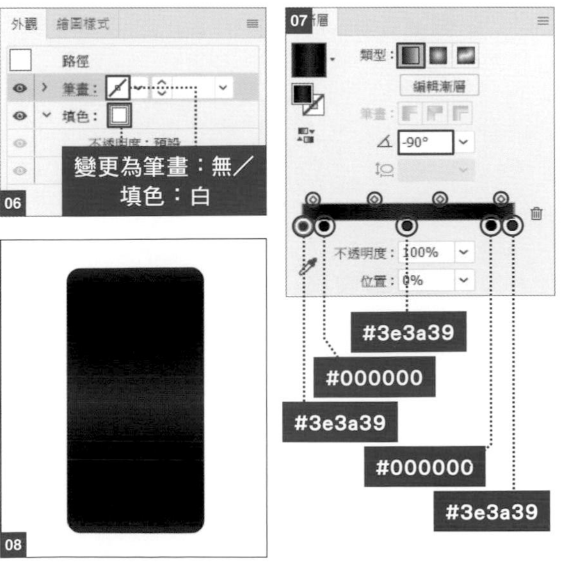

Chapter 07

03 | 做出主畫面與手機主體的區隔

在**主體**圖層上建立新圖層，圖層名稱為**主體的光** 09。

在**工具**面板設定**填色：#ffffff／筆畫：無**，再選取**圓角矩形工具**，建立一個**寬度**：285 px／**高度**：580 px／**圓角半徑**：30 px 的長方形 10。

由**外觀**面板上設定**不透明度**：10% 11。這個長方形就是畫面與主體之間的光 12。

在**主體的光**圖層上再建立一個新圖層**畫面** 13。

同上設定**填色：#070707／筆畫：無**，選取**圓角矩形**工具，做出一個**寬度**：280 px／**高度**：575 px／**圓角半徑**：30px 的長方形 14。

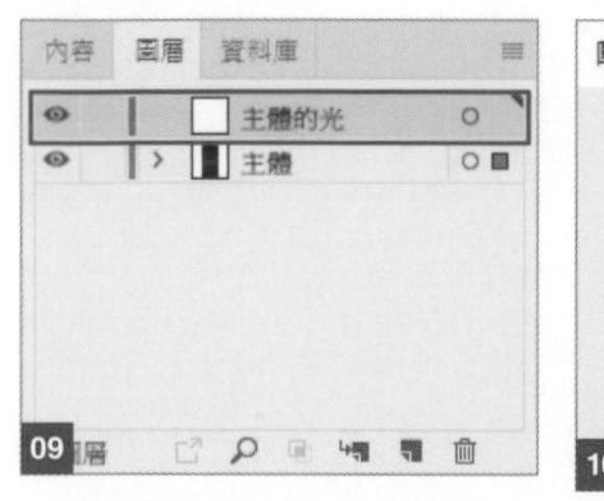

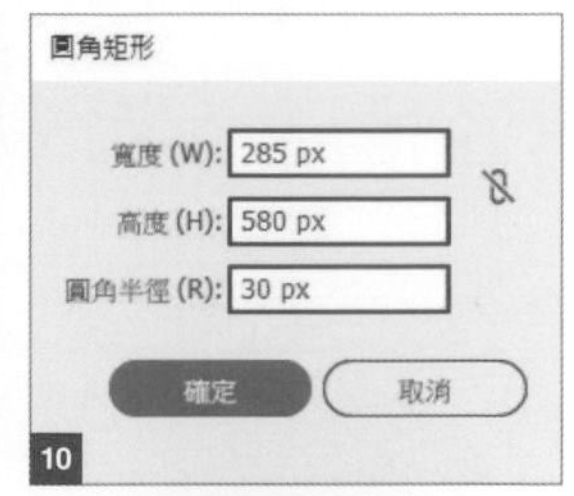

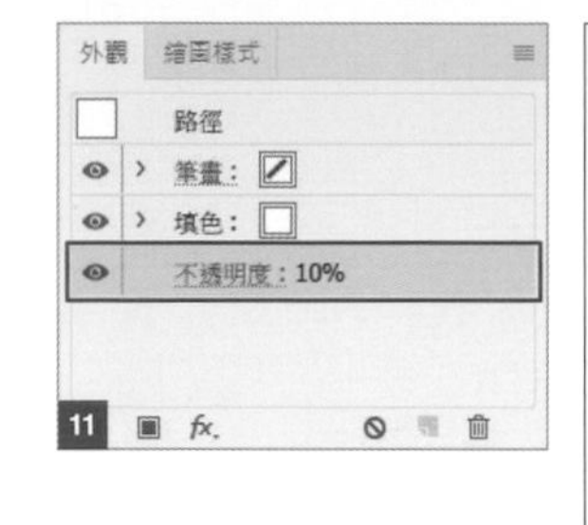

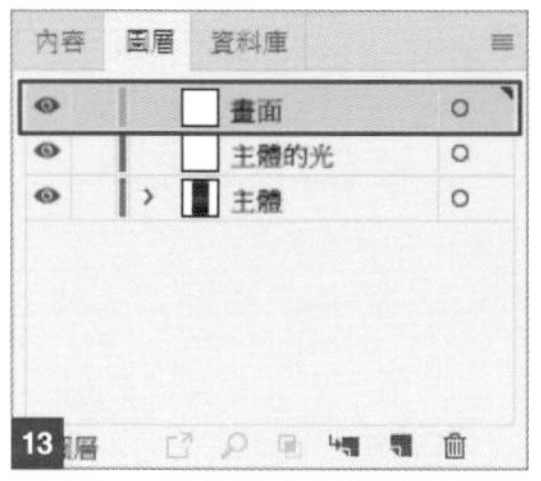

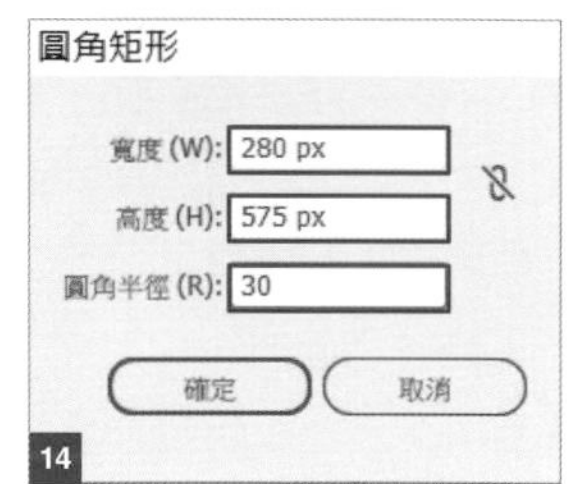

04 | 依光源對齊與微調位置

選取 3 個長方形，設定**對齊**中的**水平居中** / **垂直居中** 15，點選後 3 個長方形就會對齊中央位置 16。

想像光源是從右上方照射下來，將**主體的光**圖層往左下方拉一些 17。

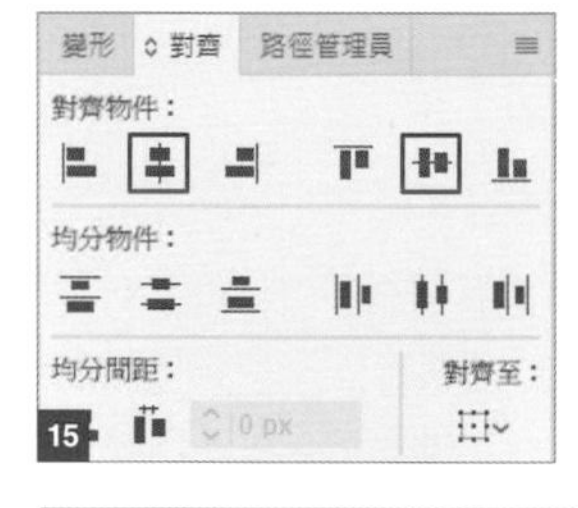

05 | 重疊漸層

在最上方建立一個新圖層，命名為**畫面的光**。執行『**視窗 / 色票**』命令，開啟**色票**面板，按左下角的**色票資料庫選單**鈕，從中選取**漸層 / 淡化** 18，再挑選**淡化至白色** 1 圖 19。

選取**圓角矩形工具**，建立一個**寬度**：278 px／**高度**：573 px／**圓角半徑**：30px 的長方形 20 21。由**視窗**命令開啟**漸層**面板，設定**類型**：**線性**／**角度**：65 22 23。

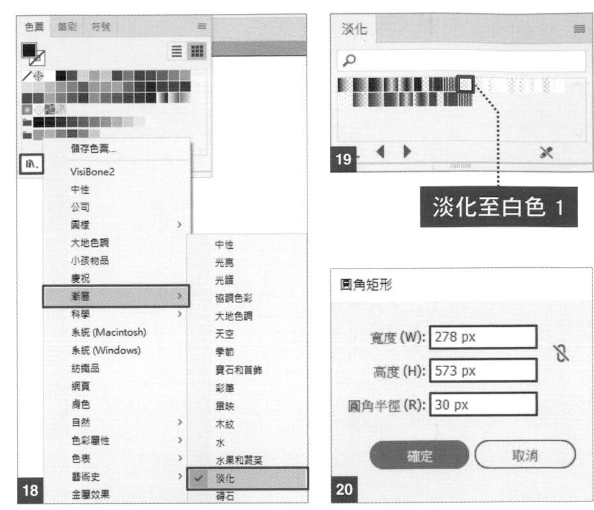

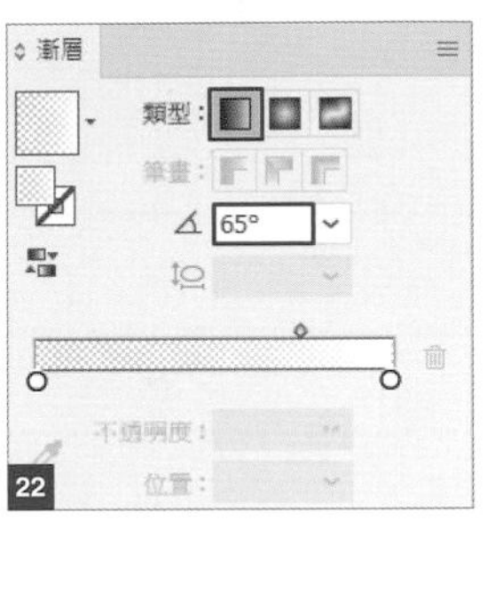

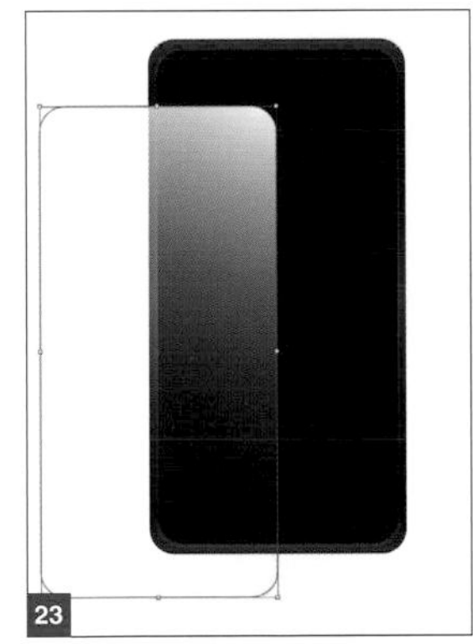

06 | 增加畫面質感

選取**畫面的光**與**畫面**這兩個長方形的圖層，再點選一次**畫面**圖層的長方形 24。

設定**對齊 / 水平居中 / 垂齊居中**，排列完成後再把畫面的光，設定為**不透明度**：10% 25。畫面的亮度提昇了，也增加了不少立體感。

memo

重複選取**畫面**圖層的長方形，表示要以**畫面**圖層的物件為基準，來對齊選取的物件。

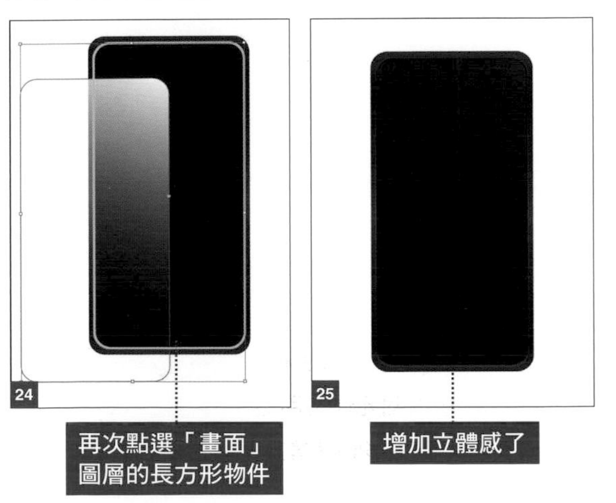

07 | 使用漸層、文字及圖示，製作觸控螢幕

在最上層建立一個新圖層，命名為**觸控螢幕**。

在**工具**面板設定**填色：#000000／筆畫：無**，再選取**圓角矩形**工具，建立一個**寬度：260 px／高度：470 px／圓角半徑：10 px** 的長方形 26。再建立一個**寬度：256px／高度：466px／圓角半徑：10px** 的長方形 27。

執行『**視窗 / 外觀**』命令，變更內容為**筆畫：無／填色：分割補色 5** 28。

分割補色 5 位於**色票資料庫 / 漸層 / 協調色彩**裡面 29 30。

執行『**視窗 / 漸層**』命令，設定**類型：線性／角度：90** 31。

將兩個做好的長方形重疊後，放在中央位置 32。使用文字與圖示等加以裝飾 33，字體可選用**小塚ゴシック** Pro／**字體樣式：R**。

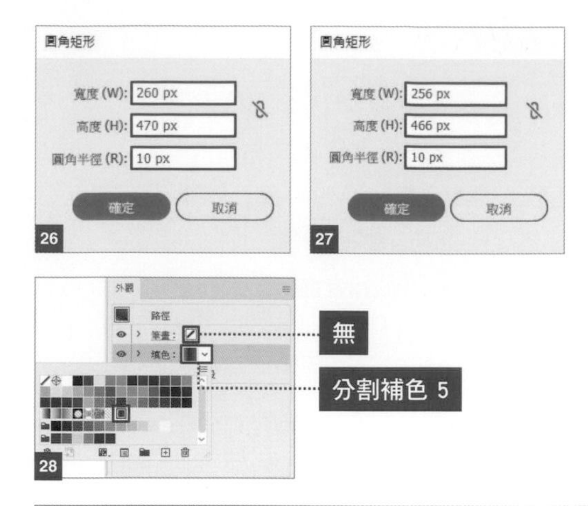

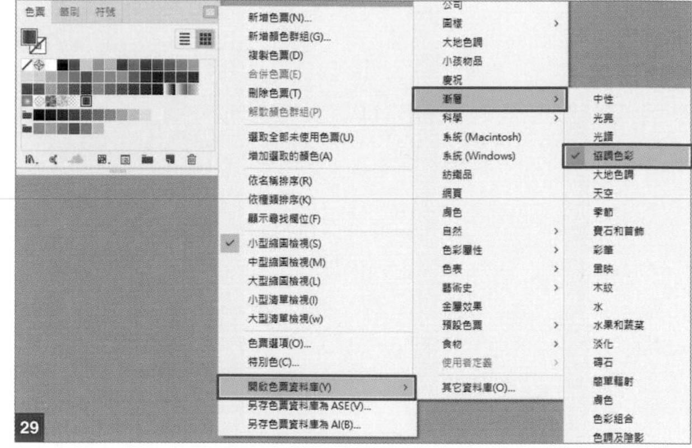

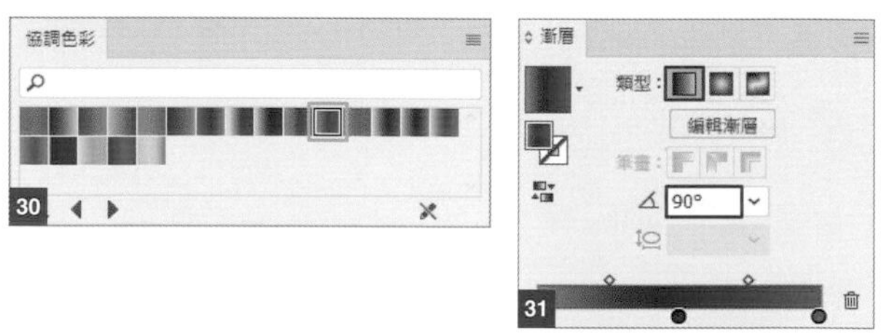

08 | 製作聽筒口

在最上方建立一個新圖層，命名**元件**。

首先製作聽筒口。在**工具**面板設定**填色：#212121／筆畫：無**，選取**圓角矩形工具**，建立一個**寬度：80 px／高度：6 px／圓角半徑：10 px** 的長方形 34。

複製剛才建立的長方形，設定**填色：#000000**。

讓**填色：#000000** 重疊在上方後，移至中央位置，再將**填色：#000000** 稍微往右上移動，如圖 35 配置。可以將兩個元件利用 Ctrl（⌘）＋ G 鍵建立成群組，要移動時會方便許多。

09 | 製作照相鏡頭的元件

現在要來製作相機的鏡頭，會用幾個不同的圓形來充當鏡頭。在**工具**面板設定**填色：#070707／筆畫：無**，選取**橢圓形工具**，建立一個**寬度：20 px／高度：20 px** 的圓形。

接著建立一個**填色：#000000／筆畫：無／寬度：10 px／高度：10 px** 的圓形，然後是**填色：#ffffff／筆畫：無／寬度：20 px／高度：20 px／不透明度：10%** 的圓形，最後是**填色：#ffffff／筆畫：無／寬度：5 px／高度：5 px／不透明度：10%** 的圓形 36。

選取所有元件並對齊中央。將元件如圖 37 排列。相機鏡頭也可以利用 Ctrl (⌘) + G 鍵群組起來，以便移動位置。

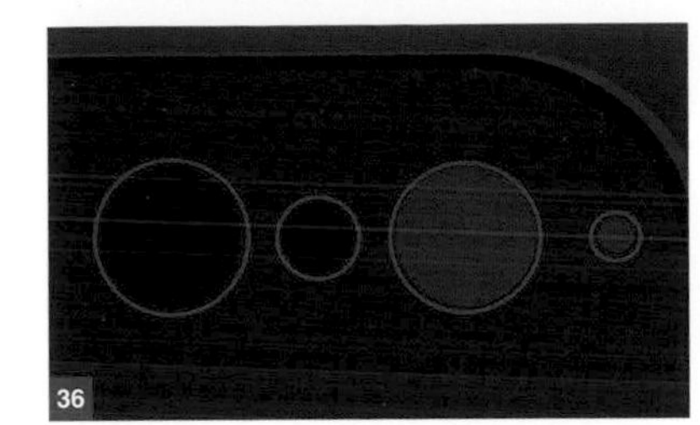
36

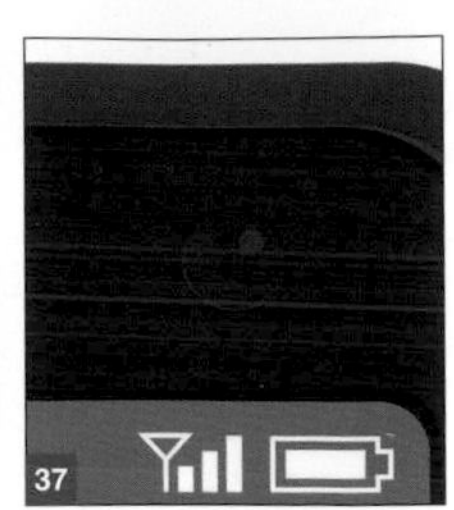
37

10 | 利用漸層製作畫面的反光效果

在最上面建立一個新圖層，圖層名稱為**反射光**。設定**填色：漸層（淡化至白色 1）／筆畫：無**，選取**圓角矩形**工具，建立一個**寬度：280 px／高度：575px／圓角半徑：30 px** 的長方形。**淡化至白色** 1 位在步驟 05 所使用的**淡化**面板裡面。

漸層設定**類型：線性／角度：65／不透明度：30%** 38 39。

選取**工具**面板裡的**剪刀工具**，如圖 40 41 剪裁出指定區域。

將做出來的光反轉後，再為左下角也補上光。設定**不透明度：10%** 42。

38 39 40 41 42

11 | 利用漸層效果做出陰影

選取**主體**圖層，執行『**效果 / 風格化 / 製作陰影**』命令。如圖 43 設定內容後就完成了 44。也可以依照設計需求，如本範例在**觸控式螢幕**加上適當的照片。

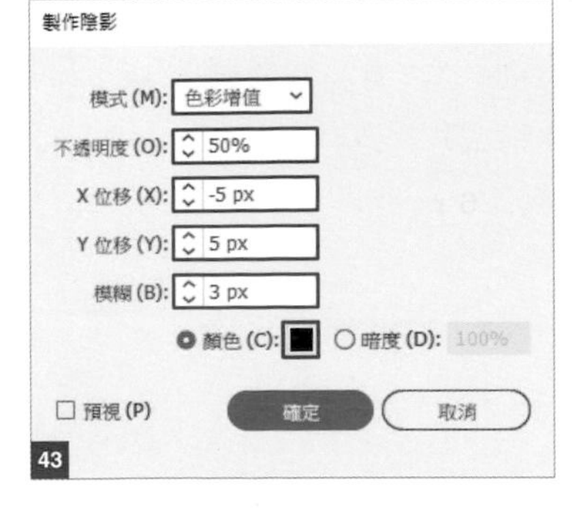

43

44

Ai

使用影像描圖製作擬真插畫 no.068

使用「影像描圖」可以輕鬆把影像變成插畫。

Point 調整設定，找出變成插畫的關鍵

How to use 想把照片轉換成向量資料時

01 | 開啟影像

啟動 Illustrator，執行『**檔案 / 置入**』命令，置入素材「人物.jpg」01。

影像描圖需要一定的電腦資源，因此這裡準備較小的影像 (長：664px／寬：1000px) 。

對大尺寸影像套用**影像描圖**時，會出現如圖 02 的警告訊息，請依照你的電腦規格選擇適合的影像。

01

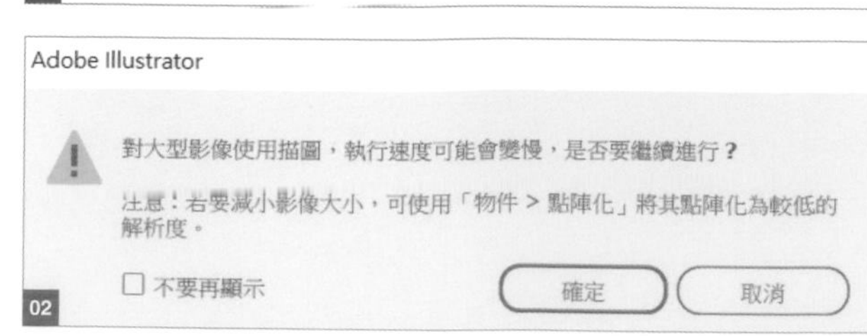

02

02 ｜ 套用「影像描圖」

選取影像，按一下**選項列**的**影像描圖** 03。

此時會自動描摹影像如圖 04。

按一下**選項列**的**影像描圖面板**鈕 05，開啟**影像描圖**面板 06，選取**預設集：高保真度相片** 07。

乍看之下，像是原本的點陣圖影像，其實已經描摹成向量影像 08。面板中可以確認**路徑**、**顏色**、**錨點**的數值 09。如果想轉換成插圖並保留照片的感覺，可以直接使用這個步驟的完成狀態。

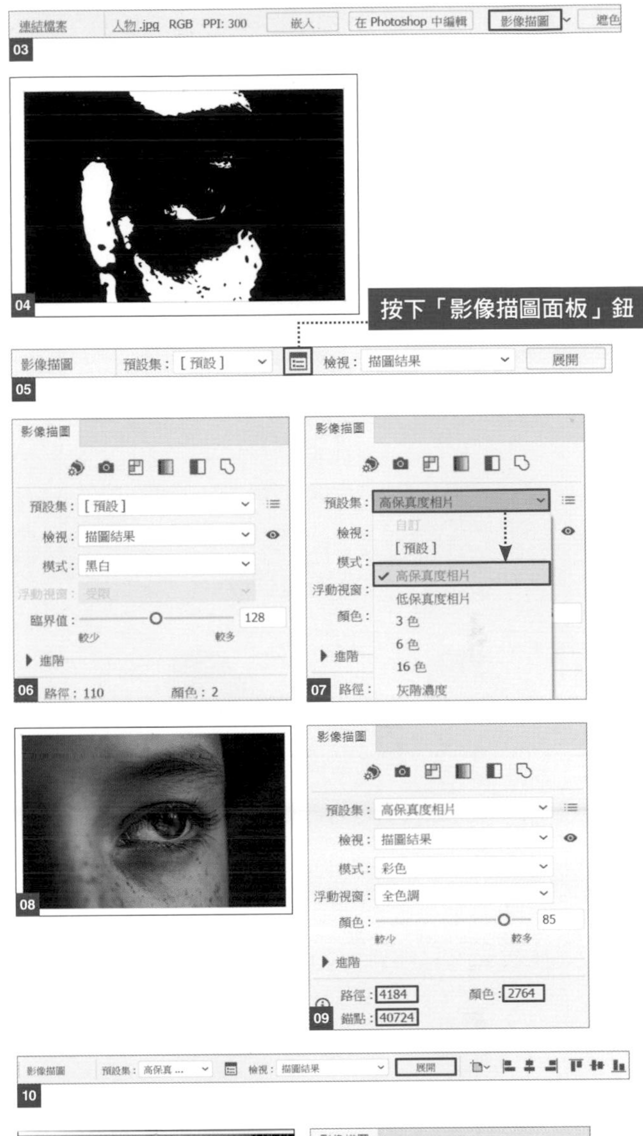

memo

假如想當作路徑使用，請按一下**選項列**的**展開** 10 11。

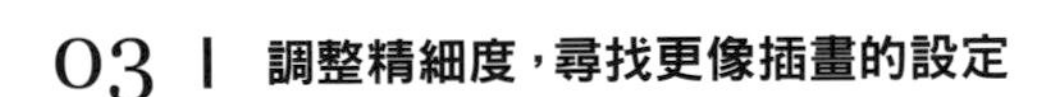

03 ｜ 調整精細度，尋找更像插畫的設定

進一步調整**影像描圖**面板的設定，可以呈現出更像插畫的效果。

重新置入「人物.jpg」，套用**影像描圖**。

開啟**影像描圖**面板，依照圖 12 設定。

我們在面板中可以確認已經降低了**路徑**、**顏色**、**錨點**的數值，完成更像手繪的風格 13。

此範例在步驟 02 的影像加上文字，完成內斂的設計。

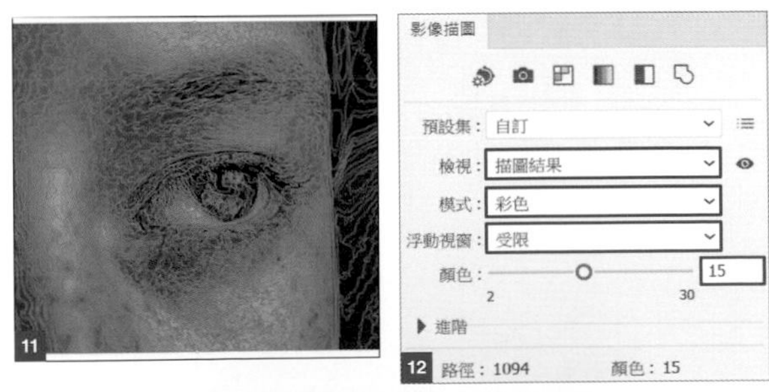

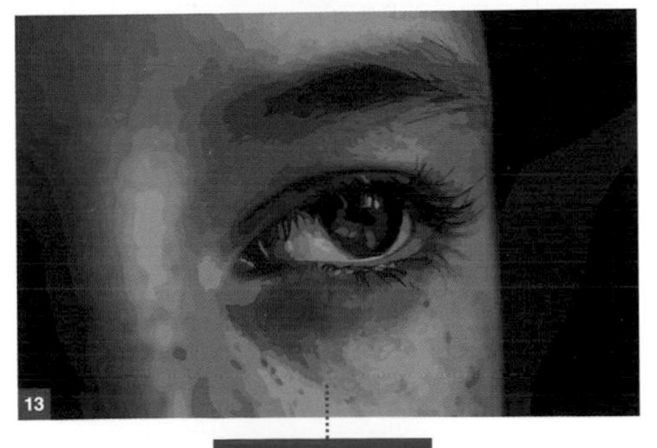

Chapter 07

column

Ai

「影像描圖」的預設集

利用**影像描圖**的預設集，可以輕鬆製作出你想要的影像。例如，選取**高保真度相片**，能製作出與照片幾乎一模一樣的向量影像。**黑白標誌**可用於設計單色作品的情況。**線條圖**會將影像轉換成線條，想描摹插畫時，就很方便。

將線稿或線條圖等轉換成向量資料可以擴大運用範圍，請善用**影像描圖**功能，發揮在各種設計作品上。

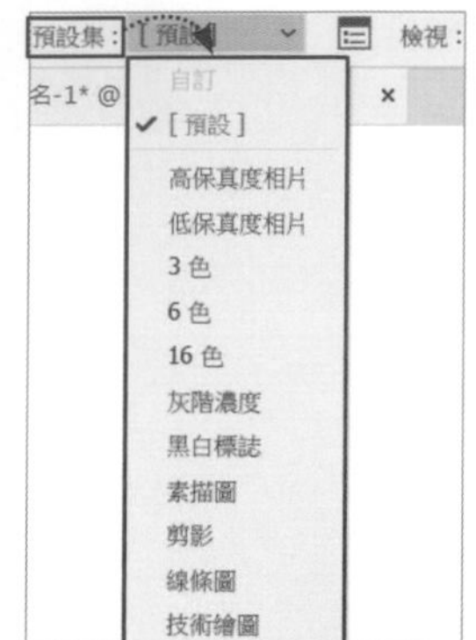

原始影像

預設

高保真度相片

低保真度相片

3 色

6 色

16 色

灰階濃度

黑白標誌

素描圖

剪影

線條圖

技術繪圖

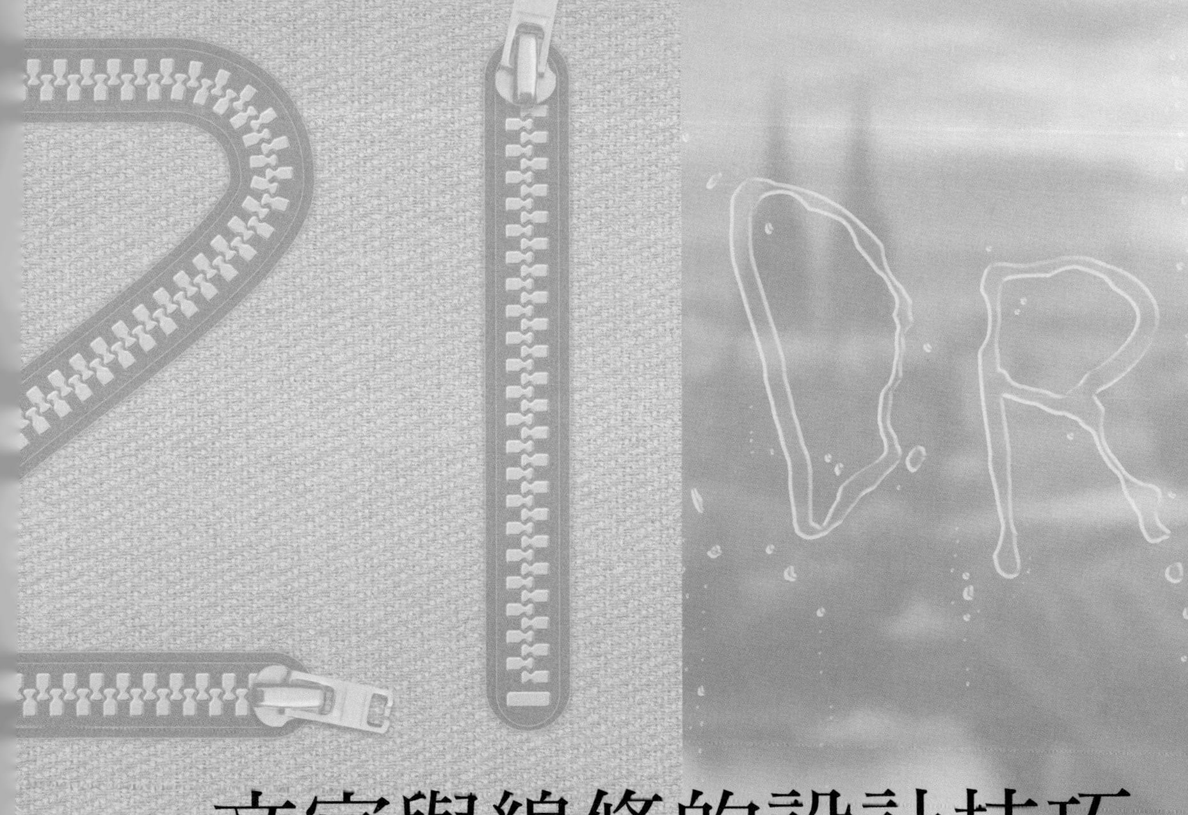

文字與線條的設計技巧

將文字和線條進行加工，以呈現水的樣子、番茄醬的表現，或者進行剪裁、交織、縫合、拉鍊、切片、……等技巧，讓文字和線條呈現多樣的印象。

Chapter 08

Typography & Line effects design techniques

Ps

製作水花造型的文字 no.069

使用濾鏡創造出如水花般的文字。

Point 立體文字套用「鉻黃」濾鏡，就能表現水花狀的效果

How to use 各種水的表現都都後適合

01 | 輸入文字

開啟素材「背景.psd」。選取喜好的字型，設定**顏色：#a7a7a7**，輸入文字「water」。配合左下濺起來的水花線條，使用**任意變形**功能，旋轉再放入適當位置 01。使用偏細且圓頭的字體，看起來會更加自然。範例使用 Adobe Fonts 中的 **Quimby Mayoral** 字型。

01

02 ｜ 將文字點陣化後再加上裝飾

在**圖層**面板上選取 water 文字圖層，按右鍵後選取**點陣化文字**。選取**筆刷工具**，設定**實邊圓形**筆刷。

設定**前景色**：**#a7a7a7**，在 w 的開頭處用筆刷加上筆畫裝飾(搭配文字字體做適當描繪) 02。

02

03 ｜ 用「圖層樣式」來加上陰影

在**圖層**面板上雙按 water 圖層，開啟**圖層樣式**交談窗。

選取**內陰影**選項，如圖 03 設定內容，其中**品質**的**輪廓**請選取**半圓**。

按右鍵後選取**點陣化圖層樣式**，利用這個步驟加上陰影後，可以讓**銘黃**特效(稍後設定)更加完美呈現 04。

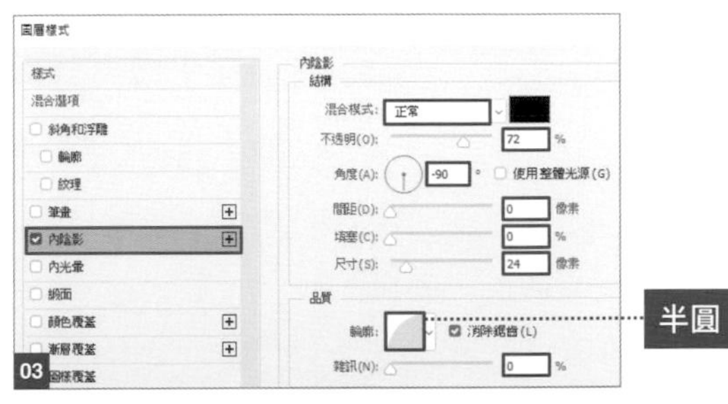

03

04

04 ｜ 重疊濾鏡製作出水的質感

執行『**濾鏡／濾鏡收藏館**』命令，選取**素描／銘黃**，如圖 05 設定內容。設定完成後，按右下角的**新增效果圖層**，再次如圖 06 設定**銘黃**濾鏡的內容(依步驟 01 所選取的字型再自行調整)，完成結果如圖 07。

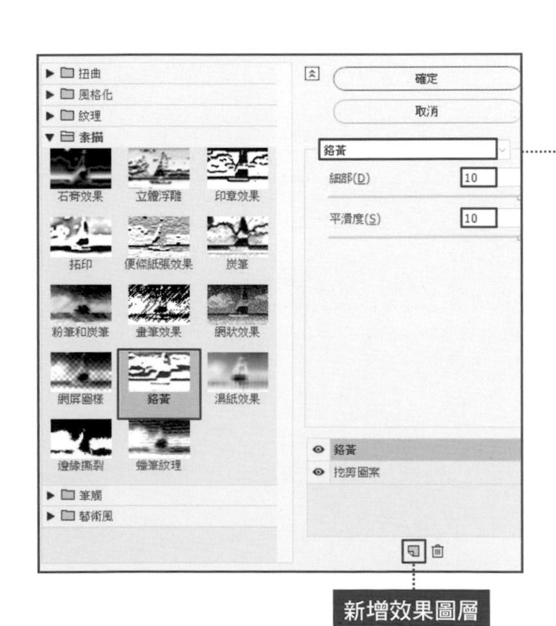

05

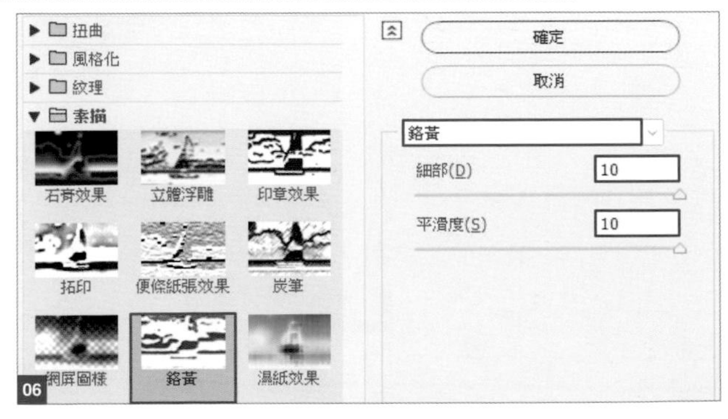

06

07

Chapter 08

05 | 色階調整，套用「液化」效果

開啟**色階**交談窗，如圖 08 設定內容 09。執行『**濾鏡 / 液化**』命令，選取**向前彎曲工具**，設定**筆刷工具選項／尺寸**：100 左右，如圖做出水狀字體較細部的造型部份 10 11。最後設定**圖層混色模式**：**濾色**，範例就完成了 12 13。

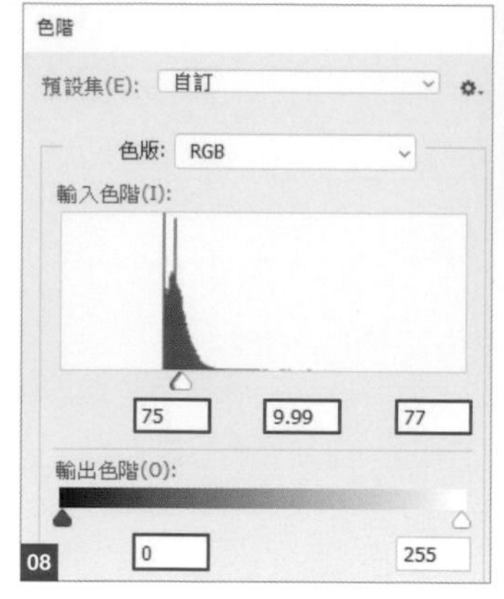

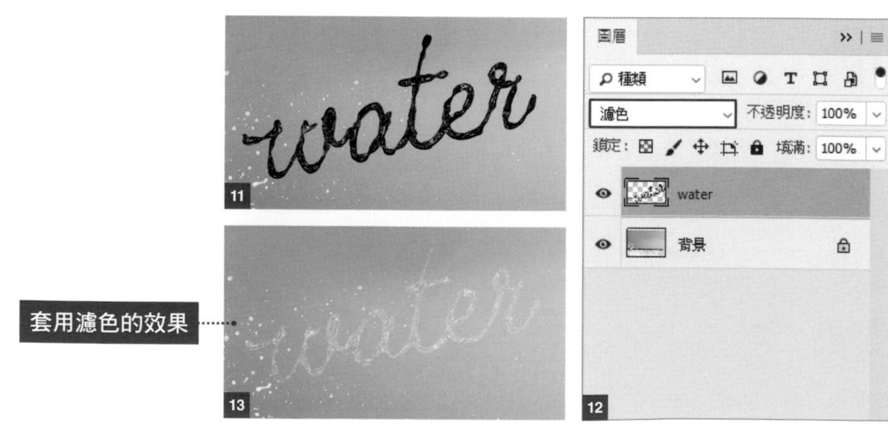

06 | 使用圖層樣式增加立體感

選取 water 圖層，開啟**圖層樣式**交談窗。選取**斜角和浮雕**選項，如圖 14 設定內容 15。開啟素材「水花.psd」，擺放在適當位置後就完成了 16。

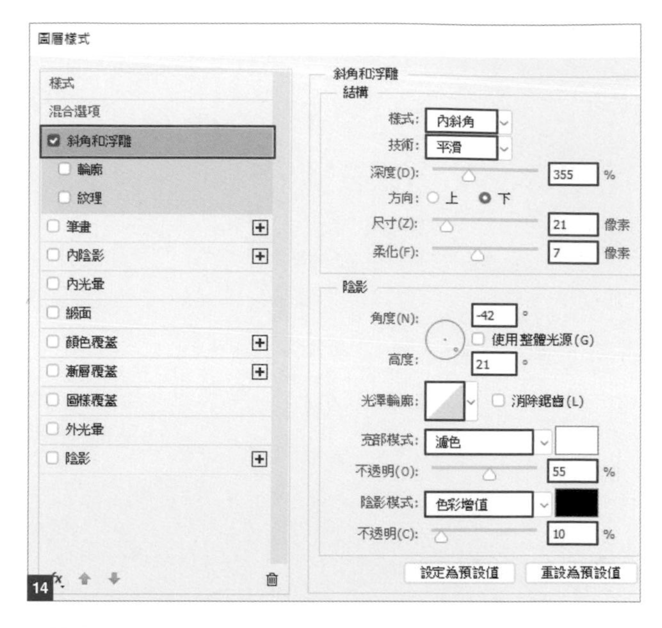

Ps

製作水滴感的文字 no.070

使用圖層樣式，表現出水滴的真實感。

Point 畫出水滴流下來的感覺

How to use 要表現出水滴的效果時

01 | 先畫出要表現的文字

開啟素材「背景.psd」，再建立一個新圖層 DROP。

選取**筆刷工具**，設定**前景色**：**#ffffff**／**實邊圓形**／**直徑**：100 px，寫出「DROP」文字 01。

01

02 | 套用「液化」濾鏡效果

執行『**濾鏡 / 液化**』命令，選取**向前彎曲工具**，設定**筆刷工具選項**的**尺寸**：100。適時調整數值 02，讓文字變成如圖 03 的樣子 (在此先將顏色設為黑色，方便辨識)。

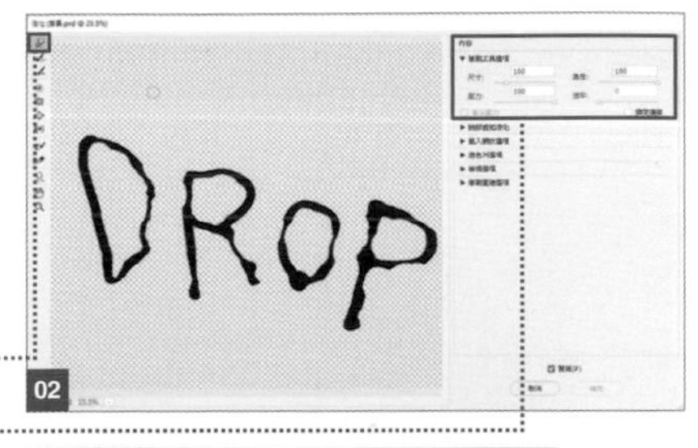

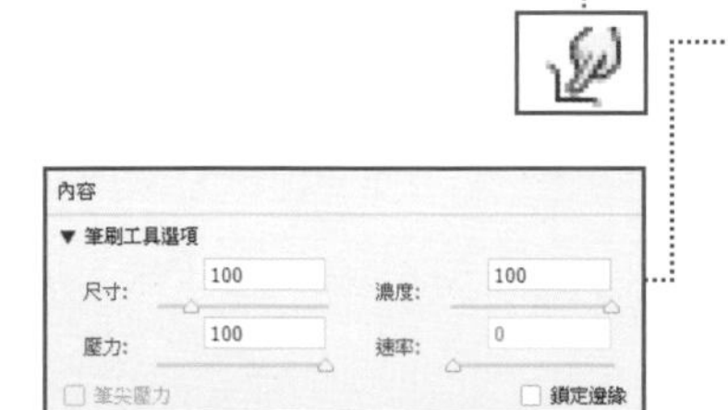

03 | 利用圖層樣式來加上水的質感

選取 DROP 圖層，設定**填滿**：5% 04，再雙按圖層開啟**圖層樣式**交談窗，選取**斜角和浮雕**選項，如圖 05 設定內容，其中**陰影**區**亮度模式**、**陰影模式**的顏色，為了搭配背景的夕陽，請設定為 **#ffa67d**。

選取**輪廓**選項，如圖 06 設定內容。

選取**陰影**選項，依圖 07 設定內容，完成後就變成圖 08 的效果。

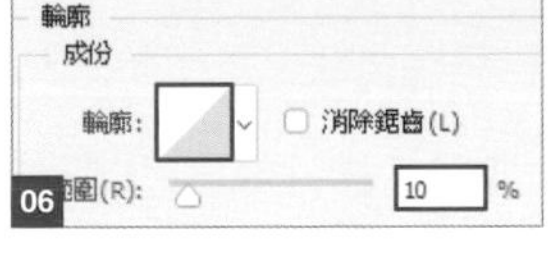

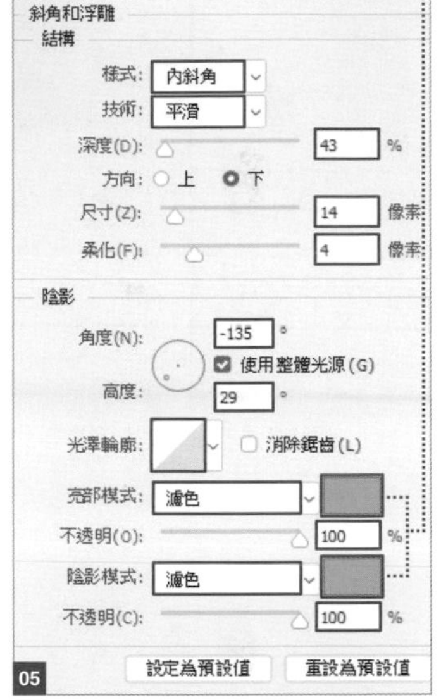

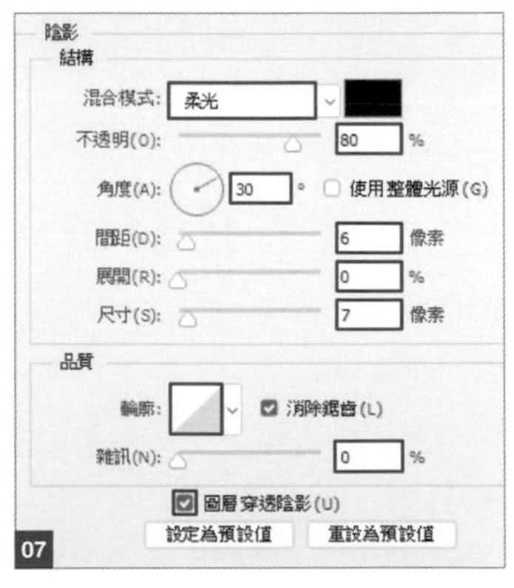

04 | 為畫面添加水滴

選取 DROP 圖層，與步驟 01 相同，用**實邊圓形筆刷**，適時調整**尺寸**：15～30 來畫出水滴。想像水滴從窗戶由上往下滴落的模樣，仔細完成水滴的描繪，範例就完成了 09。

Ps

製作蕃茄醬文字

no. 071

簡單製作出用蕃茄醬擠壓出來的文字造型。

Point 只用「斜角和浮雕」就能表現

How to use 適用於食品廣告或液態文字

01 | 描繪出手寫文字

開啟素材「背景.psd」，建立一個新圖層**蕃茄醬**。選取**筆刷工具**，設定**前景色：#8d0705**。選取**實邊圓形壓力不透明**筆刷 01。

用**尺寸：50 像素**左右的筆刷，手繪出「Tomato」文字，順帶畫出蕃茄醬滴到旁邊的效果 02。

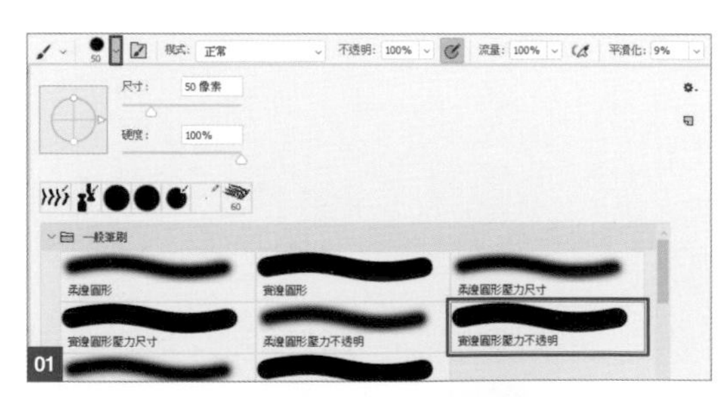

01

02

02 | 套用「液化」效果

執行『**濾鏡 / 液化**』命令。

選取**向前彎曲工具**，如圖 03 設定內容，為文字加上液化效果。

模擬用蕃茄醬寫文字時，筆畫上會自然形成的粗細部份來加以調整 04。

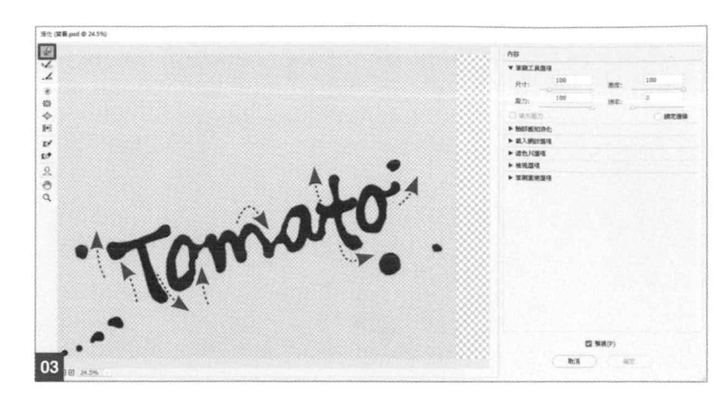

03

04

03 | 加上質感後作品就完成了

雙按**蕃茄醬**圖層，開啟**圖層樣式**交談窗。

選取**斜角和浮雕**選項，如圖 05 設定內容，其中**光澤輪廓**設定為預設值的**凹槽 - 深**，**陰影**的顏色為 #5b0202。

輪廓如圖 06 設定內容，雙按**輪廓**縮圖，如圖 07 畫出曲線。

將工作畫面如圖 08 擺放，這樣可以邊調整邊確認效果，操作也會順暢許多。

選取**陰影**選項，如圖 09 設定內容，**結構**的顏色為 #5b0202。像是用蕃茄醬擠壓畫出來的文字效果就完成了。

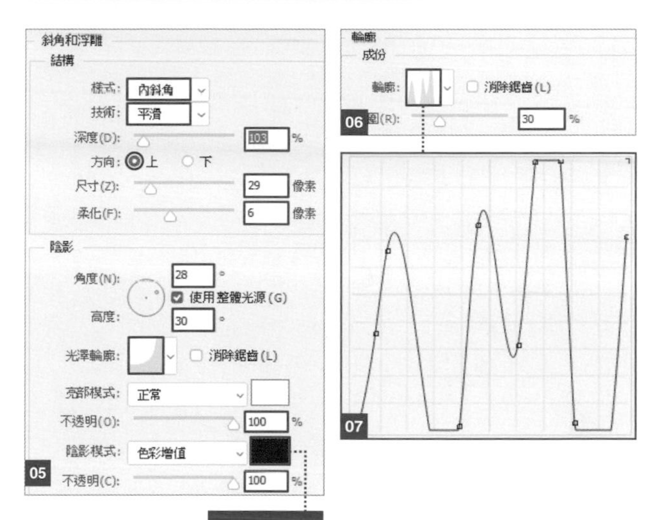

05 06 07

08

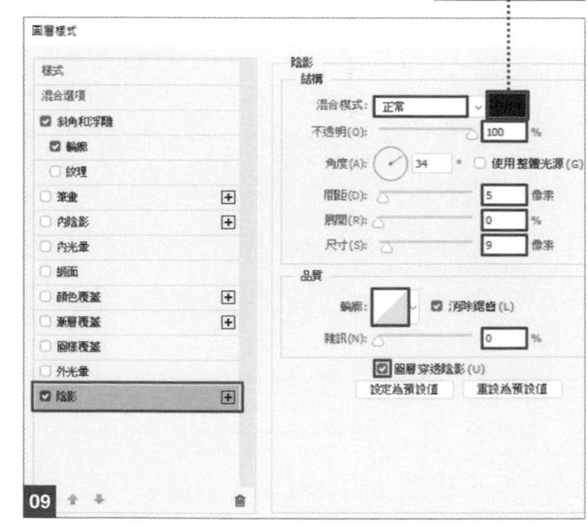

09

Chapter 08

Ps

依照文字裁切影像

no.072

使用剪裁遮色片，以文字的形狀裁剪影像，接著調整路徑，擴大影像的顯示範圍。

Point　使用剪裁遮色片，讓文字與影像有共通點，比較容易傳達訊息

How to use　設計成標題或 LOGO

01 | 輸入文字

開啟素材「背景.jpg」，這裡已經先準備了顏色為 **#d4c9be** 的背景 01。

選取**工具**面板的**水平文字工具** 02。

執行『**視窗 / 字元**』命令，開啟**字元**面板 03。

設定**字型**：Futura PT Cond、**字型樣式**：Medium、**字型大小**：190pt，輸入「FLOWERS」04。這個範例在**字元**面板設定了**垂直縮放**：150% 05 06。

memo

如果在 04 輸入文字後，直接置入影像，顯示面積會太窄，因此我們往垂直方向放大文字，增加文字的面積。

01

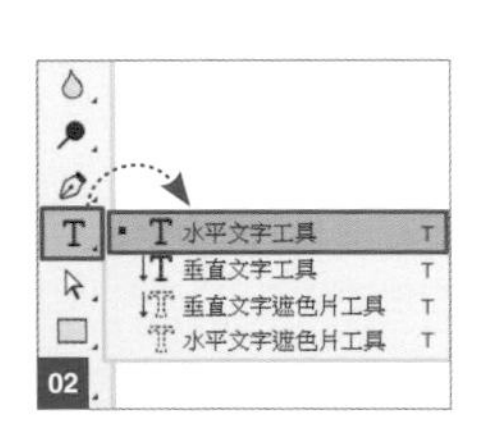

02

03

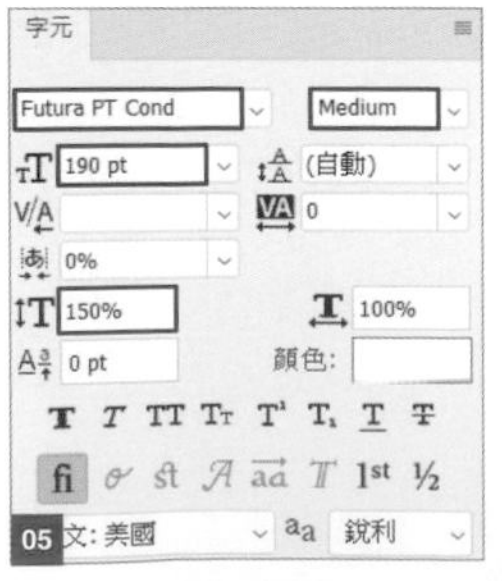

05

04

06

02 | 置入影像，套用剪裁遮色片

開啟素材「花.jpg」，放在最上方，圖層名稱命名為「花」07。

選取**花**圖層，按右鍵，執行『**建立剪裁遮色片**』命令 08 09，就能以文字形狀剪裁影像 10。

03 | 擴大文字面積，增加影像的顯示範圍

選取 FLOWERS 文字圖層，按右鍵，執行『**轉換為形狀**』命令 11。

選取**直接選取工具** 12。

在畫面上選取「FLOWERS」圖層，就會和圖 13 一樣顯示路徑。

刪除字母「O」與「R」的內側部分，增加面積。如圖 14 所示，選取「O」的內側（白色錨點為未選取狀態，藍色錨點為選取狀態），按下 Delete 鍵，刪除錨點 15。

依照相同技巧，刪除「R」的內側錨點 16。

這樣就能擴大影像的顯示範圍。

最後選取**工具**面板的**水平文字工具**，依照圖 17 設定**字型**：Futura PT、**字型樣式**：Book、**字型大小**：21pt、**追蹤選取字元**：200、**顏色**：#642b1c（這是從花影像擷取出來的顏色），輸入「Clipping Mask」，調整位置，讓文字大小形成對比，+ 這樣就完成了 18。

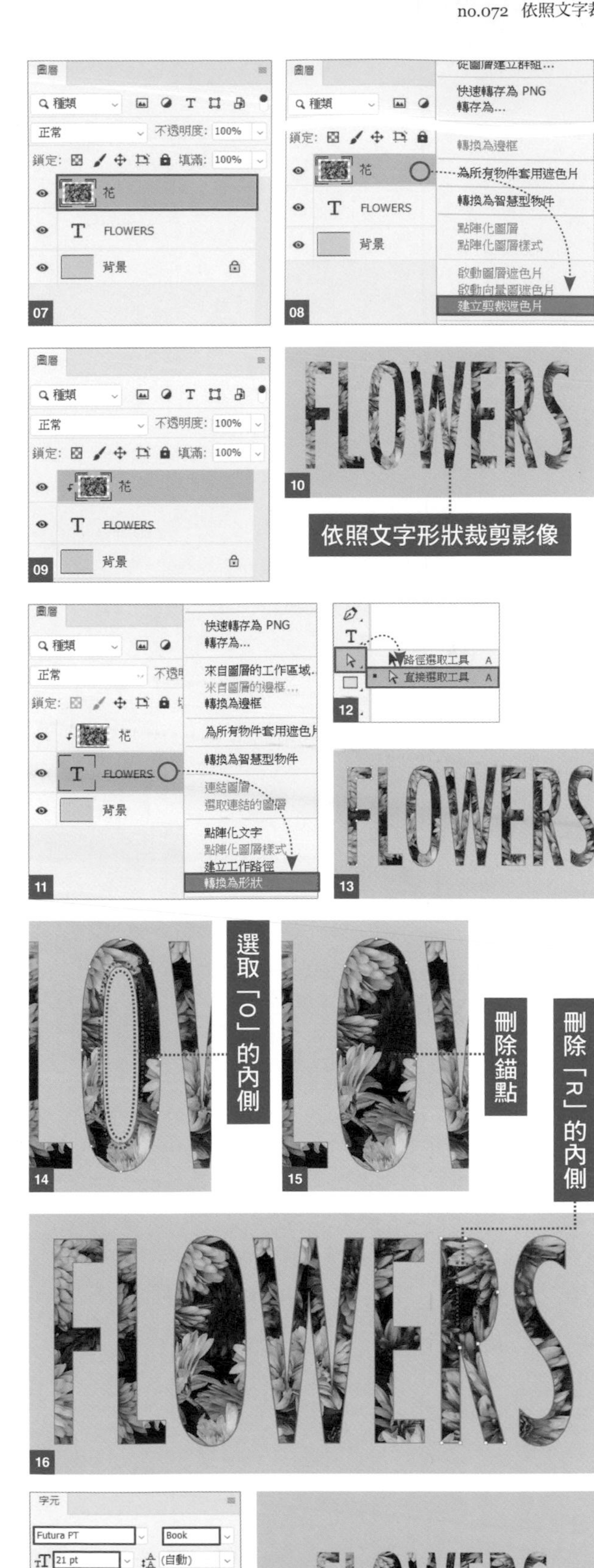

#642b1c

Chapter 08

Ps

製作文字與背景纏繞的設計 no.073

這個單元要介紹如何做出背景與文字纏繞的設計，適用於各種場合與任何主題設計。

Point 要挖取背景的哪一個部份，是最重要的一環

How to use 要將文字與視覺效果同時展現時

01 | 放入文字

開啟素材「背景.psd」。選取**水平文字工具**，設定**字型：小塚ゴシック Pro**，如圖 01 設定內容，文字顏色為 #fdefe1，段落設定為**文字居中**。輸入文字「Deep woods」02。

02 | 選取要挖取的元件

利用顯示、隱藏圖層功能切換 Deep woods 文字圖層，來確認背景的哪一個部份要顯示在文字上。決定好之後，將文字圖層設定**不透明度：**20%，讓整體顏色變淡，方便之後的操作 03。

03

03 | 剪下要顯示在文字上的圖案

選取**背景**圖層。選取**筆型工具**，製作要放置在文字上方的元件路徑。要與文字重疊的部份，必須很小心謹慎地操作，其餘部份的路徑可以簡化一點 (為方便辨識，我們將路徑內部改顯示為紅色) 04。

在畫布上**按右鍵 / 製作選取範圍**。

選取**背景**圖層，再按下**矩形選取畫面工具**等選取工具，然後**按右鍵 / 複製的圖層**，複製後的圖層命名為**前面**，放在最上層的位置 05。

04

05

04 | 替前面的元件加上陰影

在**前面**圖層的下方建立一個新圖層**陰影** 06。

按住 Ctrl (⌘) 鍵再按下**前面**圖層，建立選取範圍，選取**油漆桶工具**，用**前景色：**#000000 塗抹上色。選取**陰影**圖層，執行並套用『**濾鏡 / 模糊 / 高斯模糊**』命令，**強度：**20 像素 07。

06

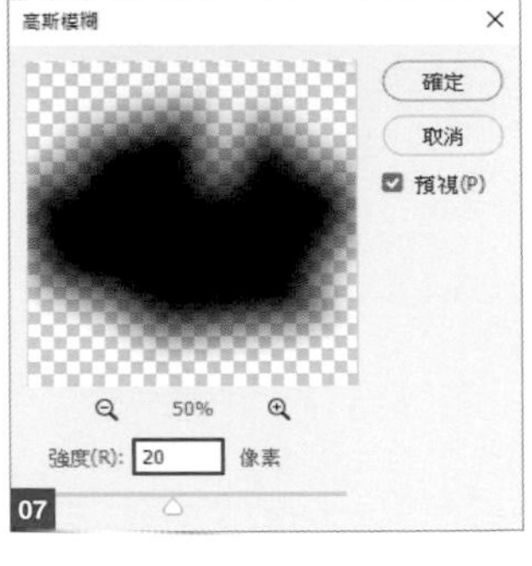

07

05 | 利用剪裁遮色片為文字上方的元件加上陰影

在**圖層**面板選取**陰影**圖層，**按右鍵 / 建立剪裁遮色片**。

設定**不透明度：65%**，針對 Deep woods 文字圖層套用剪裁遮色片，文字上方的元件陰影就完成了 08。

08

陰影會落在文字上

06 | 為文字添加陰影

雙按 Deep woods 文字圖層，開啟**圖層樣式**交談窗。選取**陰影**選項，如圖 09 設定內容。

為文字加上陰影後，作品就完成了 10。

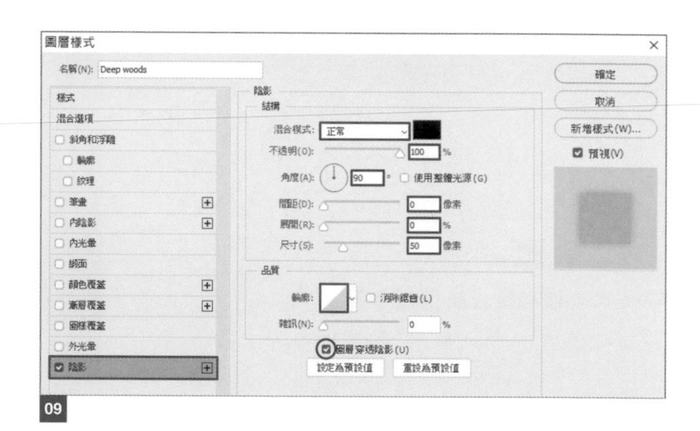

09

10

Ps

製作棒球質感的造型文字

no.074

製作如棒球般造型的商標。

Point 製作完整的路徑

How to use 適用於跟棒球有關的圖像，並給予加深印象的效果

Chapter 08

01 | 製作路徑

開啟素材「背景.psd」。接著要將放在背景上的 B 圖層，加工成棒球的樣子 01，選取**筆型工具**，如圖 02 製作路徑。

01

02

為了讓棒球的縫線自然，在製作路徑時路徑曲線要圓滑，轉彎的角度不能過於銳利。

路徑製作完成後，在**路徑**面板上將路徑命名為**外側** 後儲存 03。

以相同的方式，如圖 04 在內側也製作路徑，路徑名稱取為**內側**後儲存 05。

02 ❙ 將紋理重疊在 B 上面

開啟素材「紋理.psd」，配置在 B 圖層上方 06。在**圖層**面板上選取**紋理**圖層，按右鍵選取**建立剪裁遮色片** 07。

03 ❙ 讀取筆刷

雙按素材「棒球縫線筆刷.abr」載入筆刷，**棒球縫線筆刷**如圖 08，是手繪風格的筆刷，且已經完成筆刷的相關設定。

開啟**筆刷設定**面板，選取**筆尖形狀**選項設定**間距：146%** 09，再設定**筆刷動態**選項的**角度快速變換 / 控制：方向**，即使是描繪曲線也可以配合行進方向完美的畫出來 10。

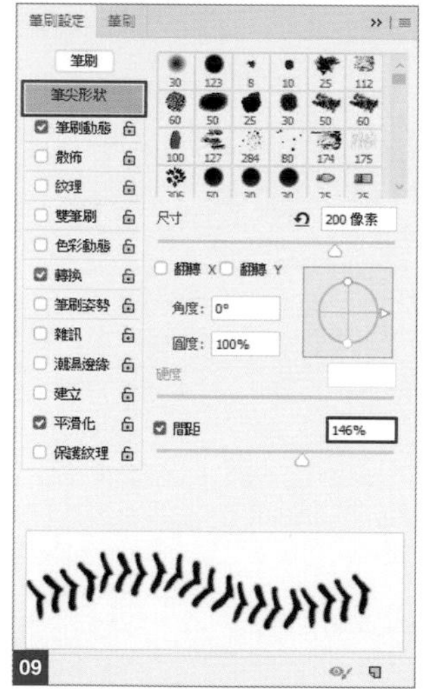

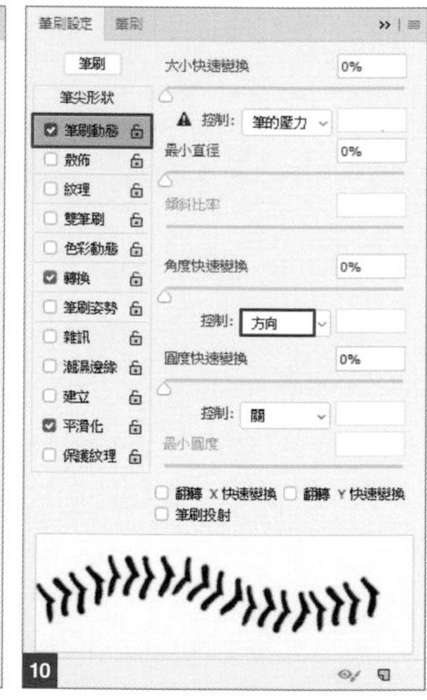

> **memo**
>
> 自行設定筆刷時，可根據描繪的元件，變更**筆尖形狀**數值，參考**筆刷設定**面板下方的預覽畫面，再決定最佳比例即可。

04 ❙ 描繪筆畫路徑，重現球體的縫線

建立一個新圖層**縫線**，並選取圖層。

選取**工具**面板的**筆刷工具**，再選取已載入的**棒球縫線筆刷**。

設定**前景色：#d81212／尺寸：92 px**。

選取**工具**面板的**路徑選取工具**，在**路徑**面板裡同時選取**內側**與**外側**路徑的狀態下，在畫布上**按右鍵 / 筆畫路徑** 11。

取消勾選**模擬壓力**選項，按下**確定**，沿著路徑的棒球縫線就完成了 12。

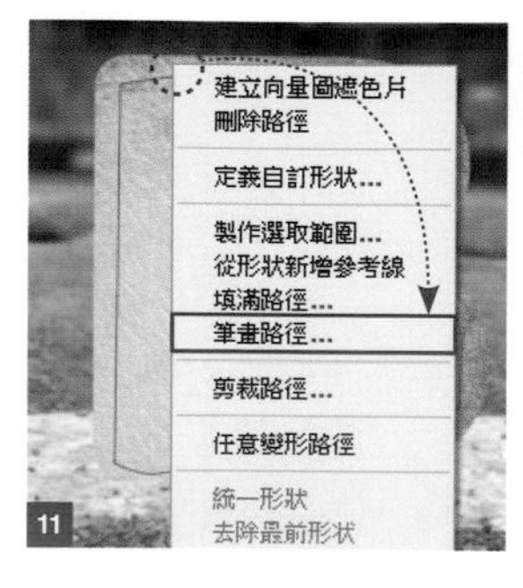

縫線完成了

05 ｜ 在縫線的中央加上線條

在下方建立新圖層**縫線線條**。

選取**筆刷工具**，變更為**實邊圓形**，設定**尺寸**：3 px／**前景色**：#2f2f2f。

跟之前的步驟一樣，按下**路徑選取工具**，在**路徑**面板裡同時選取**內側**與**外側**路徑的狀態下，在畫布上**按右鍵 / 筆畫路徑**。取消選取**模擬壓力**，按下**確定**。棒球縫線的中心線就完成 13。

06 ｜ 利用圖層樣式，增加立體感

選取**縫線**圖層，開啟**圖層樣式**交談窗。選取**斜角和浮雕**選項，如圖 14 設定內容。選取**陰影**選項，如圖 15 設定內容。

接下來，選取 B 圖層，開啟**圖層樣式**交談窗。選取**斜角和浮雕**選項，如圖 16 設定內容。立體感就完成了 17。

最後，在 B 圖層的下方建立新圖層**陰影**。選取**筆刷工具**，設定**前景色**：#000000 後，用**柔邊圓形**畫上陰影後作品就完成了 18。

13

完成了棒球縫線的中心線

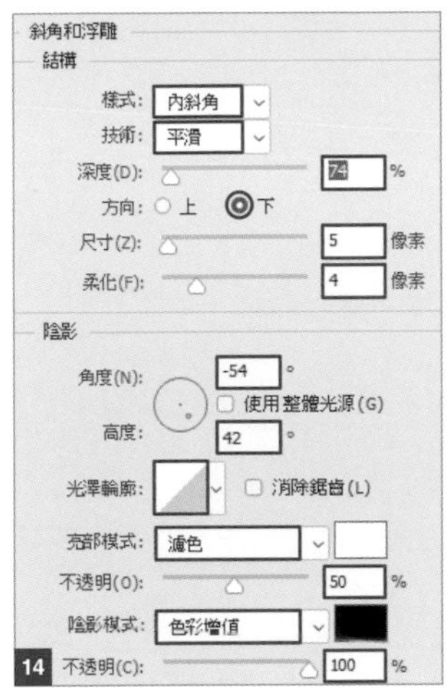

14

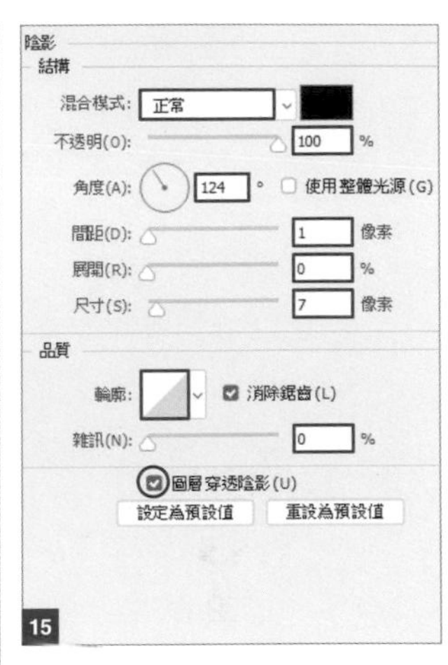

15

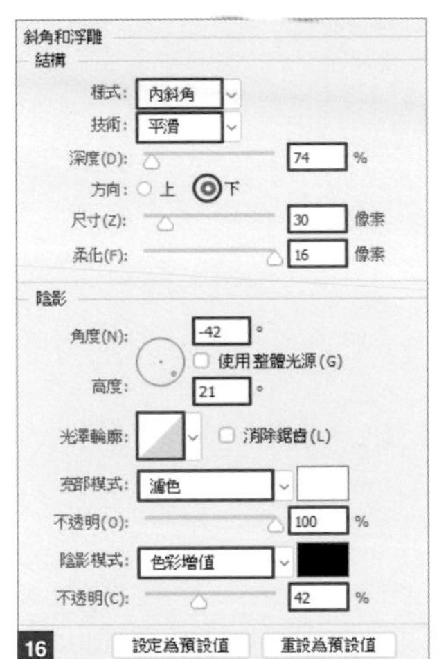

16

17

18

Chapter 08

Ps

拉鍊造型的文字設計

no. 075

做出拉鍊般的文字效果。

Point　使用圓滑的曲線來描繪路徑

How to use　可用來當作標題或裝飾用的元件

01 ｜ 讀取筆刷

開啟素材「背景.psd」。雙按素材「拉鍊筆刷.abr」載入筆刷。

拉鍊筆刷已如圖 01 的圖像準備好，也完成了**筆刷設定**。

02 ｜ 製作路徑

選取**筆型工具**，如圖 02 製作 ZIP 的路徑。在描繪路徑時要注意，彎曲的角度不能過小，要圓滑一點才會好看（這裡我們將背景設為黑色，路徑會看得比較清楚）。

路徑完成後，在**路徑**面板中，將路徑取名為 zip 後儲存 03 。

02

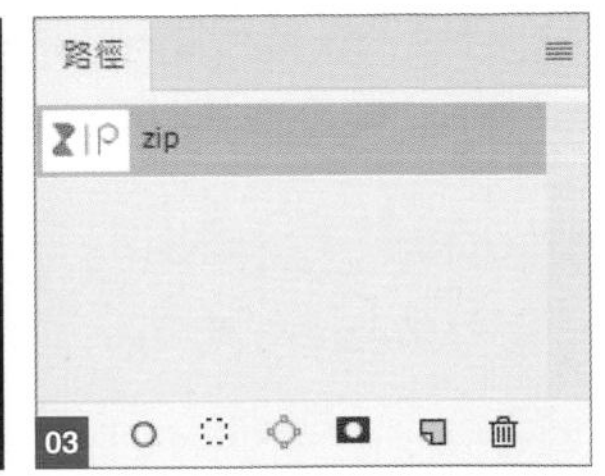

03

03 ｜ 畫出拉鍊

建立一個新圖層**拉鍊**並選取。選取**筆刷工具**，再選取剛才已載入的**拉鍊筆刷**，設定**前景色**：**#000000／尺寸**：100 像素。

選取**工具**面板的**路徑選取工具** 04 。

在選取 zip 路徑的狀態下，於畫布上**按右鍵**選取**筆畫路徑** 05 。

取消**模擬壓力**後按下**確定** 06 。拉鍊的樣子就會沿著路徑製作出來了 07 。

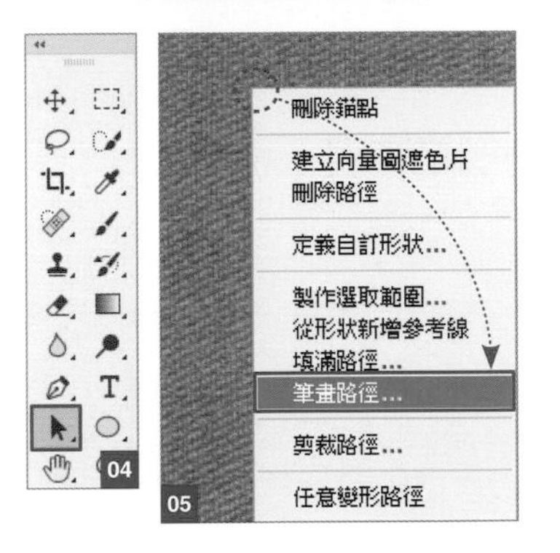

04 05

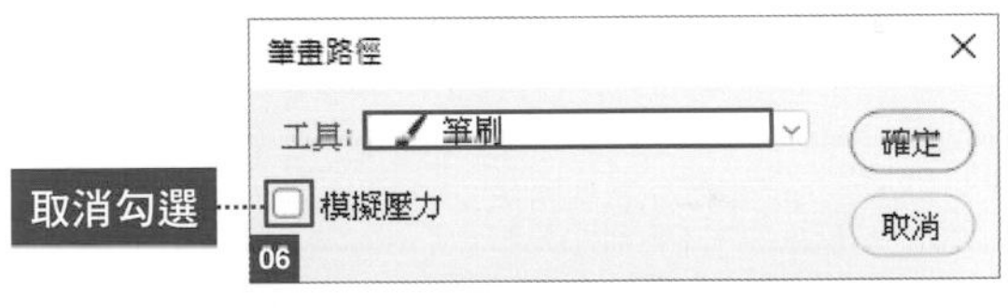

06

07

column

製作拉鍊筆刷的技巧

本單元所使用的筆刷，其製作技巧是將**筆刷設定**面板的**筆尖形狀**，將**間距**設定為 100%，讓拉鍊畫出來的間距都相同。再設定**筆刷動態**中的**角度快速變換／控制：方向**。這樣一來，即使是曲線也可以依行進的方向完整的描繪出來。

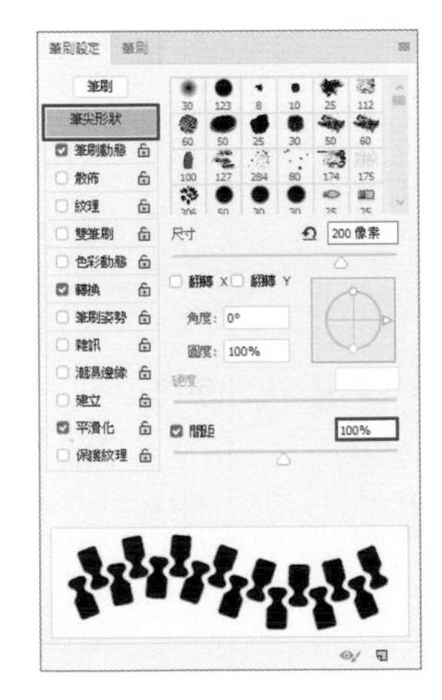

04 | 加上拉鍊的質感

取消選取路徑 zip，改選取**拉鍊**圖層，並雙按開啟**圖層樣式**交談窗。

選取**斜角和浮雕**選項，如圖 **08** 設定內容，其中**陰影**的**光澤輪廓**請設定為**半圓**。

選取**筆畫**選項後，如圖 **09** 設定內容，**顏色**：**#313131**。

選取**內光暈**選項，如圖 **10** 設定內容。選取**陰影**選項，如圖 **11** 設定內容，拉鍊的金屬感就完成了 **12**。

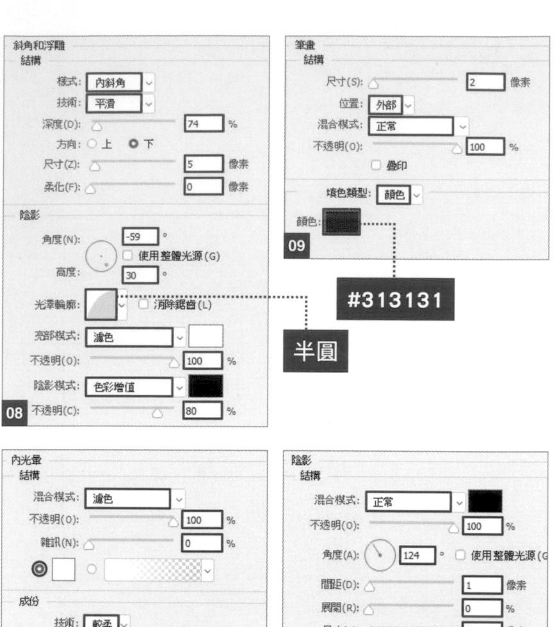

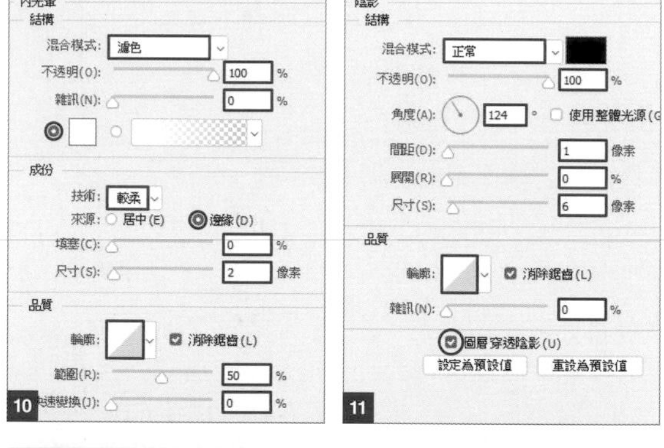

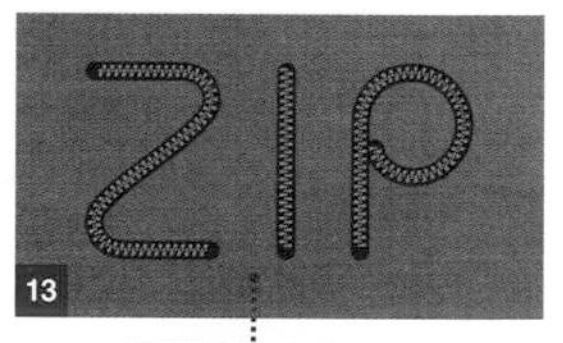

05 | 製作拉鍊周圍的設計

在文字下面建立一個新圖層**底座（內側）**之後再選取。

選取**筆刷工具**，變更為**實邊圓形壓力不透明**筆刷，設定**前景色**：**#1a3992**／**尺寸**：**150**，與步驟 03 的方法相同，從**工具**面板中選取**路徑選取工具**，在選取**路徑**面板中 zip 路徑的狀態下，於畫布上**按右鍵**選取**筆畫路徑**，取消**模擬壓力**選項按下**確定**，底座就完成了 **13**。

雙按**底座（內側）**圖層，開啟**圖層樣式**交談窗。

選取**內光暈**選項，如圖 **14** 設定內容。

選取**圖樣覆蓋**選項，如圖 **15** 設定內容，其中**圖樣**：**土**。

陰影選項請如圖 **16** 設定，底座的詳細設定就完成了 **17**。

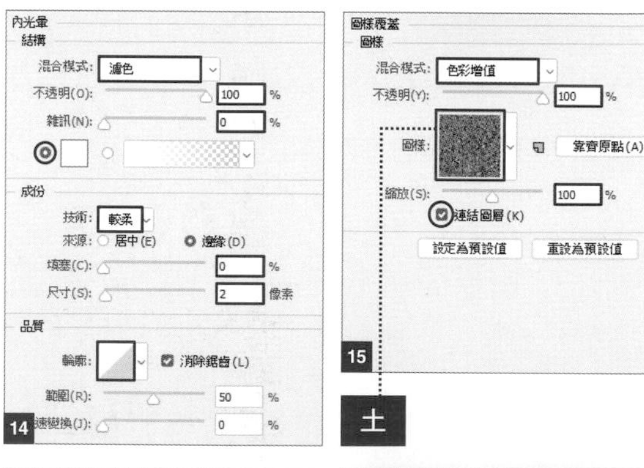

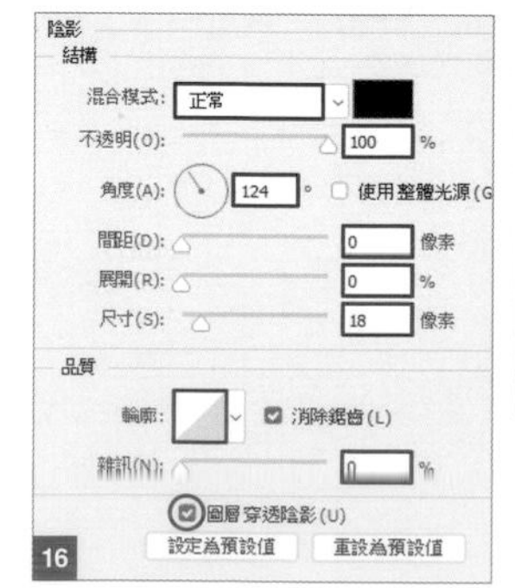

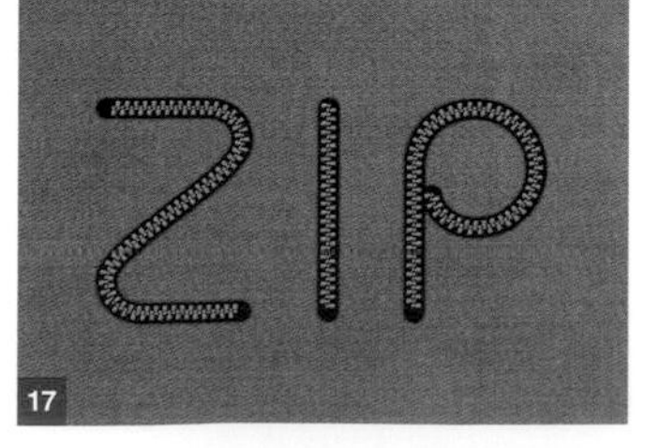

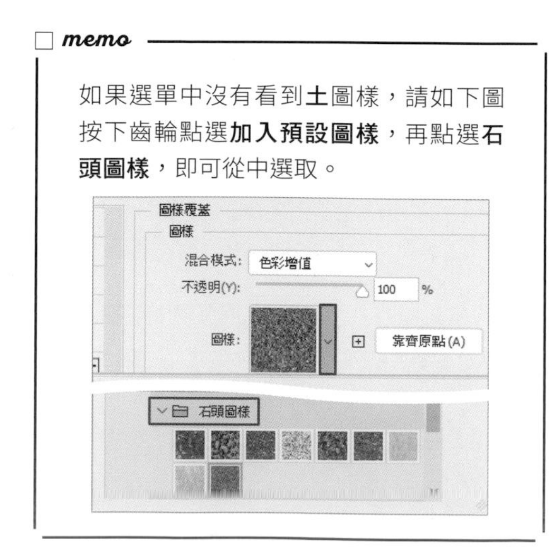

□ *memo*

如果選單中沒有看到**土**圖樣，請如下圖按下齒輪點選**加入預設圖樣**，再點選**石頭圖樣**，即可從中選取。

06 | 使用相同的方法製作底座外側

在下方建立一個新圖層**底座（外側）**。選取**筆刷工具**，變更**實邊圓形壓力不透明／尺寸：200 像素**，與步驟 05 的方式相同，選取 zip 路徑再套用**筆畫路徑**，接著描繪底座的外側部份。完成後複製、貼上**底座（內側）**的圖層樣式，就能套用相同的效果了 18。

18

19 形狀 填滿: 筆畫: 1 像素 圓角半徑: 10 像素 對齊邊緣

07 | 繼續進行細部裝飾元件

設定**前景色：#000000**，選取**圓角矩形工具**，設定**圓角半徑：10 px** 19。如圖 20 新增元件，完成後再如圖 21 新增 2 個地方，一共裝飾 3 個小地方 (為方便辨識，這裡設定為紅色)。

複製**拉鍊**圖層的圖層樣式，再到製作完成的 3 個圖層貼上 22。

開啟素材「拉鍊頭.psd」，如圖 23 擺入位置。選取**拉鍊頭**圖層，為它們設定**圖層樣式 / 陰影**，如圖 24，作品就完成了 25。

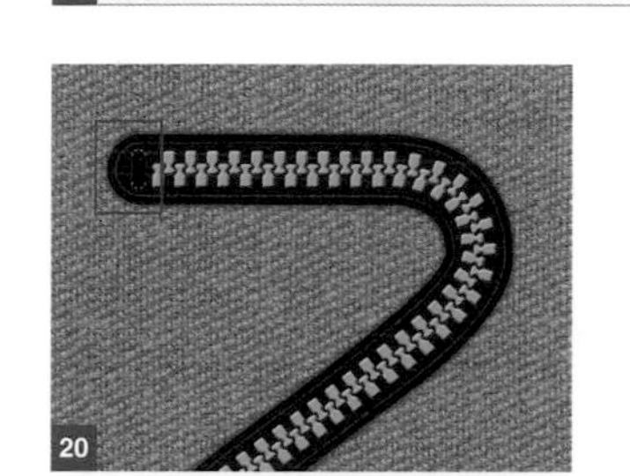

20

21

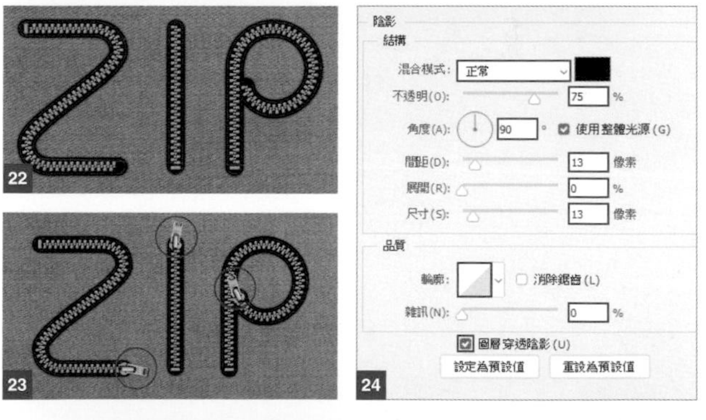

22 23 24

25

CAFE
THIS MORNING
THE COFFEE IS
DELICIOUS
Would you like
some coffee?

Ai

製作手寫文字

no.076

這個單元將使用 Illustrator 來製作手寫風格的文字。這樣的技巧很適合用來做整體的搭配，當您想在作品中添加隨性的元素時，是非常方便的一種手法。

Point 將效果用在想要表現隨興的造型上

How to use 可活用於欲添加手寫風格的插畫造型設計

01 | 將文字點陣化

選取**工具**面板中的**文字工具**，設定**字型**：AdornS Condensed Sans／**填色**：#000000／**字體大小**：39 pt／**行距**：45 pt，輸入「THIS MORNING THE COFFEE IS DELICIOUS」01 02。AdornS Condensed Sans 字型是 Adobe Fonts 裡的字型。

選取文字，執行『**物件 / 點陣化**』命令，**色彩模式**：RGB／**解析度**：高 (300ppi)／**背景**：白色，變更後按下**確定**鈕 03，文字就點陣化為圖像 04。

02 | 沿著圖像描繪，將文字變成線條

執行『**視窗 / 影像描圖**』命令，在**影像描圖**面板上設定**預設集**：**線條圖** 05，可直接在畫面上預覽文字變成線條 06。

點選**選項列**上的**展開**鈕 07，確認將文字轉換為線條 08。

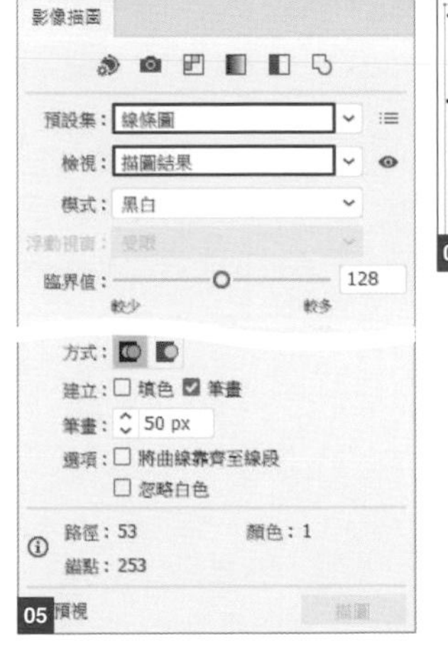

文字變線條了

Chapter 08

03 ｜ 套用筆刷效果

將文字變更為線條後，就可以套用筆刷效果了。執行『**視窗 / 筆刷資料庫 / 藝術 / 藝術_粉筆炭筆鉛筆**』命令，從中挑選**粉筆圓角** 09，設定**寬度**：0.25，手繪風格的文字就完成了 10。

再變更顏色**筆畫**：#ffffff 11，就完成範例右上方的裝飾了。

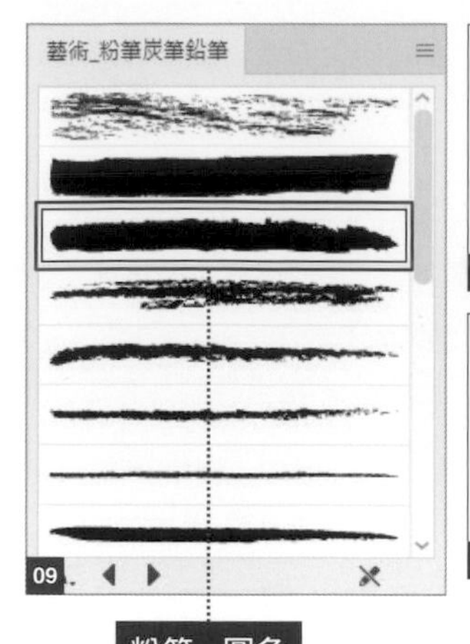

04 ｜ 製作手寫風格的扭曲文字

設定**字型**：Adobe Garamond Pro／**字體大小**：100 pt／**字距微調**：100／**填色**：#ffffff，輸入文字「CAFE」12 13 (將底色設為灰色，白色字體會比較明顯)。

執行『**效果 / 扭曲與變形 / 粗糙效果**』命令，設定**尺寸**：2%／**細部**：2 英寸／**點**：**平滑**，設定好後按下**確定**鈕 14，粗糙效果就完成了 15。

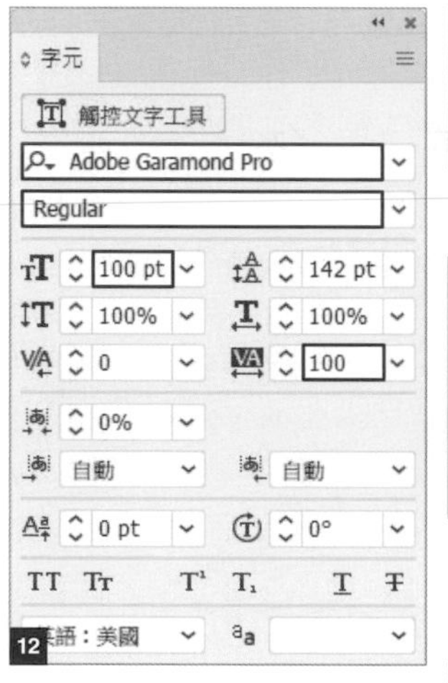

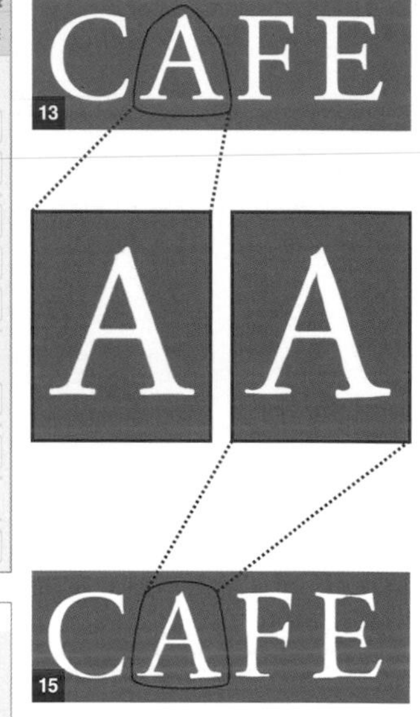

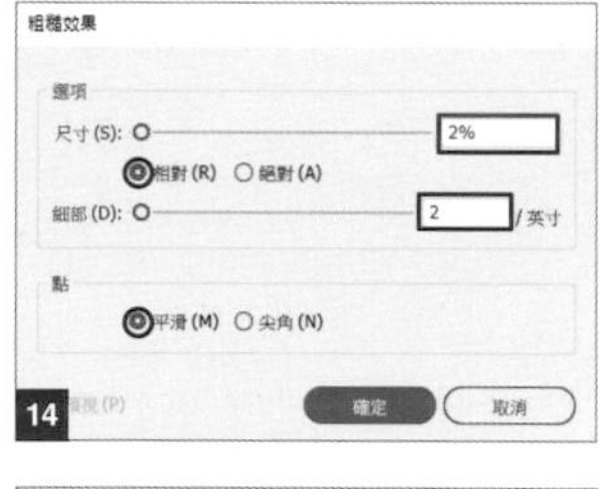

05 ｜ 設定外觀

將**填色**與**筆畫**設定為**無**，執行『**視窗 / 外觀**』命令。點選**外觀**面板的**新增筆畫**，設定**筆畫**：#ffffff，從**筆刷**面板中選取**粉筆 - 圓角** 16。

在**筆畫**面板中設定**寬度**：0.1 pt 17，就會變成圖 18 的樣子。

06 | 登錄繪圖樣式

將步驟 05 製作出來的手繪文字登錄在**繪圖樣式**。執行『**視窗 / 繪圖樣式**』命令，開啟**繪圖樣式**面板，選取剛才製作好的文字，再從**繪圖樣式**面板的選單中按下**新增圖層樣式** 19。

登錄**樣式名稱：手寫外框字** 20。

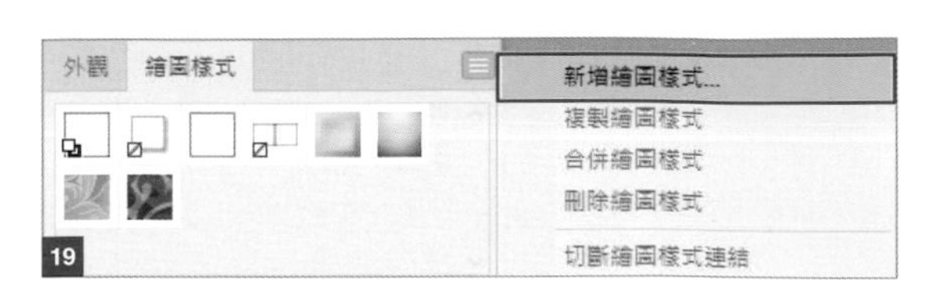

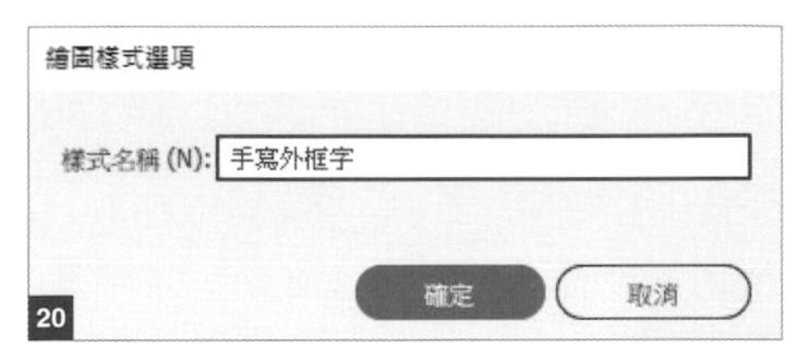

07 | 讓物件膨脹變凸，再用筆刷描繪

執行『**物件 / 封套扭曲 / 以彎曲製作**』命令，在**彎曲選項**交談窗中設定**樣式：凸形／水平／彎曲：30%** 21，形狀會變得膨脹且凸起 22。

再選取**筆刷工具**，設定**粉筆 - 圓角 / 寬度：0.25 pt**，像畫影子般沿著筆畫描繪，如圖 23，就完成範例左上方的裝飾。

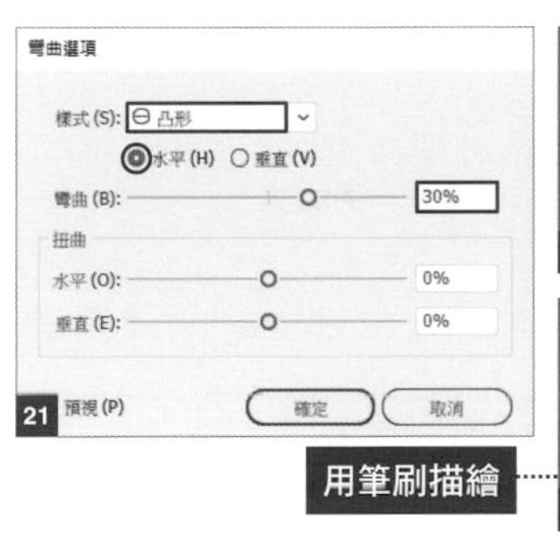

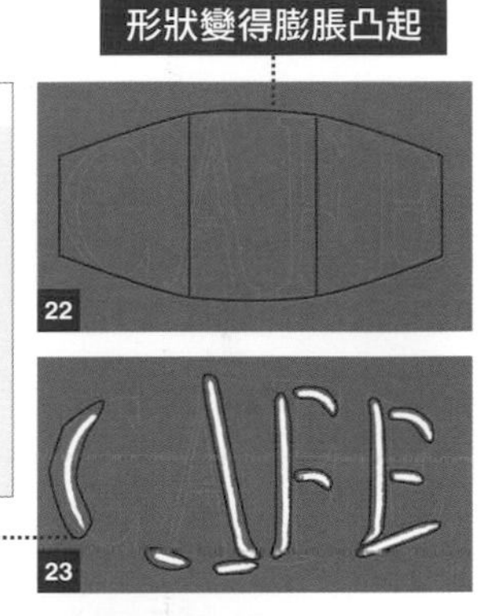

08 | 以外框線文字呈現

設定**字型**：GoodDog New／**字體大小**：42 pt／**行距**：65 pt，輸入「Would you like some coffee?」文字 24 25。

將**填色**與**筆畫**皆設為**無**，從**繪圖樣式**中選取剛才登錄的**手寫外框字**，反映在文字上。因為已登錄在**繪圖樣式**中，所以很方便直接套用手寫風格的外框線文字 26 27。

範例中將素材「手繪文字背景.jpg」放在最後面，再用**筆刷工具**、**筆型工具**等，依筆刷的設定內容套用在文字上，或是將文字的角度稍作變更，再擺放在喜好的位置上就可以了。

手寫風格的塗鴉，有一種隨興感，活用 Illustrator 的工具來製作，是很不錯的選擇。

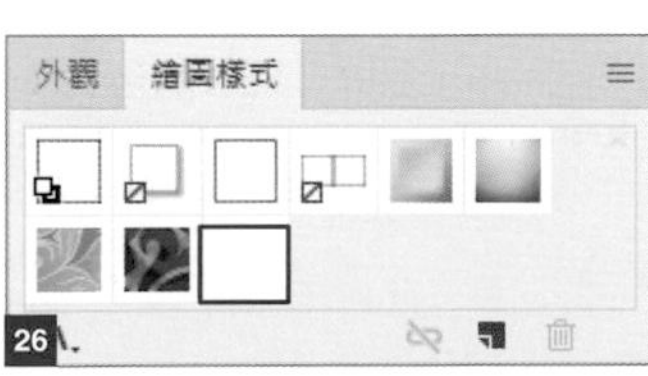

Ai

製作色鉛筆文字

no. 077

想要做出手繪風格的文字，又覺得現有的藝術筆刷少了點什麼，這時可以利用「散落筆刷」來做出逼真的效果！

Point　使用散落筆刷

How to use　想要表現出溫暖的手繪插畫風格時

01 | 製作色鉛筆筆刷

選取**鉛筆工具**，設定**填色：**#000000，畫出寬、高約 1 mm 的隨興橢圓形 01。

執行『**視窗 / 筆刷**』命令，從**筆刷**面板選單中點選**新增筆刷**，在交談窗中設定**選取新筆刷類型：散落筆刷** 02。

在**散落筆刷選項**交談窗中設定**尺寸：隨機、最低：100%、最高：75%／間距：隨機、最低：10%、最高 10%／散落：隨機、最低：-55%、最高：130%／旋轉：隨機、最低：-180、最高：180**，上色方式變更為**方式：色調** 03。色鉛筆筆刷就完成了 04。

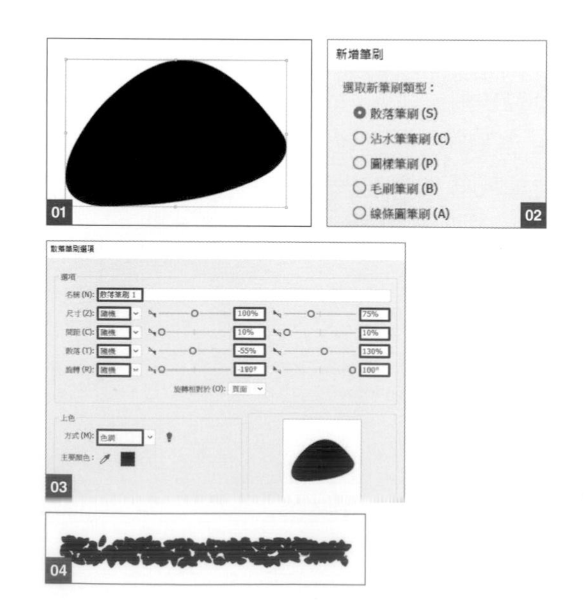

02 ｜ 將文字變更為線條

設定**字型**：Lamar Pen／**字型大小**：61 pt／**填色**：#000000，輸入文字「Colored pencil」 05 。選取文字後執行『**物件 / 點陣化**』命令，選取**色彩模式**：RGB／**解析度**：高 (300 ppi)／**背景**：白色，再按下**確定** 06 07 。

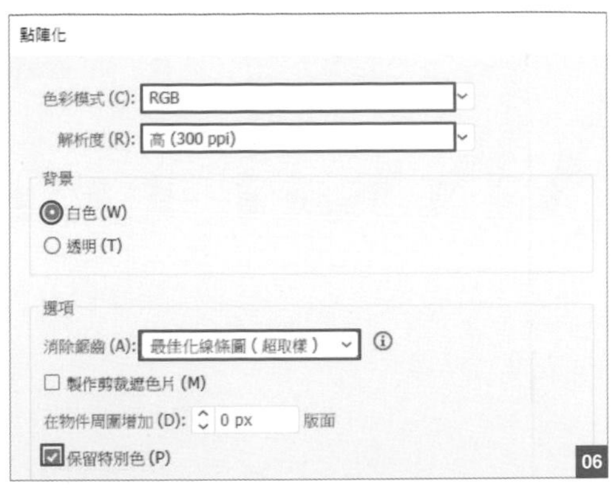

03 ｜ 影像描圖後套用筆刷

執行『**視窗 / 影像描圖**』命令，開啟**影像描圖**面板。先將**預設集**切換為**線條圖**，開啟**進階**內容後，變更**筆畫**：80 px 08 。從**選項列**中點選**展開** 09 ，文字就變成線條了 10 。

將文字轉換為線條後，即可套用筆刷效果。

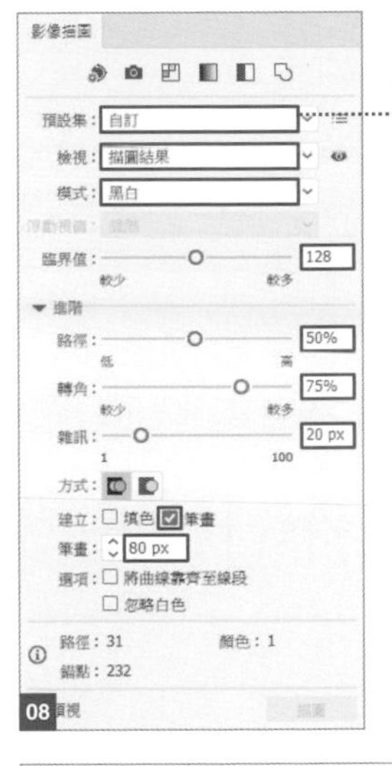

先切換為**線條圖**，設定進階選項後會變**自訂**

04 ｜ 讓線條呈現出筆刷效果

選取轉換為線條後的文字，從**筆刷**面板中選取剛才登錄完成的色鉛筆筆刷。文字會變成色鉛筆畫出來的樣子，有不平滑效果的筆畫線條 11 。變更顏色就可以作出色鉛筆畫出來的文字效果 12 。範例中將色鉛筆效果運用在線條還有插畫上等，表現出快樂開心的氛圍。

memo

在製作線條與插畫等裝飾時，可以變更筆刷的粗細與顏色來描繪，再加上使用散落筆刷，可以簡單完成手繪風格的插圖。

memo

散落筆刷會沿著路徑不規則隨機散落，與**藝術筆刷**最大的不同是，外觀不會隨路徑的長度而大幅改變。

Ps

以切片文字製作出動感設計 no.078

將影像切片之後，製作出帶有動態感的文字。

Point 以直線切片整個文字，就會產生自然的錯位效果

How to use 想切片文字或影像，製作出令人印象深刻的設計

01 | 輸入文字並進行平面化

開啟素材「背景.jpg」。

選取**工具**面板的**水平文字工具**，輸入「ARCHITECT」。

文字設定為**字型**：Futura PT、**字型樣式**：Medium、**字型大小**：100pt、**顏色**：#000000 01 02。

選取 ARCHITECT 文字圖層，按右鍵，執行『**點陣化文字**』命令 03，轉換成文字影像 04。

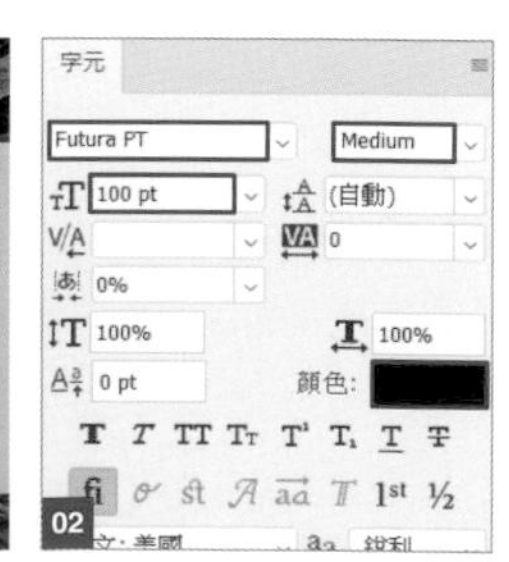

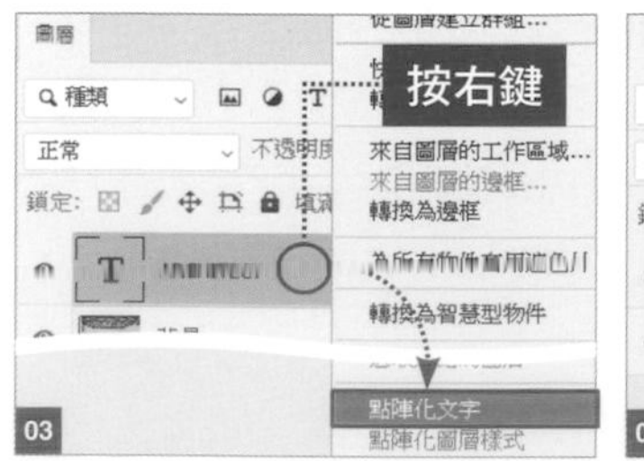

02 | 使用形狀剪裁文字當作切片位置的參考

選取**工具**面板的**矩形工具** 05，在**選項列**設定**檢色工具模式：路徑** 06。

在文字中央建立矩形路徑，如圖 07 所示，接著執行『**編輯 / 任意變形路徑**』命令 08。

依照你想裁剪的線條變形路徑。這個範例將路徑順時針旋轉「3.5°」，如圖 09 所示。

決定位置之後，在畫面上按右鍵，執行『**製作選取範圍**』命令 10，開啟**製作選取範圍**交談窗，直接按下**確定**鈕 11。

建立選取範圍後，執行『**圖層 / 新增 / 剪下的圖層**』命令 12，建立**圖層 1** 圖層，按一下**圖層**面板中的眼睛圖示，暫時隱藏**圖層 1** 13。

03 | 把文字切片成 3 個並更改圖層名稱

選取 ARCHITECT 圖層，使用**工具**面板的**多邊形套索工具**或**套索工具**等，依照圖 14，在文字的上半部分建立選取範圍，和上個步驟一樣，按右鍵，執行『**剪下的圖層**』命令。

顯示剛才隱藏的**圖層 1** 圖層，為了方便辨識畫面與圖層的排列順序，先調整圖層的位置與圖層名稱。把**圖層 2** 圖層放在最上方，圖層名稱更改成**上**，**圖層 1** 圖層改為**中**，ARCHITECT 改為**下** 15。

04 | 移動各個圖層，只調整中央的文字顏色，增添變化

選取**工具**面板的**移動工具**，再選取每個圖層，使用鍵盤的方向鍵，往上下左右移動 16。

按一下**中**圖層的圖層縮圖 17，執行『**影像 / 調整 / 色階**』命令，設定**輸出色階**：65／255，將黑色變成灰色就完成了 18 19。

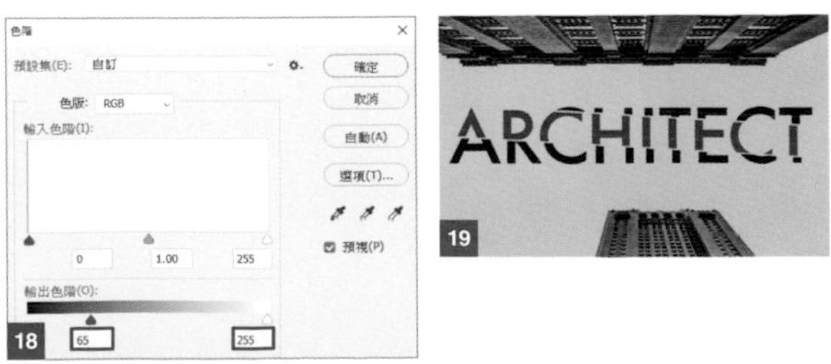

Ps

排列成立體文字

no. 079

切割文字，利用「變形」排成立體文字。

Point　利用選項列設定數值套用變形

How to use　製作立體且有動態感的標題或 LOGO

01 ｜ 輸入文字並進行點陣化

開啟素材「背景.jpg」，這是猶如老舊底片的紋理影像。

選取**工具**面板的**水平文字工具**，輸入文字。

文字設定**字型**：Futura PT、**字型樣式**：Heavy、**字型大小**：150pt、**顏色**：#000000 **01**。使用**工具**面板的**水平文字工具**輸入「BLACK」**02**。

選取**圖層**面板中的 BLACK 文字圖層，按右鍵，執行『**點陣化文字**』命令 **03**。

轉換成影像圖層 **04**。

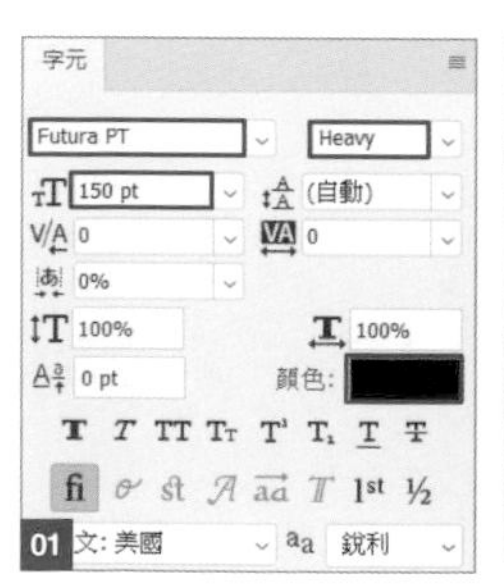

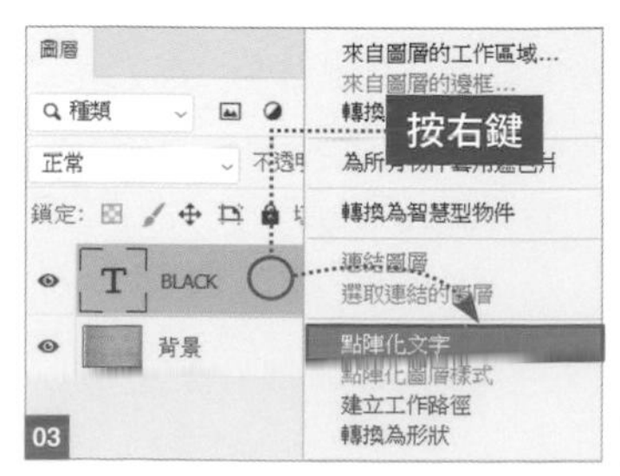

02 | 文字切片

選取**工具**面板的**矩形選取畫面工具**，依照圖 05 建立選取範圍。在畫面上按右鍵，執行**『剪下的圖層』**命令 06。

將剪下的圖層命名為「BLACK_左」07。依照相同技巧，選取 BLACK 圖層，建立如圖 08 的選取範圍，在畫面上按右鍵，執行**『剪下的圖層』**命令。

剪下的圖層命名為「BLACK_右」，BLACK 圖層改為「BLACK_中」。圖層順序由上往下排成 BLACK_左、BLACK_中、BLACK_右 09。

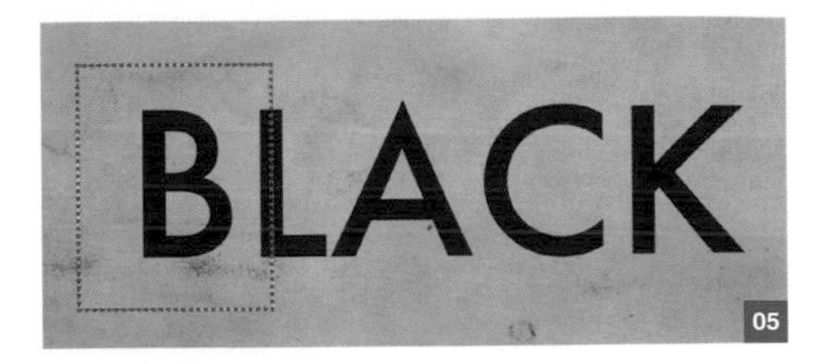

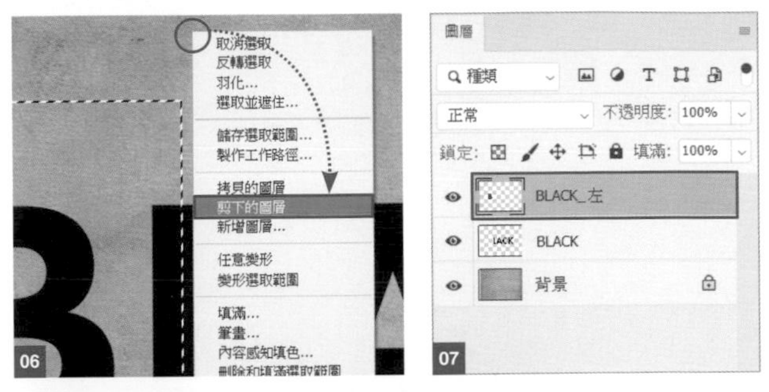

03 | 變形切片後的文字，營造出立體感

選取 BLACK_左圖層，執行**『編輯 / 任意變形』**命令，在**選項列**輸入**設定旋轉**：30°、**設定水平傾斜**：30°，按下**確認變形**鈕 10 11。

選取 BLACK_中圖層，執行**『編輯 / 任意變形』**命令，在**選項列**輸入**設定旋轉**：-30°、**設定水平傾斜**：-30°，按下**確認變形**鈕 12 13。

Chapter 08

選取 BLACK_ 右圖層，執行『**編輯 / 任意變形**』命令，在**選項列**輸入**設定旋轉：30°**、**設定水平傾斜：30°**，按下**確認變形鈕** 14 15。

選取**移動工具**，依照圖 16 排列各個圖層。

選取 BLACK_ 中圖層，在**圖層**面板設定**不透明度：75%** 17。稍微改變每一面的深淺，就能產生立體感 18。

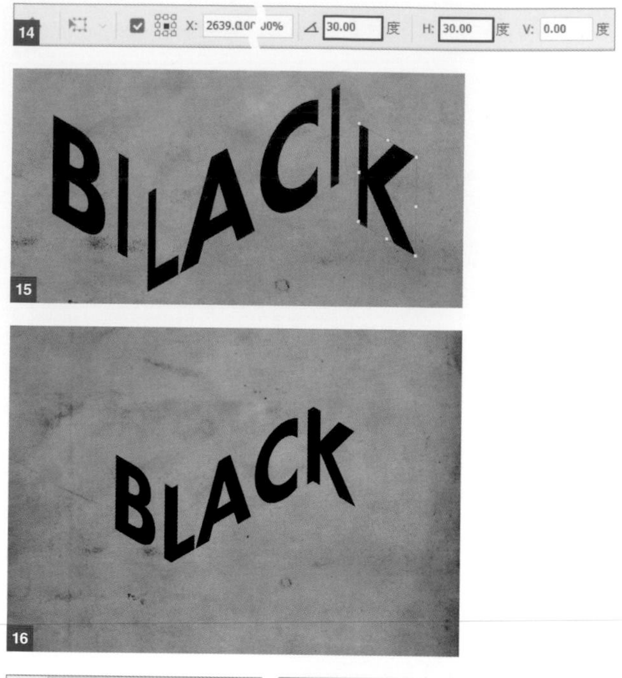

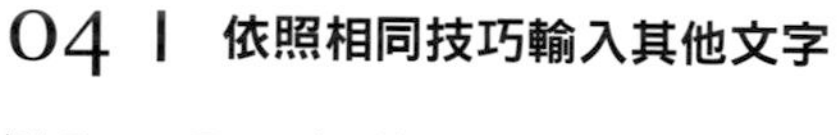

04 | 依照相同技巧輸入其他文字

選取**工具**面板的**水平文字工具**，輸入「WHITE」19。設定**字型：**Futura PT、**字型樣式：**Heavy、**字型大小：**100pt、**顏色：**#ffffff 20。接下來的操作和剛才「BLACK」一樣。

選取**圖層**面板的 WHITE 文字圖層，按右鍵，執行『**點陣化文字**』命令。

以「WHITE」的「I」中心為基準，分割成左右圖層 21。

圖層名稱命名為「WHITE_ 左」、「WHITE_ 右」比較容易辨別。

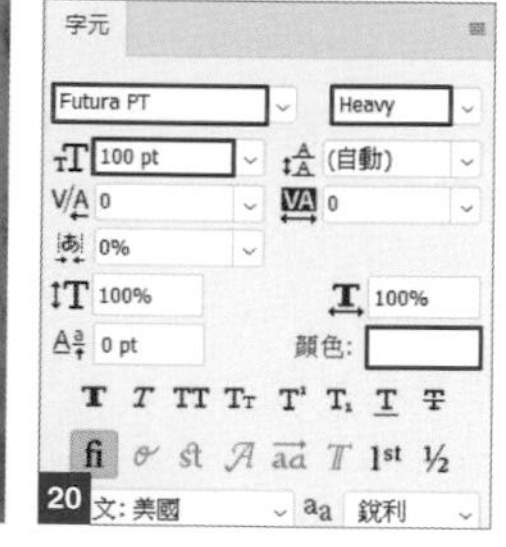

05 | 將 WHITE 變立體

選取 WHITE 圖層，執行『**編輯 / 任意變形**』命令，在**選項列**輸入**設定旋轉**：-30°、**設定水平傾斜**：-30°，按下**確認變形**鈕 22。

選取 **WHITE_ 右**圖層，執行『**編輯 / 任意變形**』命令，在**選項列**輸入**設定旋轉**：30°、**設定水平傾斜**：30°，按下**確認變形**鈕 23。依照圖 24 移動位置，並在**圖層**面板將 **WHITE_ 右**圖層設定為**不透明度**：60%。

「WHITE_ 右」圖層設定為「不透明度：60%」

06 | 增加其他文字並調整整體影像

選取**工具**面板的**水平文字工具**，輸入「GRAY」25。設定**字型**：Futura PT、**字型樣式**：Heavy、**字型大小**：80pt、**顏色**：#666666 26。選取 GRAY 文字圖層，執行『**編輯 / 任意變形**』命令。

在**選項列**輸入**設定旋轉**：-30°、**設定水平傾斜**：-30°，按下**確認變形**鈕 27。

檢視整個影像的比例，微調各個圖層的位置後就完成了 28。

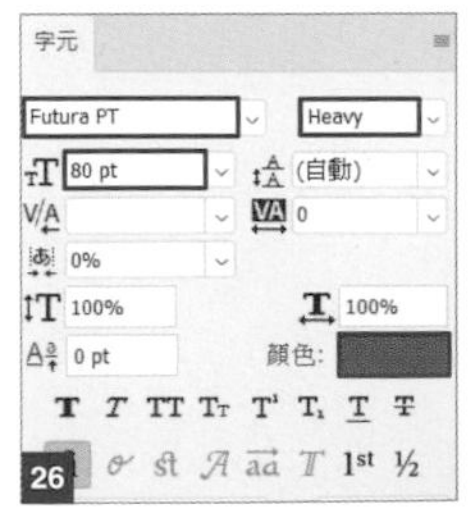

Chapter 08

Ps

使用符合字體 no.080

請利用符合字體搜尋接近影像內文字的字體再套用。

Point	從幾個字體選項中，選取你認為接近的字體再調整
How to use	希望快速找到接近影像內文字的字體

01 | 輸入文字

開啟素材「背景.jpg」，在霓虹燈的右下方輸入文字。選取**工具**面板的**水平文字工具**，輸入「welcome」 01 。

memo

請先將文字放在距離霓虹燈較遠的位置，避免在下個步驟搜尋字體時，誤當作搜尋對象。

01

02 | 搜尋字體

選取 welcome 文字圖層，執行『**文字 / 符合字體**』命令 02，畫面上會出現方框，拖曳該方框，將你想搜尋的文字包圍起來 03。

此時會顯示與選取範圍內的文字相似的字體，如圖 04 所示。在「Adobe 提供的字體」下方的字體，只要按一下雲狀圖示，即可自動下載。選取字體名稱，就會自動更改 welcome 文字圖層的字體，可以輕易比對 05。

這個範例設定**字型**：Braisetto、**字型樣式**：Bold、**字型大小**：87pt 06，並把文字放在霓虹燈的右下方 07。

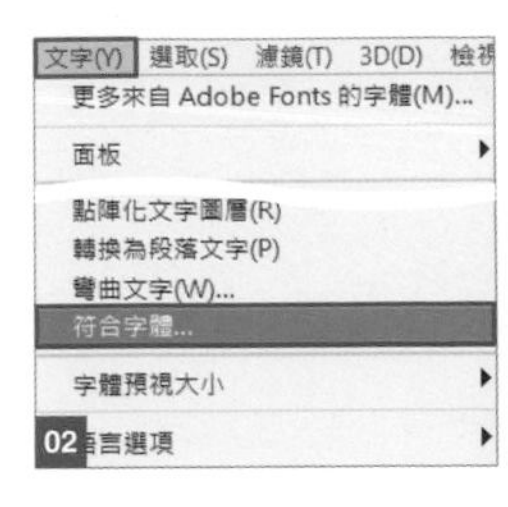

02

03

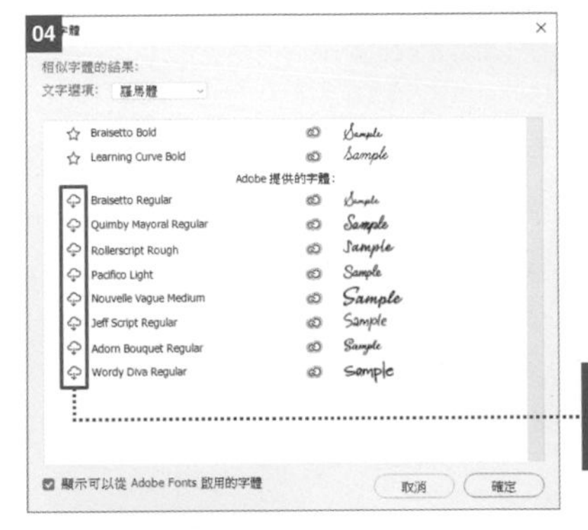

04

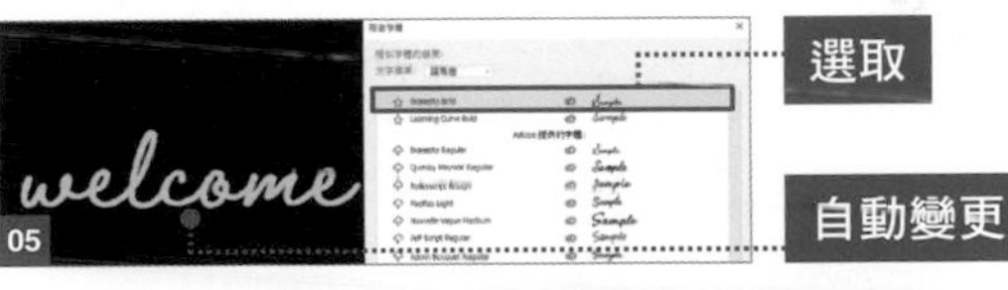

05

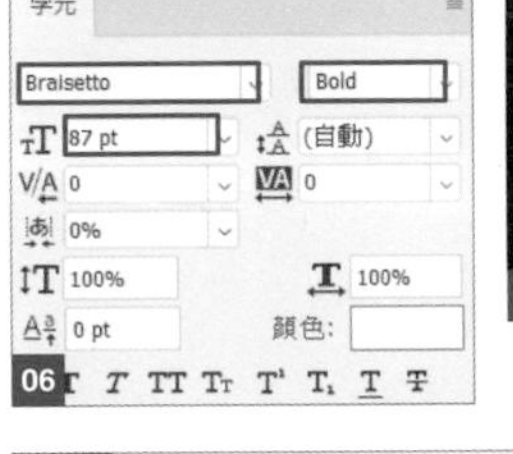

06

07

03 | 套用圖層樣式完成設計

選取 welcome 文字圖層，執行『**圖層 / 圖層樣式 / 外光暈**』命令 08。

依照圖 09 設定**混合模式**：**正常**／**顏色**：**#ff8d27**／**成份**區的**尺寸**：4 像素，讓外側微微發光，與背景自然融合 10 11。

> **memo**
>
> **外光暈**圖層樣式使用的 #ff8d27 是從現有的霓虹燈邊緣擷取出來的顏色。

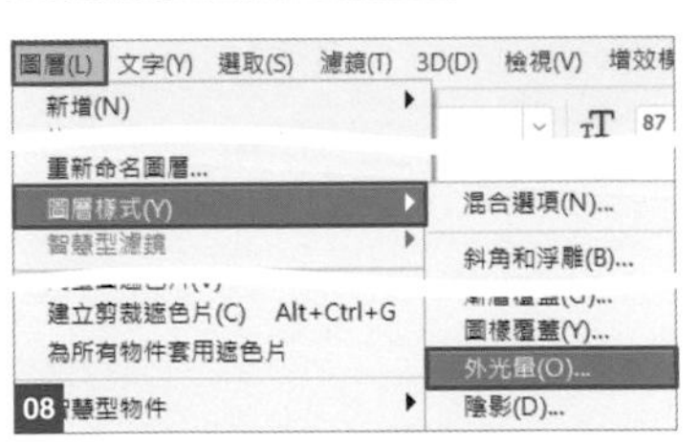

08

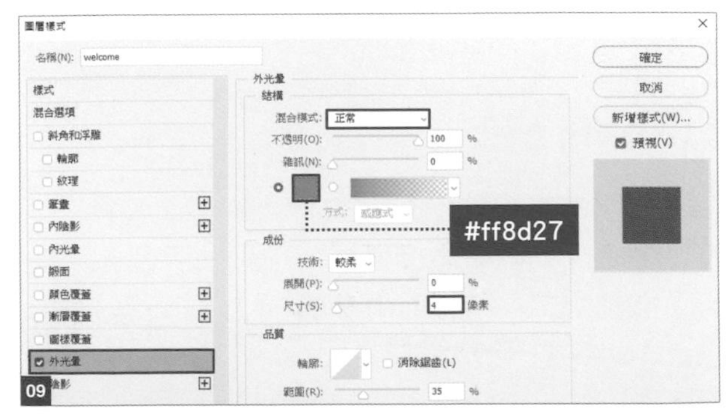

09

10 11

Ps

製作漫畫的集中線

no. 081

利用濾鏡做出漫畫效果的集中線。

Point	增加雜訊、畫面錯位、旋轉效果 3 個步驟就可以簡單作成
How to use	適合漫畫風格設計的展現

01 | 製作直線

開啟素材「背景.psd」。檔案中我們已事先準備好**背景**、**白框**還有裝飾用的**對話框** 3 個圖層。
要在左上格的圖案中製作集中線 01 。

01

先將**白框**、**對話框**圖層隱藏，再開始製作。

在**白框**圖層的下方，建立一個新圖層**集中線**後選取，選取**油漆桶工具**用**前景色：#ffffff** 塗上顏色 02。

執行『**濾鏡 / 雜訊 / 增加雜訊**』命令，如圖 03 設定內容。

執行『**濾鏡 / 其他 / 畫面錯位**』命令，如圖 04 設定內容，直線就完成了 05。

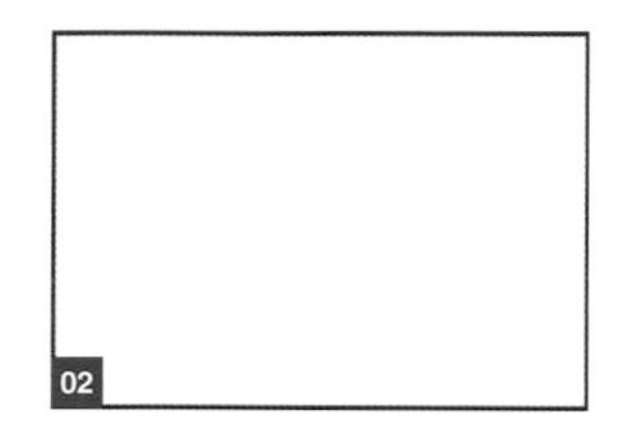
02

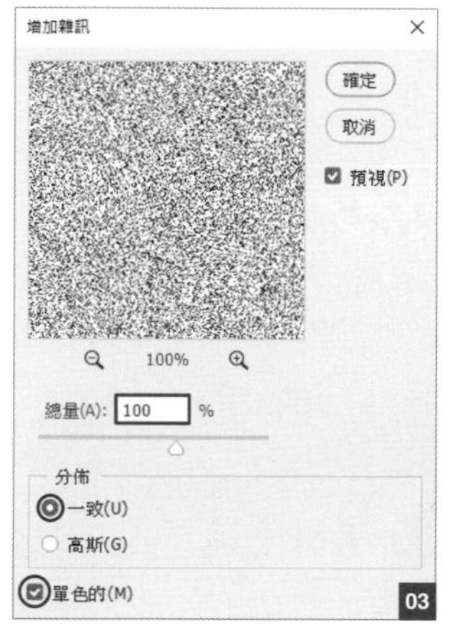

03

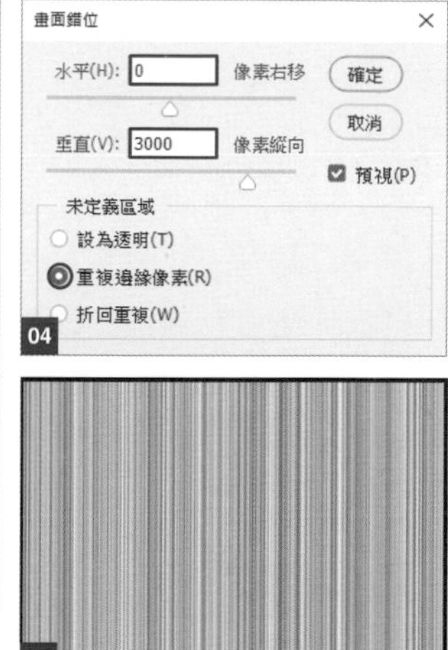

04
05

02 | 將直線變更為放射狀線

執行『**濾鏡 / 扭曲 / 旋轉效果**』命令，如圖 06 設定內容。中心位置的集中線就完成了 07。

選取**集中線**圖層，設定**混合模式：色彩增值** 08 09。

開啟**色階**交談窗，如圖 10 設定內容，調整對比可以改變集中線的密度 11。

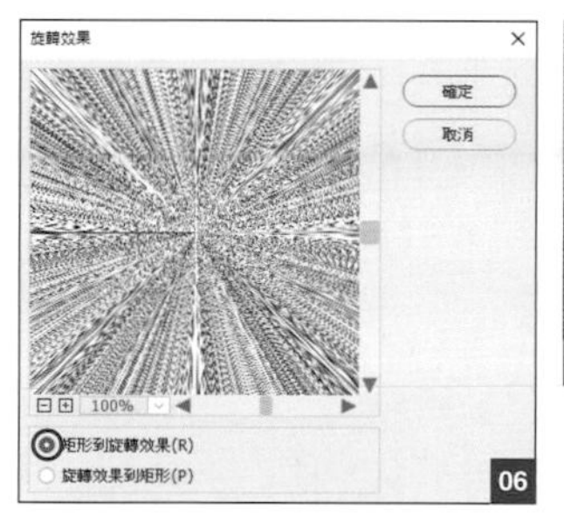

06

07

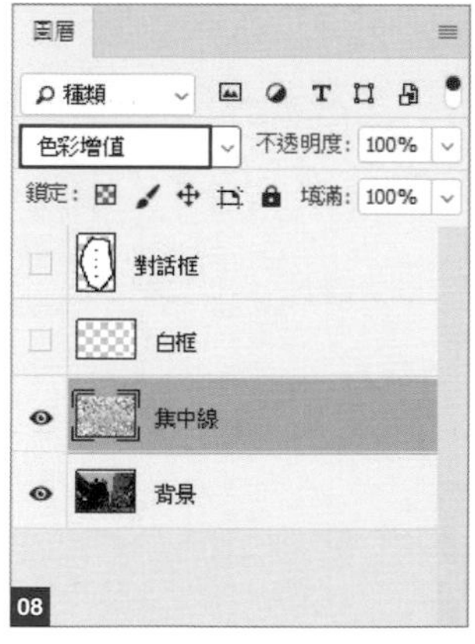

08

09

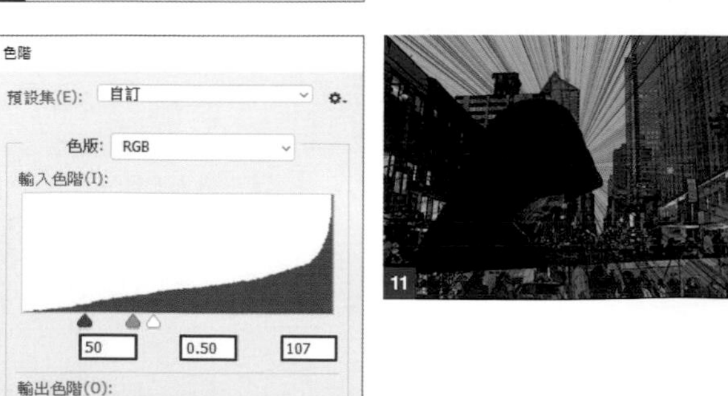

10

11

03 | 套用遮色片，讓集中線在指定的格子內

將**白框**、**對話框** 2 個圖層顯示出來。

我們只要在左上格漫畫內加入集中線，因此如圖 12 使用**多邊形套索工具**，將要使用的畫格選取出來。選取指定範圍後，再從圖層選單中按下**增加圖層遮色片** 13。

將圖層與圖層遮色片的圖層連結解鎖，調整集中線的位置，放在人物頭部的中央位置 14。

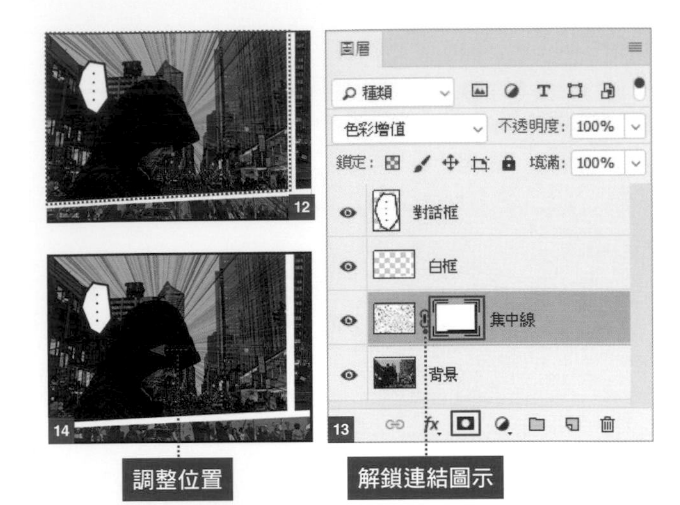

04 | 在集中線的中央套用遮色片

接著要在集中線的中央位置套用遮色片。

如圖 15，在人物的頭部利用**套索工具**建立適當的選取範圍。

執行『**選取 / 修改 / 羽化**』命令，設定**羽化強度**：20 像素，按下**確定** 16。

選取**集中線**圖層的圖層縮圖，設定**前景色**：#000000，將剛才建立的選取範圍用**油漆桶工具**填滿顏色後套用遮色片 17 18。

再加上文字裝飾後就完成了，範例使用的文字字型為 Arial Black 19。

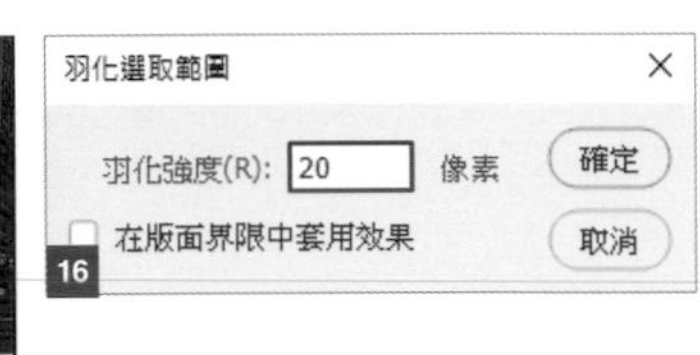

□ column

Ai

用 Illustrator 來製作集中線

先用**橢圓形工具**製作一個黑色的橢圓形，執行『**效果 / 扭曲與變形 / 粗糙效果**』命令，讓外型的線條變得不平整。再執行『**效果 / 扭曲與變形 / 縮攏與膨脹**』命令，設定**膨脹**：200，黑色的集中線就完成了。在黑色集中線上方，製作白色橢圓形，再重複相同的操作，接著變更**粗糙**的數值，再調整圓的大小，作出集中線。最後再將要使用的地方套用遮色片就可以了。

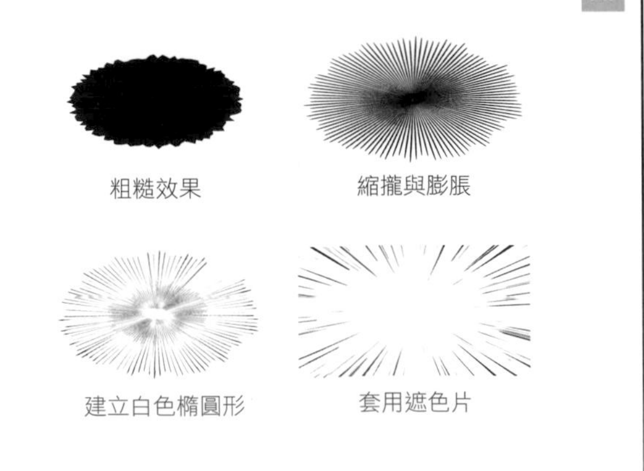

各種情境表現的設計技巧

我們將利用 Photoshop 的各種功能，包括拼貼、影像合成等，來創作具有情境的大型範例。雖然本書特別收錄了難度較高的範例，但只要充分運用之前學到的各種技巧，就能夠完成這些作品。讓我們一起創作出能夠當作主要視覺素材的高品質範例，適用於廣告等用途。

Chapter 09

Various expression design techniques

Ps

製作拼貼作品

no.082

同時利用多個影像，製作出復古風格的拼貼畫作，雖然操作方法稍多，但只要按照步驟還是可以完成的喔！

Point　注意各個素材的距離感與關聯性，再置入、調整素材的位置

How to use　適用於廣告視覺設計類的作品

01 | 利用彎曲功能製作曲線

開啟素材「背景.psd」，建立新圖層**草皮**。

設定**前景色：#000000**，用**矩形選取畫面工具**從下方選取三分之一，再用**油漆桶工具**填上顏色 01。

執行『**編輯 / 變形 / 彎曲**』命令，在**選項列**如圖 02 設定內容，**彎曲：弧形／彎曲：15%**，設定好後按下 **套用** 03。

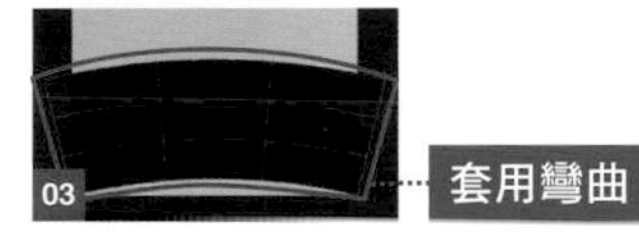

02 | 利用筆刷製作草皮、陸地與背景

按下**筆刷工具**，將前景色與背景色都設定成 #000000。

選擇**草**筆刷，設定**尺寸**：100 像素 04。

選擇**草皮**圖層，沿著彎曲的形狀描繪草地 05。

套用彎曲後所產生的空隙，可利用**實邊圓形**筆刷將其補滿 06。

開啟素材「紋理集.psd」，將**草皮**圖層移至上面，像圖 07 一樣擺放好位置。選取**草皮**圖層，**按右鍵 / 建立剪裁遮色片** 08。

從素材「紋理集.psd」裡將**山**圖層移動到**背景**圖層的上面，像圖 09 一樣的位置。

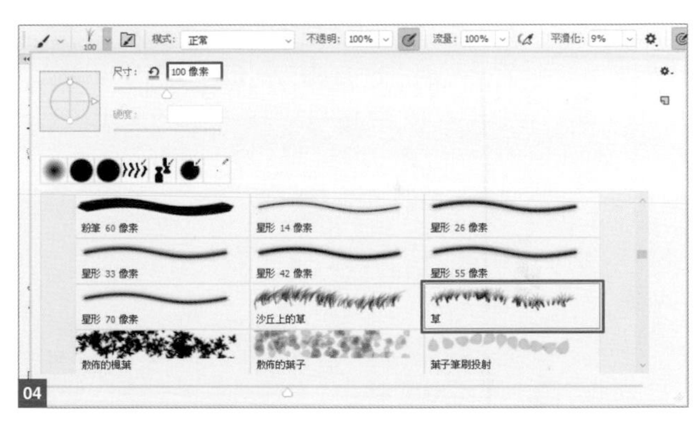

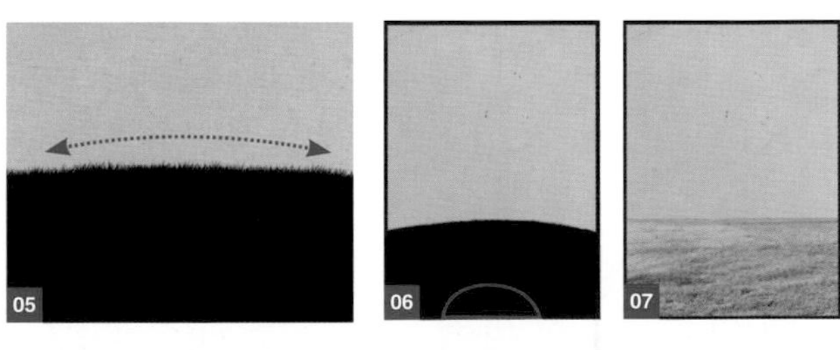

memo

因為是拼貼風格，所以山的剪裁線條刻意有稜有角。這樣在拼貼時再進行素材的切割，作品的完成度將會提高許多。

03 ｜ 製作從洞穴探出頭的貓咪

設定**前景色：**#000000，選用**橢圓工具**，如圖 10 建立一個橢圓形。

開啟「素材集.psd」，移動**貓**圖層，如圖 11 擺放位置。

在**貓**圖層的上面建立新圖層**貓影**，**按右鍵 / 建立剪裁遮色片**。

選擇**筆刷工具**，使用**柔邊圓形**筆刷，如圖 12 畫上貓的影子。**貓影**圖層設定**不透明度：**30% 13。

04 ｜ 製作貓掌

從「素材集.psd」中將**貓掌**圖層移到**貓**圖層的上面，如圖 14 當做貓的右手。

從**圖層**面板中按下**增加圖層遮色片**鈕。

選取圖層遮色片的圖層縮圖，利用**柔邊圓形**筆刷如圖 15 建立遮色片，讓貓的手看起來像是從洞穴伸出來的。從「素材集.psd」中，再將**貓掌**圖層移動到**貓**圖層的下層 16。

貓的左手也用相同方式處理，建立遮色片如圖 17。

接著繼續在下面的位置建立新圖層**貓掌的影子**，如圖 18，用**柔邊圓形**筆刷畫兩個貓掌左下方的影子。設定圖層**不透明度：**50% 19。

05 ｜ 將老鼠放在貓的頭上

從「素材集.psd」中，將**老鼠**圖層如圖 20 移至**貓**圖層的下面。

跟剛才製作貓的影子一樣，在上面建立新圖層**老鼠的影子**，再用**柔邊圓形**筆刷畫上陰影，設定圖層**不透明度：**30% 21。

06 | 在畫面中放入家，再加上陰影

從「素材集.psd」中移動**家**圖層，放到**草皮**圖層的下方位置 22。

選擇**鋼筆工具**，製作建築物的影子路徑 23。

路徑建立好後，**按右鍵 / 建立選取範圍**，然後在上層建立新圖層，選擇**前景色：#000000**，用**油漆桶工具**填上顏色 24，設定**不透明度：50%** 25。

07 | 在背景添加道路

從「素材集.psd」移動**森林**圖層，放在**家**圖層的下面 26。

設定**前景色：#d7c5a9**。選擇**鋼筆工具**，**選項列**如圖 27 設定成**形狀**。

接著畫出道路形狀的路徑，如圖 28（此處用紅色標示以利辨識）。

27 形狀 填滿： 筆畫：

#d7c5a9

08 | 在地面上放置其他素材

從「素材集.psd」中移動**毛線球 1～4**、**樹林**圖層，配置到適當位置 29，再放入**拿傘的人**、**車** 30。

人與**企鵝**也一起放入喜好的位置 31。

09 | 放入月亮

從「素材集.psd」中，由上而下按照順序安排**留聲機**、**女孩**、**月**、**女孩（右腳）**圖層。

要注意圖層的順序，才能讓女孩看起來像是坐在月亮上面 32。

雙按**月**圖層，開啟**圖層樣式**交談窗，將**陰影**選項如圖 33 設定內容。

複製**女孩**、**留聲機**圖層，並移到**月**圖層下方。

選取複製後的**女孩**、**留聲機**圖層，**填入：#000000**，再將圖層分別套用『**濾鏡 / 模糊 / 高斯模糊**』命令，**強度：5 像素** 34 35。

將 2 個圖層略往左下方移動，設定**不透明度：15%**，影子就會落在左下方的位置 36。

32

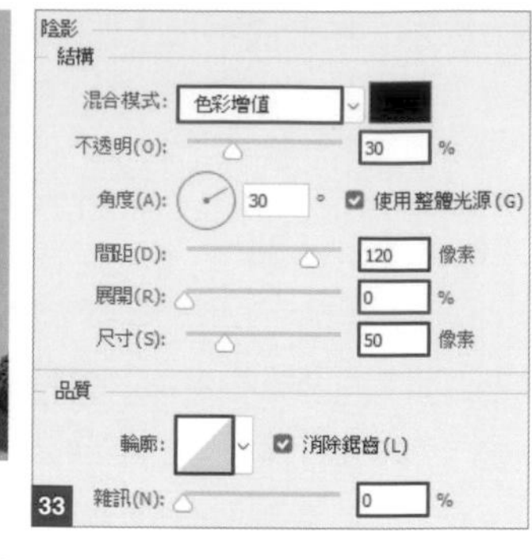

33

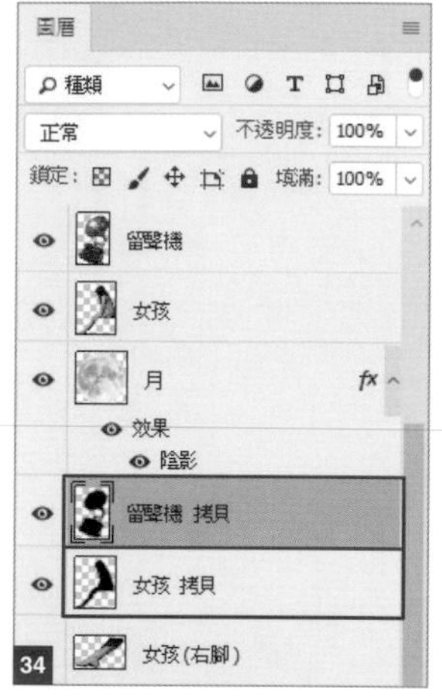

34

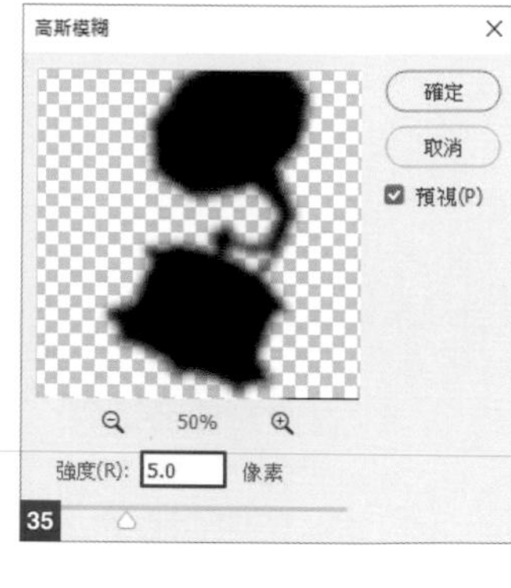

35

36

37

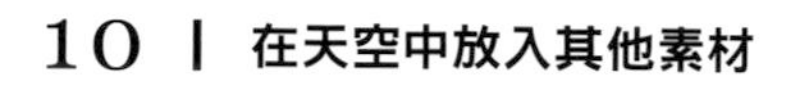

10 | 在天空中放入其他素材

從「素材集.psd」中移動**窗**、**椅子**、**燈**、**唱片**圖層，如圖 37 擺放到適當位置。

雙按**窗**圖層，開啟**圖層樣式**交談窗，將**陰影**選項如圖 38 設定內容。

選擇**燈**圖層，開啟**圖層樣式**交談窗。將**陰影**選項如圖 39 設定內容，完成後結果如圖 40。

將**鳥**圖層移到**窗**圖層的下方，將**小貓**圖層移到**森林**圖層的下方 41。

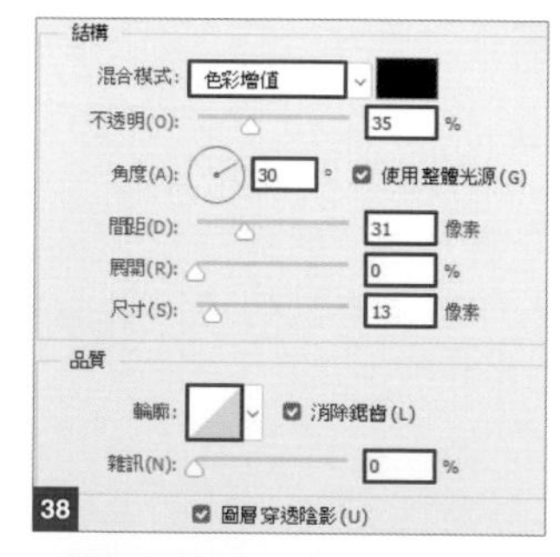

38

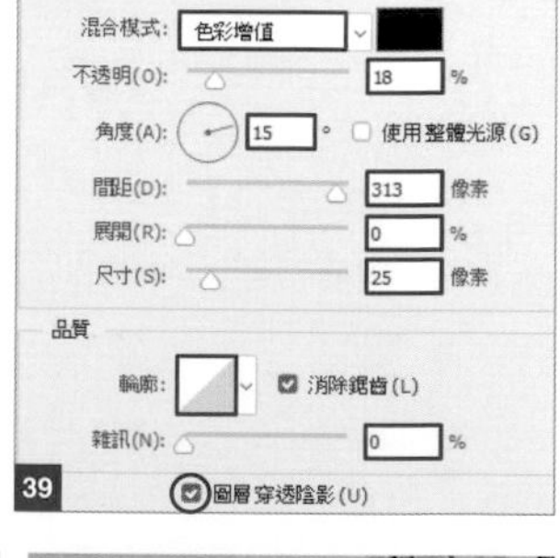

39

40

41

11 ｜ 擺放星星

從「素材集.psd」中將**星 1** 圖層移動適當位置。開啟**圖層樣式**，如圖 42 設定陰影，完成後如圖 43。**星 1**、**星 2** 圖層，如圖 44 擺放。

在設定好的圖層樣式上**按右鍵 / 拷貝圖層樣式**，再選擇**星 2** 圖層，**按右鍵 / 貼上圖層樣式** 45。

在圖層**星 1** 下方位置，建立一個新圖層**鐵絲**。設定**前景色**：**#ffffff**，選手**柔邊圓形**筆刷／**尺寸**：3 像素。

描繪鐵絲吊著星星的樣子。按住 Shift 鍵再描繪，可以畫出直線 46。

開啟**圖層樣式**交談窗，將**陰影**選項如圖 47 來設定內容，完成後如圖 48。

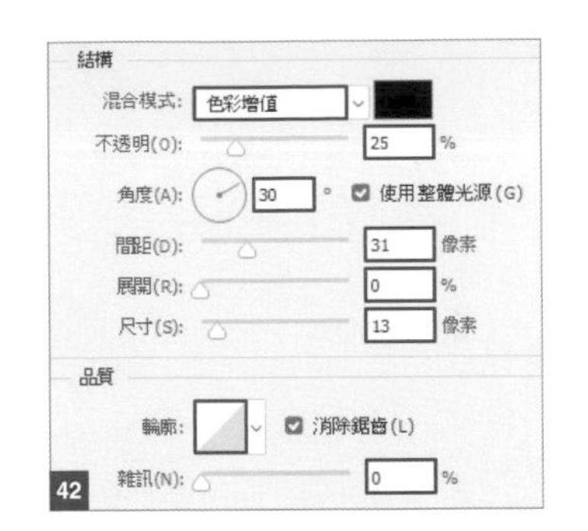

42

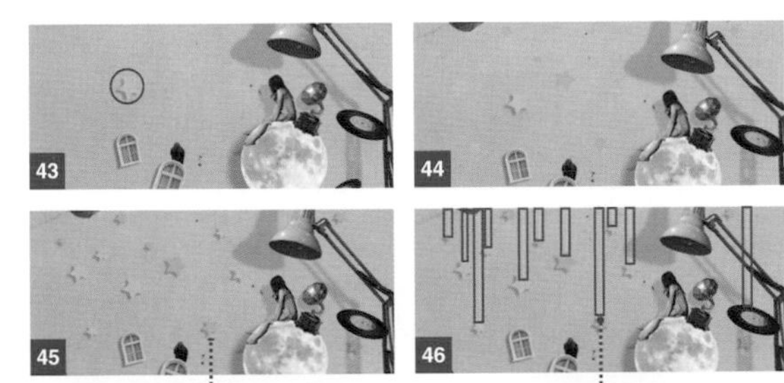

43 44 45 46

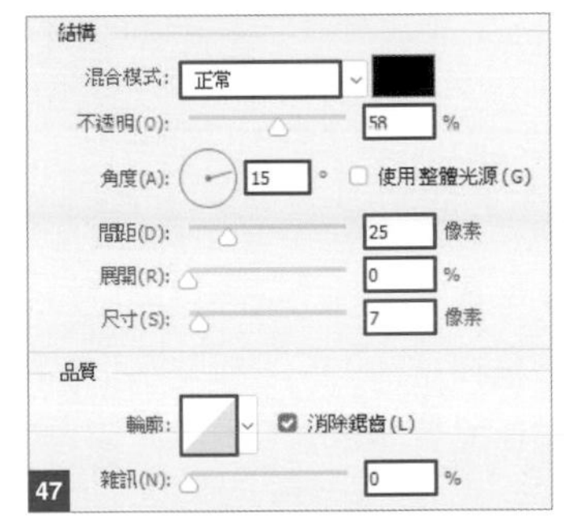

47

48

12 ｜ 擺放星星

將**星 2** 圖層複製到最前面，放在右上方超出畫布範圍的位置 49。

執行『**濾鏡 / 模糊 / 高斯模糊**』命令，套用**強度**：10 像素 50。

將**星 1** 圖層複製到最前面，擺放在畫布的右側，如圖 51 執行『**編輯 / 任意變形**』命令，擺放好位置。

一樣的方法，在畫布左下方也加入星星 52。

49

50

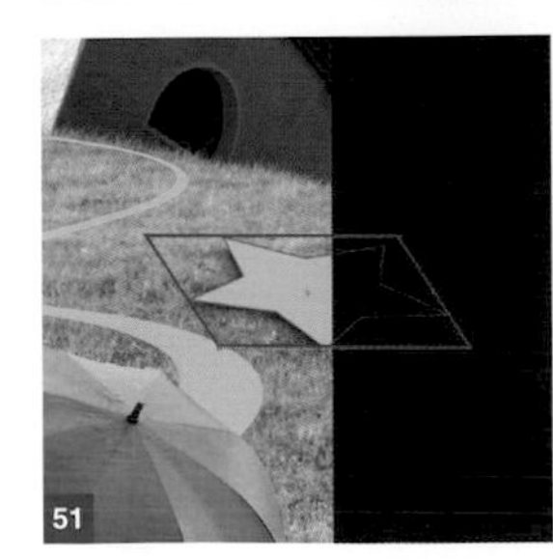
51

52

Chapter 09

13 ｜ 讓電燈發亮

從「素材集.psd」中，將**光**圖層移動**燈**的上方 53。選擇**鋼筆工具**如圖 54 製作路徑，**按右鍵／建立選取範圍**。

選擇**光**圖層，按下**增加圖層遮色片鈕** 55，就會有點亮燈光的效果。

複製**光**圖層到上層位置，圖層命名為**橘光**，設定**混合模式：覆蓋**。

解除圖層與圖層遮色片連結，使用**任意變形**功能擴大 150%。

執行『**影像／調整／色相／飽和度**』命令，如圖 56 設定內容，營造燈泡的光線效果 57。

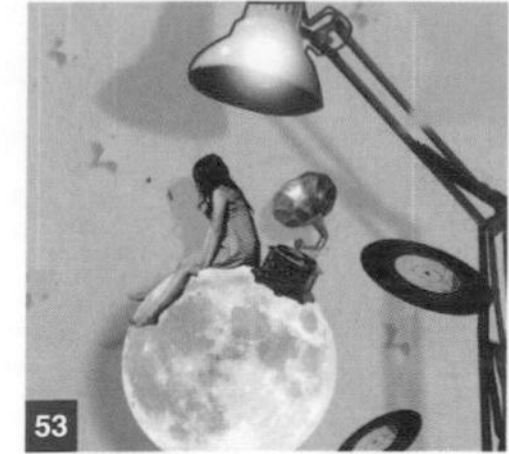
53

54

55

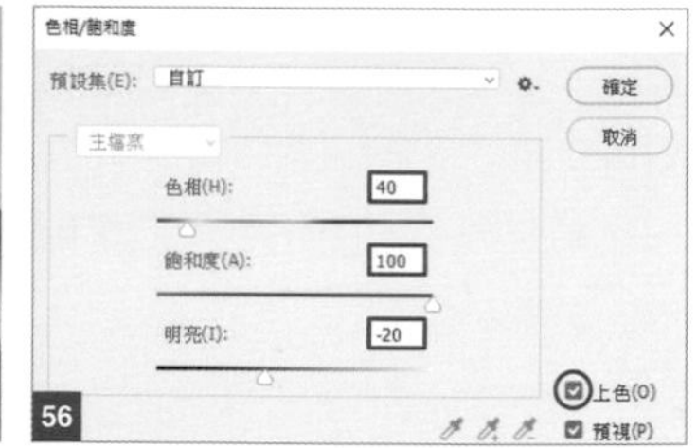

56

57

14 ｜ 調整色調後作品就完成了

從「素材集.psd」中，將**紋理**圖層移至最前面位置。設定**混合模式：變亮** 58。

從**圖層**面板中按下**建立新填色或調整圖層／自然飽和度**，並移至最上面的位置，如圖 59 設定內容。

在最下面建立**曲線**調整圖層，如圖 60 設定內容，再新增 2 個節點，數值由左至右為：**輸入**：0、**輸出**：36／**輸入**：38、**輸出**：56／**輸入**：131、**輸出**：142／**輸入**：255、**輸出**：255。

在最下面建立**色版混合器**，如圖 61 設定內容，最後變更**混合模式：變亮**，這樣作品就完成了 62。

58

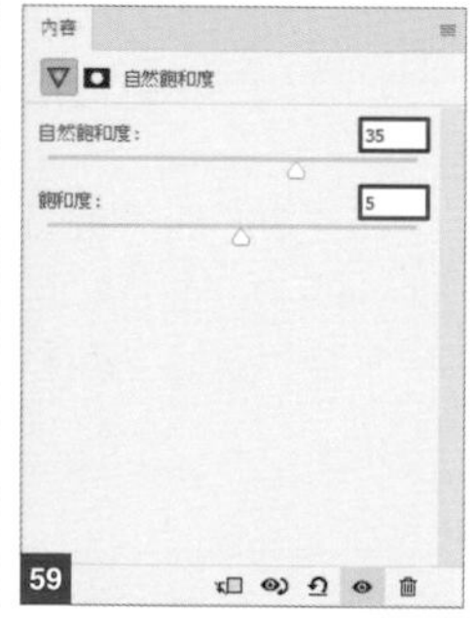

59

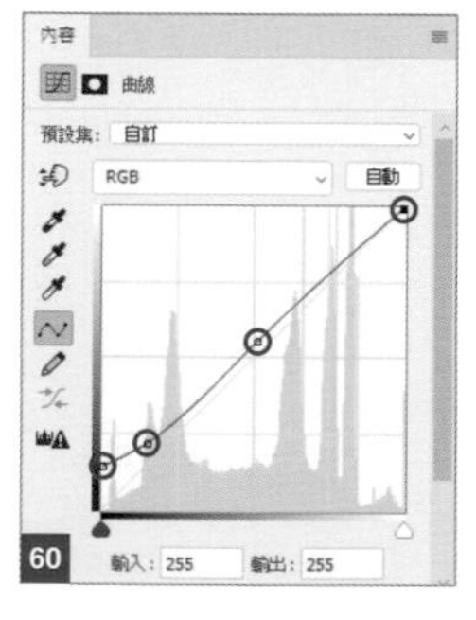

60

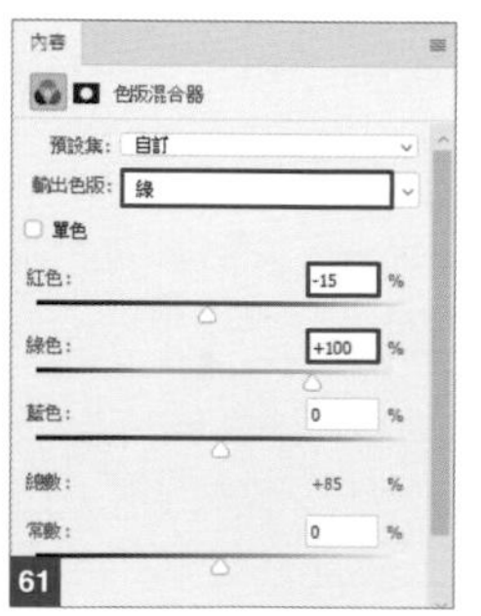

61

62

□ column

解除「移動工具」的「自動選取」功能

選取**移動工具**時，一旦勾選了**選項列**中的**自動選取**，表示將會選取畫面上最前端的圖層。
雖然是很方便的功能，不過當多個圖層重疊時，特別是變更了圖層混合模式的狀態下，或是有半透明的圖層也一併重疊時，就會很難選取特定的圖層。
例如右圖的靜物照，看起來像是單一個圖層，其實圖層上已經重疊了調整色調的濾鏡，以及讓 4 個角落都偏暗的**陰影**圖層。
這樣的情況下，如果勾選了**自動選取**，將很難選取最下面的**花**圖層。
若取消**自動選取**選項，則可改從**圖層**面板選擇**花**圖層。
即使取消勾選，只要按住 ctrl（⌘）鍵，隨時可以變換成勾選的狀態，所以建議取消勾選**自動選取**選項，在操作上會方便很多。

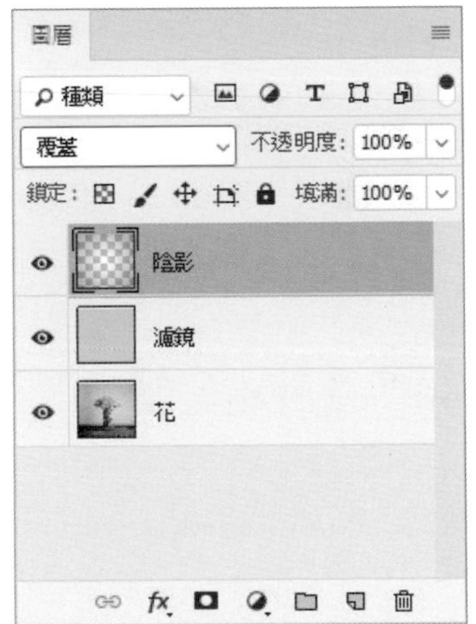

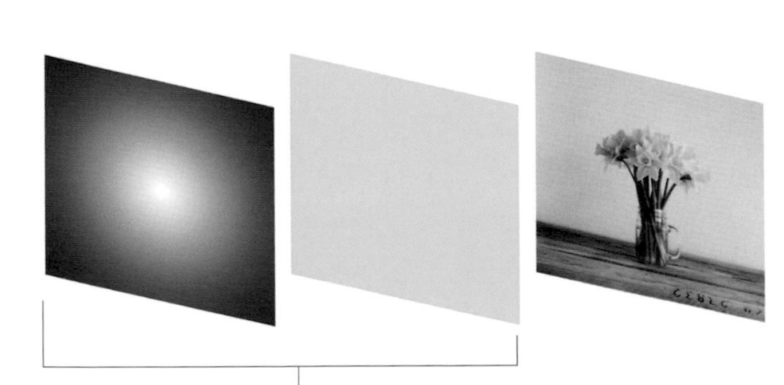

2 個圖層重疊顯示

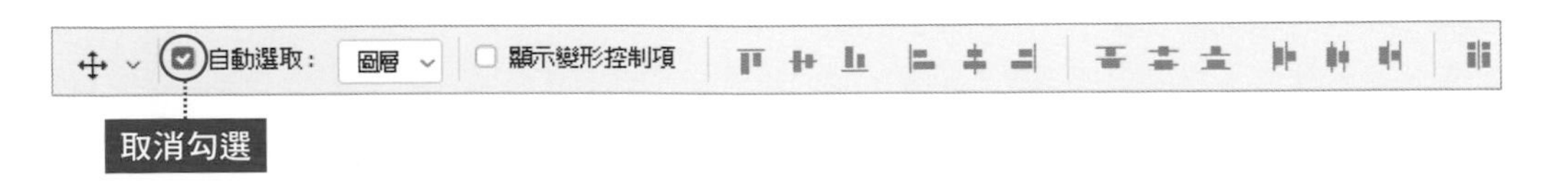

01 ❙ 選取窗戶範圍

開啟素材「窗.psd」。按下**筆型工具**，如圖描出窗戶上標示紅線的部份，建立路徑 01。另外，素材檔案裡已經儲存選取好的**窗**路徑，可多加利用。

接著**按右鍵 / 製作選取範圍** 02，因為要表現逆光且輪廓模糊的狀態，設定**羽化強度：2 像素**，設定好後按下**確定**鈕 03，再按下 Delete 鍵刪除原來的窗戶影像 04。

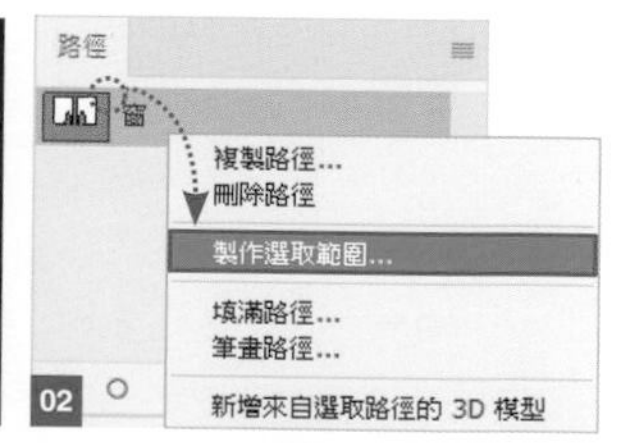

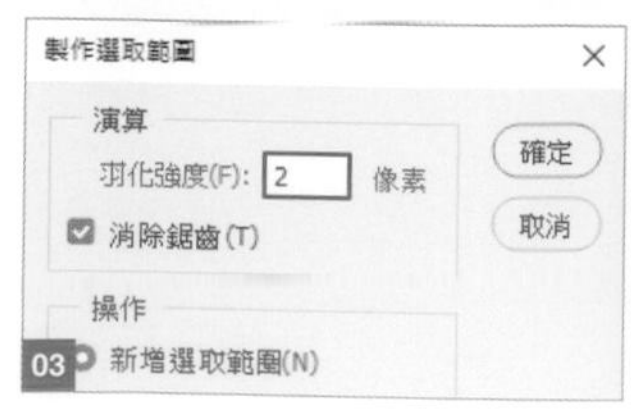

按下 Delete 鍵刪除

no.083 自然合成多張照片

素材的裁剪、色階調整，還有整合光源，是合成照片時的基本技巧。

Point 先決定好要調整成什麼顏色，操作上會比較容易

How to use 可用於特殊情境的作品加工，或連續劇的某個場景

配置都市圖片

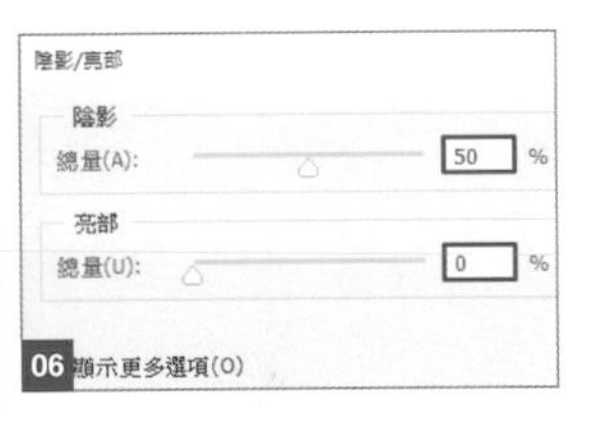

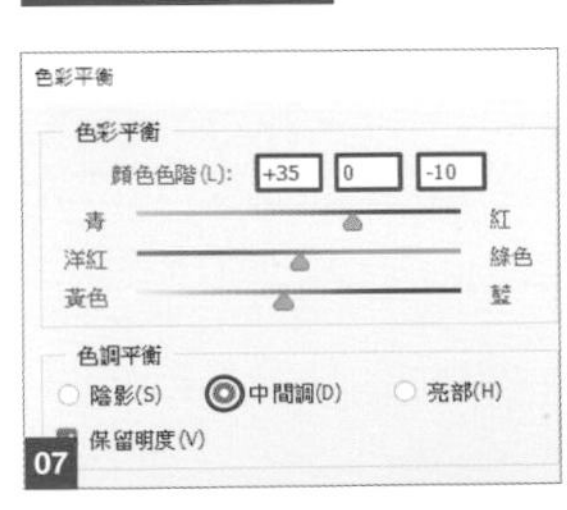

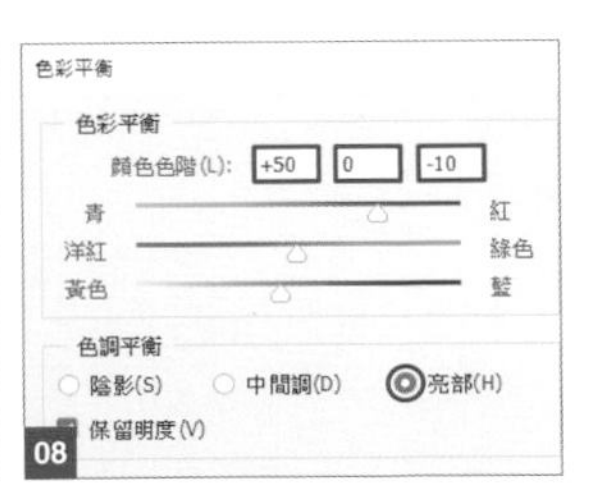

02 | 與都市畫面合成

開啟素材「都市.psd」，放在下面位置如圖 05。

配合都市的色彩，調整窗戶的色調。

選擇**窗**圖層，執行『**影像 / 調整 / 陰影 / 亮部**』命令，如圖 06 設定內容。

執行『**影像 / 調整 / 色彩平衡**』命令，**中間調**如圖 07 設定；**亮部**如圖 08 設定。整體都加上了偏紅的色調 09。執行『**影像 / 調整 / 色階**』命令，如圖 10 設定內容，套用後效果如圖 11。

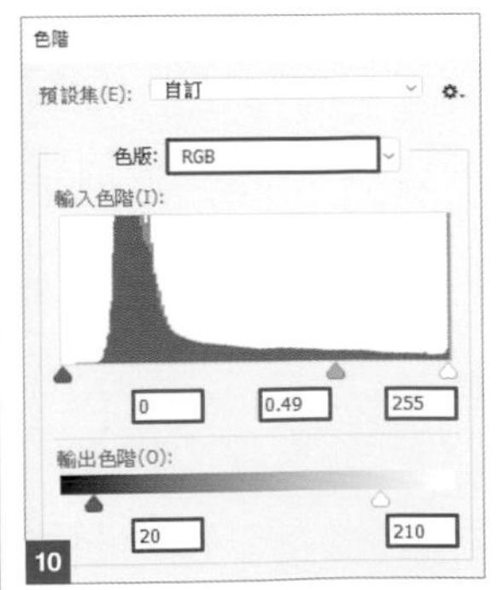

03 ｜ 合成星空

開啟素材「星空.psd」，放在**都市**圖層的上層 12，設定**混合模式：變亮** 13 14。

04 ｜ 調整顏色

色階的內容參考圖 15。**色彩平衡**的**中間調**如圖 16 設定；**亮部**如圖 17 設定內容。

色相 / 飽和度如圖 18 設定，完成後如圖 19。

在**圖層**面板選取**星空**圖層，按下**增加圖層遮色片**鈕 20。設定**前景色：#000000**，按下**漸層工具**，漸層的種類選擇預設的**前景到透明**。

選擇**星空**圖層的遮色片縮圖，從底部的地平線開始往上拉曳至窗框中間高度的位置，建立圖層遮色片 21，圖層遮色片的設定如圖 22。

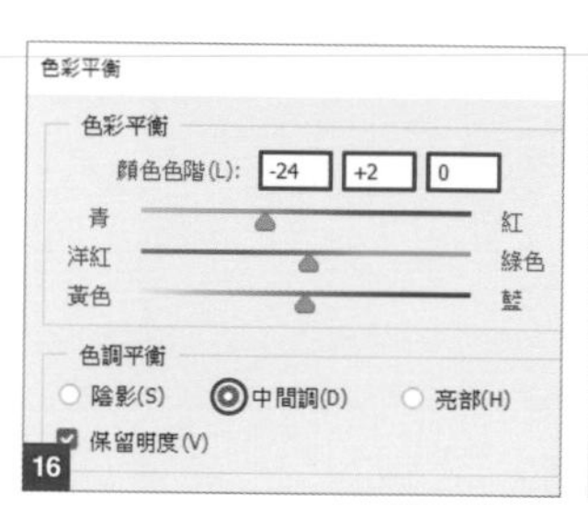

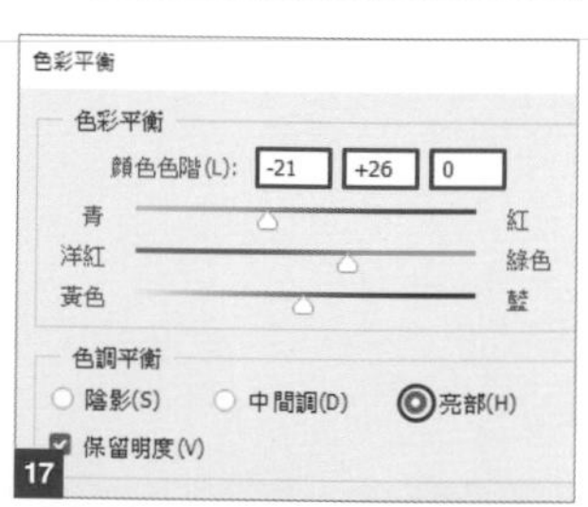

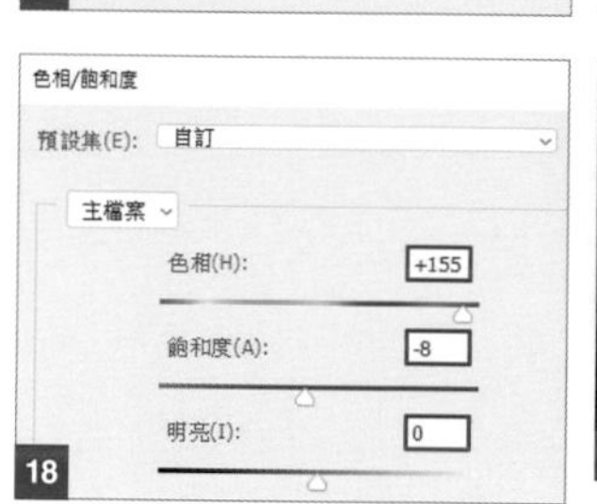

05 | 增加光線

在**窗**圖層的上面建立新圖層**光**，設定**混合模式：覆蓋／不透明度：70%**。選取**光**圖層，**按右鍵 / 建立剪裁遮色片** 23。

設定**前景色：#ffffff／筆刷工具／柔邊圓形**，在窗框與人物輪廓上描繪光線 24。

最後，在**圖層**面板中按下**建立新填色或調整圖層 / 曲線**放在最上層位置，如圖 25 設定內容，作品就完成了，如圖 26。

23

24

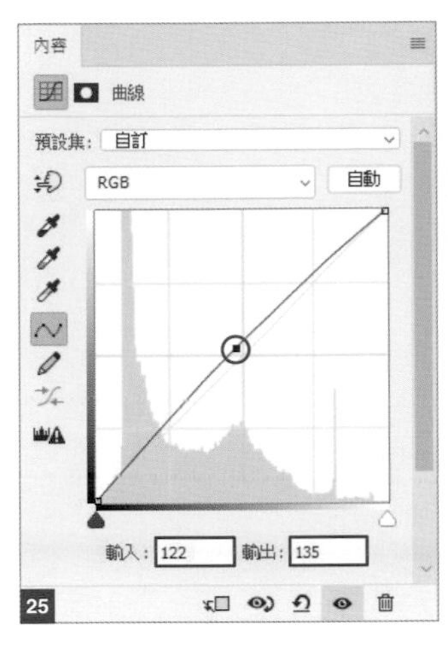

25

26

☐ *column*

Adobe Color 主題

Ps Ai

Adobe Color (Adobe Color CC) 是 Adobe 公司提供的網頁應用程式，可以建立平衡的色彩主題。

- **用法與說明**

進入「https://color.adobe.com」網站。

建立標籤可以套用左邊的色彩調和規則，或隨意拖曳自訂配色 01。

探索標籤可以輸入、搜尋關鍵字，找出你喜歡的配色 02。

趨勢標籤可以發現不同領域的最新色彩趨勢 03。

所有色彩主題都可以儲存在網頁內的**資料庫**。

在 Photoshop 或 Illustrator 執行『**視窗 / 資料庫**』命令，可以檢視儲存在**資料庫**的配色，立即使用 04。

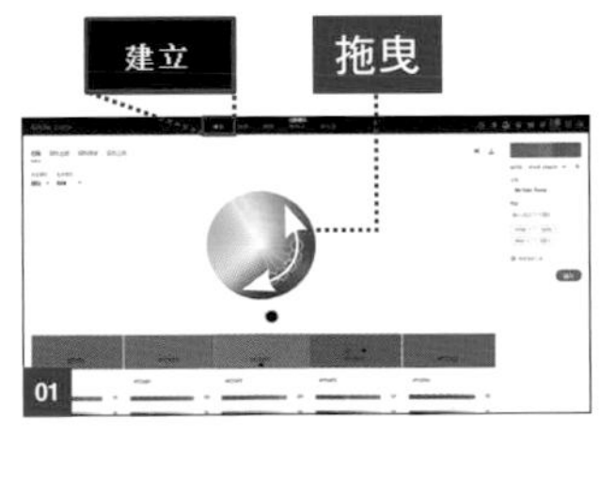

01

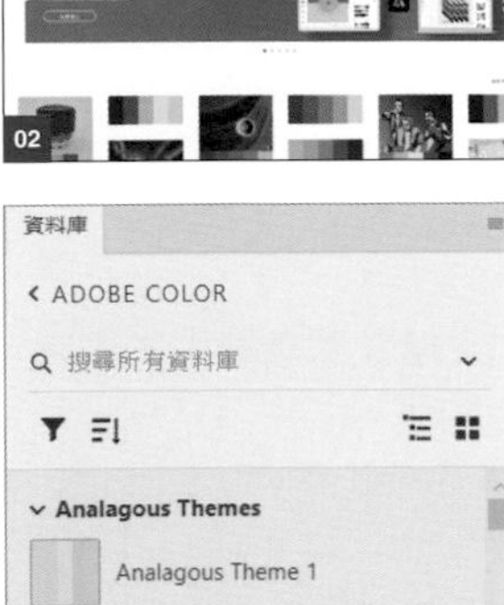

02

趨勢

03

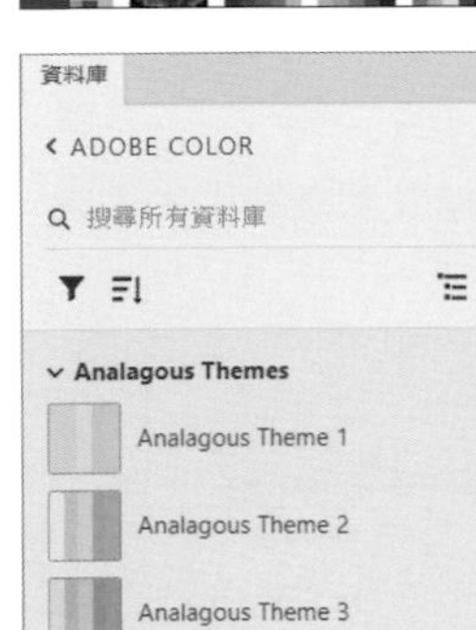

04

Ps

將背景處理成卡通動畫風格(白天)

no.084

把想要加工的風景照片加上手繪的雲朵，製作成動畫風格的視覺效果。
步驟中隨時會出現目前為止所學過的技巧，就當作是重新複習相關的影像處理技巧吧！

Point　消除過度細緻的細節，展現出手工描繪的質感

How to use　適用於廣告或卡通、動漫的背景照

01 | 建立選取範圍後刪除

開啟素材「背景.psd」。選取**矩形選取畫面工具**，由上半部的天空範圍圈選至地平線，建立選取範圍後按下 Delete 鍵刪除 01。

原影像

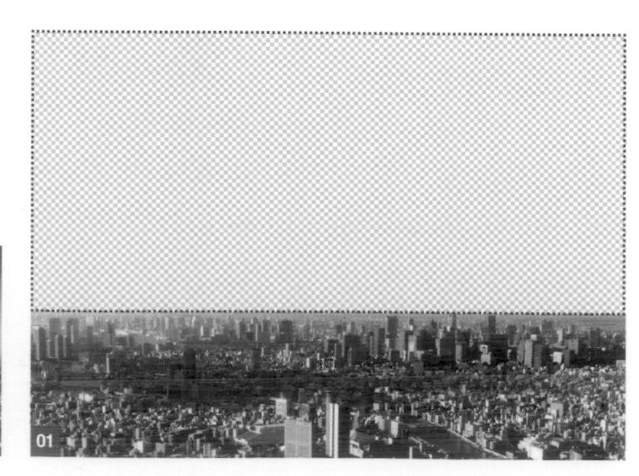
01

02 | 套用漸層調整色調

從**圖層**面板中選取**建立新填色或調整圖層 / 漸層**，放在下層位置 02。

漸層填色交談窗的設定如圖 03，按下漸層長條後，如圖 04 設定內容，漸層**位置**：40%、#95d9f2／**位置**：70%、#3c89b9／**位置**：90%、#225ba2。結果會如圖 05。

選取**背景**圖層，執行『**影像 / 調整 / 陰影 / 亮部**』命令，如圖 06 設定內容。再執行『**濾鏡 / 雜訊 / 減少雜訊**』命令，如圖 07 設定內容。

執行『**影像 / 調整 / 色彩平衡**』命令，**中間調**如圖 08 設定；**亮部**如圖 09 設定 10。

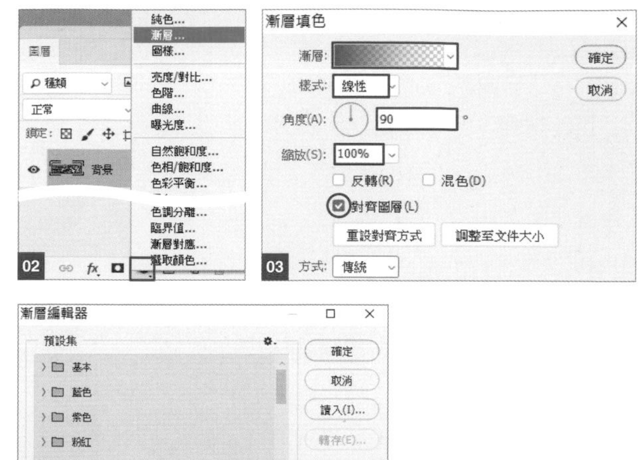

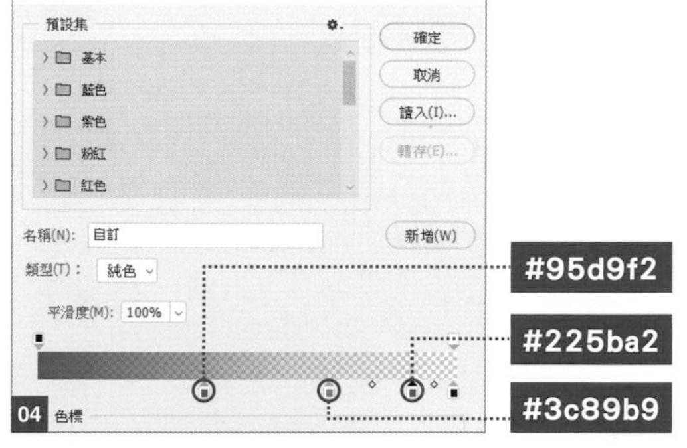

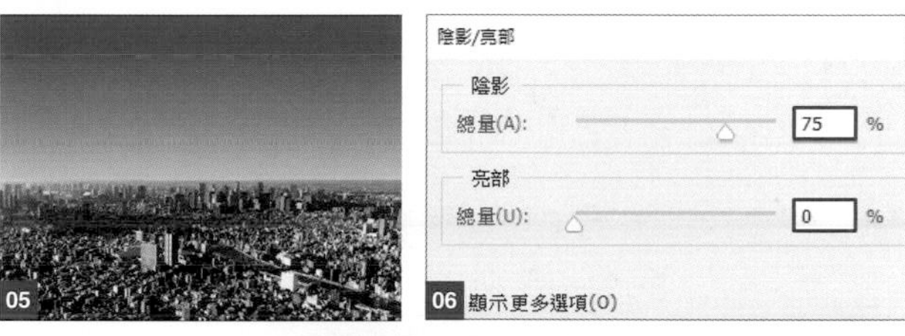

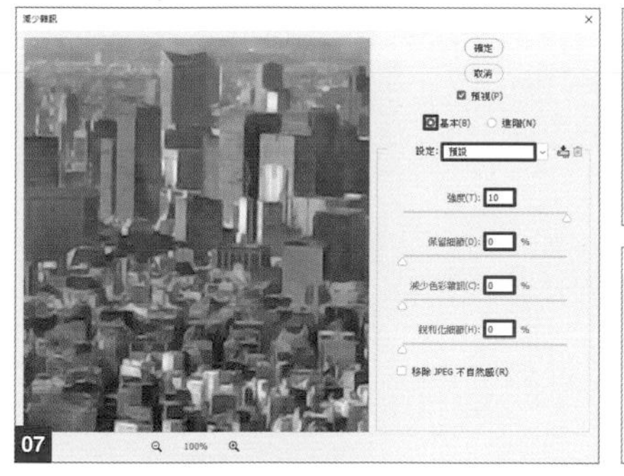

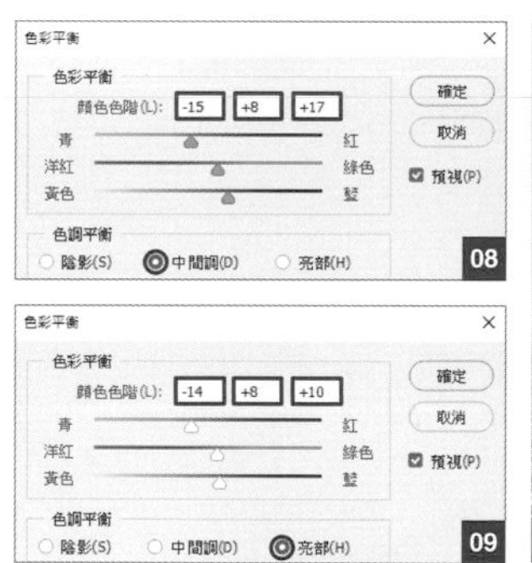

03 | 分割建築物

選擇**筆型工具**，如圖 11 建立建築物的路徑。

路徑面板中已事先儲存了建築物的路徑，可直接套用。

在路徑**建築物**上**按右鍵 / 製作選取範圍 / 羽化強度**：2 像素，設定好後按下**確定**鈕。

選擇**矩形選取畫面工具**，按右鍵 / **拷貝的圖層** 12，將複製的圖層命名為**前方建築物** 13。

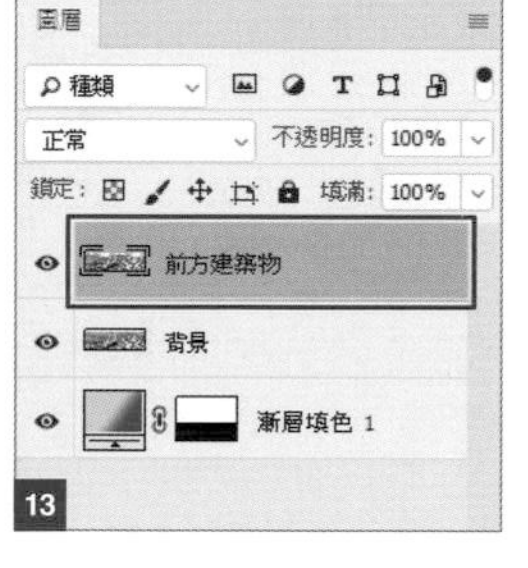

04 ｜ 繪製雲朵

雙按素材「雲筆刷.abr」，載入筆刷。

建立新圖層**雲**，設定**前景色：#ffffff**。

選擇載入的**雲筆刷**，設定**尺寸：100 像素，選項列**設定**不透明度：50%** 14 。

如圖 15 畫出雲朵，以順時針纏繞的方式多層重疊描繪。

選取**指尖工具** 16，設定**雲筆刷 / 尺寸：100 像素**。

將雲往外側、內側拉曳，製作出雲朵朦朧的效果 17。

在上面建立一個新圖層**雲影**，在**圖層**面板上**按右鍵 / 建立剪裁遮色片**。設定**前景色：#b9e6e9**，用**雲筆刷**描繪雲朵的陰影層次 18，再用**指尖工具**將陰影的邊界處做模糊化處理 19。

再利用相同的方法，畫出其他雲朵 20。

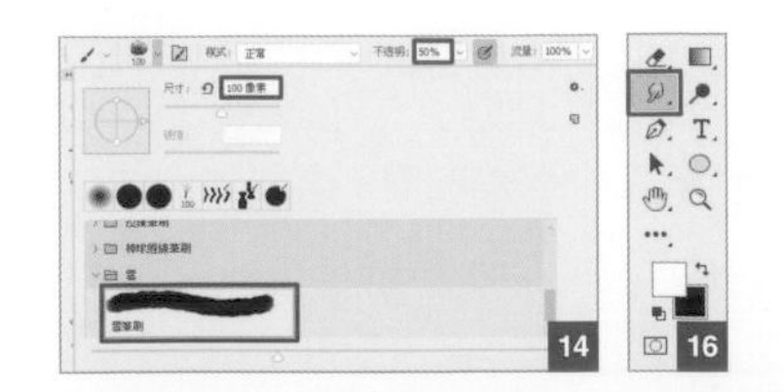

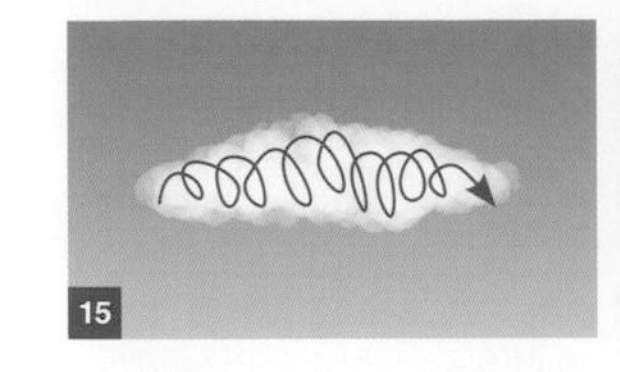

選取**雲**、**雲影**圖層，**按右鍵 / 合併圖層**，命名**雲 1**。複製**雲 1** 圖層，命名為**雲 2**。執行『**編輯 / 任意變形**』命令，在畫布上**按右鍵 / 水平翻轉**，再放大至 220% 左右，如圖 21 放置雲朵，再複製一個圖層，命名**雲 3**，如圖 22 放置雲朵，完成作品參考圖 23。

05 ｜ 在地平線處畫上雲朵

在**前方建築物**圖層的下層建立新圖層**地平線的雲**。用步驟 04 的方式來描繪雲朵。在上面建立新圖層**地平線的雲影**，設定**前景色：#e0e0e0** 來畫雲朵 24，用**前景色：#b1d2d6** 加上陰影 25。從**圖層**面板建立新群組**雲**，將畫好的雲都整合在一起就完成了。

Ps

將背景處理成卡通動畫風格（傍晚）

no.085

將前一單元完成的作品加上色彩變化，就能表現出傍晚夕陽的景色。

Point　與夕陽合成，將建築物與雲朵的顏色加以調整做整體搭配

How to use　適用於廣告或是卡通、動漫的背景照

01 ｜ 為建築物加上影子

開啟前一個單元完成的 psd 圖檔，設定**前景色：#000000**。從**圖層**面板選擇**建立新填色或調整圖層／漸層**，如圖 01 設定內容，漸層為**前景到透明**。

將建立好的調整圖層移至**前方建築物**圖層的上方，設定**混合模式：柔光／不透明度：50%**。

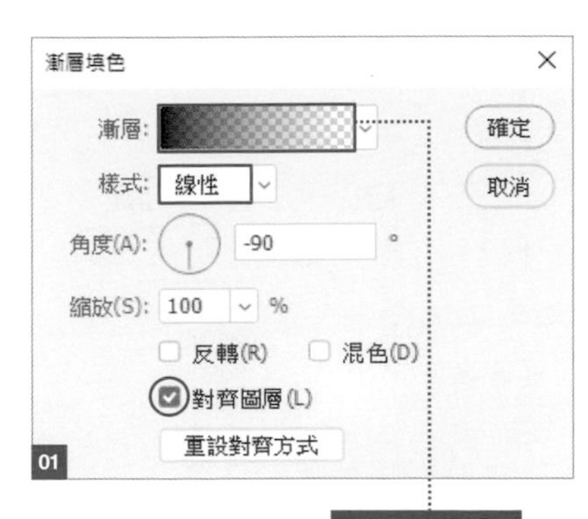

按住 Ctrl（⌘）鍵再點選**前方建築物**的圖層縮圖，建立選取範圍。

選擇**漸層填色** 2 圖層，建立圖層遮色片 02 03。

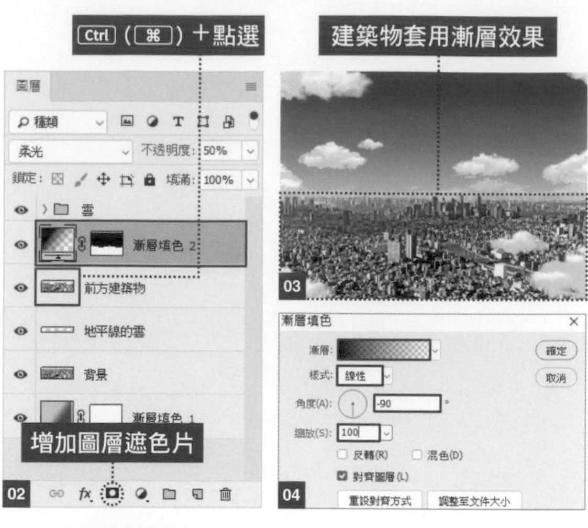

02 ｜ 調整成傍晚的景色

跟步驟 01 相同，從**圖層**面板選擇**建立新填色或調整圖層 / 漸層**，配置在**地平線的雲**的下層，漸層設定如圖 04 設定內容，然後在畫面由下往上拖曳，如圖 05，讓遠處的建築物看起來變暗。

開啟素材「夕陽.psd」，放在**雲**群組的上面，設定**混合模式：濾色** 06。**增加圖層遮色片**後，使用**柔邊圓形**筆刷，將地平線涵蓋至所有建築物的部份都套用遮色片 07。

03 ｜ 製造逆光效果，讓地平線發光

在最上層位置建立新圖層**逆光**，用 **#000000** 填滿，執行『**濾鏡 / 演算上色 / 反光效果**』命令，如圖 08 設定，圖層則設定**混合模式：濾色** 09。

為了讓**夕陽**圖層的夕陽與逆光的中心點可以重疊，如圖 10，使用**任意變形**功能來放大。

接著，在上面再建立新圖層**光 - 橘**，設定**混合模式：覆蓋**。

設定**前景色：#dfaf77**，用**柔邊圓形**筆刷畫出與地平線平行的光，讓地平線周圍的建築物有發光的視覺效果 11。

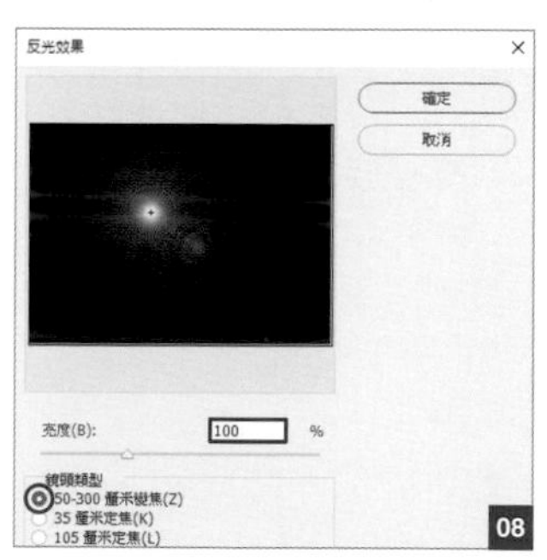

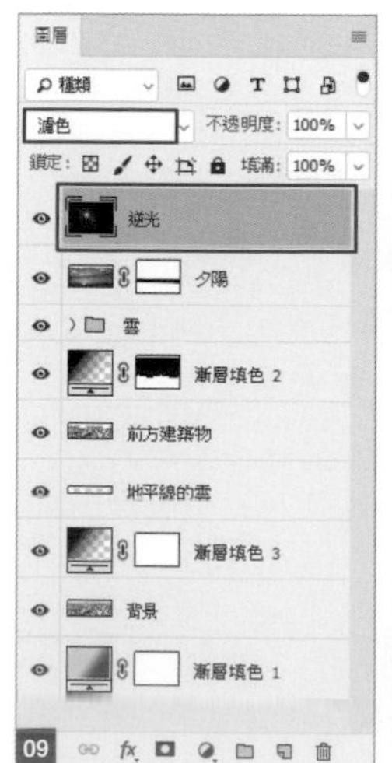

04 | 配合逆光調整建築物色調

選擇**前方建築物**圖層，執行『**影像 / 調整 / 色階**』命令，如圖 12 設定內容，表現出逆光變暗的樣子。

執行『**影像 / 調整 / 色相 / 飽和度**』命令，如圖 13 設定，將夕陽淡淡的顏色稍作調整。

在**雲**群組圖層的下面建立新圖層**建築物上雲的陰影**，設定**前景色：#280728**，如圖 14 使用**柔邊圓形**筆刷，在建築物上畫出雲的陰影。

設定**不透明度：50%**，讓陰影與建築物融為一體 15 16。

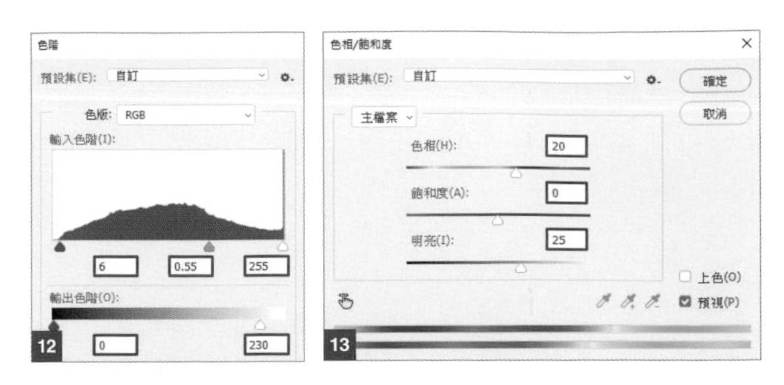

12 13

14

在建築物上描繪出雲的陰影

15

16

05 | 依據每一朵雲的位置，分別搭配背景與顏色

選擇**雲** 3 圖層，開啟**色相 / 飽和度**交談窗，如圖 17 設定內容；**色階**如圖 18 設定內容。

選擇**雲** 2 圖層，**色相 / 飽和度**如圖 19 設定內容；**色階**如圖 20 設定內容。

選擇**雲** 1 圖層，如圖 21 將兩側雲朵建立選取範圍。

色相 / 飽和度如圖 22 設定內容，作品就完成了 23。

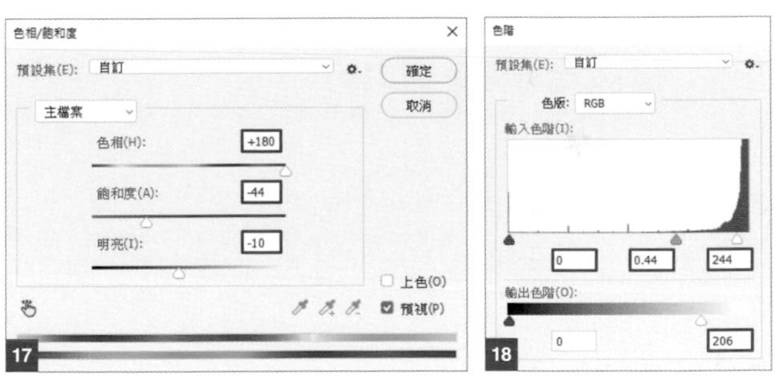

17 18

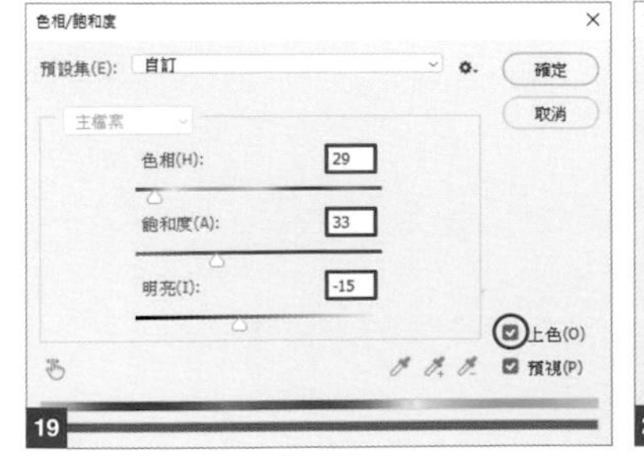

19

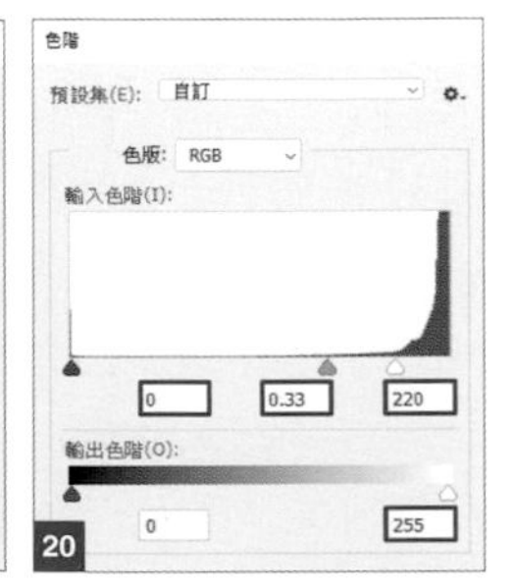

20

21

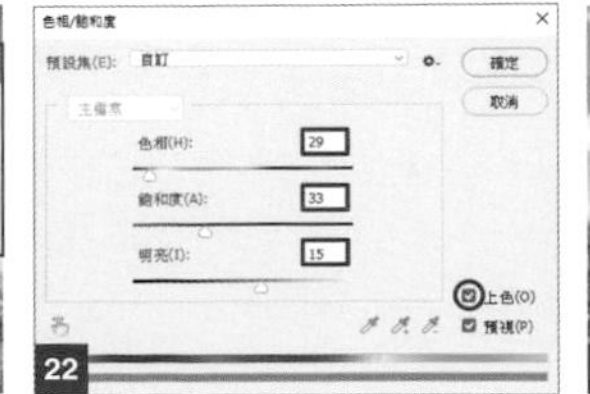

22

23

Ps

製作 3D 眼鏡立體特效

no. 086

這個單元要製作像是必須用 3D 眼鏡才可以欣賞的紅藍重疊、立體視覺效果的影像。

Point　只要利用圖層樣式就可以完成

How to use　立體效果或是令人印象深刻的影像

01 ｜ 複製圖層

開啟素材「風景.psd」。因為我們要移動影像，所以準備了比畫布還要寬的影像，複製**背景**圖層，圖層分別命名為**青色**、**紅色** 01。

02 ｜ 為「青色」圖層套用圖層樣式

隱藏**紅色**圖層，再選取**青色**圖層。

開啟**圖層樣式**交談窗，如圖 02 設定**混合選項** / **進階混合**的**色版**，勾選 G 與 B，作品就會變成偏青色調 03。

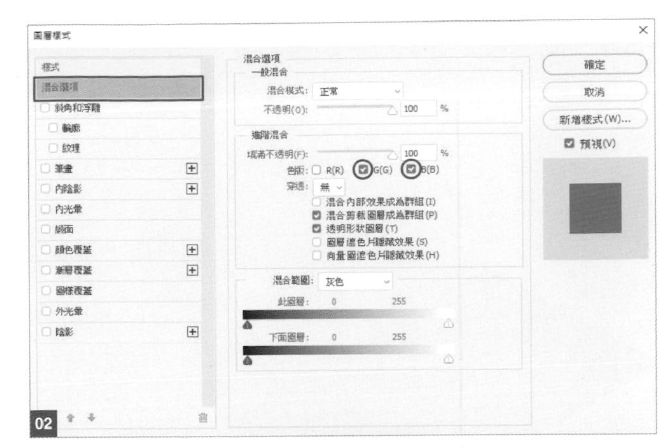

02

03

03 ｜ 為「紅色」圖層套用圖層樣式

隱藏**青色**圖層，再選取**紅色**圖層。

開啟**圖層樣式**交談窗，如圖 04 設定**混合選項** / **進階混合**的**色版**，勾選 R，作品就會變成偏紅色調 05。

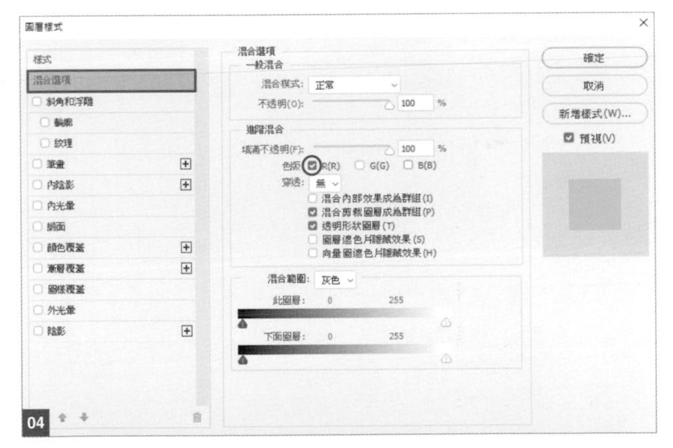

04

04 ｜ 移動圖層後就完成了

將 2 個圖層顯示出來，再選取**青色**圖層。

選取**移動工具**，按住 shift 鍵再將圖層往水平方向的左側移動。

範例中的文字也是利用相同方式製作，設定**混合模式：覆蓋**，放在適當的位置，這樣作品就完成了。

05

no. 087

使用多張照片進行重複曝光

重疊多張照片來重製影像。

Point　使用「混合模式：濾色」來重疊影像

How to use　想做出令人印象深刻的視覺影像

01 ｜ 放入基本的素材元件

開啟素材「背景.psd」，再開啟「風景素材集.psd」，移動**人物**圖層如圖 01 的位置擺放。選取**多邊形工具** 02，在**選項列**設定**填滿：#000000／邊：3**，如圖 03 設定內容。

在畫布上拖曳出形狀，放在**人物**圖層的下層位置。利用**任意變形**功能，旋轉 15 **度**如圖 04。

利用相同的操作，再製作 2 個三角形 05。

將頭部左側較大的三角形，圖層命名為**三角形 1**；左邊下方的三角形為**三角形 2**；右邊三角形為**三角形 3**。

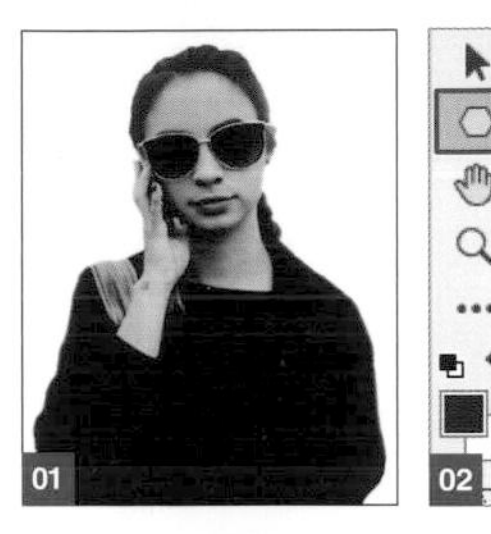
01

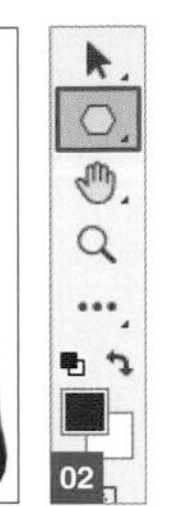
02

03

04

05

02 ｜ 擺放素材

移動**星空**圖層至**三角形 1** 圖層的下方位置 06。

設定**混合模式：濾色** 07。

這樣一來**星空**圖層下方的白色就會被去除，只在黑色部份留住圖案。

移動**山**圖層，放在**人物**圖層的上方，設定**混合模式：濾色**。

使用**變形**功能的**垂直翻轉**，擺放到圖 08 的位置。

從**圖層**面板上選取**山**圖層，按下**增加圖層遮色片**鈕。

選取圖層遮色片縮圖，使用**柔邊圓形**筆刷將影像的邊界部份 (人物胸前) 套用遮色片 09。

06

07

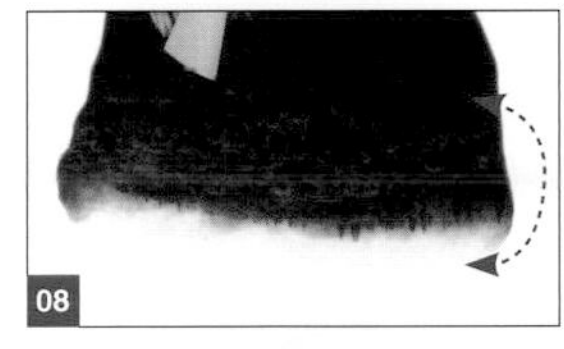
08

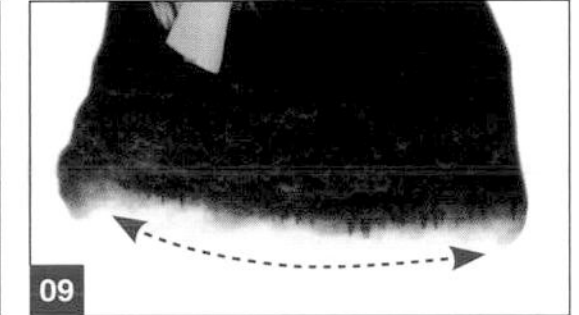
09

03 ｜ 再擺放入其他素材

將圖層**山路**放在圖層**人物**的上面 10。設定**混合模式：濾色** 11

從**圖層**面板上選擇**山路**圖層，按下**增加圖層遮色片**鈕。選取**圖層遮色片縮圖**，使用**柔邊圓形**筆刷將影像的邊界、臉部中心重疊的部份，套用遮色片 12。

將**葉子**、**窗戶**、**月**圖層都移動到**人物**圖層的上方，設定**混合模式：濾色**，畫面擺放位置如圖 13。

將**湖**圖層移至**人物**圖層的上面位置，如圖 14。

用相同的方式**增加圖層遮色片**，留下眼鏡上方還有左上方**三角形 1** 的影像，其餘部份都套用遮色片，如圖 15。

10

11

12

13

14

15

04 | 替人物建立遮色片

與**三角形 1** 圖層重疊的頭部輪廓變白了，所以套用遮色片讓它跟背景融合。

選擇**人物**圖層，**增加圖層遮色片**將圖 16 的部位套用遮色片效果。套用後的效果如圖 17。

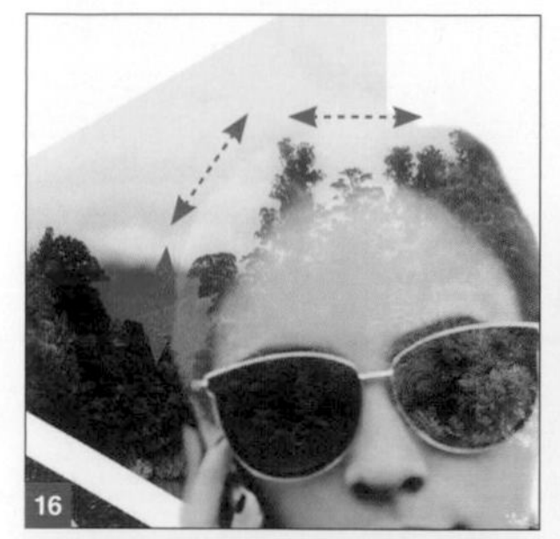
16

17

05 | 增加光線

在最上面建立新圖層**光**。選取**油漆桶工具**，設定**前景色：#000000**，塗抹上色如圖 18。

執行『**濾鏡 / 演算上色 / 反光效果**』命令，如圖 19 拖曳，預覽窗格內可以看到光源中心點重疊後，再按下**確定**鈕，並設定**混合模式：濾色** 20。

執行『**濾鏡 / 模糊 / 放射狀模糊**』命令，如圖 21 設定內容。

將光源的中心移至人物頸部的右側，使用**任意變形**功能放大至 150% 22 23。

18

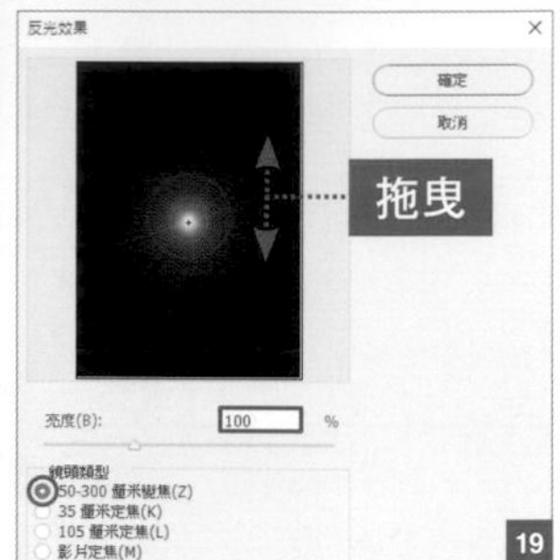

19

20

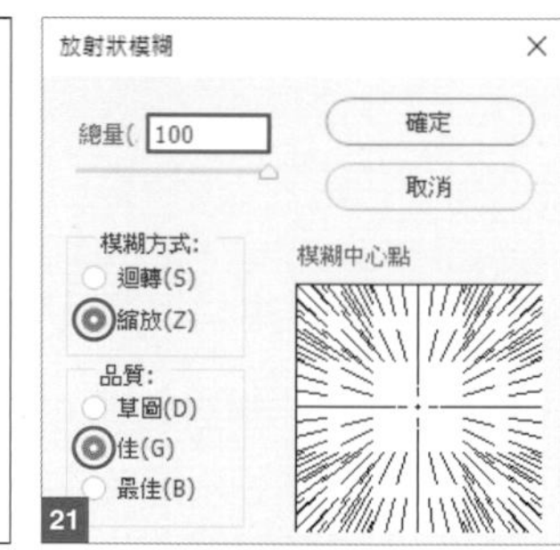

21

22

23

06 | 調整整體的色調後完成

從**圖層**面板中操作**建立新填色或調整圖層 / 色相 / 飽和度**，放在最上面的位置。如圖 24 設定好後範例作品就完成了 25。

24

25

Ps

no.

088

SMOKE EFFECT

製作與煙融合的影像

使用筆刷，製作出與煙融合的影像。

Point 編輯、建立或刪除遮色片的時候，要注意圖層重疊的部份

How to use 適用於要營造酷炫印象的影像或廣告

01 | 在人物背後製作煙霧

開啟素材「人物.psd」，在下方複製一個**人物**圖層，命名為**煙** 01。

選擇**煙**圖層，執行『**濾鏡 / 液化**』命令。

選擇**向前彎曲工具**，設定**筆刷工具選項／尺寸**：1000，如圖 02，從背部方向加上拖曳。

執行『**濾鏡 / 模糊 / 高斯模糊**』命令，設定**強度**：70 像素 03 04。將**煙**圖層設定為隱藏。

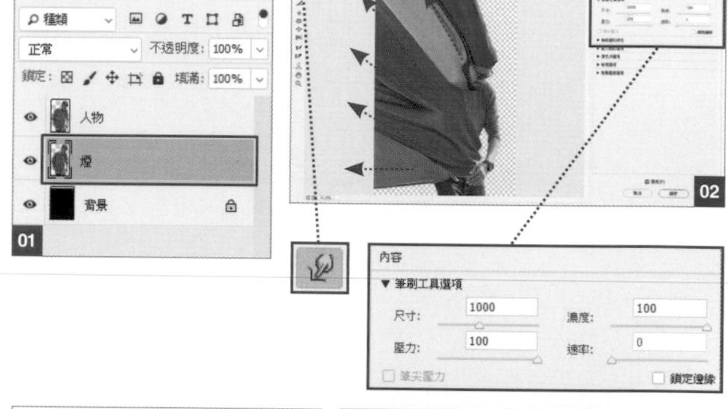

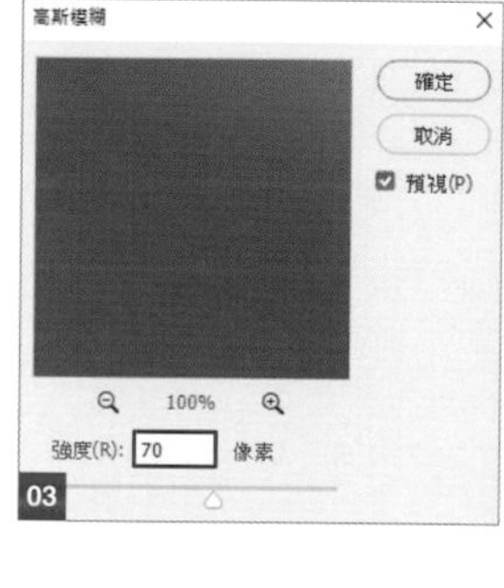

02 | 利用煙筆刷，為人物套用遮色片

雙按素材「煙組合筆刷.abr」載入筆刷。

選取**人物**圖層，在**圖層**面板按下**增加圖層遮色片**鈕。選取圖層遮色片縮圖 05。

設定**前景色**：#000000，選取**筆刷工具**，使用載入的**煙** 01～03 筆刷來套用遮色片 06。

適時變換角度、筆刷的種類與尺寸，利用點的方式來建立遮色片。

參考圖 07 建立遮色片，製作出讓煙覆蓋在人物上的視覺效果。

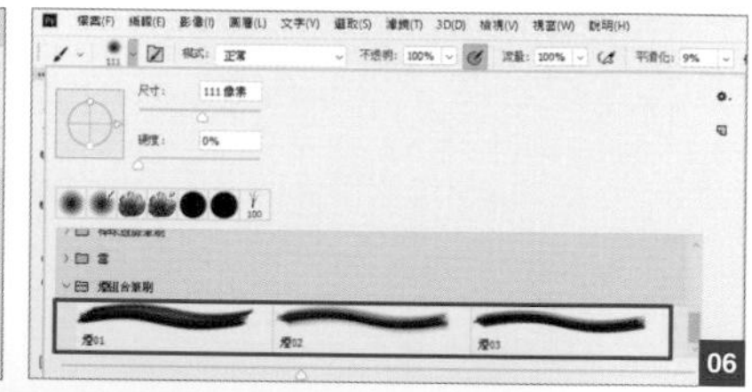

03 ｜ 製作人物後方的煙

將**煙**圖層顯示出來。跟步驟 02 相同，按下**增加圖層遮色片**鈕，選取圖層遮色片縮圖後，執行『**影像 / 調整 / 負片效果**』命令 08。

步驟 02 我們設定**前景色：#000000** 來建立遮色片，在此要設定**前景色：#ffffff**，將遮色片以外的部份畫上煙。這裡也是利用點按的方式來描繪煙的樣子 09。

04 ｜ 利用「漸層對應」作出一致性後就完成了

從**圖層**面板中按下**建立新填色或調整圖層**選擇**漸層對應**，放在最上層的圖層 10。漸層設定為 **#290a59** 至 **#ff7c00** 的漸層效果 11 12。

範例中使用收錄在 Adobe Fonts 裡的字型 Platelet OT，輸入文字「SMOKE EFFECT」並放在適當位置，作品就完成了。

1921

VINTAGE

KENTUCKY STRAIGHT

Ps

no.089

製作出唯美的霧面質感

複製葉子素材，製作出美麗有深度的茂密樹叢。
利用調整圖層與紋理創造出一致的氛圍。

Chapter 09

Point

注意影像大小、重疊方法、亮度
會隨著距離而改變

How to use

適用於廣告等視覺設計

01 ｜ 排列葉子當作前景

開啟素材「底圖.psd」01，這裡已經準備了黑色的**背景**圖層以及已經去背的**葉子**圖層 02。

將**葉子**圖層的圖層名稱更改成「葉子 _ 前景」，複製**葉子 _ 前景**圖層，執行『**編輯 / 任意變形**』命令，大小維持不變，一邊檢視整體比例，一邊旋轉葉子，放在畫面各個角落，如圖 03。

這個範例使用了 6 個圖層，將這 6 個**葉子 _ 前景**圖層組成群組，群組名稱命名為「葉子 _ 前景」04。

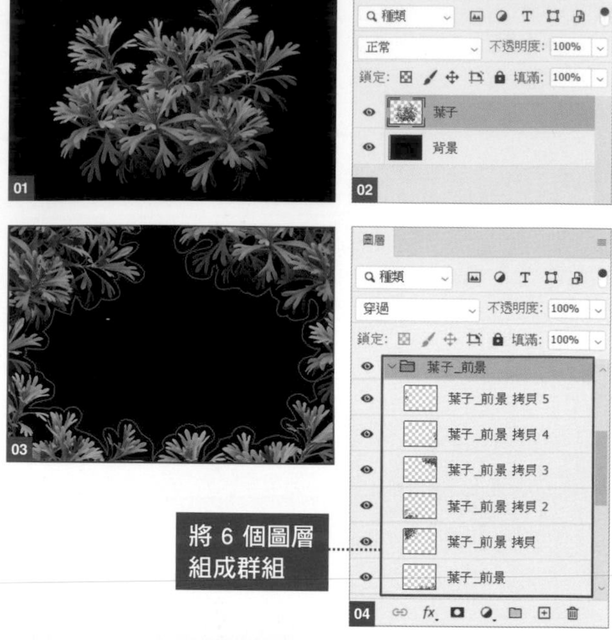

02 ｜ 排列當作中景的葉子

在下方新增**葉子 _ 中景**群組。

在**葉子 _ 中景**群組內，複製**葉子 _ 前景**圖層。把複製圖層的圖層名稱命名為「葉子 _ 中景」。在群組內複製**葉子 _ 中景**圖層，依照圖 05 排列。這個範例複製了 3 個圖層。

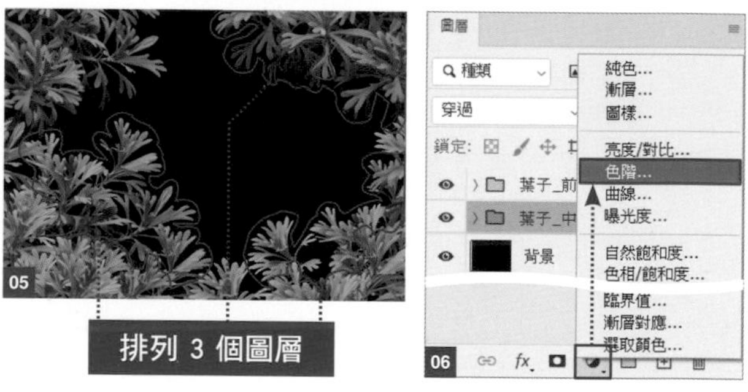

03 ｜ 在「葉子 _ 中景」群組套用「色階」調整圖層，讓葉子產生遠近感

按一下**建立新填色或調整圖層**，執行『**色階**』命令 06。

設定**輸出色階：0／150**，大幅刪除亮部，讓影像變暗 07。

將**色階 1** 調整圖層放在**葉子 _ 中景**群組的上方，在**圖層**面板上按右鍵，執行『**建立剪裁遮色片**』命令 08。

這樣只會在**葉子 _ 中景**群組內的圖層套用色階效果 09。

memo

讓**葉子 _ 中景**群組變得比**葉子 _ 前景**群組陰暗，可以營造出距離感。

04 | 將葉子填滿四周

在群組內複製**葉子＿中景**圖層，執行『**編輯／任意變形**』命令，縮小 65% **10**。

複製、旋轉圖層，依照圖 **11** 排版，填滿四周。這個範例複製、排列了 4 個縮小 65% 的圖層 **12**。

05 | 置入狐狸並建立圖層遮色片

將素材「狐狸.jpg」移動到**背景**圖層上方，讓狐狸的臉部位於畫面的中央 **13**。

執行『**影像／調整／色階**』命令。

設定**輸入色階**：0／0.9／255、**輸出色階**：0／170，略微降低中間調，提高對比，刪除亮部 **14** **15**。

圖層名稱命名為「狐狸」，按一下**圖層**面板的**增加圖層遮色片** **16**。選取**筆刷工具**，設定**柔邊圓形筆刷**、**前景色**：#000000，把狐狸以外的部分隱藏起來 **17**。此時不用在意皮毛細節，建立概略的範圍即可。

> **memo**
>
> 暫時將整隻狐狸變暗，下一個步驟將利用**覆蓋**混合模式讓部分區域變亮，藉此突顯出狐狸的臉部。

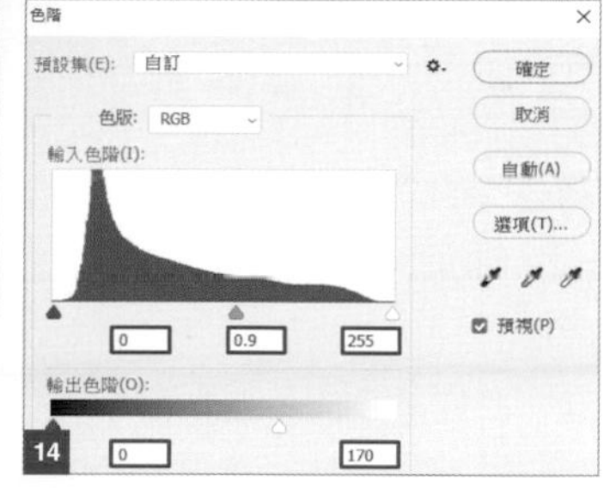

06 | 在狐狸的臉部加上光線

在**狐狸**圖層上方新增**狐狸的光線**圖層，設定**混合模式：覆蓋**，按右鍵，執行『**建立剪裁遮色片**』命令 **18**。

選取**工具**面板的**筆刷工具**，設定**柔邊圓形筆刷**、**前景色**：#ffffff。

在**選項列**設定**不透明**：50%，使用**筆刷尺寸**：1000 **像素**的大尺寸筆刷，以點狀方式繪製而不是塗抹，在狐狸的臉上按一下，為狐狸的臉部增加光芒 **19**。

Chapter 09

07 | 增加整個畫面的質感並統一色調

開啟素材「紋理.jpg」，移動至最上方，設定**混合模式：變亮** 20。

按一下**圖層**面板的**建立新填色或調整圖層**，執行『**曲線**』命令。

選取右下方的控制點，設定**輸入：0／輸出：35** 21。接著增加控制點，設定**輸入：30／輸出：40** 22。

將**曲線** 1 調整圖層放在最上方，刪除整個畫面的陰影範圍後，就能營造出霧面質感 23。

置入「紋理.jpg」素材

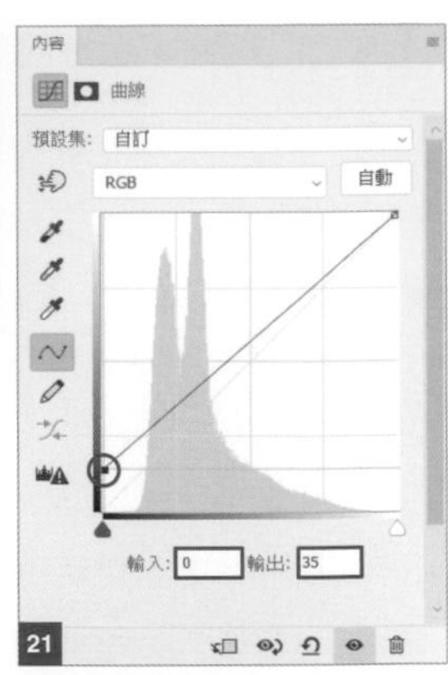

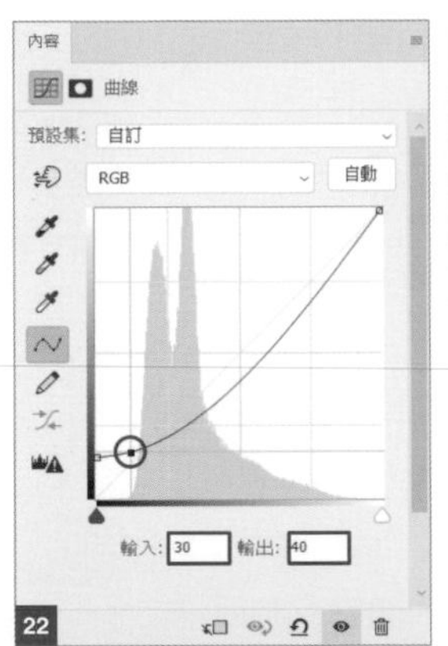

產生霧面質感

08 | 把葉子排列在狐狸周圍

利用步驟 02 製作中景的技巧，在**狐狸的光線**圖層上方建立「葉子＿遠景」群組，複製圖 12 縮小 65% 的圖層（這裡是指**葉子＿中景複製** 6 圖層），移動到**葉子＿遠景**群組內。圖層名稱命名為「葉子＿遠景」，複製之後放在狐狸的左右兩邊 24。

將部分葉子疊在狐狸臉上，藉此營造距離感。

☐ *memo*

> 這個範例把葉子覆蓋在畫面左方，藉此隱藏狐狸的身體。

以覆蓋住狐狸的方式置入葉子

按一下**圖層**面板的**建立新填色或調整圖層**，執行『**色階**』命令。

設定**輸出色階：0／110**，大幅刪除亮部 25。

將**色階** 2 調整圖層放在**葉子＿遠景**群組的上方，在**圖層**面板中選取**色階** 2 調整圖層，按右鍵，執行『**建立剪裁遮色片**』命令 26 27。

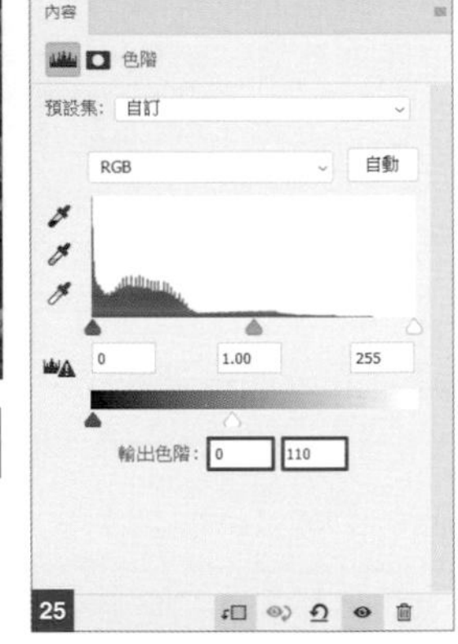

建立剪裁遮色片

可以看見遠景

09 | 在整體加上葉子的陰影

在**紋理**圖層下方新增**葉子 _ 影**群組，複製**葉子 _ 中景 複製** 6 圖層，移動到**葉子 _ 影**群組內，圖層名稱命名為「葉子 _ 影」。

執行『**影像 / 調整 / 色階**』命令，設定**輸出色階：0／0**，調整成黑色 28 29。

選取**葉子 _ 影**圖層，執行『**濾鏡 / 模糊 / 高斯模糊**』命令，設定**強度：10 像素** 30。

圖層設定為**不透明度：35%**，依照圖 31 調整位置，讓陰影落在狐狸的右上方。接著在群組內複製圖層，在整個畫面加上葉子的陰影 32。這個範例複製了 5 個圖層，放在畫面中 33。

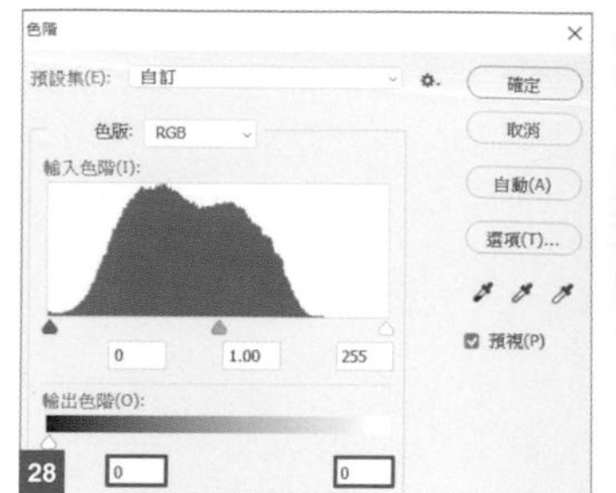

28

29

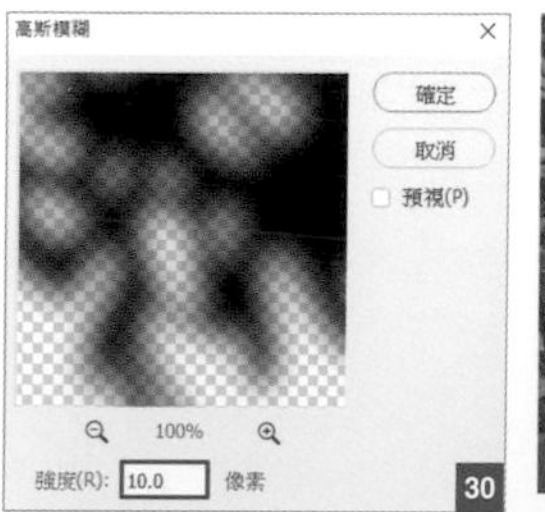

30

31

10 | 使用光影影像隨機增加光線效果

開啟素材「光影.psd」，這裡準備了光影元素的去背圖層。將此圖層移動到**紋理**圖層的下方，設定**混合模式：覆蓋／不透明度：65%**，自然融入背景 34。

32

33

11 | 加入文字與線條裝飾，完成廣告設計

這裡以虛構的威士忌廣告為例來進行文字排版。請將文字放在**曲線 1** 調整圖層的上方。選取**工具**面板的**水平文字工具**，文字設定為**字型：Mrs Eaves XL Serif OT／字型樣式：Reg／顏色：#c68d41**。

以**字型大小：45pt** 輸入「VINTAGE」、「RED FOX」、「1921」，以**文字大小：18pt** 輸入「KENTUCKY STRAIGHT」、「BOURBON WHISKEY」35。

選取 1921 文字圖層，按右鍵，執行『**轉換為形狀**』命令 36。

執行『**編輯 / 變形路徑 / 透視**』命令，依照圖 37 變形成皇冠形狀。

最後新增圖層，在文字上下加入線條。請利用「筆刷」或「形狀」工具，依照個人喜好製作線條 38。

34

35

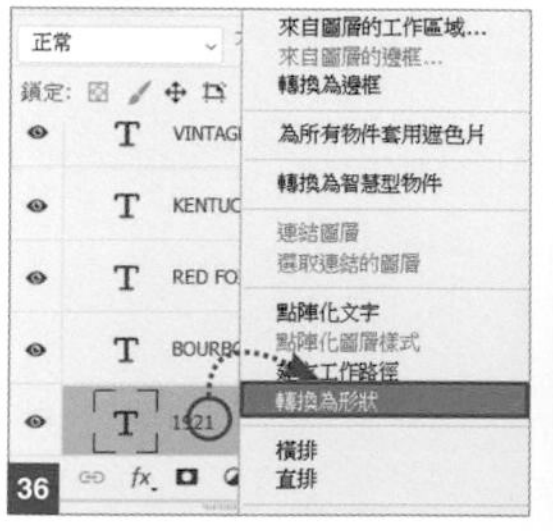

36

37

38

Chapter 09

Ps

鯨魚漂浮空中的壯觀風景 no.090

運用前面學到的各種 Photoshop 功能，製作出壯觀的相片拼貼作品。

Point 善用各種工具的功能

How to use 製作廣告視覺或作品

01 | 編修當作底圖的風景

開啟素材「背景.jpg」01。

開啟素材「素材集.psd」，這次使用的素材全都已經完成去背 02，請將這個文件中的圖層移動到「背景.jpg」再開始製作。

移動**月**圖層，設定**混合模式：濾色** 03，執行『**圖層 / 圖層樣式 / 外光暈**』命令 04。

設定**混合模式：覆蓋**、**顏色：#ffffff**、**尺寸：100 像素**，按下**確定**鈕 05，在月亮外側加上白光 06。

移動**星**圖層，設定**混合模式：濾色** 07。

在**圖層**面板中選取**星**圖層，按一下**增加圖層遮色片** 08。

01

02

03

移動「月」

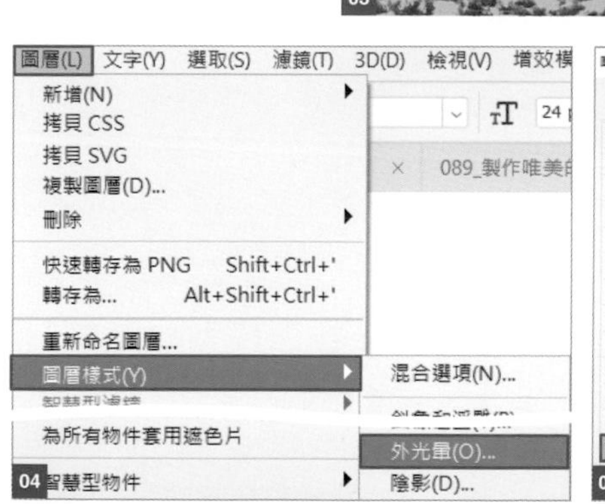

04

顏色：#ffffff

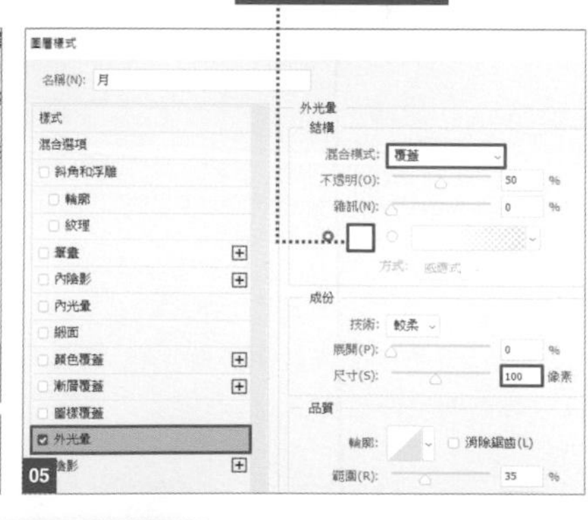

05

06

在月亮外側加上白光

07

移動「星」圖層

08

增加圖層遮色片

Chapter 09

02 ｜ 保留必要部分

參考圖 09，只保留天空陰暗部分的星星，遮住其他部分。看見星星時，會顯得不自然的部分也要遮住，如月亮、雲等。把**流星**圖層移動到**月**圖層的下方，設定**混合模式：濾色** 10。這裡希望讓月亮周圍顯得乾淨俐落，所以和剛才一樣，按一下**圖層**面板的**增加圖層遮色片**，遮住月亮周圍的流星 11。

03 ｜ 製作畫面前景中的草原

選取**草原**圖層，移動到最上方 12。
這次想在前面製作斜坡，所以執行『**編輯 / 任意變形**』命令，逆時針旋轉 -15°，如圖 13 所示。按一下**圖層**面板的**增加圖層遮色片** 14，在選取圖層遮色片縮圖的狀態下，執行『**影像 / 調整 / 負片效果**』命令 15，整個畫面會被遮住，看不到草原。

☐ **memo**

負片效果的快速鍵：Ctrl（⌘）＋ I 鍵。

在選取圖層遮色片縮圖的狀態下，選取**工具**面板的**筆刷工具**，前景色與背景色設定為 **#ffffff** 16。筆刷設定為**筆刷：草／尺寸：250 像素** 17。如圖 18 所示，以在畫面下方製作斜坡的方式調整遮色片。

☐ **memo**

在筆刷設定中的**舊版筆刷**可以找到**筆刷：草**。假如找不到**筆刷：草**，也可以透過**搜尋筆刷**搜尋「草」。

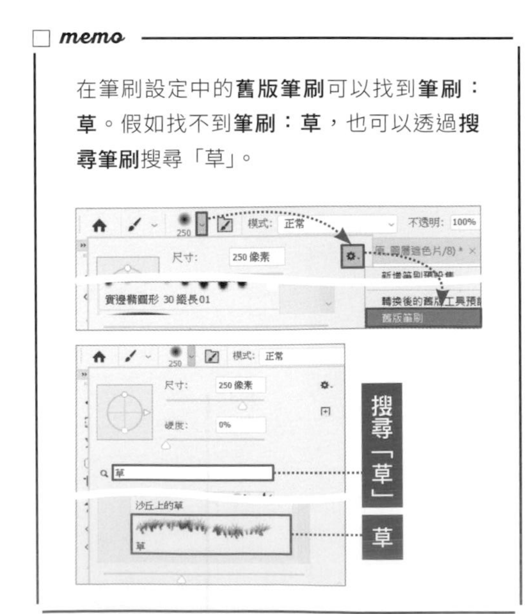

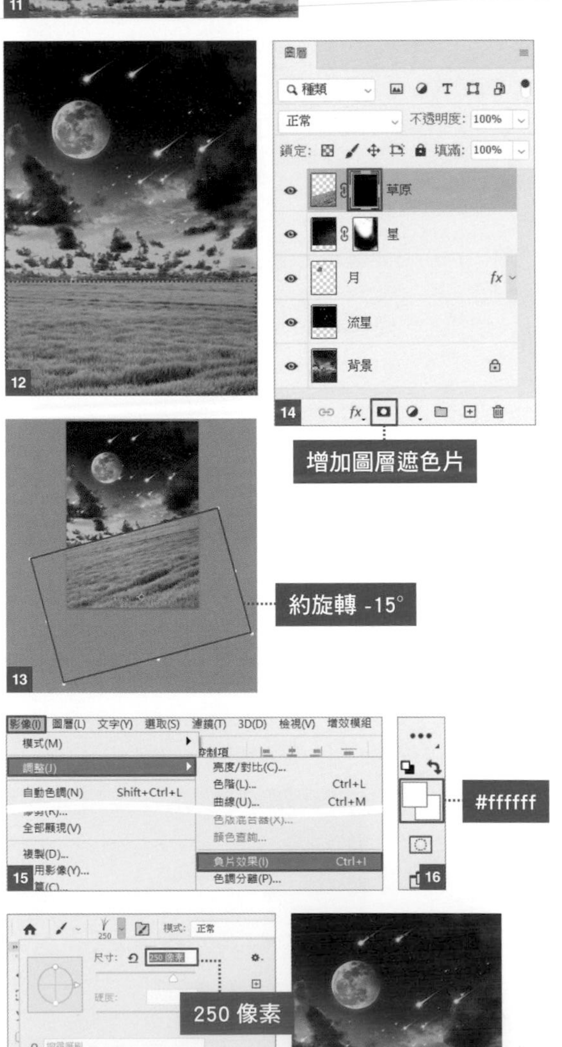

04 | 調整草原的色調

選取**草原**圖層，執行『**編輯／調整／色階**』命令。為了統一背景的亮度，設定**輸出色階：0／100**，大幅刪除亮部，讓影像變暗 19。

執行『**影像／調整／色相／飽和度**』命令。設定**色相：-50**、**飽和度：-35**，調整成接近背景的色調 20，讓影像的亮度、顏色與背景一致 21。

05 | 在草原加上光線並放置傾倒的街燈

在**草原**圖層上方新增**草原光線**圖層，設定**混合模式：覆蓋**，選取**草原光線**圖層，按右鍵，執行『**建立剪裁遮色片**』命令 22。

選取**筆刷工具**，設定**柔邊圓形筆刷／前景色：#ffffff**，在草原與背景的邊緣與前方描繪，加上光線 23。

請檢視光線的深淺，調整圖層的不透明度。這個範例設定為**不透明度：75%**。

把**街燈**圖層放在到最上方。

執行『**編輯／任意變形**』命令，順時針旋轉65°，如圖 24 所示。

執行『**影像／調整／色階**』命令，設定**輸入色階：7／0.9／255**、**輸出色階：0／200** 25。

請執行『**影像／調整／色彩平衡**』命令，設定**色調平衡：中間調**、**顏色色階：+30／0／-30** 26，統一亮度、顏色 27。

選取**街燈**圖層，按一下**增加圖層遮色片**。

和草原遮色片一樣，選取**筆刷工具**，使用**筆刷：草**、**前景色**、**背景色：#000000** 塗抹，讓街燈掩沒在草原裡 28。

細節部分請縮小筆刷尺寸再調整。

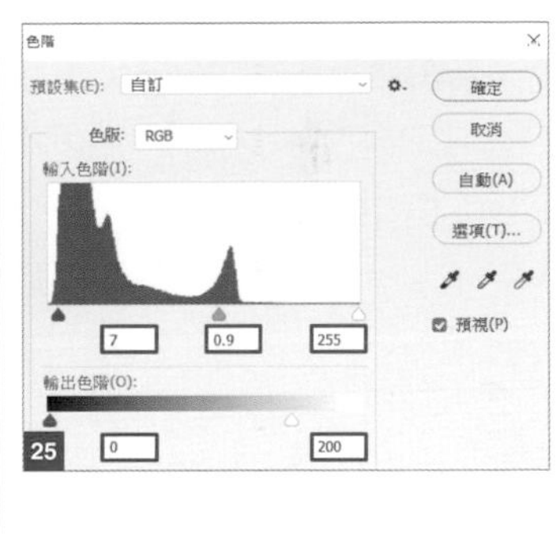

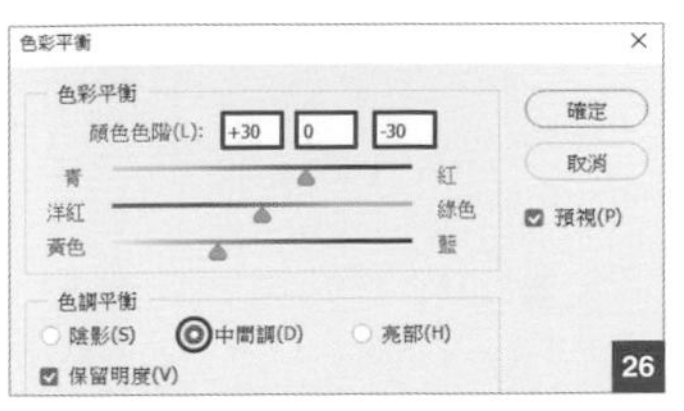

06 | 點亮街燈

將**逆光**圖層移動到**街燈**圖層上方，設定**混合模式：濾色**，執行『**編輯 / 任意變形**』命令，參考圖 29，縮小尺寸，調整位置，點亮街燈。

在**逆光**圖層上方新增**街燈光線**圖層，設定**混合模式：覆蓋**，選取**筆刷工具**，設定**柔邊圓形筆刷／前景色：#ffffff**，在傾倒的街燈周圍描繪，加上光線 30。

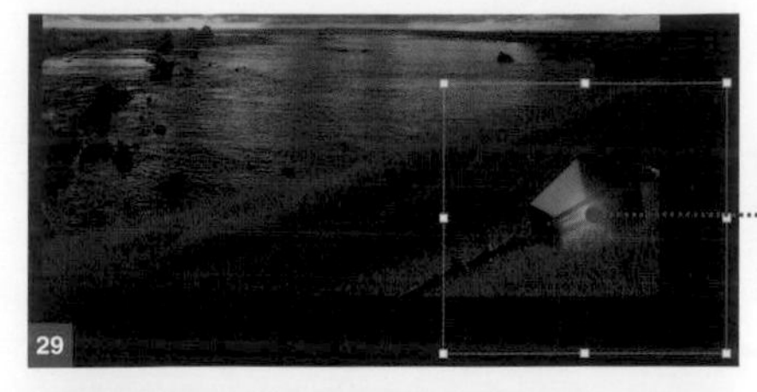

29

30

07 | 在前景加上懸崖

把**懸崖**圖層移動到**草原**圖層下方 31。

在**懸崖**圖層上方新增**懸崖陰影**、**懸崖光線**、**懸崖邊緣** 3 個圖層，按右鍵，執行『**建立剪裁遮色片**』32。

選取**工具**面板**的筆刷工具**，設定**柔邊圓形筆刷**，**懸崖陰影**圖層使用**前景色：#000000** 描繪，在懸崖前面的平面加上陰影 33。檢視描繪狀態，在**圖層**面板設定**不透明度：40%**。

懸崖光線圖層設定**混合模式：覆蓋**，使用**前景色：#ffffff** 在懸崖的上平面描繪，製造出照射到光線的效果 34。**懸崖邊緣**圖層使用**前景色：#ffffff／筆刷尺寸：5 像素**的小筆刷，在邊緣描繪加上光線 35。

31

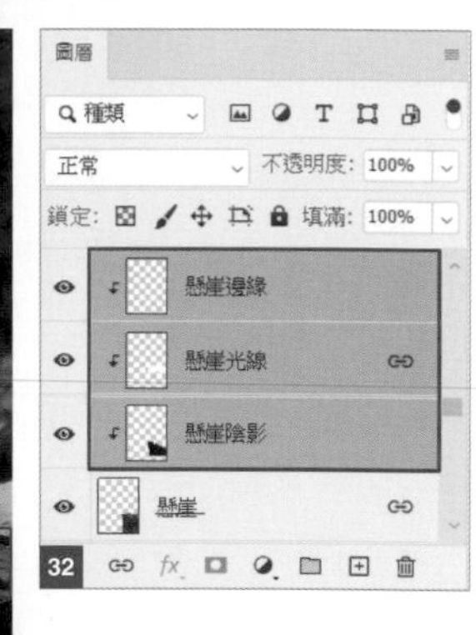

32

33

34

35

08 | 在背景加上街景並往下方擴大

移動**街景**圖層，放在**背景**圖層上方 36。由於上面還有**草原**圖層，所以只能看見左上方的部分。在上方新增**地平線顏色**與**地平線光線**圖層 37。**地平線光線**圖層先設定**混合模式：覆蓋**。選取**地平線顏色**圖層，選取**工具**面板的**筆刷工具**，設定**柔邊圓形筆刷／前景色：#d47a30** 38，以橘色描繪地平線。

地平線的邊緣使用**前景色：#ffffff**、**筆刷尺寸：5 像素**的細筆刷描繪出白色直線。

選取**地平線光線**圖層，接著選取**筆刷工具**，設定**柔邊圓形筆刷／前景色：#ffffff**，在地平線上繪製線條，使其發光 39。在上方新增**街景光線**圖層，設定**混合模式：覆蓋**。

選取**筆刷工具**，設定**柔邊圓形筆刷／前景色：#ffffff**，加上光線，強調街燈的光芒 40。

置入「街景」圖層

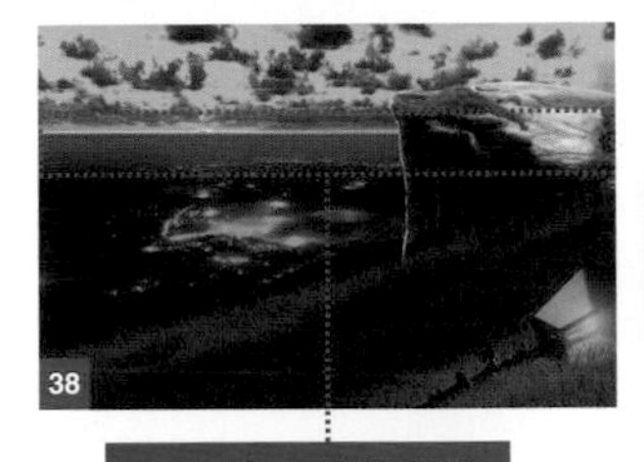

描繪地平線的顏色

描繪地平線的邊緣

在街景加上光線

09 | 在懸崖置入樹木並調整

將**樹木**圖層移動到**懸崖**圖層上方 41。

執行『**影像 / 調整 / 色階**』命令，設定**輸入色階：30／1／255**、**輸出色階：10／105**，根據背景，以逆光的感覺調暗影像 42。

在上方新增**樹木光線**、**邊緣光線**圖層，選取**樹木光線**圖層，設定**混合模式：覆蓋**，選取**筆刷工具**，設定**柔邊圓形筆刷**、**前景色：#d9a098**，在樹木邊緣加上光線 43。

選取**邊緣光線**圖層，再選取**筆刷工具**，設定**柔邊圓形筆刷**、**前景色：#ffffff**、**筆刷尺寸：5 像素**，使用較細的筆刷，在樹幹邊緣加入線條，製造出逆光效果 44。

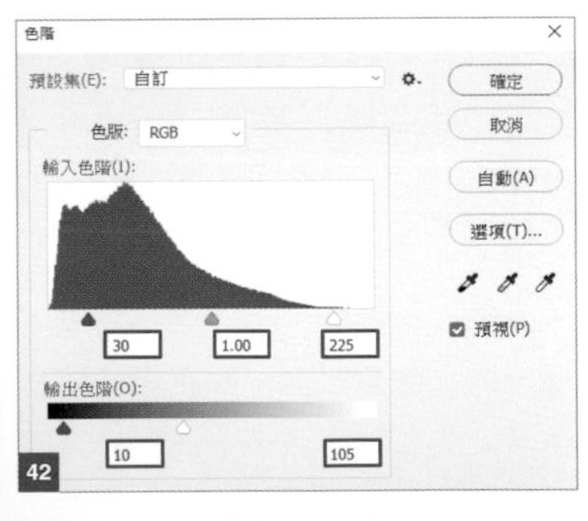

在樹木加上光線

在樹木邊緣加上光線的線條

10 | 調整樹木

將**逆光**圖層移動到**樹木**圖層上方，設定**混合模式：濾色**，找出逆光照在樹木左側的位置，設定**不透明度：40%**，與背景自然融合 45。
移動**樹木陰影**圖層，放在**懸崖邊緣**圖層的上方，對**懸崖**圖層套用剪裁遮色片 46。
執行『**編輯 / 任意變形**』命令，在畫面上按右鍵，執行『**垂直翻轉**』命令，垂直縮小，依照圖 47 編排位置，設定**不透明度：60%**，與背景自然融合。
執行『**濾鏡 / 模糊 / 高斯模糊**』命令，設定**強度：2 像素** 48。

45

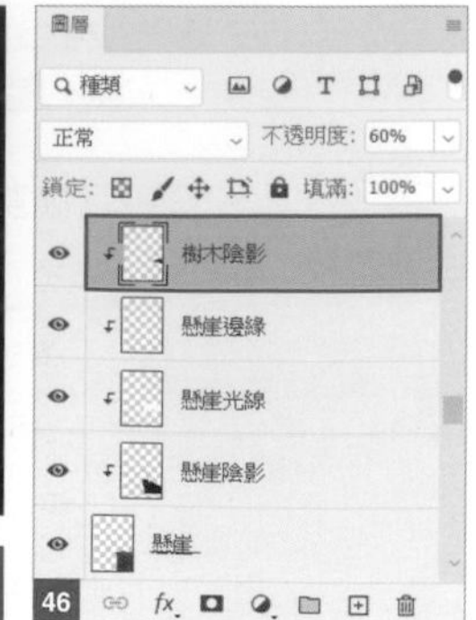

46

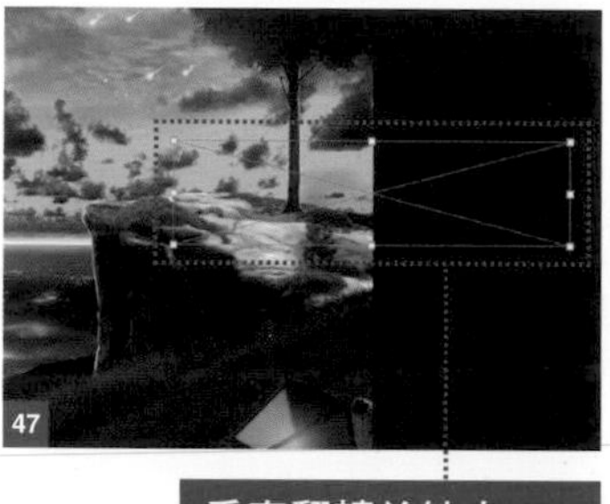

47

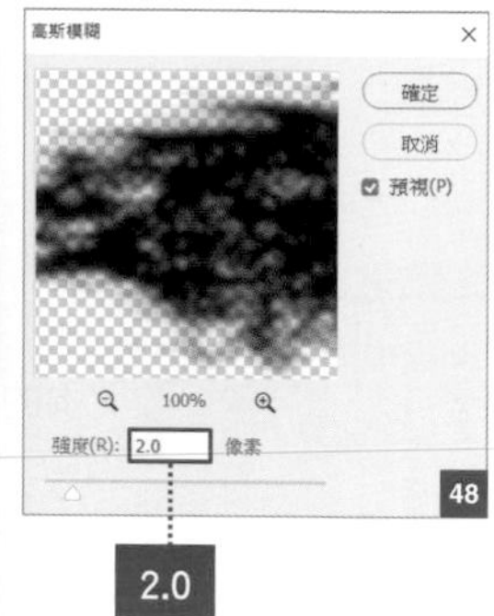

48

11 | 在懸崖置入人物與狗並調整

將**人物**、**狗**圖層移動到**草原**圖層的下方，放在懸崖的上方 49。
在**人物**圖層按右鍵，執行『**增加圖層遮色片**』命令，建立圖層遮色片。選取工具面板的**筆刷工具**，設定**柔邊圓形筆刷／前景色：#000000**，隱藏腳底，讓人物的腳沒入草叢中 50。選取**人物**圖層，執行『**影像 / 調整 / 色階**』命令。設定**輸入色階：0／0.84／225**、**輸出色階：0／170**。
同樣選取**狗**圖層，執行『**影像 / 調整 / 色階**』命令，設定**輸入色階：0／1／255**、**輸入色階：0／80**。根據不同風景進行調整，利用逆光讓影像變暗 51。
在**人物**、**狗**圖層的下方新增**人物**、**狗的陰影**圖層，選取**筆刷工具**，設定**柔邊圓形筆刷**、**前景色：#000000**，依照圖 52 描繪陰影。在右下方繪製陰影時，要注意距離愈遠陰影愈淺。假如顏色過深，請調整不透明度。

49

50

51

52

12 | 在懸崖邊加上光線與背景融為一體

在**狗**圖層的上方新增**調整顏色 _ 人物、狗、背景**圖層，設定**混合模式：覆蓋**。

選取**筆刷工具**，設定**柔邊圓形筆刷／前景色：#ff9368／筆刷尺寸：2500 像素**，使用大尺寸筆刷，以人物與狗為中心按一下，加上較大的光線 53。檢視深淺，調整不透明度。此範例設定**不透明度：80%**。

把**逆光**圖層移動到**狗**圖層的上方，設定**混合模式：濾色**。

執行『**編輯 / 任意變形**』命令，調整尺寸，放在人物左側的腰部附近，製造出逆光效果 54。

複製**逆光**圖層，放在狗的頭部 55。

在**月**圖層上方新增**調整光線 _ 人物、狗、背景**圖層，設定**混合模式：覆蓋**。

選取**筆刷工具**，設定**柔邊圓形筆刷／前景色：#ffffff／筆刷尺寸：1500 像素**，**選項列**設定**不透明：50%**，在人物按兩下，人物的左邊按一下，右邊按一下，共按四下，增加大量光線 56。以人物為中心，往左右營造出漸層光線。

53

54

55

56

13 | 置入鯨魚並調整顏色

移動**鯨魚 1** 與**鯨魚 2** 圖層 57。

選取**鯨魚 1** 圖層，執行『**影像 / 調整 / 色階**』命令。設定**輸入色階：0／0.95／255**、**輸出色階：5／60** 58。執行『**影像 / 調整 / 色彩平衡**』命令，選取**中間調**，設定**顏色色階：+10／-5／+15** 59。

同樣選取**鯨魚 2** 圖層，執行『**影像 / 調整 / 色階**』命令，設定**輸出色階：30／50** 60。

執行『**影像 / 調整 / 色彩平衡**』命令，選取**中間調**，設定**顏色色階：-10／-20／+25** 61。前面的鯨魚加強黃色與紅色，後面的鯨魚因為在遠處，所以稍微增加青色調 62。

57

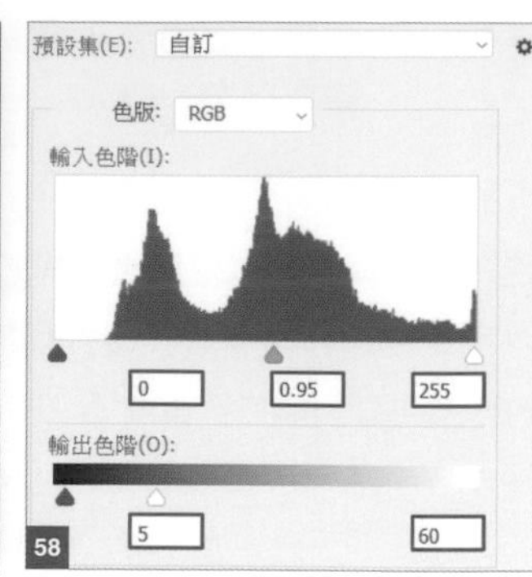

58

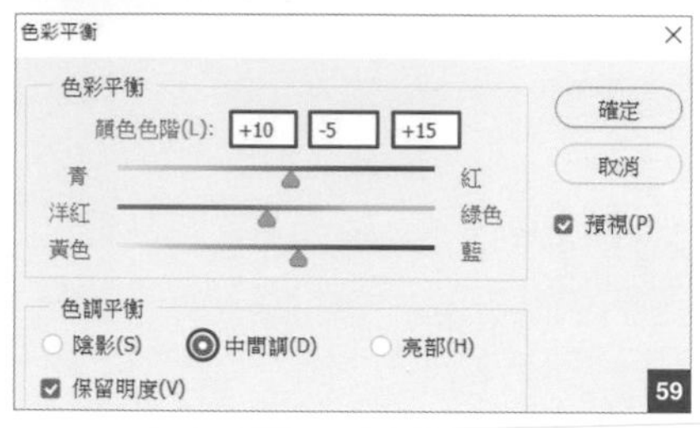

59

14 | 在鯨魚描繪光線

在**鯨魚 1** 圖層上方新增**鯨魚 1_ 光線**圖層，設定**混合模式：覆蓋**，再新增**鯨魚 1_ 光線邊緣**圖層，設定**混合模式：正常**。接著在**鯨魚 2** 圖層的上方同樣新增**鯨魚 2_ 光線**圖層，設定**混合模式：覆蓋**，再新增**鯨魚 2_ 光線邊緣**圖層，設定**混合模式：正常**。

選取**筆刷工具**，設定**柔邊圓形筆刷／前景色：#ffffff**，在**鯨魚 1_ 光線**圖層與**鯨魚 2_ 光線**圖層中，以**筆刷尺寸：300 像素**的筆刷，一邊調整大小，一邊描繪出由上往下照射的柔和光線 63。

在**鯨魚 1_ 光線邊緣**圖層與**鯨魚 2_ 光線邊緣**圖層，使用**筆刷尺寸：5 像素**左右的細筆刷，在鯨魚身體的邊緣描繪光線 64。

將**鯨魚 1**、**鯨魚 2**、**鯨魚 1_ 光線**、**鯨魚 1_ 光線邊緣**、**鯨魚 2_ 光線**、**鯨魚 2_ 光線邊緣**等 6 個圖層組成群組，群組名稱命名為「鯨魚」。把**逆光**圖層移動到**鯨魚**群組上方，按右鍵，執行『**建立剪裁遮色片**』命令，在群組套用剪裁遮色片。在**鯨魚 1** 圖層的右下方加入逆光，與背景融為一體，如圖 65 所示。

接著在上方複製**逆光**圖層，放在**鯨魚 2** 圖層的腹部下方 66。

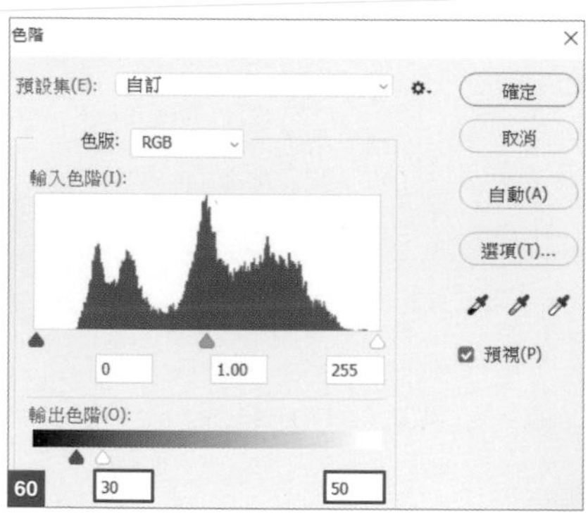

60

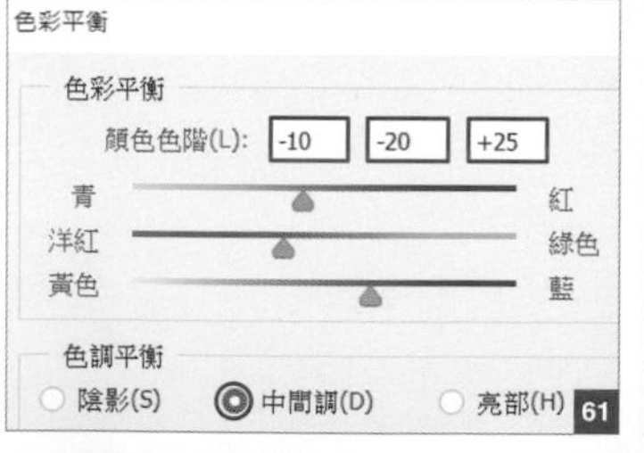

61

後面的鯨魚比較遠，所以稍微加強青色調

62

63

64

65

在這裡加上「逆光」

66

在這裡加上「逆光」

15 | 整體加上薄霧與雲，增添柔和感

移動**薄霧**圖層，放在最上方，設定**不透明度：20%** 67。

在**草原**圖層下方新增**懸崖邊界**圖層。

選取**筆刷工具**，設定**柔邊圓形筆刷／前景色：#ffffff**、**筆刷尺寸：600 像素**，**選項列**設定**不透明：20%**，建立大尺寸的淺筆刷，以點狀方式在懸崖與背景的邊界加上薄霧，讓界線變得更清楚 68。

移動**雲**圖層，放在**懸崖**圖層的下方 69。

讓前景變柔和，減弱整體的印象，使懸崖與背景的邊界變清楚，並在鯨魚飛翔的天空加上雲朵，營造空氣感。

置入「薄霧」圖層

置入「雲」圖層

16 | 增加草與花瓣

把**草**圖層移動到畫面右下方，執行『**濾鏡 / 模糊 / 高斯模糊**』命令，設定**強度：10 像素** 70。在前景加上大尺寸的模糊元素，營造出距離感。

移動**花瓣**圖層，放在最上方 71。

往下複製**花瓣**圖層，執行『**編輯 / 任意變形**』命令，旋轉 180° 72。

將**花瓣 拷貝**圖層放在畫面下方，感覺過於強烈，所以執行『**影像 / 調整 / 色相 / 飽和度**』命令，勾選**上色**，設定**色相：350／飽和度：75／明亮：-67**，自然融入背景 73。

選取**花瓣 拷貝**圖層，按一下**增加圖層遮色片**，檢視整體比例，隱藏被雲與街景遮蓋的部分 74。

置入「花瓣」圖層

複製「花瓣」圖層，旋轉後置入

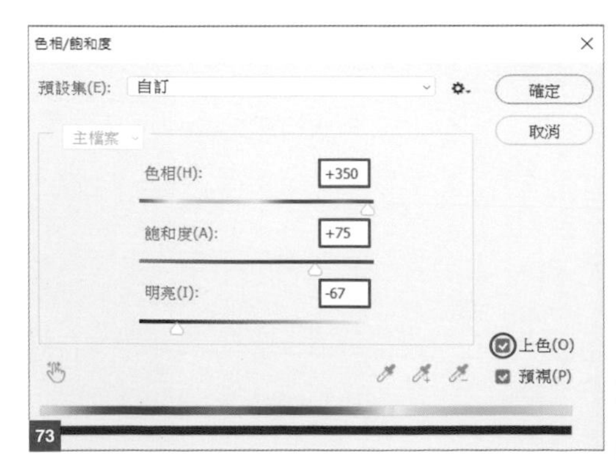

Chapter 09

17 調整整體顏色後完成

按一下**建立新填色或調整圖層 / 漸層**，在最上方新增調整圖層 75。漸層的顏色以**前景到背景**為基礎，使用左為 #e56db8，右為 #3830de 的漸層 76。

選取**漸層填色** 1 調整圖層，設定**混合模式：覆蓋**、**不透明度：30%**。

按一下**增加圖層遮色片**，選取**多邊形套索工具**，以在選取範圍內套用漸層的方式建立遮色片，如圖 77 所示，營造出由左上照射漸層光線的感覺。

最後，按一下**建立新填色或調整圖層**，執行『**曲線**』命令，在最上方新增圖層。

左下控制點設定**輸入：10／輸出：10** 78，增加控制點，設定**輸入：125／輸出：145** 79，調整整體影像，完成設計 80。

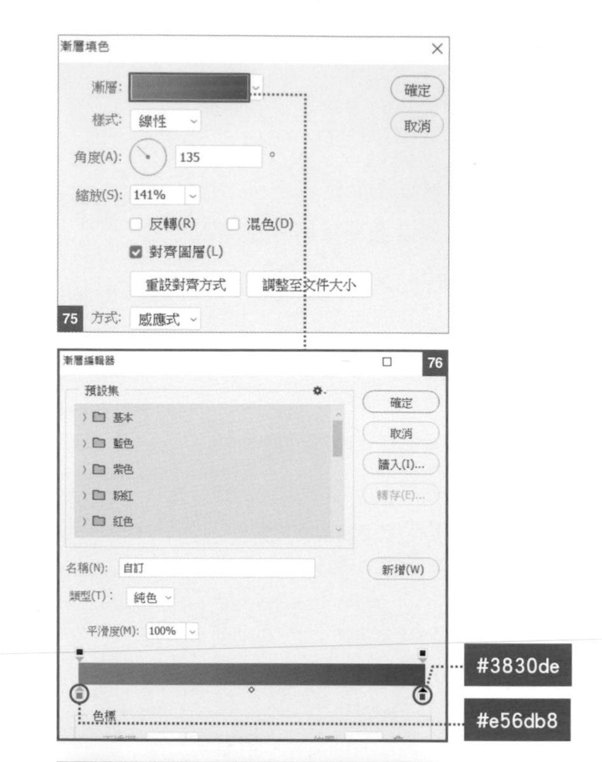

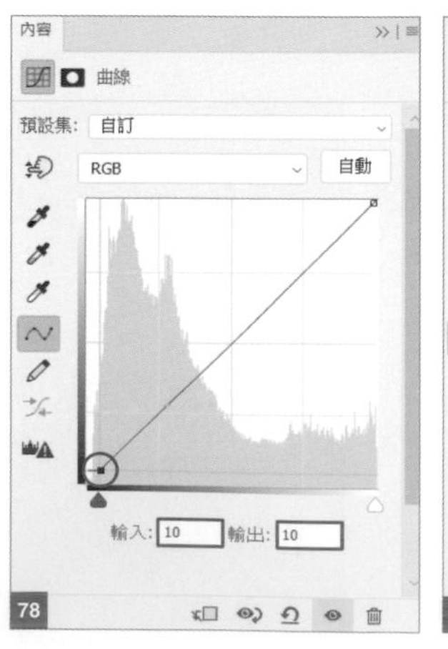

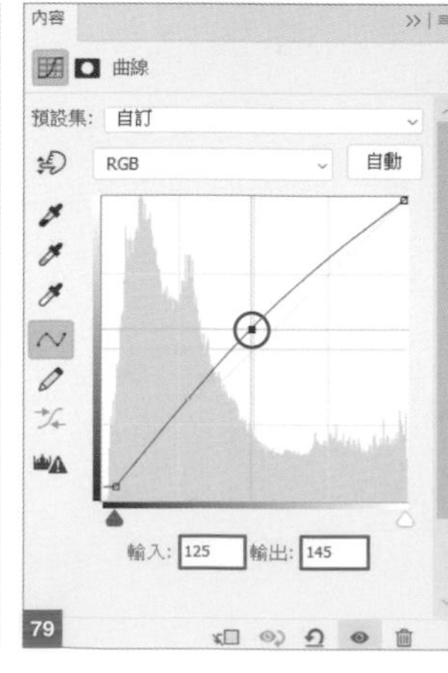

Photoshop & Illustrator 的操作技巧

作者整理了一些在 Photoshop 和 Illustrator 中的實用技巧，包括自訂筆刷和光線效果的處理等。當你想要深入學習軟體操作時，希望這些內容對你有所幫助。

Chapter 10

Photoshop & Illustrator operating techniques

圖層樣式 no.091

Photoshop 的圖層樣式，可以讓圖層套用後，表現出許多不同的效果，例如立體感、色彩的變化、漸層色、陰影效果等等，而且設定之後還可以進行編輯，套用後還能拷貝圖層樣式，再貼上至其他圖層套用，非常方便。

開啟「圖層樣式」交談窗

選取想要套用圖層樣式的圖層。

執行『**圖層 / 圖層樣式 / 混合選項**』命令 01，或是在圖層名稱右側**雙按** 02，就會開啟**圖層樣式**交談窗 03。

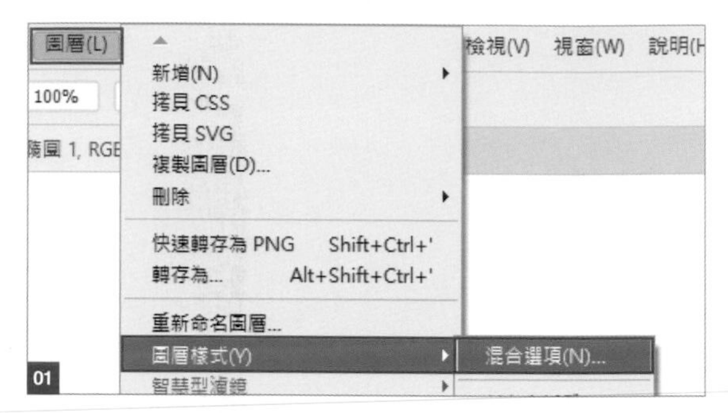

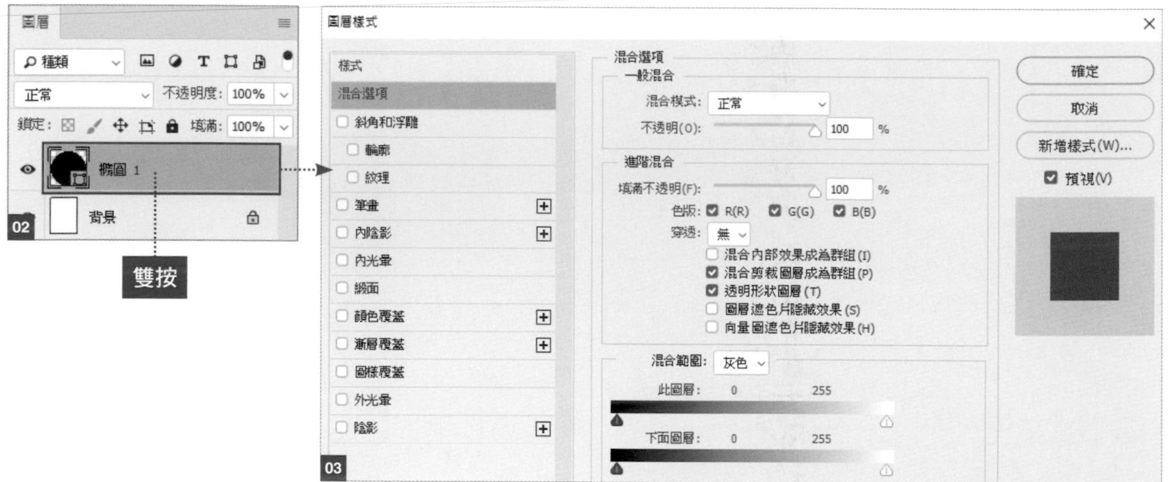

編輯圖層樣式

圖層效果

- **混合範圍 / 下面圖層**

在車子照片放入 LOGO，讓圖案與車身融合一體的範例 04。如圖 05 設定**混合範圍**的內容。

暗部階調是 0（**最小**）～118 套用遮色片（重疊陰影的 LOGO 部份會遮住），亮部 255（**最大**）沒有套用到遮色片（與亮部重疊的 LOGO 部份會保留），118～175／190～255 會以柔和的漸層效果套用遮色片。

調整右側節點的左側，與左側節點的右側時，只要按住 Alt（option）鍵再拖曳，節點就會被分割了。

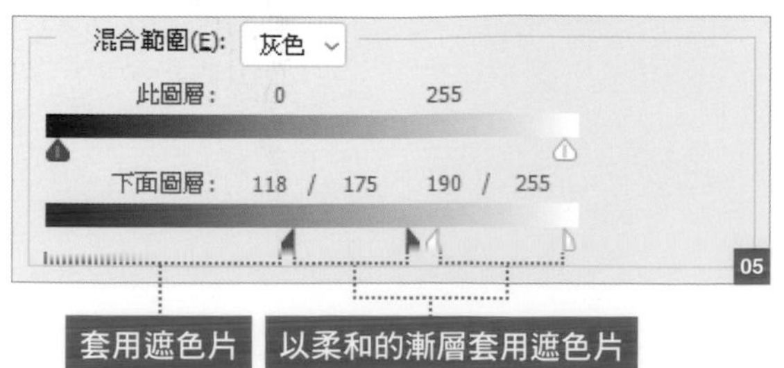

斜角和浮雕

- 結構

尺寸可用來調整擠壓的程度 06。

設定**尺寸**：5 像素 07、設定**尺寸**：20 像素 08。

- 技術

雕鑿硬邊屬於較銳利的質感，例如冰、金屬、玻璃等硬質感的表現 09。

雕鑿柔邊屬於較粗糙切削的質感效果。

- 陰影

高度可用來調整光線的照射方向與質感。

結構 / 尺寸：20 像素、**高度**：30，可以表現出柔和的光線 10。

高度：70，可以表現出較銳利且質感較硬的光線。

輪廓

用**輪廓**、**斜角和浮雕**來調整套用輪廓的部份。

如圖 11，用**斜角和浮雕**設定好的內容，再經過如圖 12 的內容做調整，就會表現出如圖 13 的質感。

陰影

用**結構**加上陰影。

勾選**使用整體光源**選項，不只是陰影的部份，連同**斜角和浮雕**設定好的陰影也會同時套用。

其他的圖層也會同時受到影響，所以在使用時要特別注意。

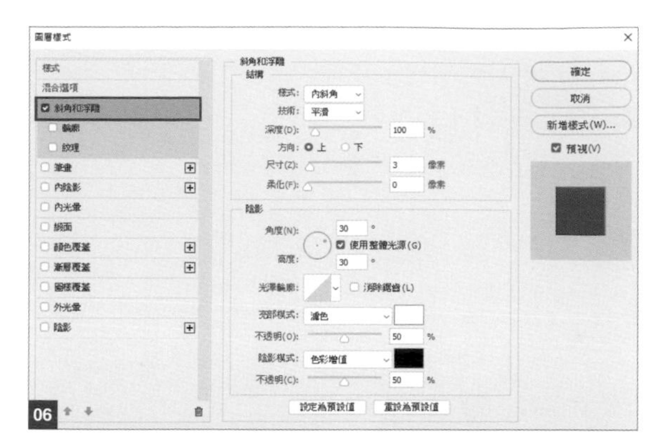
06

07

08

09

10

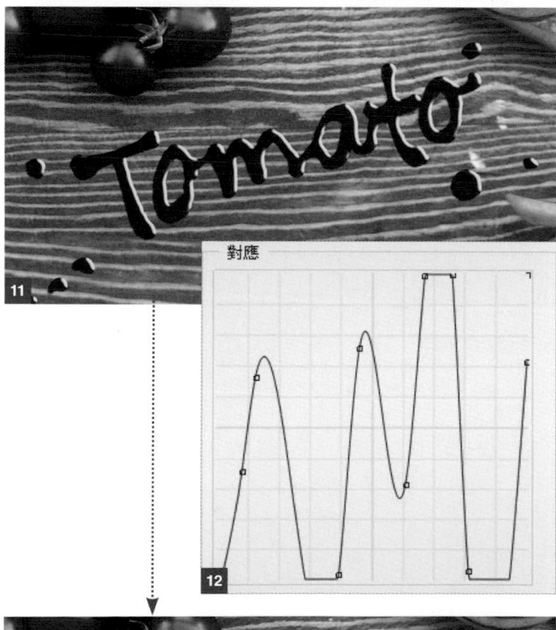

11
12

13

Chapter 10

筆刷設定 no.092

Photoshop 裡預設有多款筆刷可供使用。

開啟「筆刷設定」面板

從**工具**面板中按下**筆刷工具**，可以在**筆刷設定**面板中編輯筆刷 01。

如果**筆刷設定**面板沒有顯示在畫面上，可以執行『**視窗 / 筆刷設定**』命令開啟 02。

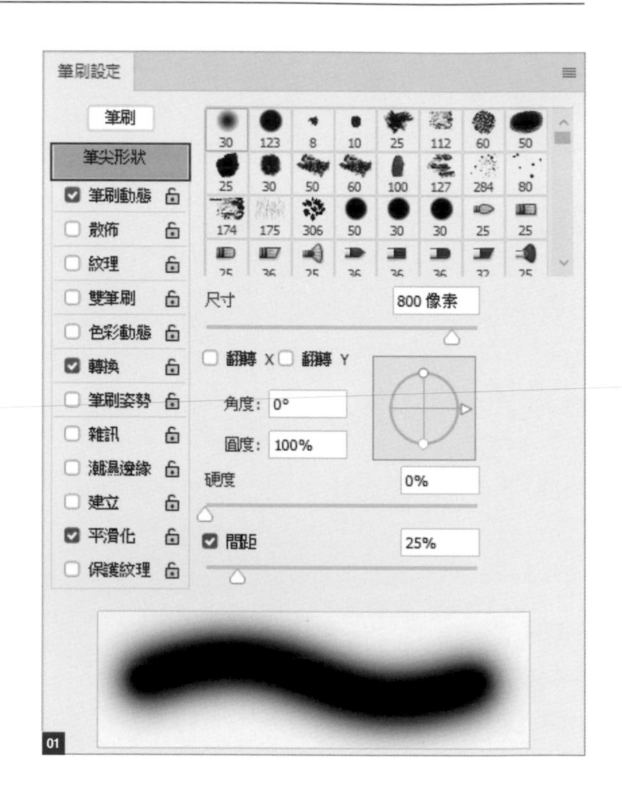

筆刷設定（本書常用到的項目）

- **筆尖形狀**

將**間距**的數值調大，就會變成如同點狀的虛線 03。

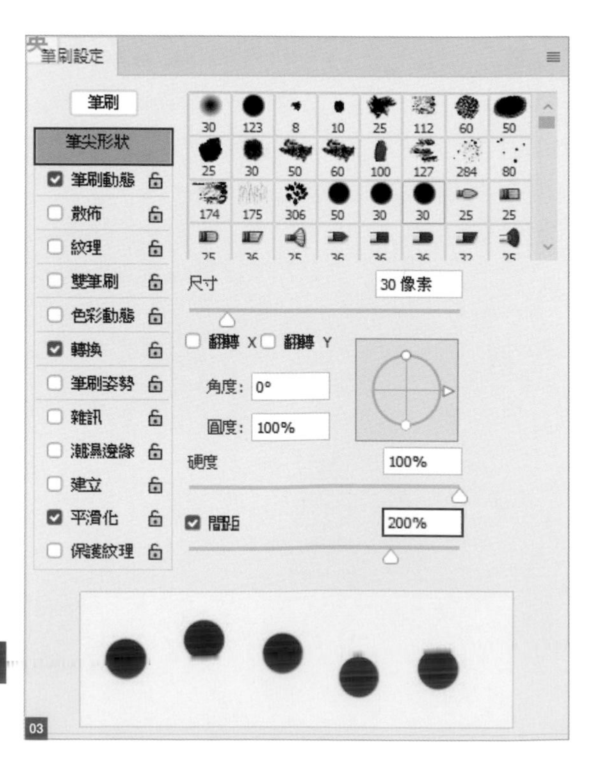

- **筆刷動態**

大小快速變換的數值愈大筆刷尺寸變化就愈大 **04**。
用**最小直徑**可以控制最小的尺寸。
角度快速變換的數值，可以調整角度自由變化的程度 **05**。

- **散佈**

散佈的數值愈大，分散的範圍就愈廣 **06**。
利用**數量**來變更散佈量；使用**數量快速變換**可以隨機設定散佈的範圍。

- **潮溼邊緣**

可以表現出像水彩般邊緣浸溼的效果 **07**。

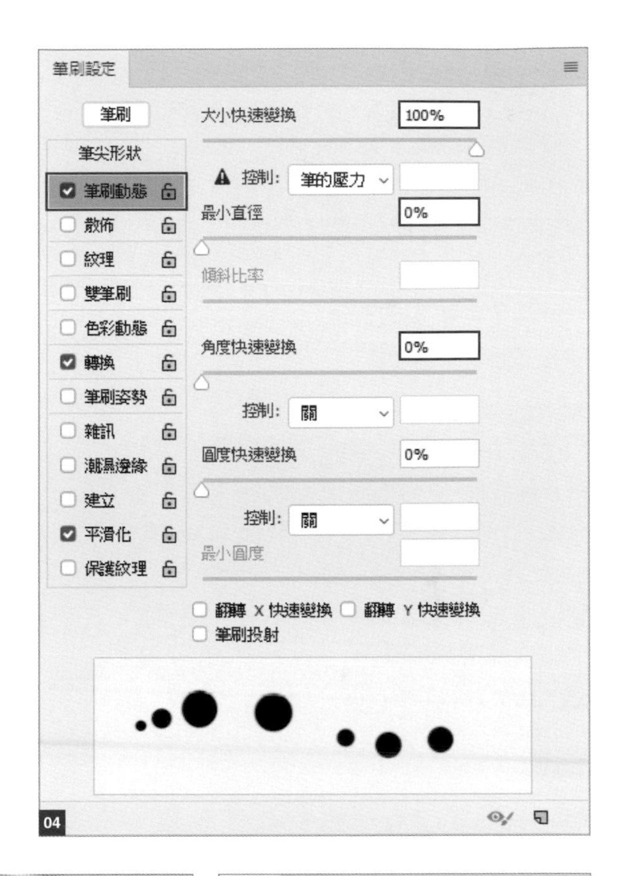

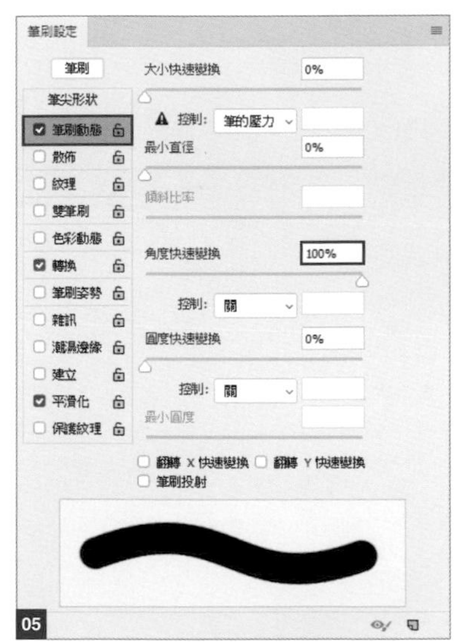

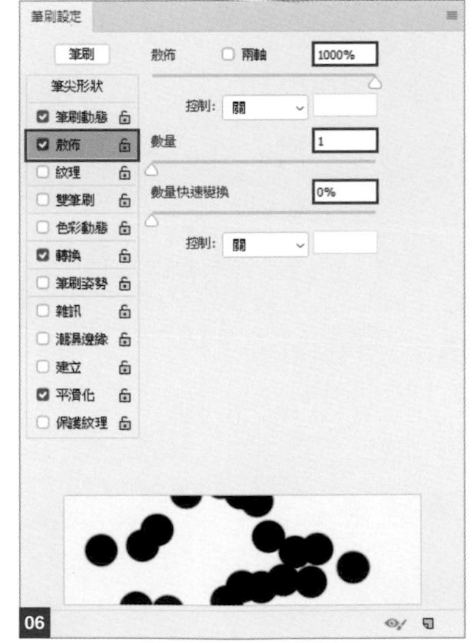

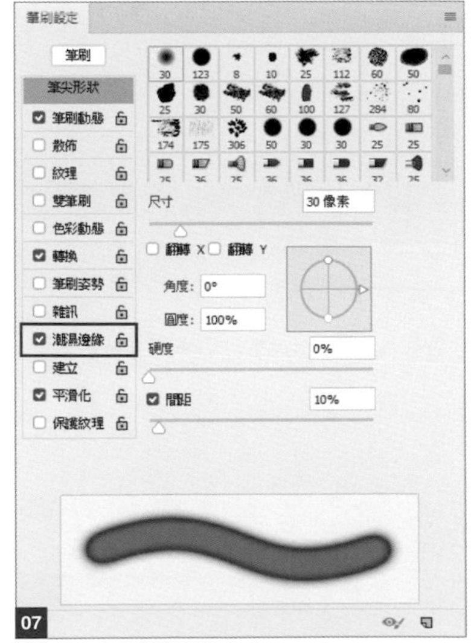

利用手繪畫出線條

選擇**筆刷工具**時，變更**選項列**的**平滑化**，可以讓手繪的效果看起來更平順 08。
手繪時滑鼠與繪圖筆設定為**平滑化：0%**

- **平滑化：40% 的範例**

滑鼠 09、繪圖筆 10

平滑化的數值愈大，依電腦主機本身規格的不同，運算的速度有可能會變慢。
緩慢且仔細描繪時，數值可以設定大一點；如果要快速且較粗糙的線條，數值設定則較小。
請依據各自的使用環境，選擇適用的數值。

09

10

08

使用照片製作筆刷

執行『**編輯 / 定義筆刷預設集**』命令，這時在畫布上的圖案就會登錄成為筆刷。要注意的地方就是如圖 11 的圖案，一旦登錄成筆刷，之後就會變成如圖 12 的灰階樣子。
執行『**影像 / 模式 / 灰階**』命令，可以預覽製作筆刷的效果。
已經定義好的筆刷 (如前頁圖 01 ～ 07)，也可以再自行變化出各種不同的效果 13。

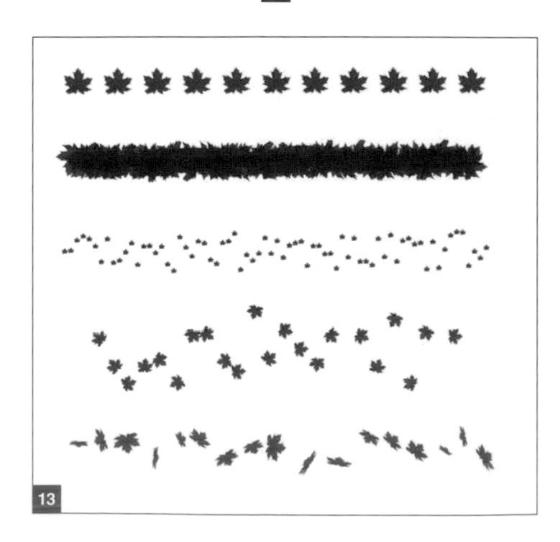
13

12

Ps 紋理與圖案 no.093

在此要介紹從各種效果的濾鏡裡，找出合適的濾鏡為圖案加上紋理的範例。

• **纖維**

在想要套用效果的上層建立新圖層。

設定**前景色**：#ffffff，用**油漆桶工具**填滿。

設定**前景色**：#ffffff／**背景色**：#000000。

執行『**濾鏡 / 演算上色 / 纖維**』命令，製作出喜好的質感。這裡要表現出纖維質感，所以如圖 01 來設定內容。

另外，只要按下**隨機化**，畫面上就會隨機變化效果。

設定**混合模式**：**濾色**後，跟下方的圖層融合就完成了 02。

原影像

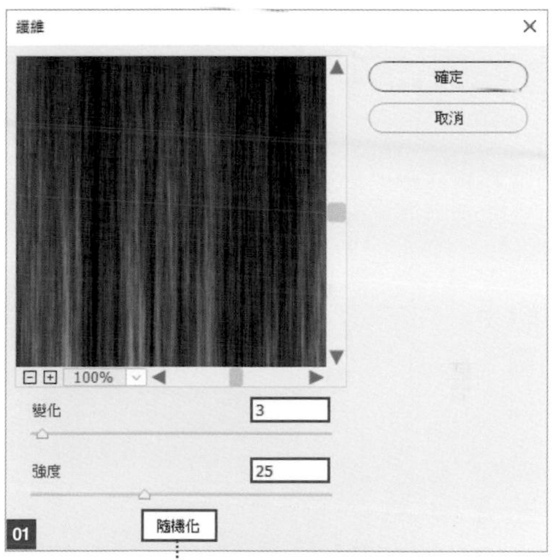

01

按下「隨機化」鈕可隨機產生效果

02

• 網狀效果

在想要套用效果的圖層上層建立新圖層。

設定**前景色：#ffffff** 並填滿，再設定**前景色：#ffffff／背景色：#000000**。執行『**濾鏡 / 濾鏡收藏館**』命令，選擇**網狀效果**濾鏡，再如圖 03 設定內容，設定**混合模式：濾色**。照片看起來就像沾到了灰塵，仿舊風格就完成了 04。將這個風格的紋理，與夜空重疊之後，也可以表現出像星空般的效果 05，將**色階**交談窗如圖 06 設定內容，加強對比，再執行『**濾鏡 / 模糊 / 高斯模糊**』命令，如圖 07 設定內容，就可以作出下雨的效果了 08。

04

05

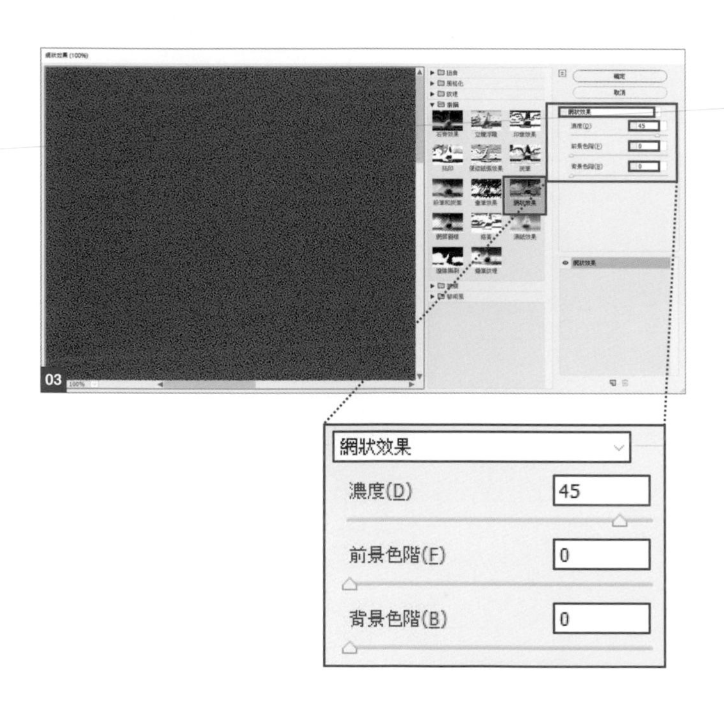

03

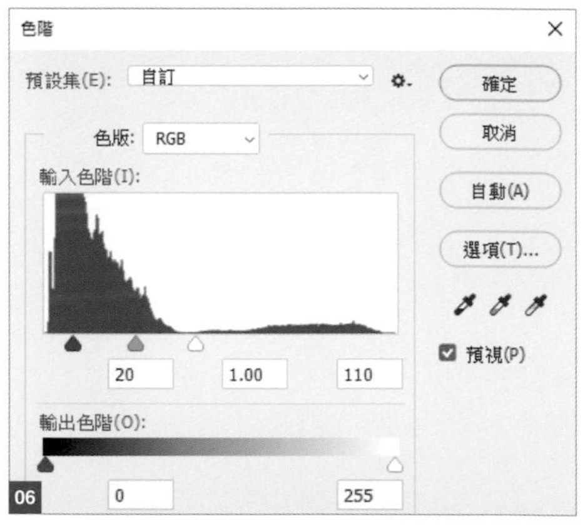

06

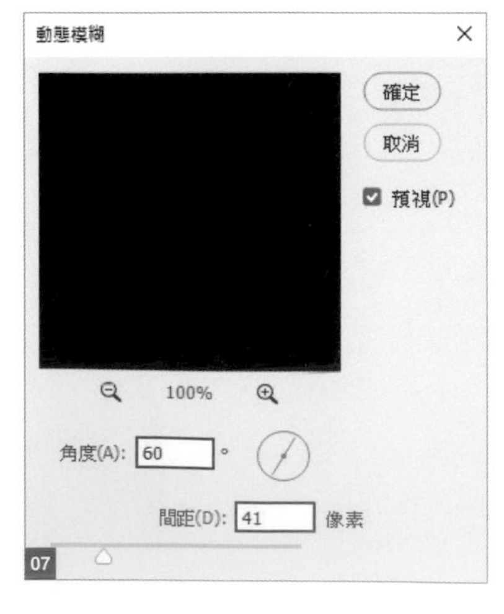

07

08

- **網屏圖樣**

在想要套用效果的圖層上層建立新圖層。

設定**前景色：#ffffff** 並填滿影像，執行『**濾鏡 / 濾鏡收藏館**』命令，選擇**網屏圖樣**，如圖 09 設定**圖樣類型：點**，再設定**混合模式：覆蓋**，點狀效果就完成了 10。

濾鏡還有其他的效果，例如選擇**圖樣類型：直線** 11，**圖樣類型：圓形** 12，就可以作出線條、點狀或輪狀的效果。

當然，在**混合模式：一般**的狀態下，也會用到上述 3 種圖樣類型 13 14 15。

10

11

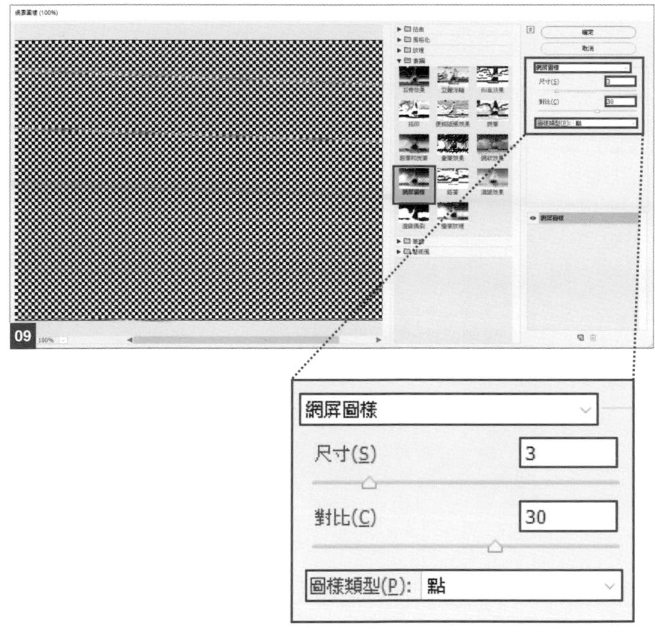

09

12

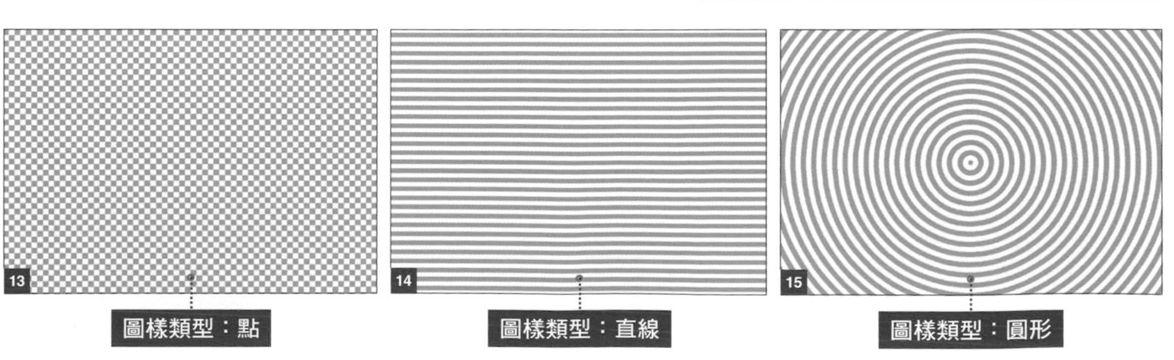

13 14 15

格點與參考線 no.094

接下來要介紹素材的整理方法，還有如何利用**偏好設定**來有效提昇工作效率。

指定格點顯示的尺寸

使用寬、高 1000 像素的畫布。

執行『**檢視 / 顯示 / 格點**』命令（快速鍵：Ctrl（⌘）+ ' 鍵）01。

執行『**編輯 / 偏好設定 / 參考線、格點與切片**』命令 02。開啟**偏好設定**交談窗，會自動選定**參考線、格點與切片**項目。

將**格點**項目的**顏色**、**每格線**、**細塊**等設定為想要的數值，如圖 03。

本例設定 **50 像素**的格點／**細塊**：2，也就是 **50 像素**的格點分別被直線與橫線分割為 2，所以就會形成 4 個 **25 像素**的正方形 04。

勾選『**檢視 / 靠齊至 / 格點**』命令 05。

素材就會吸附在格點上，這樣要進行素材擺放，或手繪圖形的描繪、網頁製作等以像素為單位來製作素材元件時，就會相當方便 06。

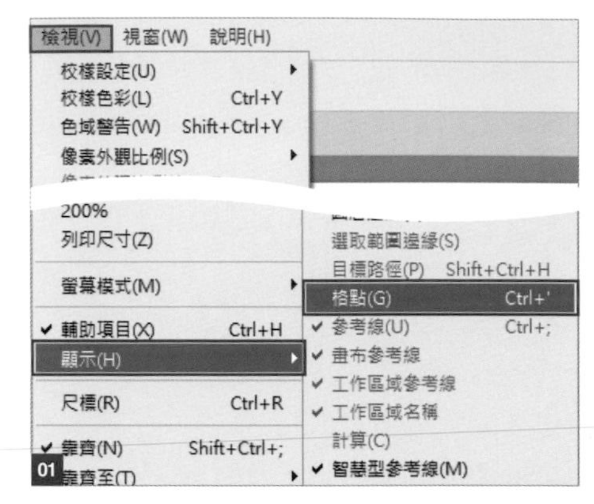

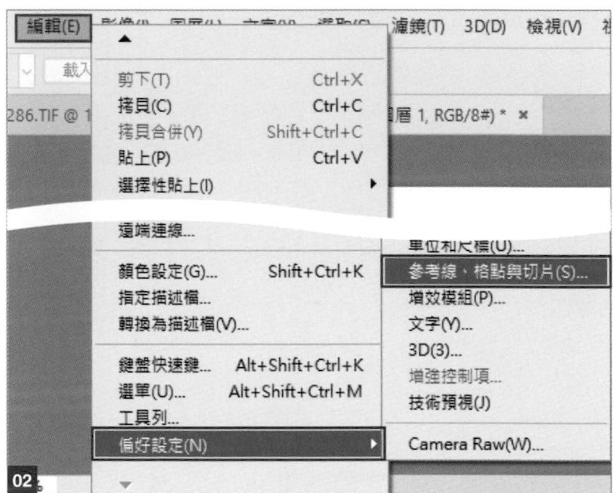

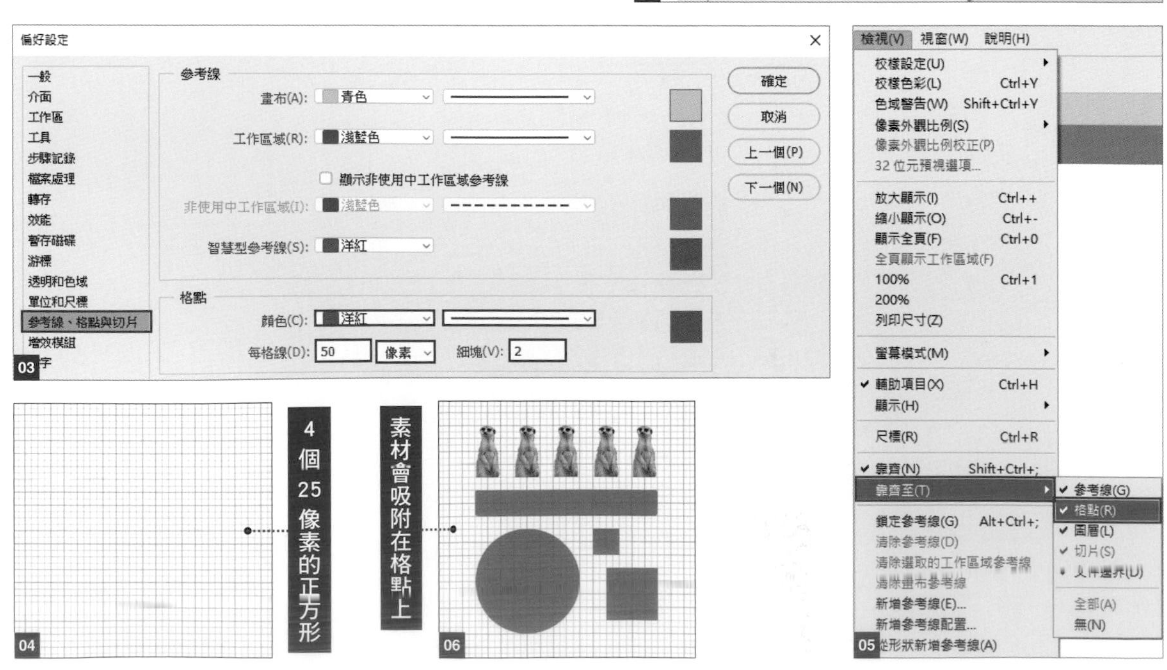

參考線的製作方式

• **製作參考線**

執行『**檢視 / 新增參考線**』命令 **07**。

如圖 **08** 設定好**水平**或**垂直**方向後，按下**確定** **09**。

手動新增參考線時，請執行『**檢視 / 尺標**』命令（快速鍵：Ctrl（⌘）+ R 鍵）。

影像視窗的邊緣會顯示出尺標 **10**。

從尺標上拖曳至影像視窗內，即可新增參考線。

另外，使用**移動工具**就可以移動參考線。

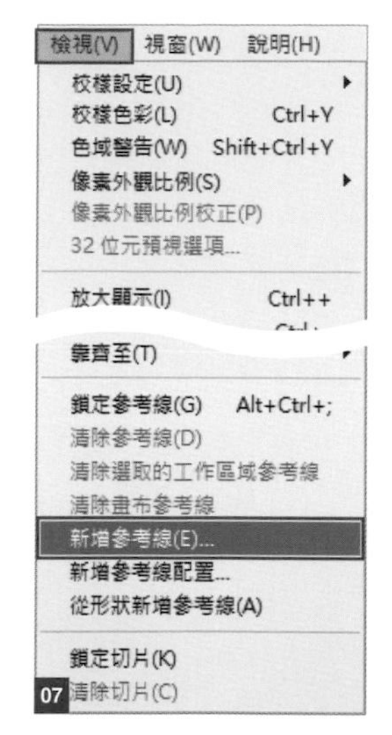

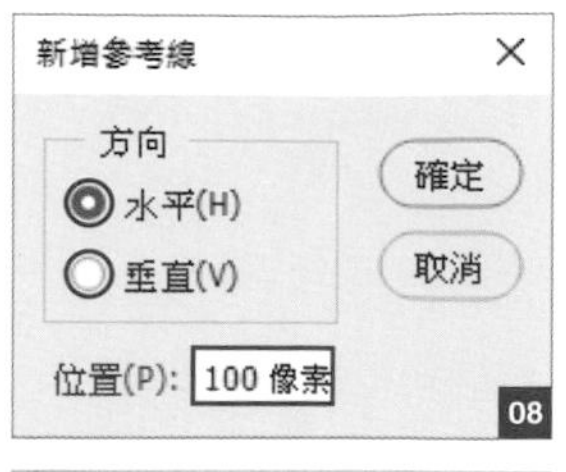

由尺標拖曳可新增參考線

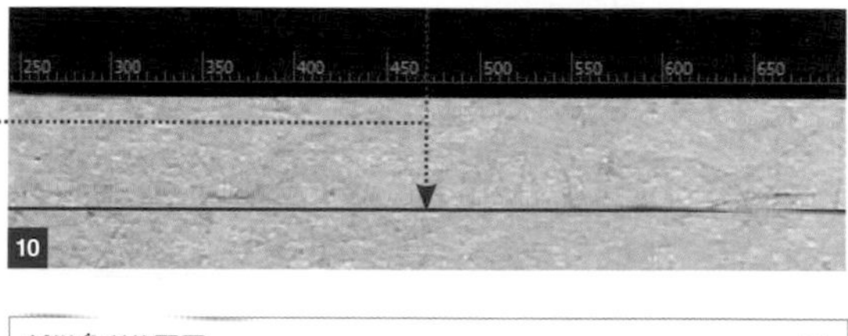

• **在畫布中央製作參考線**

執行『**檢視 / 新增參考線配置**』命令 **11**，如圖 **12** 設定內容。

在畫布 4 個角落，與橫縱中央位置的參考線就製作完成了 **13**。

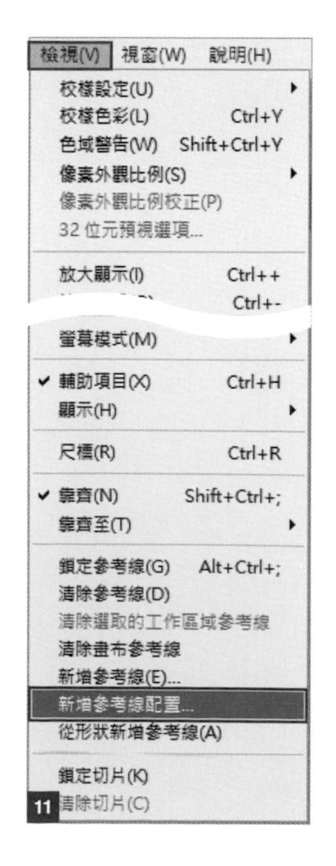

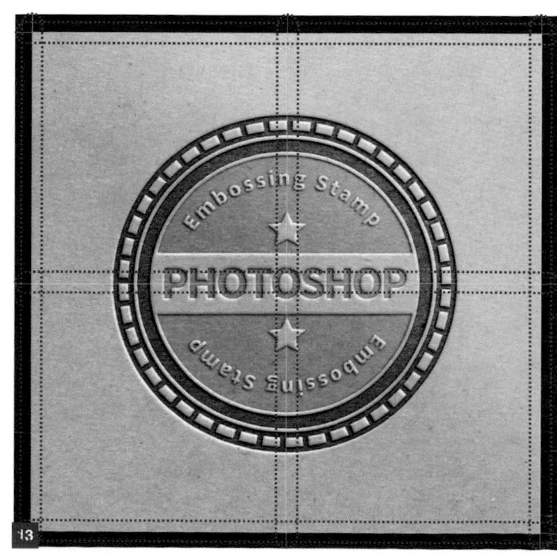

- **在邊界 3mm 的位置處加上參考線**

執行『**檢視 / 參考線 / 新增參考線配置**』命令，如圖 14 來設定內容。

勾選**邊界**後，在數值欄上**按右鍵**，就可以變更**像素**或**公釐**等單位 15。

14

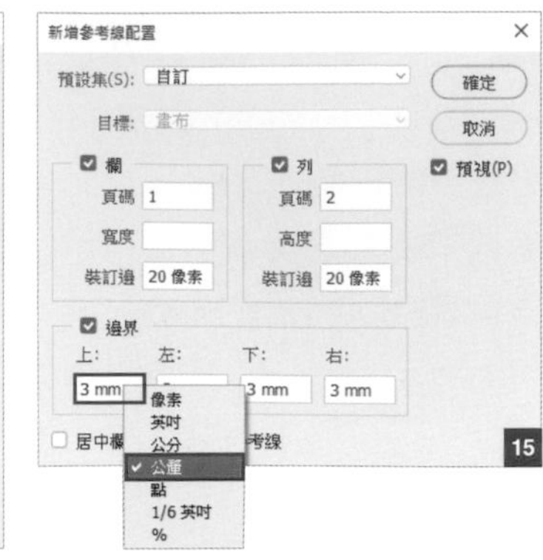

15

將圖層、群組配置在畫布中央

- **將圖層配置在畫布中央**

執行『**選取 / 全部**』命令 (快速鍵 Ctrl (⌘) + A 鍵) 16。建立了畫布尺寸的選取範圍。

按下**移動工具**再選取想要移動的圖層。

按下**對齊垂直居中**、**對齊水平居中**，圖層就會對齊正中央位置 17 18。

16

17

18

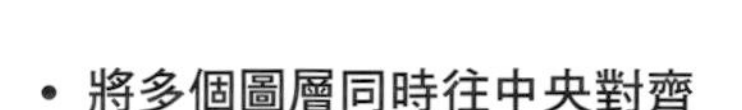

- **將多個圖層同時往中央對齊**

若是已經配置好位置的 2 個圖層，如圖 19。依照剛才的步驟**全選** / **居中對齊**的話，圖層會個別對齊正中央，所以會全部重疊在一起，如圖 20 重疊後看起來只有一個圖案。

這時要先將 2 個圖層群組化，選取群組後，如圖 21 **全選** / **居中對齊**，就可以保持 2 個圖案的相對位置，同時對齊畫布的正中央 22。

19

20

21

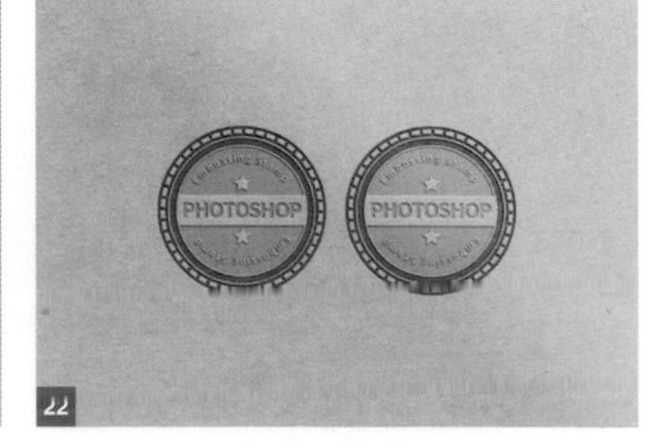

22

光線的加工 no.095

Photoshop 可以作出各種光線效果，這裡要介紹影像處理時所適用的光線加工編修技巧。

用筆刷描繪光線

在想要加上光線的圖層上建立新圖層，設定**混合模式：覆蓋** 01。

設定**前景色**：#ffffff，按下**筆刷工具**，設定**柔邊圓形**筆刷來描繪光線，就可以畫出如圖 02 的光線。

另外，也可以用其它顏色來描繪光線，這樣就會變成如圖 03，是帶有色彩的光影，此例使用**前景色**：#ff1cc2。

製作完成的光線，可以變更圖層的**不透明度**來調整效果。

原影像

02

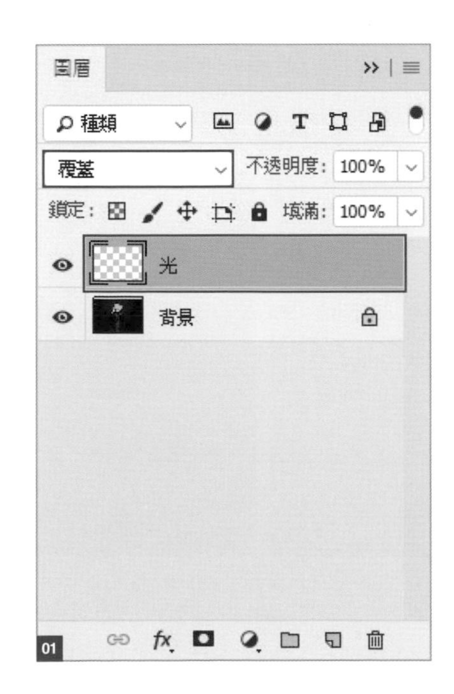

01

03

使用「反光效果」濾鏡加上光源

在想要加上光線的圖層上建立新圖層，填入 **#000000** 04。

執行『**濾鏡 / 演算上色 / 反光效果**』命令，如圖 05 設定後套用。

設定**混合模式：濾色** 06，簡單的手法就可以製作出複雜的光源。

反光效果濾鏡中還有 **35 釐米定焦** 07，**105 釐米定焦** 08，**影片定焦** 09 這 3 個選項。

04

加上光線前請填入 #000000

05

06

07

08

09

利用「反光效果」濾鏡改變亮度

變更**亮度**的百分比，可以改變光源的強度 10。(此例套用 **50-300 釐米變焦／亮度：150%**)。

10

使用「光源效果」濾鏡

執行『**濾鏡 / 演算上色 / 光源效果**』命令。

在畫面上拉曳，就可以調整光的角度、尺寸 11。影子會與光線同時顯現出來 12，效果會套用於整個圖層，所以建議在其它編修處理都完成了，再用**光源效果**來做圖層的整體調整會比較適合。

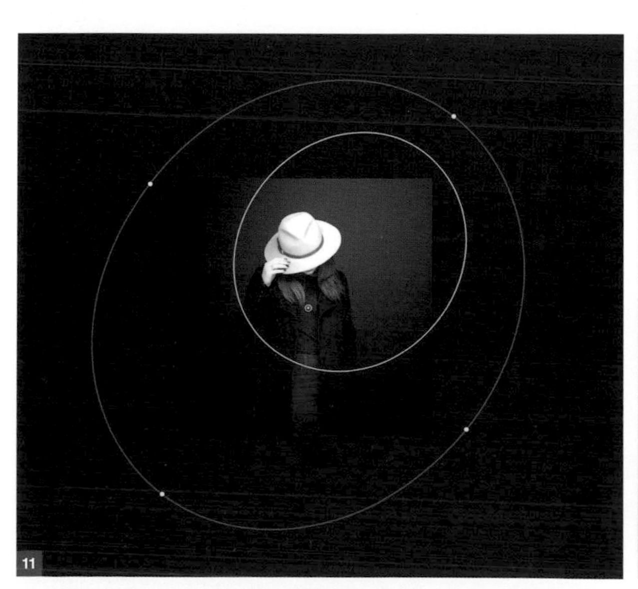
11

12

套用圖層樣式

接下來我們要讓圖 13 的月亮散發出光芒。原圖是昏暗背景，加上單獨裁切下來的月亮影像。
在**圖層**面板上的**月**圖層右側雙按，開啟**圖層樣式**交談窗 14。
選取**內光暈**並如圖 15 設定內容；**外光暈**再如圖 16 設定內容。
兩圖層樣式都使用與月色接近的色調 #eaf5a1，從輪廓到內側、外側都加上了自然的光源 17。
此技巧也適用於插畫或文字效果等各種不同的場合 18 19。

13

14

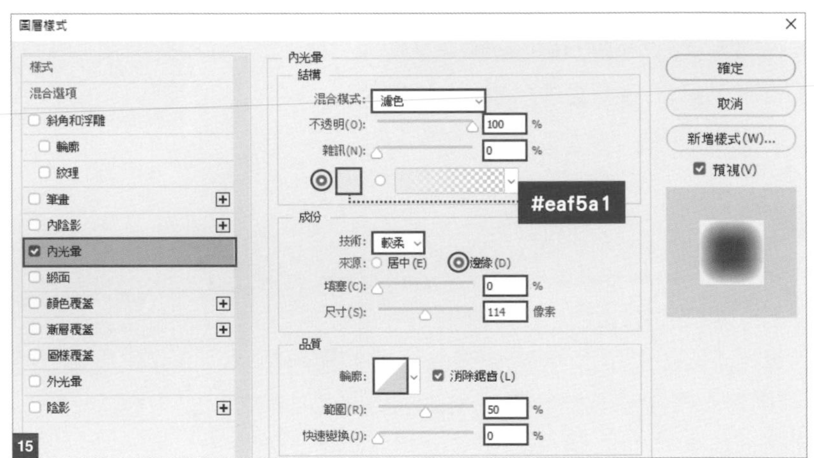

15

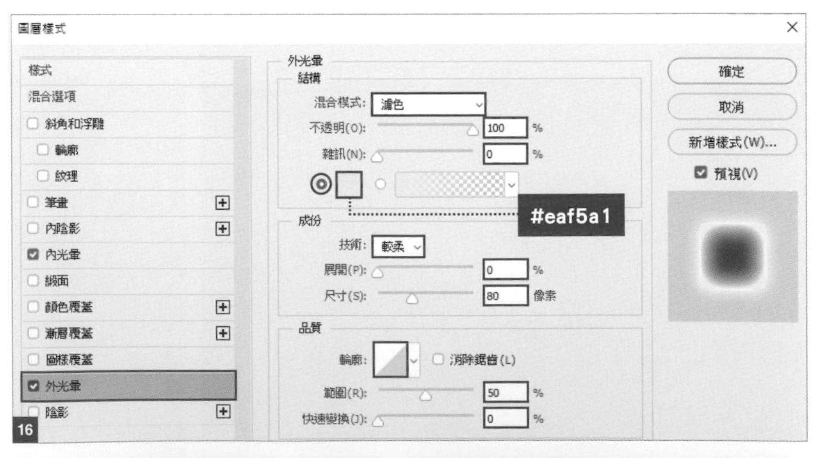

16

17

18

19

自製創意筆刷 no.096

筆刷除了套用軟體內建的預設筆刷外，也可以登錄我們自製的創意筆刷。
不論是手繪畫出來的圖案還是形狀、影像等各種素材，都可以作成筆刷。

製作拉鍊筆刷

步驟 01

先建立一個寬、高 500 像素的畫布 01。

執行『**檢視 / 顯示 / 格點**』命令。

執行『**檢視 / 靠齊至 / 格點**』命令。

再執行『**編輯 / 偏好設定 / 參考線、格點與切片**』命令，**格點**如圖 02 設定內容，**每格線：20 像素／細塊：4**，完成後結果如圖 03。

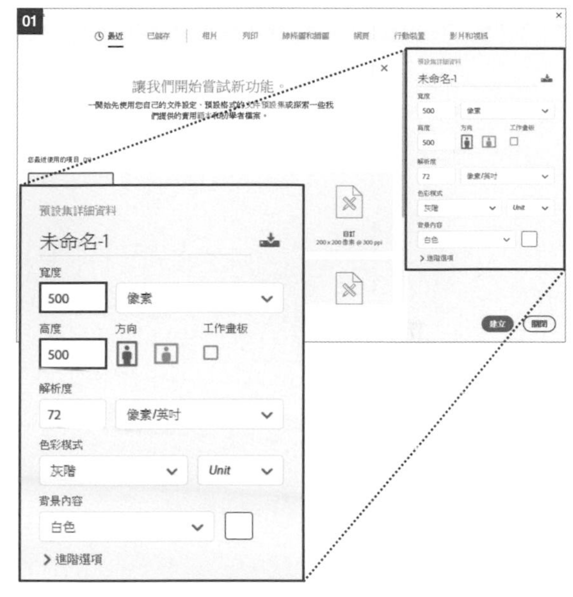

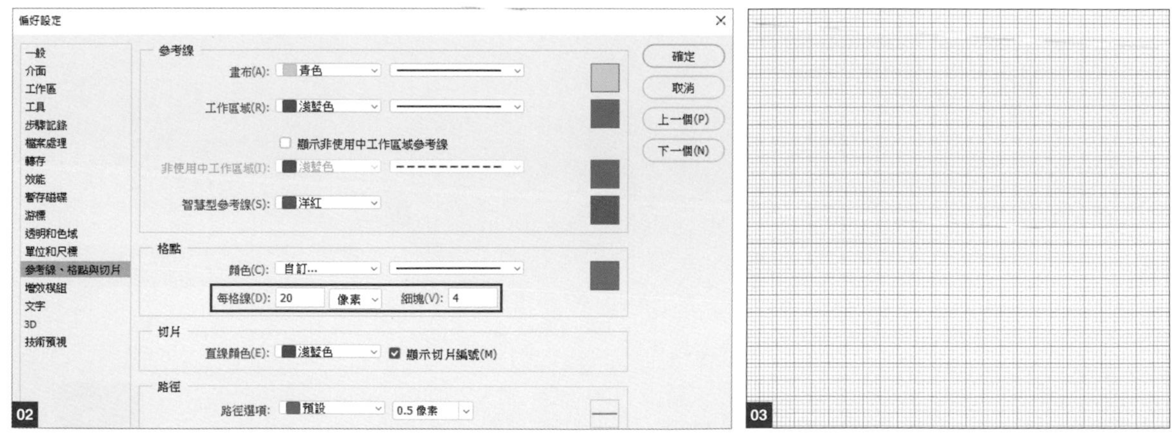

步驟 02

按下**筆型工具**，在**選項列**如下圖 04 設定**形狀／填滿：#ffffff**。

貼附著格點，如圖 05 ～ 10 製作路徑。

製作路徑時，可以先完成左半邊，描繪右半邊時可利用控點調整角度，就可以製作出左右對稱的路徑 11。

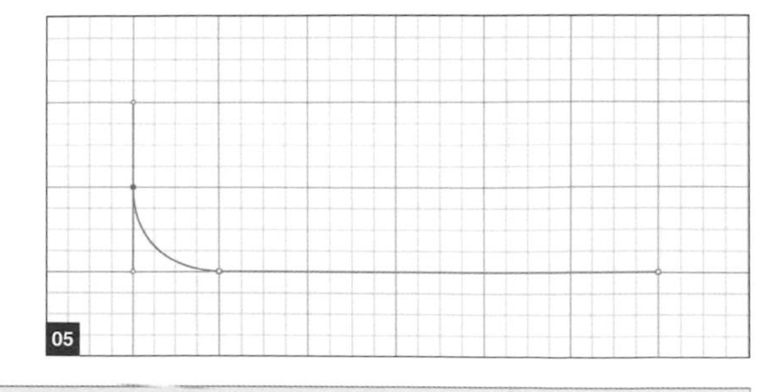

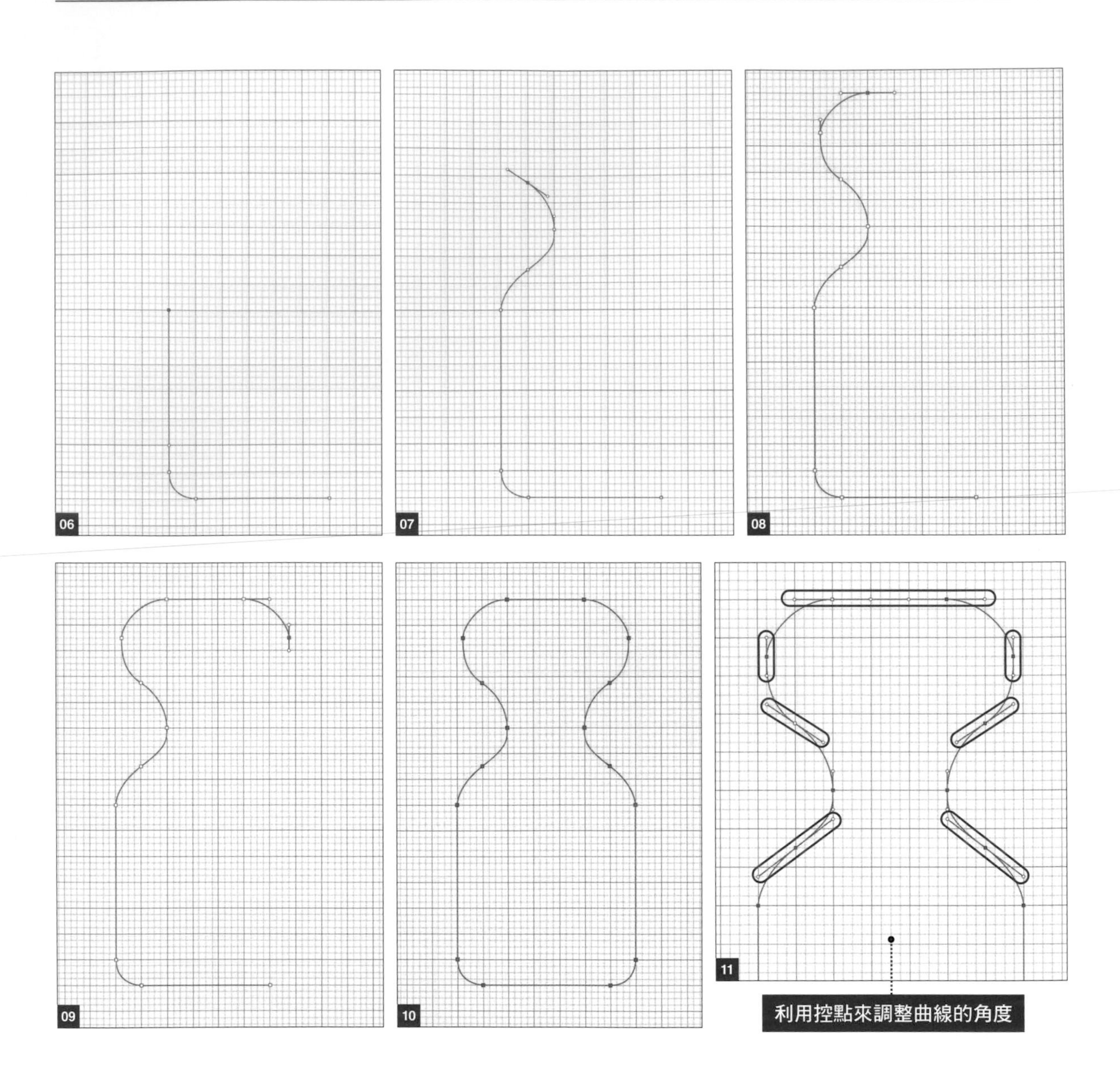

▌步驟 03

製作好路徑後，填入顏色 **#000000** 12 。

如圖 13 將其複製後再反轉擺放，沒在中央位置也沒有關係。

執行『**編輯 / 定義筆刷預設集**』命令，自行設定一個名稱後按下**確定**就完成了，在這裡設定**名稱：拉鍊** 14 。

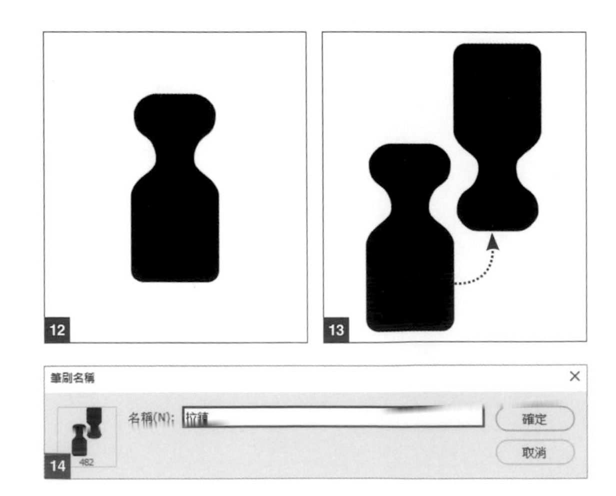

製作出逼真的棒球縫線筆刷

將手繪後的素材，利用**定義筆刷預設集**功能，不論什麼圖案都可以登錄成筆刷。

如圖 15 的棒球縫線，若是要縫線的間距相等，就要在繪製時注意間隔，如圖 16。登錄後的筆刷是循環出現的模式，所以像是圖 17，間距不齊的素材被登錄成為筆刷後，使用時所表現出來的樣子就會發生如圖 18 間距不一的狀況。

15

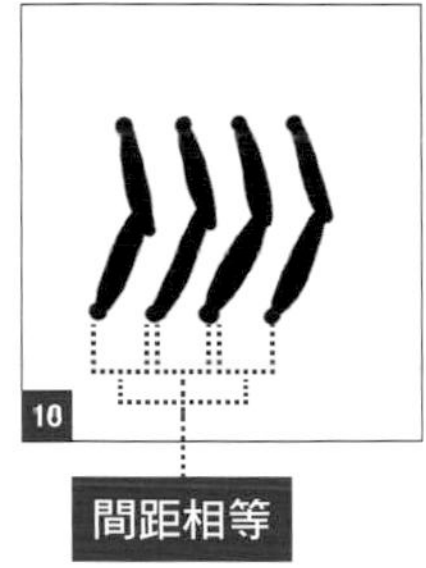

16

間距相等

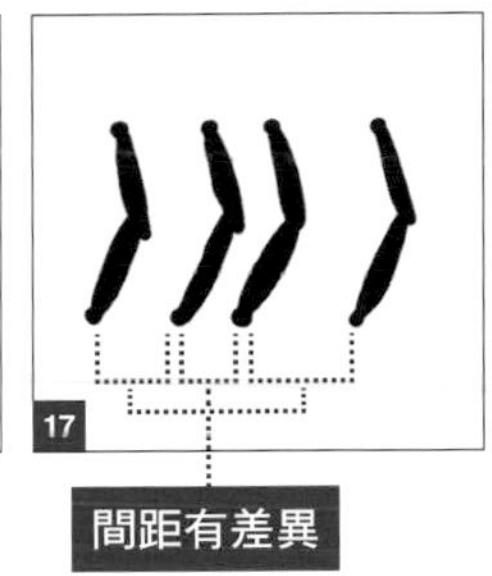

17

間距有差異

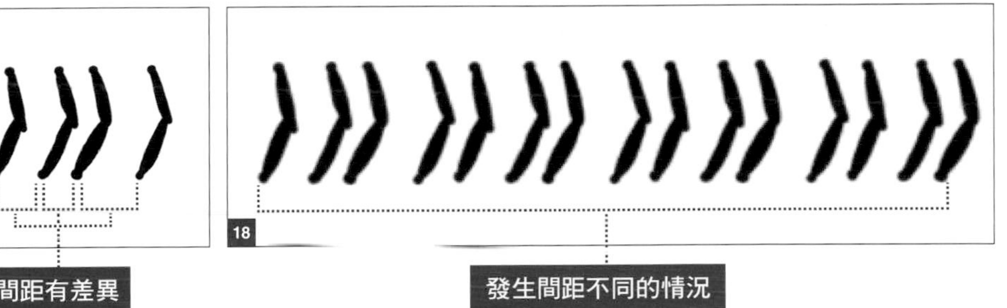

18

發生間距不同的情況

將圖案製作成筆刷

圖案也可以登錄成筆刷。

將圖案登錄成筆刷時，要注意的地方就是要變換成**灰階**模式。

如圖 19 的圖案，登錄成筆刷時，會變成如圖 20 的筆刷 (**前景色：#000000**)。

因為這樣筆刷的完成狀態比較不容易確認，所以可以先執行『**影像 / 模式 / 灰階**』命令之後再來操作，會比較接近完成結果 21。

19

20

影像(I) 圖層(L) 文字(Y) 選取(S) 濾鏡(T) 3D(D)
模式(M)
調整(J)
自動色調(N) Shift+Ctrl+L
自動對比(U) Alt+Shift+Ctrl+L
自動色彩(O) Shift+Ctrl+B
影像尺寸(I)... Alt+Ctrl+I
版面尺寸(S)... Alt+Ctrl+C
影像旋轉(G)
裁切(P)
修剪(R)...
全部顯現(V)
複製(D)...
套用影像(Y)...
運算(C)...
點陣圖(B)
灰階(G)
雙色調(D)
索引色(I)...
RGB 色彩(R)
CMYK 色彩(C)
Lab 色彩(L)
多重色版(M)
8 位元/色版(A)
16 位元/色版(N)
32 位元/色版(H)
色彩表(T)...

21

筆刷 no.097

Illustrator 裡有各式各樣的筆刷可供使用。
有效地利用線條寬度與筆刷，手繪風格的設計將變得很容易。

鋼筆工具、鉛筆工具與繪圖筆刷工具

畫線時有 3 種工具可以使用：

- **鋼筆工具**

描繪貝茲曲線時所用的工具。

- **鉛筆工具**

直接反映出手繪的線條。筆刷的設定不會反映出來，因此必需每次都重新設定筆刷。

- **繪圖筆刷工具**

跟**鉛筆工具**類似，不過在繪圖筆等產品上使用時，會依據繪圖筆的力道而變化線條的粗細。一旦選擇後，設定會持續套用，因此要使用筆刷功能時，建議使用這個工具。

筆刷設定

- **寬度描述檔**

為筆刷加上手繪感的粗細設定。

在**控制**面板或在**視窗 / 筆畫**面板裡可以編輯描述檔 01 。加上**一致**共有 7 種不同線條可以選擇 02 ，還可以將自行繪製出來的筆刷登錄進去。

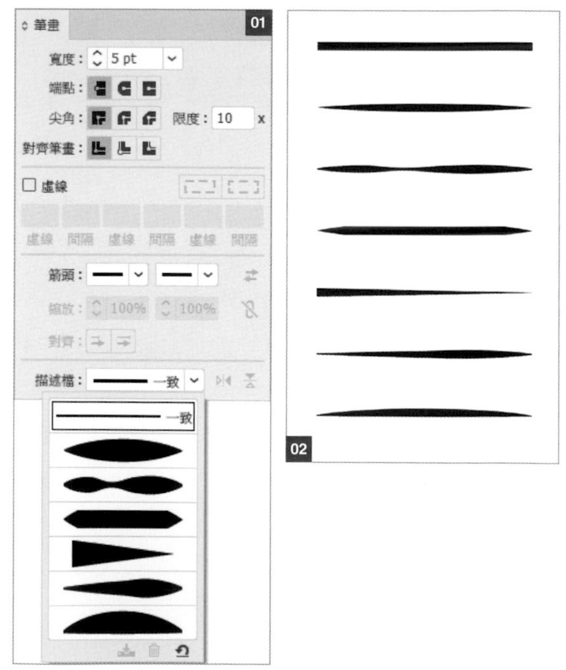

- **寬度工具**

從**工具**面板中選擇**寬度工具**，在路徑上拖曳想要增加寬度的部份，就能改變筆畫粗細了 03 04 。

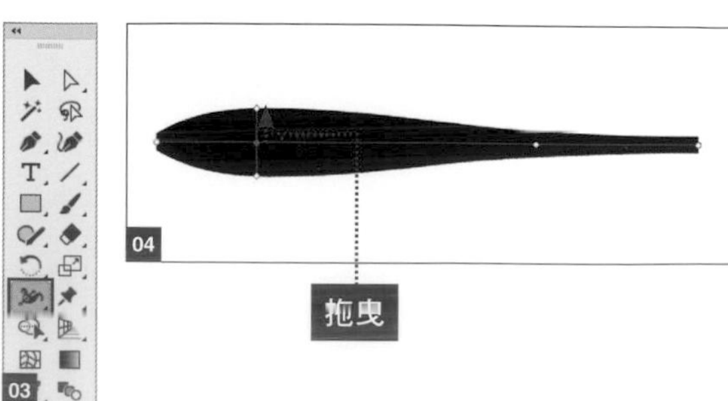

- **新增寬度描述檔**

用滑鼠按一下**寬度描述檔** 05，再按下一覽表，然後點選最下方的**加入描述檔**，描述檔就完成了 06 07。

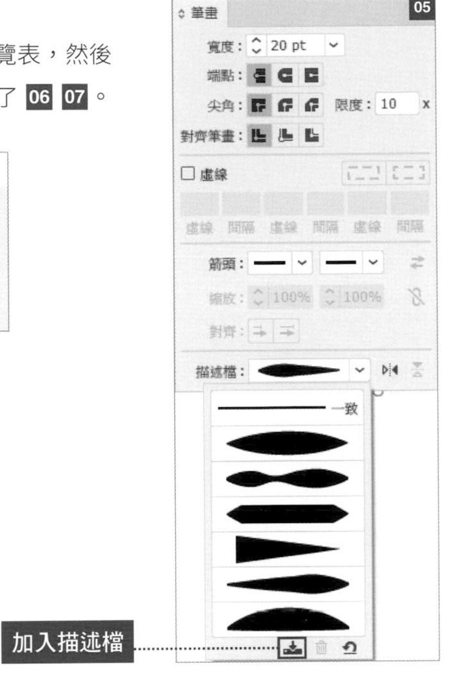

筆刷的種類

使用這裡所介紹的各式筆刷，就可以畫出各種不同的手繪風格插畫。

- **毛刷筆刷**

以路徑的中心為基準，作出如同毛筆畫出來的線條。

- **散落筆刷**

沿著路徑隨機散佈物件製作而成的筆刷。

- **線條圖筆刷**

可以搭配路徑的長度來自由伸縮的筆刷，可以使用鉛筆或木炭等效果製作成各式各樣的筆刷。

- **圖樣筆刷**

可以製作出路徑形狀的樣式。

- **沾水筆筆刷**

可繪製出如同彩色筆效果的筆刷。

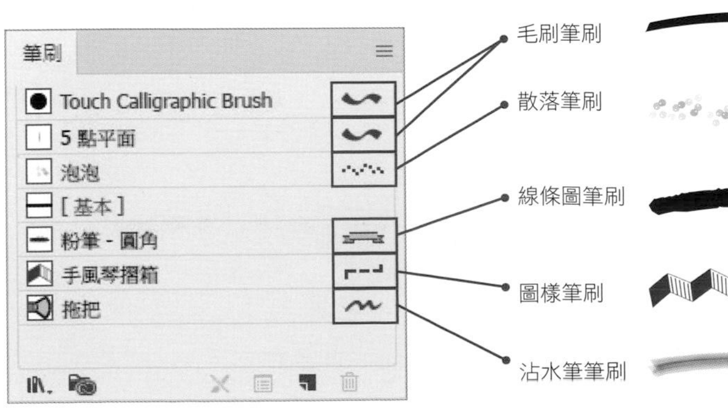

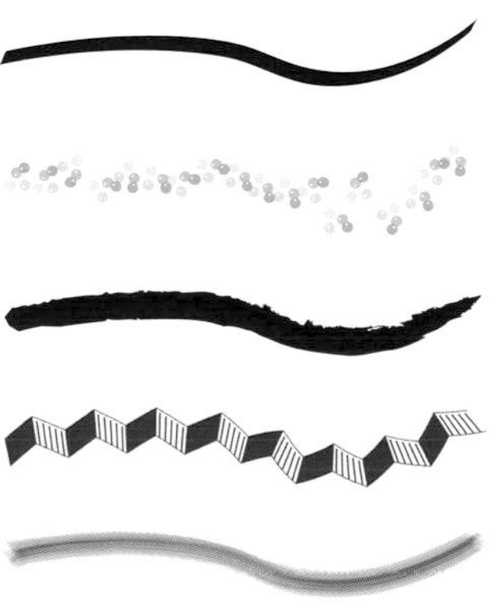

Ai 編輯光線 no.098

利用混合模式與特效，可以製作出各種不同的光線效果。
另外，混合模式依據文件的色彩模式 (RGB 與 CMYK) 會有些許差異，以下是以 RGB 模式為例來做說明。

混合模式

執行『**視窗 / 透明度**』命令，開啟**透明度**面板，或是在**控制**面板操作也可以。
混合模式是指將 2 個以上的物件、影像的顏色相互混合的功能。
混合前與混合過後的物件，外觀看起來也不相同。

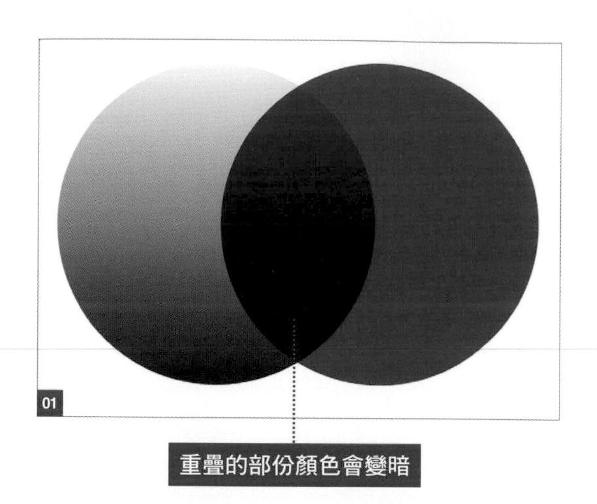

經常使用的混合模式

• **色彩增值**
顏色重疊，中間部份有如用簽字筆塗過一樣，底下的顏色會變得混濁 01。

• **網屏**
兩色重疊後變得較明亮 02。

• **重疊**
明亮的部份更亮，較暗的部份更暗 03。

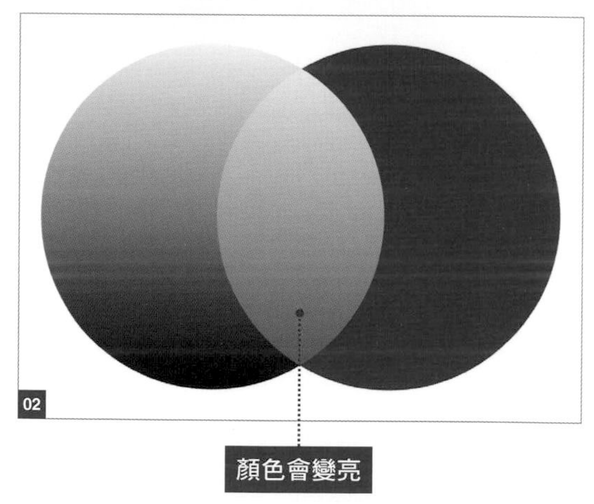

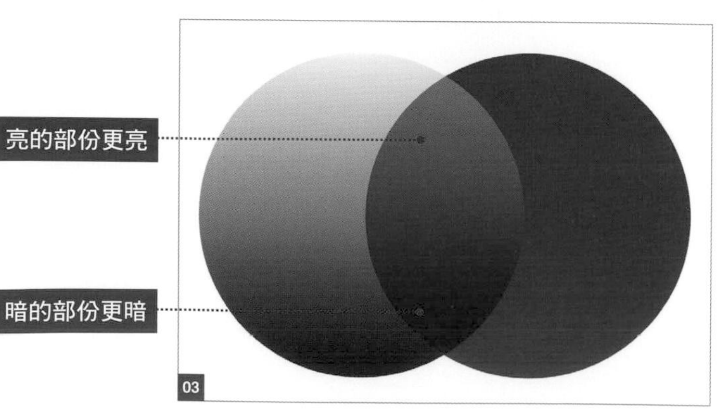

- **柔光**

如同打上擴散聚光燈的光線效果 04。

- **實光**

如同打上強烈聚光燈的光線效果 05。

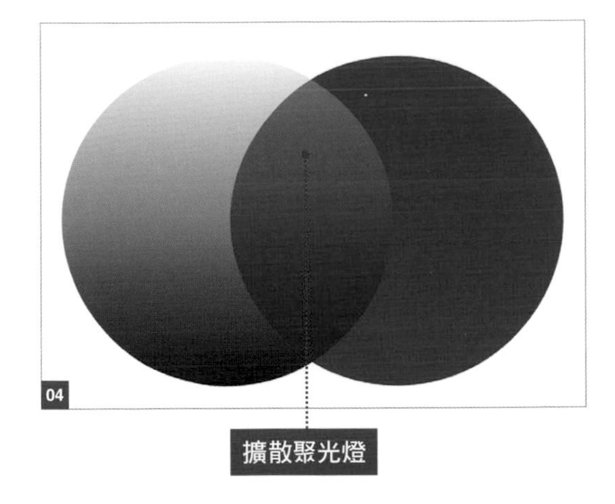

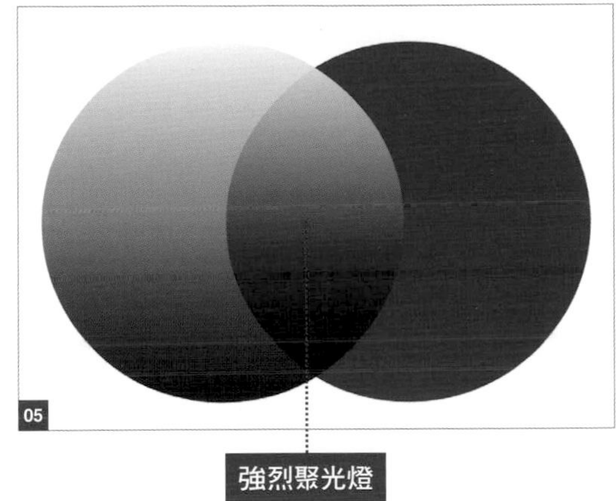

使用「效果」

使用**效果**可以讓影像有模糊、陰影、光暈、形狀變化等視覺上的效果，而且一旦套用了效果，變更前的物件資訊仍可保留，仍可自由編輯。在效果裡，可以一邊變換數值一邊參照變更後的結果，只要依據自己想完成的效果來設定即可 06。

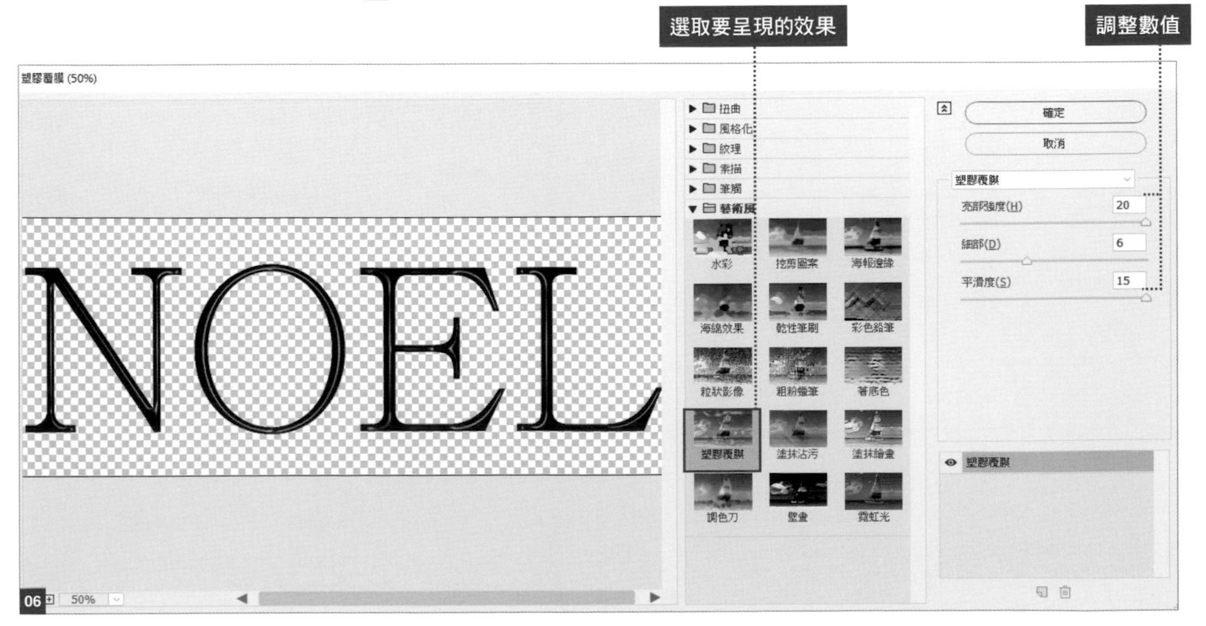

擬真效果 no.099

使用**粗糙效果**、**紋理**，加工出想要的設計效果。

套用粗糙效果

執行『**效果 / 扭曲與變形 / 粗糙效果**』命令，會套用歪斜的粗糙感 01 02 03。

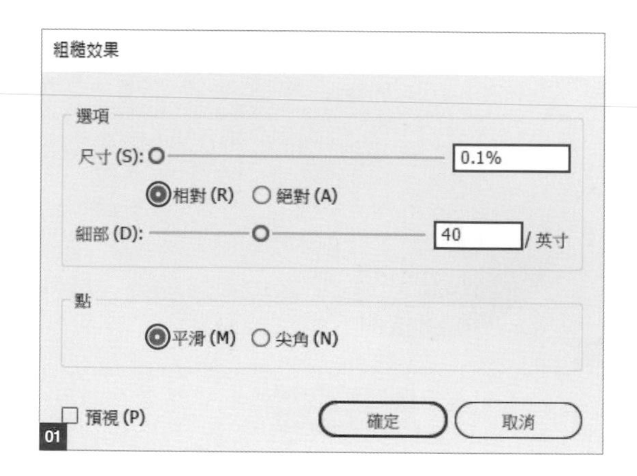

01

02

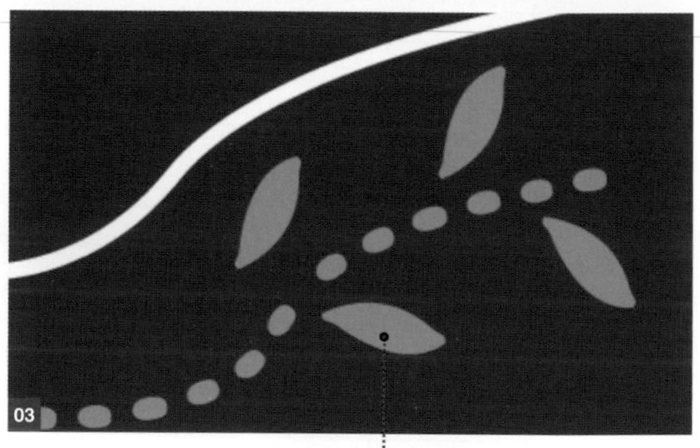
03

套用粗糙效果

自製筆刷

將物件登錄成筆刷，在設計上就能有更多自由的表現與發揮。

執行『**視窗 / 筆刷**』命令，在**筆刷**面板中建立新筆刷 04 05。詳細方法可以參考本書 P.209。

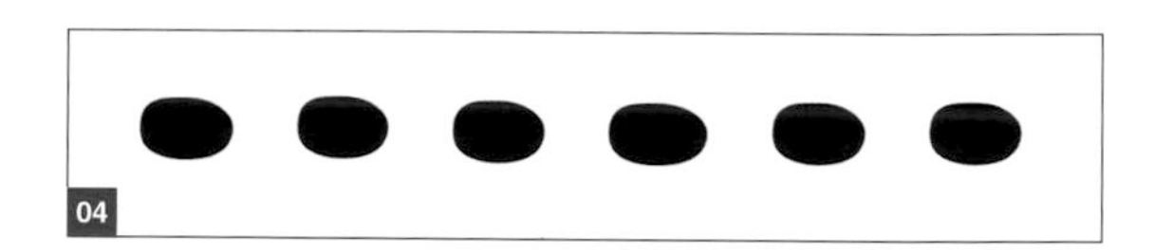
04

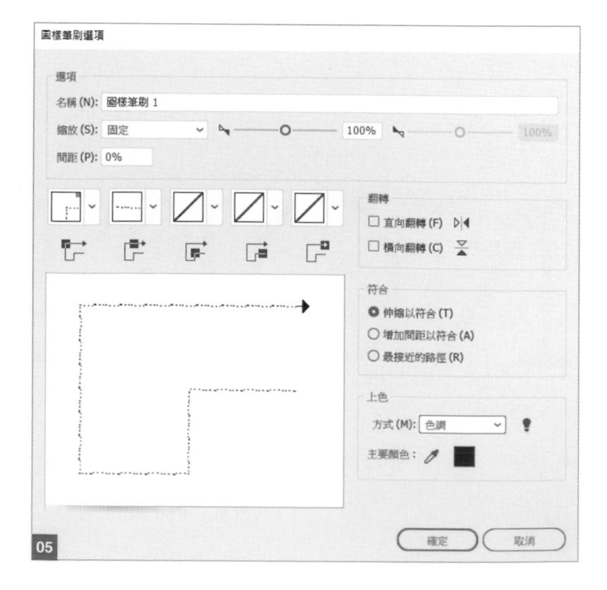

05

Ai 重新上色圖稿 no.100

使用漸層、圖樣、筆刷等工具描繪的複雜物件很難改變顏色，但是透過「重新上色圖稿」，可以保留資訊，輕鬆製作出不同顏色變化。

使用重新上色圖稿

選取物件，執行『**編輯 / 編輯色彩 / 重新上色圖稿**』命令，接著按下**控制**面板的**重新上色圖稿**鈕。

控制面板的**重新上色圖稿**

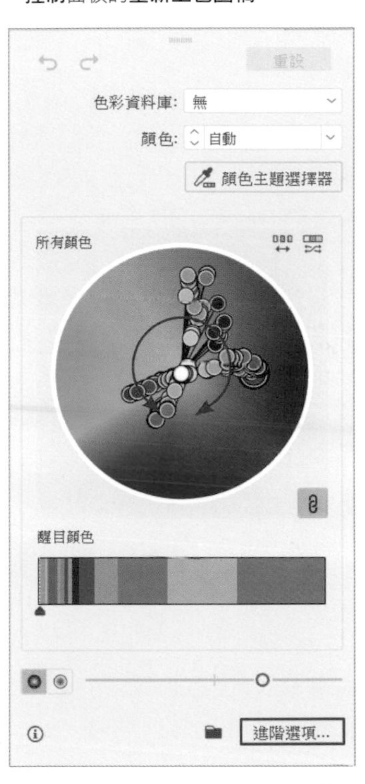

•「編輯」標籤的用法

選取**編輯**標籤，勾選**重新上色線條圖**，再按一下**連結色彩調和顏色**，旋轉色輪或選取顏色群組，編輯顏色，按下**確定**鈕。

原始插圖　　重新上色圖稿後的插圖

•「指定」標籤的用法

選取**指定**標籤，選取**目前顏色**，你可以利用下面的項目調整顏色，或在**新增**的項目按兩下設定顏色。

按兩下可以設定顏色

目前的顏色群組

拖曳即可更換顏色

可以調整顏色

可以將色彩模式改成 RGB 或 CMYK

感謝您購買旗標書,
記得到旗標網站
www.flag.com.tw
更多的加值內容等著您…

- FB 官方粉絲專頁：旗標知識講堂
- 旗標「線上購買」專區：您不用出門就可選購旗標書！
- 如您對本書內容有不明瞭或建議改進之處，請連上旗標網站，點選首頁的 聯絡我們 專區。

若需線上即時詢問問題，可點選旗標官方粉絲專頁留言詢問，小編客服隨時待命，盡速回覆。

若是寄信聯絡旗標客服 email, 我們收到您的訊息後，將由專業客服人員為您解答。

我們所提供的售後服務範圍僅限於書籍本身或內容表達不清楚的地方，至於軟硬體的問題，請直接連絡廠商。

學生團體　訂購專線：(02)2396-3257 轉 362
　　　　　傳真專線：(02)2321-2545

經銷商　　服務專線：(02)2396-3257 轉 331
　　　　　將派專人拜訪
　　　　　傳真專線：(02)2321-2545

國家圖書館出版品預行編目資料

Photoshop & Illustrator 設計師不藏私！超犀利特效與創意技法 / 楠田諭史 著；吳嘉芳、黃珮清、李明純 譯
-- 初版 -- 臺北市：旗標科技股份有限公司, 2024. 03
面；　公分

ISBN 978-986-312-784-0 (平裝)

1. CST: 數位影像處理　2. CST: Illustrator (電腦程式)

312.837　　113001570

作　　者／楠田諭史
發 行 所／旗標科技股份有限公司
　　　　　台北市杭州南路一段15-1號19樓
電　　話／(02)2396-3257(代表號)
傳　　真／(02)2321-2545
劃撥帳號／1332727-9
帳　　戶／旗標科技股份有限公司
監　　督／陳彥發
執行企劃／林佳怡
執行編輯／林佳怡
美術編輯／林美麗
日文版封面設計／楠田諭史
中文版封面設計／林美麗
校　　對／林佳怡

新台幣售價：630 元
西元 2024 年 3 月 初版
行政院新聞局核准登記-局版台業字第 4512 號
ISBN 978-986-312-784-0